W9-ANG-027

EL LIBRO DE LAS MATEMATICAS

EL LIBRO DE LAS
MATEMÁTICAS

DK LONDON

EDICIÓN DE ARTE SÉNIOR
Gillian Andrews

EDICIÓN SÉNIOR
Camilla Hallinan y Laura Sandford

ILUSTRACIONES
James Graham

EDICIÓN DE CUBIERTA
Emma Dawson

DISEÑO DE CUBIERTA
Surabhi Wadhwa

COORDINACIÓN DE
DISEÑO DE CUBIERTAS
Sophia MTT

PREPRODUCCIÓN
Andy Hilliard

PRODUCCIÓN
Rachel Ng

COORDINACIÓN EDITORIAL
Gareth Jones

COORDINACIÓN DE ARTE SÉNIOR
Lee Griffiths

SUBDIRECCIÓN DE PUBLICACIONES
Liz Wheeler

DIRECCIÓN DE ARTE
Karen Self

DIRECCIÓN DE DISEÑO
Philip Ormerod

DIRECCIÓN DE PUBLICACIONES
Jonathan Metcalf

Estilismo
STUDIO 8

TOUCAN BOOKS

DIRECCIÓN EDITORIAL
Ellen Dupont

DISEÑO SÉNIOR
Thomas Keenes

EDICIÓN SÉNIOR
Dorothy Stannard

EDICIÓN
John Andrews, Tim Harris,
Abigail Mitchell y Rachel Warren Chadd

ASISTENCIA EDITORIAL
Christina Fleischer, Isobel Rodel
y Gage Rull

TEXTOS ADICIONALES
Marcus Weeks

ASESORÍA EDITORIAL
Tom Le Bas y Robert Snedden

ÍNDICE ANALÍTICO
Marie Lorrimer

REVISIÓN
Richard Beatty

Publicado originalmente en Gran Bretaña
en 2019 por Dorling Kindersley Limited,
DK, One Embassy Gardens, 8 Viaduct
Gardens, London, SW11 7BW

Parte de Penguin Random House

Título original: *The Maths Book*
Primera edición 2020

Copyright © 2019
Dorling Kindersley Limited

© Traducción en español 2020
Dorling Kindersley Limited

Servicios editoriales deleatur, s.l.
Traducción Antón Corriente Basús
Revisión técnica Francesc Marquès

Todos los derechos reservados. Queda
prohibida, salvo excepción prevista en
la Ley, cualquier forma de reproducción,
distribución, comunicación pública y
transformación de esta obra sin contar
con la autorización de los titulares
de la propiedad intelectual.

ISBN: 978-0-7440-2566-8

Impreso en China

Para mentes curiosas
www.dkespañol.com

COLABORADORES

KARL WARSI, EDITOR ASESOR

Karl Warsi enseñó matemáticas en escuelas y universidades de Reino Unido durante muchos años. En 2000 comenzó a publicar obras sobre el tema, incluidos libros de texto de secundaria de gran éxito en Reino Unido y en todo el mundo. Está comprometido con la educación inclusiva y con la idea de que personas de todas las edades aprendan de modos diferentes.

JAN DANGERFIELD

La profesora de matemática avanzada Jan Dangerfield es también miembro del Chartered Institute of Educational Assessors de Reino Unido y de la Royal Statistical Society. Ha sido también miembro de la Sociedad Británica para la Historia de las Matemáticas desde hace más de treinta años.

HEATHER DAVIS

La autora y educadora británica Heather Davis lleva unos treinta años enseñando matemáticas. Ha publicado libros de texto para Hodder Education y dirigido publicaciones para la Asociación de Maestros de Matemáticas de Reino Unido; presenta cursos para consejos examinadores, tanto en Reino Unido como a nivel internacional, y escribe y presenta actividades de refuerzo para alumnos.

JOHN FARNDON

Prolífico autor de libros populares sobre ciencia y naturaleza, John Farndon ha sido cinco veces candidato al premio Young People's Science Book, de la Royal Society, entre otros galardones. Ha escrito unos mil libros sobre temas diversos, como los internacionalmente aclamados *The oceans atlas, Do you think you're clever?* y *Do not open* (*No abrir*), y ha colaborado en obras extensas, como *Ciencia* y *Science year by year*.

JONNY GRIFFITHS

Tras estudiar matemáticas y magisterio en la Universidad de Cambridge, la Universidad Abierta del Reino Unido y la Universidad de Anglia Oriental, Jonny Griffiths enseñó matemáticas en Paston Sixth Form College, en Norfolk (Reino Unido) durante más de veinte años. En 2005–2006 fue nombrado Gatsby Teacher Fellow por crear el popular sitio web matemático Risps. En 2016 fundó la competición Ritangle para estudiantes de matemáticas.

TOM JACKSON

Tom Jackson, autor durante 25 años, ha escrito unos doscientos libros de no ficción para adultos y niños, y ha colaborado en muchos otros sobre temas científicos y tecnológicos diversos, entre ellos: *Numbers: how counting changed the world; Everything is mathematical*, serie de libros con Marcus du Sautoy; y *Help your kids with science*, con Carol Vorderman.

MUKUL PATEL

Mukul Patel estudió matemáticas en el Imperial College de Londres, y escribe y colabora en varios campos. Es autor del libro de matemáticas para niños *We've got your number*, y de guiones cinematográficos a los que puso voz Tilda Swinton. También ha compuesto para coreógrafos contemporáneos y diseñado instalaciones de sonido para arquitectos. Actualmente estudia los aspectos éticos de la inteligencia artificial.

SUE POPE

La educadora matemática Sue Pope es una antigua miembro de la Asociación de Maestros de Matemáticas, en cuyas conferencias codirige talleres sobre la historia de las matemáticas en la enseñanza. Ha publicado muchas obras, y recientemente ha coeditado *Enriching mathematics in the primary curriculum*.

MATT PARKER, PRÓLOGO

El antes profesor de matemáticas australiano Matt Parker es hoy monologuista cómico, comunicador en matemáticas y destacado *youtuber* en los canales Numberphile y Stand-up Maths, donde sus vídeos acumulan más de cien millones de visualizaciones. Matt hace comedia en vivo con Festival of the Spoken Nerd, y calculó el número pi en vivo ante un Royal Albert Hall al completo. También presenta programas de televisión y radio para la BBC y Discovery Channel, y su libro *Humble pi: a comedy of maths errors* (2019) encabezó la lista de libros más vendidos de *The Sunday Times*.

CONTENIDO

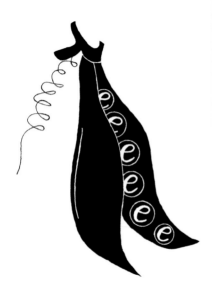

EL SIGLO XIX
1800–1900

MATEMATICAS MODERNAS
1900–PRESENTE

PROLOGO

Resumir todas las matemáticas en un solo libro es tarea, más que abrumadora, imposible: la humanidad lleva milenios explorando y descubriéndolas. En lo práctico, nos han servido para progresar como especie, y la aritmética y geometría antiguas han aportado los cimientos de las primeras ciudades y civilizaciones. En el ámbito filosófico, han servido para el pensamiento puro orientado a explorar los patrones y la lógica.

Resulta sorprendentemente difícil atribuir una definición cabal a las matemáticas, que no son una mera cuestión de números, como tantos creen. Una definición semejante excluiría aspectos muy extensos de las matemáticas, como gran parte de la geometría y la topología, de las que se ocupa este libro. Los números son, por supuesto, herramientas muy útiles para comprender hasta los ámbitos matemáticos más esotéricos, pero no son su aspecto más interesante, y centrarse exclusivamente en los números es no ver el bosque a causa de los árboles.

Admito que mi propia definición de las matemáticas como «el tipo de cosas que les gusta hacer a los matemáticos», aunque encantadoramente circular, tampoco es muy útil. «Grandes ideas de explicaciones sencillas», en cambio, no es una mala definición. Las matemáticas se pueden ver como el afán por dar con las explicaciones más sencillas para las mayores ideas, y por hallar y resumir patrones. Estos pueden ser los triángulos prácticos para construir pirámides, o los que tratan de clasificar todos los 26 grupos esporádicos del álgebra abstracta. Son problemas muy diferentes en términos de utilidad y de complejidad, pero ambos tipos de patrones han obsesionado a los matemáticos de todos los tiempos.

No hay ningún criterio definitivo para organizar todas las matemáticas, pero hacerlo de modo cronológico no es mala opción. Este libro se sirve del periplo histórico de su descubrimiento como modo de clasificarlas y llevarlas al redil de una progresión lineal, en un esfuerzo valiente, pero difícil. Nuestro conocimiento matemático actual se debe a una serie azarosa y diversa de personas de distintas épocas y culturas.

Así, secciones como la breve sobre cuadrados mágicos aquí incluida cubren miles de años y lugares del globo muy distantes entre sí. Los cuadrados mágicos –la suma de cuyas columnas, filas y diagonales de cifras es siempre la misma– constituye uno de los ámbitos más antiguos de la matemática recreativa. Comenzando en el siglo IX a. C. en China, su historia continúa por textos indios de 100 d. C., estudiosos árabes medievales, europeos renacentistas…, hasta llegar a los actuales sudokus. En solo dos páginas, este libro debe ocuparse de tres mil años de historia para acabar en los cuadrados «geomágicos» en 2001. Hasta para este reducido nicho matemático, habrá muchos desarrollos de los cuadrados mágicos para los que simplemente no habrá espacio suficiente, y el libro, en conjunto, debe verse como una visita guiada por lo más destacado.

Considerar incluso solo una muestra de las matemáticas sirve para recordar y apreciar cuánto han logrado los seres humanos, pero aquí se destaca también lo que tienen de mejorable: no pueden ignorarse aspectos como la lamentable omisión de las mujeres de la historia de las matemáticas. Es mucho el talento desperdiciado a lo largo de los siglos, y quienes lo merecían en muchos casos no recibieron el reconocimiento debido, pero confío en que hoy prospere la diversidad en el ámbito de las matemáticas y en que se anime a todos los seres humanos a descubrirlas y aprender sobre ellas.

Está claro que el conjunto de nuestros conocimientos matemáticos no dejará de crecer. Si este libro se hubiera escrito hace un siglo, no sería muy distinto hasta la página 280, y ahí habría terminado. Ni teoría de anillos de Emmy Noether, ni computación de Alan Turing, ni tampoco los seis grados de separación de Kevin Bacon. Y no hay duda de que esto volverá a ser cierto dentro de cien años. La edición que se imprima entonces continuará más allá de la página 325, ocupándose de patrones que nos son del todo ajenos. Y como a las matemáticas puede dedicarse cualquiera, no hay modo de saber quién, dónde ni cuándo descubrirá estas nuevas matemáticas. Para lograr el mayor avance de las mismas en el siglo XXI, tenemos que incluir a todos. Espero que este libro contribuya a inspirar a todos a implicarse.

Matt Parker

INTRODU

CCION

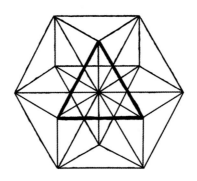

La historia de las matemáticas se remonta a la prehistoria, cuando los primeros seres humanos hallaron modos de contar y cuantificar las cosas. Al hacerlo, empezaron a identificar ciertos patrones y reglas en los conceptos de números, tamaños y formas. Descubrieron los principios básicos de la suma y la resta (por ejemplo, que dos cosas –ya sean piedras, frutas o mamuts– añadidas a otras dos resultan invariablemente en cuatro cosas). Hoy, tales ideas pueden parecer obvias, pero fueron avances profundos para su época, y ponen de manifiesto que la historia de las matemáticas es sobre todo un relato de descubrimiento, no de invención. Aunque fueran la curiosidad y la intuición humanas las que reconocieron los principios subyacentes de las matemáticas, y el ingenio humano el que más tarde aportó diversos medios para registrarlos y anotarlos, tales principios en sí mismos no son una invención humana. El hecho de que $2 + 2 = 4$ es verdad, con independencia de la existencia humana; las reglas de las matemáticas, como las leyes de la física, son universales, eternas e invariables. Al mostrar por primera vez que los ángulos de cualquier triángulo en un plano suman 180° (una línea recta), los matemáticos no inventaron, sino que descubrieron un hecho que siempre había sido cierto, y que siempre lo será.

Primeras aplicaciones

El proceso de descubrimiento matemático comenzó en tiempos prehistóricos, con el desarrollo de modos de contar cosas que era necesario cuantificar. En su versión más simple, podía tratarse de marcas en huesos o palos, un medio rudimentario pero fiable de registrar el número de determinadas cosas. Con el tiempo se asignaron palabras y símbolos a los números, y evolucionaron los primeros sistemas de numeración, un medio para expresar operaciones tales como la adquisición de artículos adicionales, el agotamiento de un producto almacenado u operaciones básicas de la aritmética.

Con el paso de la caza y la recolección al comercio y a la agricultura, y con la sofisticación creciente de las sociedades, las operaciones aritméticas y un sistema de numeración se convirtieron en herramientas esenciales para transacciones de toda clase. Para facilitar el comercio, la gestión de existencias y los impuestos de incontables bienes tales como aceite, harina o parcelas de terreno, se desarrollaron sistemas de medida, asignando valores numéricos a dimensiones tales como el peso y la longitud. Los cálculos se volvieron también más complejos, desarrollándose los conceptos de multiplicación y división a partir de la suma y la resta, lo cual permitió calcular, por ejemplo, áreas de terreno.

En las civilizaciones antiguas, estos nuevos hallazgos matemáticos, y en particular la medición de objetos en el espacio, constituyeron el fundamento de la geometría, conocimiento que se podía aplicar a la construcción y la fabricación de herramientas. Al emplear estas mediciones para fines prácticos, surgieron determinados patrones que podían resultar útiles a su vez. Con un triángulo de lados de tres, cuatro y cinco unidades se podía hacer una escuadra de arquitecto sencilla pero

Es imposible ser matemático sin ser un poeta del alma.
Sofia Kovalévskaya
Matemática rusa

precisa. Sin tales herramientas y conocimientos precisos, no se habrían podido construir los caminos, canales, zigurats y pirámides de las antiguas Mesopotamia y Egipto. A medida que se iban encontrando nuevas aplicaciones para estos descubrimientos matemáticos –en la astronomía, la navegación, la ingeniería, la contabilidad, la tributación y otros campos– fueron surgiendo nuevos patrones e ideas. Las civilizaciones antiguas pusieron los cimientos de las matemáticas por medio de este proceso interdependiente de aplicación y descubrimiento, pero desarrollaron también la fascinación por la matemática en sí misma, o las llamadas matemáticas puras. A partir de mediados del I milenio a. C. comenzaron a surgir los primeros matemáticos puros en Grecia, y poco más tarde en India y China, y construyeron sobre el legado de los pioneros prácticos de la disciplina: los ingenieros, astrónomos y exploradores de las civilizaciones anteriores.

Aunque no les interesaban especialmente las aplicaciones prácticas de sus hallazgos, estos matemáticos antiguos no limitaron sus estudios a las matemáticas. Al explorar las propiedades de los números, las formas y los procesos, descubrieron reglas y patrones universales que plantearon cuestiones metafísicas acerca de la

La geometría es el conocimiento de lo eternamente existente.
Pitágoras
Matemático de la antigua Grecia

naturaleza del cosmos, atribuyendo incluso propiedades místicas a dichos patrones. Las matemáticas, por tanto, solían tenerse como una disciplina complementaria de la filosofía –muchos de los mayores matemáticos de todos los tiempos fueron también filósofos, o viceversa–, y el vínculo entre ambas disciplinas ha persistido hasta la actualidad.

Aritmética y álgebra

Así comenzó la historia de las matemáticas tal como hoy se conciben: los descubrimientos, conjeturas y conocimientos de los matemáticos que conforman el grueso de este libro. Además de los pensadores individuales y sus ideas, es una historia de las sociedades y las culturas, un hilo de pensamiento en conti-

nuo desarrollo que desde las antiguas civilizaciones de Mesopotamia y Egipto pasó por Grecia, China, India, el Imperio islámico y la Europa del Renacimiento hasta llegar al mundo moderno. En su evolución, las matemáticas fueron incorporando varios campos de estudio separados, pero interconectados.

El primero de estos campos que surgió, y en muchos aspectos el más fundamental, fue el estudio de los números y las cantidades, hoy llamado aritmética, del griego *arithmós* («número»). En su nivel más básico, se ocupa de contar y asignar valores numéricos a las cosas, pero también de las operaciones aplicables a los números, como la suma, resta, multiplicación y división. Del simple concepto de un sistema numérico proviene el estudio de las propiedades de los números, y también el estudio del concepto mismo. Determinados números –como las constantes π, e, o los números primos e irracionales– han sido objeto de una fascinación especial, y con ello de estudios considerables.

Otro campo relevante de las matemáticas es el álgebra, que es el estudio de la estructura, el modo en que se organizan las matemáticas, y tiene por tanto alguna relevancia en todos los demás campos. Lo que distingue el álgebra de la aritmética **»**

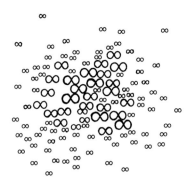

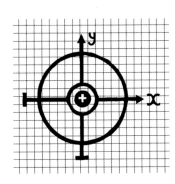

es el uso de símbolos tales como letras para representar variables (números desconocidos). En su forma más básica, el álgebra es el estudio de las reglas subyacentes de uso de dichos símbolos en matemáticas, por ejemplo en las ecuaciones. Los métodos para resolver ecuaciones, incluso complejas de segundo grado, los habían descubierto ya los antiguos babilonios, pero fueron los matemáticos medievales de la edad de oro del islam los pioneros del empleo de símbolos para simplificar el proceso, y nos dejaron el término álgebra, del árabe *al jabr*. Desarrollos más recientes del álgebra han extendido la idea de la abstracción al estudio de la estructura algebraica, conocida como álgebra abstracta.

Geometría y cálculo

Un tercer gran campo de las matemáticas es la geometría, que se ocupa del concepto de espacio y de las relaciones entre los objetos en el mismo: el estudio de la forma, tamaño y posición de las figuras. Evolucionó a partir de la muy práctica actividad de describir las dimensiones físicas de las cosas en proyectos de ingeniería y construcción, de la medición y distribución de parcelas de terreno y de las observaciones astronómicas para la navegación y la elaboración de calendarios. Una

En matemáticas, el arte de hacer preguntas es más valioso que resolver problemas.
Georg Cantor
Matemático alemán

rama particular de la geometría, la trigonometría (el estudio de las propiedades de los triángulos) resultó especialmente útil para tales empeños. Quizá debido a su carácter tan concreto, la geometría fue la piedra angular para muchas civilizaciones antiguas, a las que aportó un medio de resolución de problemas y demostraciones en otros campos.

Así fue particularmente en la antigua Grecia, donde geometría y matemáticas fueron prácticamente sinónimas. El legado de los grandes filósofos matemáticos como Pitágoras, Platón y Aristóteles fue consolidado por Euclides, cuyos principios matemáticos basados en una combinación de geometría y lógica

fueron aceptados como fundamento de la disciplina durante unos dos mil años. En el siglo XIX, sin embargo, se propusieron alternativas a la geometría euclidiana clásica que abrieron nuevos campos de estudio, entre ellos, la topología, que estudia la naturaleza y las propiedades no solo de los objetos en el espacio, sino del espacio mismo.

Desde la época clásica, las matemáticas se ocuparon de situaciones estáticas, o de cómo son las cosas en un momento dado, y no ofrecían un medio para medir o calcular el cambio continuo. El cálculo, desarrollado de forma independiente por Gottfried Leibniz e Isaac Newton en el siglo XVII, dio respuesta a este problema. Las dos ramas del cálculo, integral y diferencial, aportaron un medio de análisis para cosas tales como la pendiente de las curvas en un gráfico y el área bajo ellas, con el fin de describir y calcular el cambio.

El hallazgo del cálculo inauguró un campo de análisis que sería especialmente relevante más adelante, por ejemplo para la teoría de la mecánica cuántica y la teoría del caos en el siglo XX.

Revisión de la lógica

A finales del siglo XIX y principios del XX surgió un nuevo campo matemático, el de los fundamentos de

las matemáticas, que hizo revivir el vínculo entre filosofía y matemáticas. Al igual que hiciera Euclides en el siglo III a. C., estudiosos como Gottlob Frege y Bertrand Russell trataron de descubrir los fundamentos lógicos en los que se basan los principios matemáticos. Su trabajo inspiró un reexamen de la naturaleza de las matemáticas mismas, cómo funcionan y cuáles son sus límites. Este estudio de los conceptos matemáticos básicos es, quizá, el más abstracto de los campos, una especie de metamatemática, pero es un anexo esencial de todos los demás campos de la matemática moderna.

Nueva tecnología, nuevas ideas

Los campos de las matemáticas – geometría, álgebra, aritmética, cálculo y fundamentos– son dignos de estudio por sí mismos, y la imagen popular que se tiene de las matemáticas académicas es la de una abstracción casi incomprensible. Sin embargo, se ha solido hallar aplicaciones prácticas para los descubrimientos matemáticos, y los avances científicos y tecnológicos han dado pie a innovaciones en el pensamiento matemático.

Un ejemplo señalado es la relación simbiótica entre matemáticas y ordenadores. Diseñados originalmente como medio mecánico para realizar cálculos tediosos y confeccionar tablas para matemáticos, astrónomos y demás estudiosos, la propia construcción de ordenadores nuevos exigió nuevos planteamientos matemáticos. Fueron los matemáticos, tanto como los ingenieros, quienes aportaron los medios para construir ingenios de computación, primero mecánicos, luego electrónicos, que a su vez servían como herramienta en el descubrimiento de nuevos conceptos matemáticos. Sin duda, en el futuro se encontrarán aplicaciones nuevas para los teoremas matemáticos, y, dados los numerosos problemas aún por resolver, no parece haber límite a los futuros descubrimientos matemáticos.

La historia de las matemáticas es una exploración de estos diferentes campos y del descubrimiento de otros nuevos, pero es también la historia de los propios exploradores, los matemáticos que se propusieron un objetivo definido, encontrar soluciones a problemas irresueltos; que se adentraron en territorio desconocido en busca de nuevas ideas; o que simplemente dieron con una idea en el curso de su travesía matemática que les inspiró la visión de adónde conduciría. El descubrimiento se produjo en algunos casos como una revelación que transformaba planteamientos, abriendo el camino hacia campos inexplorados; otros fueron casos de encontrarse «a hombros de gigantes», desarrollando las ideas de pensadores anteriores o encontrándoles aplicaciones prácticas.

Este libro presenta muchas de las «grandes ideas» de las matemáticas, desde los descubrimientos más antiguos hasta la actualidad, y explica en un lenguaje llano su origen, quién las descubrió y cuál es su importancia. Algunas pueden sonar conocidas, otras no tanto. Conocer estas ideas y las personas y sociedades que las descubrieron permite apreciar no solo la ubicuidad y utilidad de las matemáticas, sino también la elegancia y la belleza que encuentran los matemáticos en ellas. ■

Bien vistas, las matemáticas poseen no solo verdad, sino belleza suprema.
Bertrand Russell
Filósofo y matemático británico

PERIODOS Y CLASICO

3500 A. C.—500 D. C.

ANTIGUO

Distintas **cantidades anotadas** en tablillas de arcilla sumerias prefiguran **un sistema numérico**.

c.3500 a. C.

Los antiguos egipcios describen **métodos para calcular áreas y volúmenes** y los registran en el papiro Rhind.

c.1650 a. C.

Hípaso de Metaponto descubre los **números irracionales**, inexpresables como fracciones.

c.430 a. C.

Los *Elementos* de Euclides, uno de los tratados **más influyentes** jamás escritos, contiene **avances matemáticos** como la demostración de la infinitud de los números primos.

c.300 a. C.

---

c.3000 a. C.

Los sumerios introducen un sistema **numérico de base 60** en el cual un **cono pequeño denota 1**, y uno **grande, 60**.

c.530 a. C.

Pitágoras **funda una escuela** donde enseña sus **creencias metafísicas y descubrimientos matemáticos**, entre ellos, el teorema de Pitágoras.

c.387 a. C.

Platón funda la **Academia en Atenas**, sobre cuya entrada se podía leer: «No entre aquí nadie que no sepa geometría».

Hace 40 000 años, los seres humanos ya contaban por medio de marcas sobre madera o hueso. Sin duda, tenían una noción rudimentaria del número y de la aritmética, pero la historia de las matemáticas propiamente dichas comenzó con el desarrollo de sistemas numéricos en las civilizaciones antiguas. El primero de ellos surgió en el IV milenio a. C., en Mesopotamia, cuna de la agricultura y las ciudades del mundo. Los sumerios refinaron las cuentas a base de marcas, con símbolos diversos para distintas cantidades, que posteriormente los babilonios desarrollaron hasta un sofisticado sistema numérico de caracteres cuneiformes (en forma de cuña). A partir de *c.*1800 a. C., los babilonios aplicaron geometría y álgebra elementales a la resolución de problemas prácticos –los planteados por la construcción, la ingeniería y los cálculos para dividir la tierra–, junto con los conocimientos aritméticos útiles para el comercio y la recaudación de impuestos.

Un relato similar emerge poco tiempo después en la civilización del antiguo Egipto, cuyo comercio y cuyos impuestos requerían un sistema numérico sofisticado, y cuyas construcciones y obras de ingeniería dependían de medios de medición y de alguna familiaridad con la geometría y el álgebra. Los egipcios combinaron sus conocimientos en matemáticas con la observación de los astros para calcular y predecir ciclos astronómicos y estacionales y elaborar calendarios para el año religioso y agrícola. El estudio de los principios de la aritmética y la geometría estaba asentado ya en 2000 a. C.

El rigor griego

A partir del siglo VI a. C. comienza el rápido auge de la influencia griega en el Mediterráneo oriental. Los estudiosos griegos asimilaron las ideas matemáticas de los babilonios y los egipcios, y emplearon un sistema numérico decimal (compuesto por diez símbolos) derivado del sistema egipcio. La geometría en particular era muy afín a una cultura griega que estimaba la belleza de las formas y la simetría. Las matemáticas se convirtieron en piedra angular del pensamiento griego clásico, como se refleja en el arte, la arquitectura e incluso la filosofía. Las cualidades casi místicas de la geometría y los números inspiraron a Pitágoras y sus seguidores a fundar una comunidad, con rasgos de culto, dedicada al estudio de los principios matemáticos que con-

Apolonio de Perga presenta **avances clave** de la **geometría** en su obra *Cónicas*.

Los antiguos chinos desarrollan un **sistema para representar números negativos y positivos** con cañas de bambú negras y rojas.

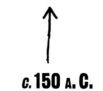

Liu Hui escribe un comentario importante sobre ***Los nueve capítulos sobre arte matemático***, obra compilada por estudiosos chinos ya desde el siglo x a. C.

c.200 a. C.

c.150 a. C.

263

c.250 a. C.

c.150 a. C.

c.250 d. C.

470

Arquímedes logra **aproximaciones del número pi utilizando polígonos**.

Hiparco de Nicea **compila las primeras tablas trigonométricas**.

Diofanto inventa **nuevos símbolos para las potencias desconocidas de las ecuaciones**, que publica en su *Arithmetica*.

Zu Chongzi se aproxima a **pi con una precisión de siete decimales**, cálculo no superado durante un milenio.

sideraban como los fundamentos mismos del universo y todo lo que contiene.

Siglos antes de Pitágoras, los egipcios utilizaban un triángulo con lados de 3, 4 y 5 unidades para obtener esquinas cuadradas al construir. Llegaron a la idea a través de la observación, y la aplicaron como regla de oro. Los pitagóricos, por el contrario, mostraron el principio con rigor, y demostrando que esto es cierto para todos los triángulos rectángulos. Tales nociones de rigor y demostración son la mayor aportación de los griegos a las matemáticas.

La Academia de Platón, en Atenas, estaba dedicada al estudio de la filosofía y las matemáticas, y el propio Platón describió los cinco sólidos platónicos (tetraedro, cubo, octaedro, dodecaedro e icosaedro). Otros filósofos, entre los que se des-

taca Zenón de Elea, aplicaron la lógica a los fundamentos de las matemáticas para exponer los problemas de la infinitud y el cambio, y exploraron incluso el fenómeno extraño de los números irracionales. Con su análisis metódico de las formas lógicas, Aristóteles, discípulo de Platón, identificó la diferencia entre razonamiento inductivo (como el inferir una regla de oro a partir de la observación) y deductivo (el empleo de pasos lógicos para llegar a una determinada conclusión a partir de unas premisas, o axiomas, establecidos).

Sobre esta base, Euclides planteó los principios de la demostración matemática a partir de verdades axiomáticas en su obra *Elementos*, tratado que constituiría el fundamento de las matemáticas durante dos milenios. Con rigor similar,

Diofanto fue el pionero en el uso de símbolos para representar números desconocidos en las ecuaciones, primer paso hacia la notación simbólica algebraica.

Un nuevo amanecer en Oriente

El predominio griego fue eclipsado por el auge del Imperio romano. Los romanos veían en las matemáticas una herramienta práctica y no tanto una disciplina digna de estudio por sí misma. A la vez, las antiguas civilizaciones de India y China desarrollaron de forma independiente sus propios sistemas numéricos. Las matemáticas chinas en particular florecieron entre los siglos II y V d. C., gracias en gran parte al trabajo de revisión y expansión de los textos matemáticos chinos clásicos por Liu Hui. ■

LOS NUMEROS
TOMAN POSICIONES
LA NOTACIÓN POSICIONAL

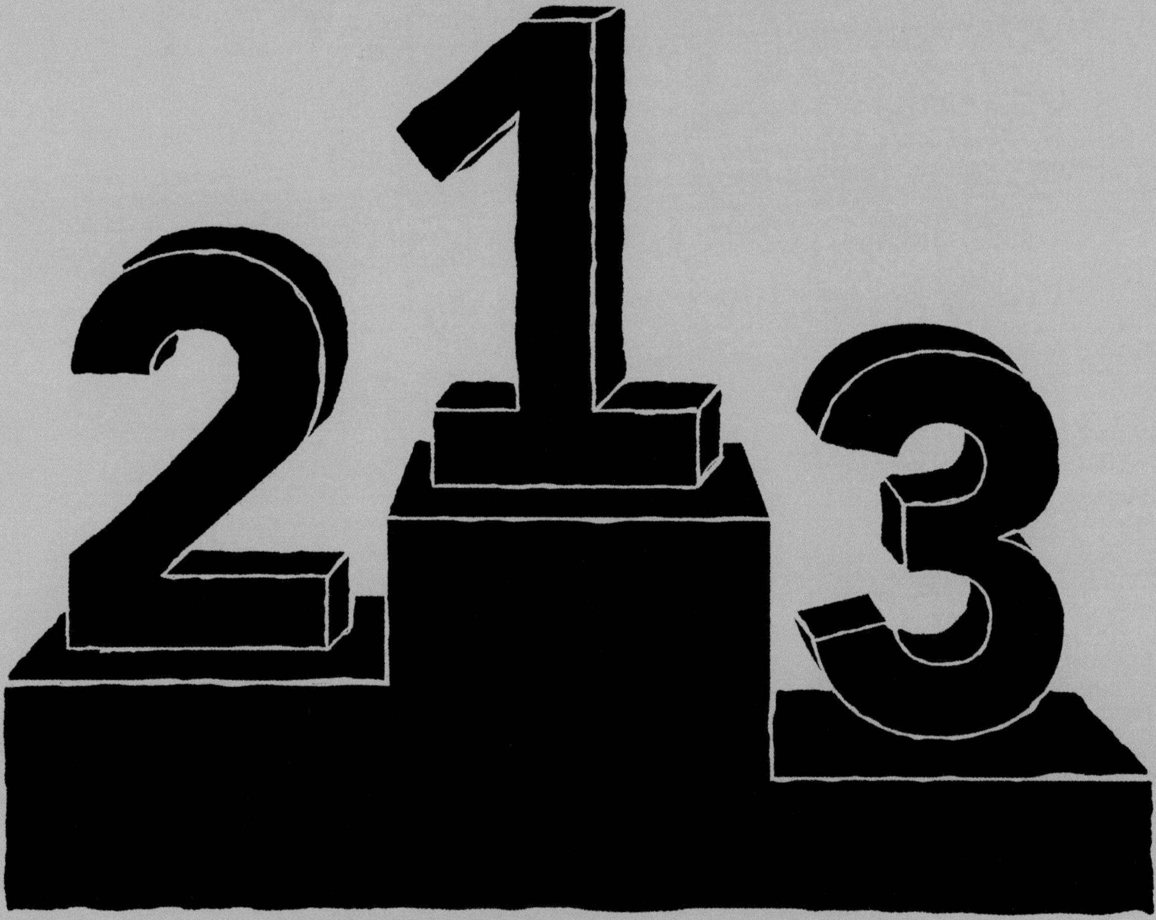
2
1
3

EN CONTEXTO

CIVILIZACIÓN
Babilonia

CAMPO
Aritmética

ANTES
Hace 40 000 años En Europa y África se cuenta por medio de marcas en madera o hueso.

3500–3200 A. C. Los sumerios desarrollan los primeros sistemas de cálculo para medir la tierra y estudiar los astros.

3200–3000 A. C. Los babilonios usan un cono de arcilla pequeño para el 1, uno grande para el 60, y una bola para el 10, como parte de su sistema sexagesimal.

DESPUÉS
Siglo II D. C. Los chinos usan el ábaco en su sistema de numeración posicional decimal.

Siglo VII En India, Brahmagupta establece el cero como número propiamente, y no como mero marcador de posición.

Nos es dado el calcular, el pesar, el medir, el observar; esto es la filosofía natural.
Voltaire
Filósofo francés

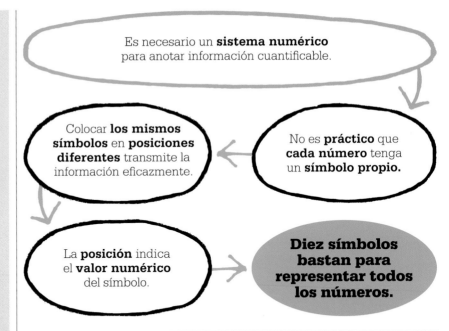

Es necesario un **sistema numérico** para anotar información cuantificable.

No es **práctico** que **cada número** tenga un **símbolo propio.**

Colocar **los mismos símbolos** en **posiciones diferentes** transmite la información eficazmente.

La **posición** indica el **valor numérico** del símbolo.

Diez símbolos bastan para representar todos los números.

El primer pueblo del que consta un sistema numérico avanzado fue el de los sumerios, en Mesopotamia, antigua civilización entre en el Tigris y el Éufrates, en el actual Irak. Tablillas de arcilla sumerias de al menos el IV milenio a. C. incluyen símbolos para denotar cantidades diversas. Los sumerios, y luego los babilonios, necesitaban herramientas matemáticas eficaces para administrar sus imperios.

Lo que distinguió a la civilización babilónica de otras vecinas, como la de Egipto, fue el uso de un sistema de numeración posicional. En tales sistemas, el valor de un número está indicado tanto por el símbolo como por la posición que ocupa. Actualmente, por ejemplo, en el sistema decimal, la posición de cada dígito de un número indica si su valor corresponde a las unidades (menos de 10), decenas, centenas, etc. Tales sistemas permiten cálculos mucho más eficientes, gracias a que una serie reducida de símbolos representa una gama muy extensa de valores. Los egipcios, en cambio, usaban símbolos específicos para las unidades, decenas, centenas, millares y órdenes superiores, y carecían de un sistema posicional: representar números grandes podía requerir 50 jeroglíficos o más.

Usar bases diferentes

La numeración indoarábiga (o arábiga) actual es un sistema decimal. Requiere solo diez símbolos: nueve dígitos (1, 2, 3, 4, 5, 6, 7, 8, 9) y el cero como marcador de posición. Como en el sistema babilonio, la posición de un dígito indica su valor, y el de menor valor queda siempre a la derecha. En un sistema decimal, una cifra de dos dígitos, tal como 22, indica $(2 \times 10^1) + 2$; el valor del 2 a la izquierda es diez veces el del 2 a la derecha. Colocar dígitos tras el 22 creará cientos, miles y potencias de 10 mayores. Un signo, cuya notación estándar es la coma o el punto decimales, a continuación de un número entero, separa este de sus partes fraccionarias, que representan cada una la décima parte del valor posicional del número precedente. Los babilonios usaban un sistema sexagesimal (de base 60) más complejo, probablemente heredado de los sumerios, y empleado aún hoy en todo el mundo para expresar medidas del tiempo, de los grados de un círculo (360° = 6 × 60) y de las coordenadas geográficas. No se sabe con certeza por qué empleaban el 60 como base numérica. Quizá lo escogieron por ser divisible por muchos otros números: 1, 2, 3, 4, 5, 6, 10, 12, 15, 20 y 30. Los babilonios basaron también el año del calendario en el año solar (365, 24 días); el número de días en un año era 360 (6 × 60), con días añadidos para fiestas religiosas.

En el sistema sexagesimal babilonio se empleaba un único símbolo, por sí solo o repetido hasta nueve veces, para representar los símbolos del 1 al 9. Para el 10 se empleaba un símbolo distinto, colocado a la izquierda del símbolo del 1, y repetido de dos a cinco veces para los números hasta el 59. Para el 60 (60 × 1), volvía a usarse el símbolo del 1, pero separado y colocado más a la izquierda que este. Al ser un sistema de base 60, dos de tales símbolos representan 61, y tres de los mismos 3661, es decir, 60 × 60 (60^2) + 60 + 1.

El sistema sexagesimal tenía desventajas obvias: requiere muchos más símbolos que un sistema decimal. Durante siglos, el sistema sexagesimal careció de marcadores de valor posicional, así como de medio alguno para separar números enteros de partes fraccionarias. Desde »

El dios solar babilonio Shamash
entrega una vara y una cuerda enrollada, antiguas herramientas de medición, a agrimensores recién formados, en una tablilla de *c.* 1000 a. C.

Cuneiforme

A finales del siglo XIX se descifraron las marcas cuneiformes en tablillas de arcilla recuperadas de yacimientos babilonios en Irak y áreas circundantes. Representaban letras, palabras y un sistema numérico avanzado, y se grababan sobre la arcilla húmeda usando uno u otro extremo de un cálamo. Como los egipcios, los babilonios necesitaban escribas para administrar una sociedad compleja, y se cree que muchas tablillas con registros matemáticos proceden de escuelas para formarlos.

A diferencia de los papiros egipcios, las tablillas de arcilla se han conservado bien, y se ha podido reunir información de las matemáticas babilonias, que incluía la multiplicación, la división, las raíces cuadradas, las raíces cúbicas, la geometría, las fracciones y las ecuaciones. Se conservan varios miles de tablillas, la mayoría de entre 1800 y 1600 a. C., en museos de todo el mundo.

Cuneiforme es un término derivado del latín *cuneus* («cuña»), que describe la forma de sus símbolos, que se inscribían en arcilla húmeda, piedra o metal.

1	11	21	31	41	51
2	12	22	32	42	52
3	13	23	33	43	53
4	14	24	34	44	54
5	15	25	35	45	55
6	16	26	36	46	56
7	17	27	37	47	57
8	18	28	38	48	58
9	19	29	39	49	59
10	20	30	40	50	60

El sistema numérico sexagesimal babilonio se construyó a partir de dos símbolos: el de la unidad, solo o repetido para números del 1 al 9, y el del 10, repetido para 20, 30, 40 y 50.

300 a. C. aproximadamente, sin embargo, los babilonios utilizaron dos cuñas para indicar «ningún valor», de un modo similar a como se usa hoy el cero como marcador de posición. Este fue quizá el primer uso del cero.

Otros sistemas de numeración

Al otro lado del mundo, en Mesoamérica, al parecer de forma aislada, la civilización maya desarrolló un sistema propio de numeración avanzada en el I milenio a. C. Era un sistema vigesimal (de base 20), que pudo evolucionar a partir de un método simple para contar usando los dedos de las manos y de los pies. De hecho, se emplearon sistemas vigesimales por todo el mundo, como en Europa, África y Asia, y quedan abundantes vestigios de ello en el lenguaje: en francés, por ejemplo, 80 es *quatre-vingt* (4 × 20). En galés y gaélico también se expresan algunos números como múltiplos de 20, mientras que, en inglés, hay ejemplos en la traducción de la Biblia con el sentido arcaico «veintena», de la palabra *score*, como en el salmo 90, donde la duración de una vida humana se describe como *threescore years and ten* («tres veintenas y diez años») o como *fourscore years* («cuatro veintenas de años»).

Desde 500 a. C. aproximadamente hasta el siglo XVI, cuando se adoptaron los números indoarábigos, en China se representaban los numerales con varillas. Fue el primer sistema posicional decimal: alternando cantidades de varillas horizontales y verticales, podía indicar unidades, decenas, cientos, miles y potencias superiores de 10, de modo similar al sistema decimal actual. Por ejemplo, 45 se escribía con cuatro varillas horizontales que representan 4×10^1 (40) y cinco varillas verticales para representar 5×1 (5). Cuatro varillas verticales seguidas de cinco verticales, en cambio, indicaban 405 (4 × 100, o 10^2) + 5 × 1, pues la ausencia de varillas horizontales supone que no hay decenas en el número. Los cálculos se realizaban manipulando las varillas sobre un tablero. Los números positivos y negativos los representaban varillas rojas y negras respectivamente, o varillas de sección distinta (triangular y rectangular). Las varillas siguen usándose ocasionalmente en China, al igual que los numerales romanos en las sociedades occidentales.

El sistema posicional chino se refleja en el ábaco chino denominado *suanpan*, uno de los ingenios a base de cuentas más antiguos, pues se remonta al menos a 200 a. C., aunque los romanos usaran uno similar. La versión china, aún hoy en uso, tiene una barra central y un número variable de fieles verticales que separan las unidades de las decenas, centenas, y así sucesivamente. En cada columna hay dos cuentas sobre la barra que valen cinco cada una, y cinco cuentas bajo la barra que valen uno cada una.

El ábaco chino fue adoptado en el siglo XIV en Japón, donde se desarrolló uno propio, el *soroban*, que tiene una cuenta que vale 5 sobre la barra

Las civilizaciones asiria y babilonia han perecido […], pero las matemáticas babilonias siguen siendo interesantes, y el sistema de base 60 aún se usa en astronomía.
G. H. Hardy
Matemático británico

Usar el 10 como referencia en lugar de cualquier otro número es pura consecuencia de nuestra anatomía. Usamos los 10 dedos para contar.
Marcus du Sautoy
Matemático británico

Ebisu, dios japonés de los pescadores y uno de los siete dioses de la fortuna, calcula sus beneficios con un *soroban* en *El sueño del pargo rojo*, de Utagawa Toyohiro.

central y cuatro cuentas que valen uno bajo la misma en cada columna. El *soroban* aún se usa en Japón, incluso en concursos en los que los jóvenes demuestran su capacidad de realizar mentalmente cálculos *soroban*, habilidad conocida como *anzan*.

Numeración moderna

El sistema decimal arábigo (o indoarábigo) utilizado hoy en todo el mundo procede originalmente de India. Entre los siglos I y IV d. C. se desarrolló el uso de nueve símbolos junto con el cero, para poder escribir cualquier cifra de modo eficiente aplicando el valor posicional. El sistema lo adoptaron y refinaron los matemáticos árabes y persas en el siglo IX, que introdujeron el punto decimal para poder expresar fracciones como números enteros.

Tres siglos más tarde, Leonardo de Pisa (o Pisano, llamado Fibonacci) popularizó los numerales indoarábigos en Europa en su obra *Liber abaci* (1202). Sin embargo, el debate acerca de emplear el nuevo sistema en lugar de los numerales romanos y los métodos de cuenta tradicionales duró varios siglos, antes de que adoptarlo despejara el camino a los avances matemáticos modernos.

Con el advenimiento de la informática, adquirieron relevancia otras bases numéricas, en particular el sistema binario, de base 2. A diferencia del sistema decimal y sus 10 símbolos, el binario tiene solo dos; 1 y 0. Es un sistema posicional, pero en lugar de multiplicar por 10, cada columna se multiplica por 2, lo cual se expresa como 2^1, 2^2, 2^3 y así sucesivamente. En binario, la cifra 111 significa $1 \times 2^2 + 1 \times 2^1 + 1 \times 2^0$, es decir $4 + 2 + 1$, o 7 en nuestro sistema decimal.

En el binario, como en todos los sistemas numéricos modernos sea cual sea su base, no varían los principios del valor posicional, el antiguo legado babilonio que sigue permitiendo representar cifras grandes de modo eficiente y fácilmente comprensible. ∎

El Códice de Dresde, el libro maya más antiguo que se conserva, del siglo XIII o XIV, ilustra los símbolos y glifos numéricos mayas.

El sistema numérico maya

Los mayas, que vivieron en América Central desde 2000 a. C. aproximadamente, utilizaron un sistema numérico vigesimal (de base 20) a partir de *c.* 1000 a. C. para cálculos astronómicos y del calendario. Como los babilonios, usaban un calendario de 360 días con festivos añadidos, sumando 365,24 días basados en el año solar; los calendarios servían para deducir el ciclo de crecimiento de los cultivos.

El sistema maya empleaba símbolos: el punto representaba uno; la barra, cinco. Combinando puntos sobre barras se podían generar los números hasta 19, y los mayores que este se escribían verticalmente, con las cantidades menores abajo. Hay pruebas de cálculos mayas de hasta cientos de millones. Una inscripción de 36 a. C. muestra que utilizaban un símbolo en forma de concha para significar cero, de uso habitual llegado el siglo IV. El sistema numérico maya siguió en vigor hasta la conquista española en el siglo XVI, a partir de la cual no tuvo más difusión.

EL CUADRADO COMO MAYOR POTENCIA

ECUACIONES DE SEGUNDO GRADO

EN CONTEXTO

CIVILIZACIONES
Antiguo Egipto (*c.* 2000 a. C.),
Babilonia (*c.* 1600 a. C.)

CAMPO
Álgebra

ANTES
C. **1800 a. C.** Los papiros de
Berlín incluyen una ecuación
cuadrática resuelta en el
antiguo Egipto.

DESPUÉS
Siglo vii d. C. El matemático
indio Brahmagupta resuelve
ecuaciones cuadráticas con
enteros positivos.

Siglo x d. C. El egipcio
Abu Kamil Shuja ibn Aslam
utiliza números negativos
e irracionales para resolver
ecuaciones cuadráticas.

1545 El italiano Gerolamo
Cardano plantea las reglas
del álgebra en su *Ars magna*.

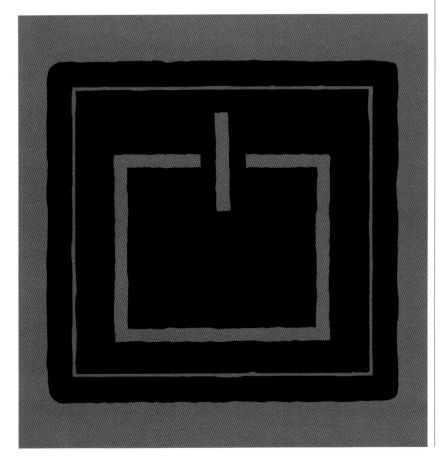

Las ecuaciones de segundo grado (o ecuaciones cuadráticas) son las que tienen números desconocidos elevados a 2, y no a una potencia mayor; contienen x^2 pero no x^3, ni x^4, etc. Uno de los principales rudimentos matemáticos es la capacidad de aplicar ecuaciones a la resolución de problemas reales. Cuando el planteamiento de estos problemas incluye áreas o trayectorias o curvas tales como parábolas, las ecuaciones de segundo grado resultan muy útiles, y describen fenómenos físicos como el vuelo de una pelota o un cohete.

Raíces antiguas
La historia de las ecuaciones de segundo grado se extiende por todo el

Las **ecuaciones** de segundo grado contienen números **elevados a 2**, y por tanto se usan para calcular con **dos dimensiones**.

El **número de dimensiones** es igual al **número máximo de soluciones reales** que tenga una ecuación.

Hay un máximo de **dos soluciones reales** para las **ecuaciones de segundo grado, tres** para una de **tercero**, y así sucesivamente.

Si una ecuación de segundo grado, u otras, es **igual a cero** (p. ej., $x^2 + 3x + 2 = 0$), las **soluciones se llaman raíces**.

En una ecuación de segundo grado, estas **dos raíces** son los puntos en que una curva cuadrática **atraviesa** el **eje** x en un gráfico.

Los papiros de Berlín, copiados y publicados por el egiptólogo alemán Hans Schack-Schackenburg en 1900, contienen dos problemas matemáticos; uno de ellos es una ecuación cuadrática.

mundo. Es probable que surgieran de la necesidad de subdividir la tierra para las herencias, o bien para resolver problemas que requerían suma y multiplicación.

Uno de los ejemplos más antiguos de ecuación de segundo grado que se conserva procede del antiguo texto egipcio conocido como papiros de Berlín (c. 1800 a. C.). El problema contiene la información siguiente: el área de un cuadrado de 100 codos es igual a la de dos cuadrados menores, el lado de uno de los cuales es igual a la mitad más un cuarto del lado del otro. En notación moderna, esto se traduce en forma de dos ecuaciones simultáneas: $x^2 + y^2 = 100$ y $x = (1/2 + 1/4)y = 3/4\,y$.

Estas se pueden simplificar a la ecuación de segundo grado $(3/4\,y)^2 + y^2 = 100$ para hallar la longitud de un lado de cada cuadrado.

Los egipcios usaban un método llamado *regula falsi* («regla falsa») o de falsa posición para hallar la solución. En este método, el matemático escoge un número con el que sea sencillo calcular, y encuentra cuál sería la solución de la ecuación utilizando dicho número. El resultado muestra cómo ajustar el número para obtener la solución correcta. Por ejemplo, en el problema de los papiros de Berlín, la longitud más sencilla para el mayor de los dos cuadrados es 4, pues en el problema hay cuartos. Para el lado del cuadra-

do menor se utiliza 3, porque esta longitud es $3/4$ del lado del otro cuadrado pequeño. Dos cuadrados creados con esta falsa posición tendrían áreas de 16 y 9 respectivamente, que sumadas dan un área total de 25. Esto es solo $1/4$ de 100, por lo que hay que cuadruplicar las áreas para que correspondan a la ecuación de los papiros. Las longitudes deben, por lo tanto, doblarse con respecto a las cifras falsas 4 y 3 para obtener las soluciones: 8 y 6.

Hay otras ecuaciones de segundo grado antiguas en tablillas de arcilla babilonias, en las que se calcula la diagonal de un cuadrado con hasta cinco decimales. La tablilla babilonia YBC 7289 (c. 1800–1600 a. C.) muestra un método para calcular la »

La fórmula cuadrática es un modo de resolver ecuaciones de segundo grado. Por convención moderna, estas ecuaciones incluyen: un número, a, multiplicado por x^2; otro, b, multiplicado por x; y un término independiente, c. Abajo se muestra cómo la fórmula emplea a, b y c para hallar el valor de x. Las ecuaciones de segundo grado son a menudo iguales a 0, lo cual facilita resolverlas en un gráfico: las soluciones x son los puntos donde la curva atraviesa el eje x.

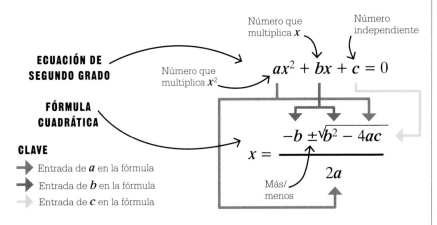

ECUACIÓN DE SEGUNDO GRADO

Número que multiplica x^2

Número que multiplica x

Número independiente

$$ax^2 + bx + c = 0$$

FÓRMULA CUADRÁTICA

$$x = \frac{-b \pm \sqrt{b^2 - 4ac}}{2a}$$

Más/menos

CLAVE

→ Entrada de a en la fórmula

→ Entrada de b en la fórmula

→ Entrada de c en la fórmula

ecuación de segundo grado $x^2 = 2$ dibujando rectángulos y recortándolos hasta obtener cuadrados. En el siglo VII d. C., el matemático indio Brahmagupta escribió una fórmula para resolver ecuaciones de segundo grado aplicable a ecuaciones en la forma $ax^2 + bx = c$. Los matemáticos de la época no empleaban letras o símbolos, por lo que escribió la solución en palabras, pero de modo semejante a la fórmula anterior.

En el siglo VIII, Al Juarismi, matemático persa, utilizó una solución geométrica para ecuaciones de segundo grado llamada «completar el cuadrado». Hasta el siglo X se usaron a menudo métodos geométricos, ya que las ecuaciones de segundo grado servían para problemas reales relativos a la tierra, más que para desafíos algebraicos abstractos.

Soluciones negativas

Hasta este punto, los estudiosos indios, persas y árabes habían usado solo números positivos. Al resolver la ecuación $x^2 + 10x = 39$, daban como solución 3. Esta, sin embargo,

es una de las dos soluciones correctas al problema, siendo la otra –13. Si x es –13, $x^2 = 169$ y $10x = -130$. Añadir un número negativo produce el mismo resultado que restar el número positivo equivalente, de modo que $169 + (-130) = 169 - 130 = 39$.

En el siglo X, el estudioso egipcio Abu Kamil Shuja ibn Aslam usó números negativos y números irracionales algebraicos (como la raíz cuadrada de 2) como soluciones y como coeficientes (números que multiplican una cantidad desconocida). Ya en el siglo XVI, la mayoría de los matemáticos habían aceptado las soluciones negativas, y se manejaban cómodamente con raíces irracionales sin expresión decimal exacta. Habían comenzado también a usar números y símbolos, en lugar de escribir las ecuaciones con palabras, y usaban el signo más/menos, ±, al resolver ecuaciones de segundo grado. Con la ecuación $x^2 = 2$, la solución no es solo $x = \sqrt{2}$, sino $x = \pm\sqrt{2}$. El signo más/menos se incluye porque multiplicar un número negativo por otro da un resultado positivo. Mien-

tras que $\sqrt{2} \times \sqrt{2} = 2$, también es cierto que $-\sqrt{2} \times -\sqrt{2} = 2$.

En 1545, Gerolamo Cardano publicó *Ars magna* (*Gran obra, o las reglas del álgebra*) donde exploraba el problema: «¿Qué par de números tiene una suma de 10 y un producto de 40?». Halló que el problema conducía a una ecuación de segundo grado que, al completar el cuadrado, daba $\sqrt{-15}$. Ningún número disponible para los matemáticos de la época daba un número negativo al multiplicarlo por sí mismo, pero Cardano proponía suspender todo juicio, y trabajar con la raíz cuadrada del 15 negativo para dar con las dos soluciones de la ecuación. Los números como $\sqrt{-15}$ se conocerían más adelante como números «imaginarios».

Estructura de las ecuaciones

Las ecuaciones modernas de segundo grado suelen presentarse como $ax^2 + bx + c = 0$. Las letras a, b, y c representan números conocidos, mientras que la x representa el número desconocido. Las ecuaciones contienen variables (símbolos para números desconocidos), coeficientes (las que no multiplican las variables) y operadores (signos como más o igual). Los términos son las partes separadas por los operadores, y pueden ser un nú-

La política es para el presente; una ecuación, para la eternidad.
Albert Einstein

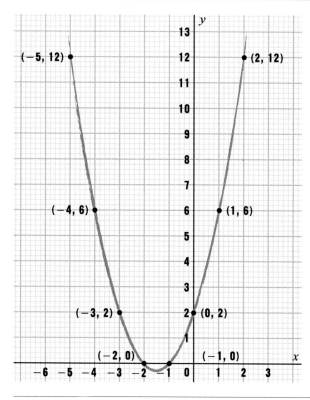

Un gráfico de la función cuadrática $y = ax^2 + bx + c$ crea una curva en «U» llamada parábola. En este gráfico se marcan los puntos (en negro) de la función cuadrática donde $a = 1$, $b = 3$, y $c = 2$. Esto expresa la ecuación de segundo grado $x^2 + 3x + 2 = 0$. Las soluciones para x están donde $y = 0$ y la curva atraviesan el eje x. Estas son -2 y -1.

Aplicaciones prácticas

Al principio, las ecuaciones de segundo grado solo se aplicaron a problemas geométricos, pero actualmente tienen muchas otras aplicaciones matemáticas, científicas y tecnológicas, como, por ejemplo, los modelos del vuelo de proyectiles. Un objeto lanzado al aire acaba por caer debido a la gravedad. La función cuadrática puede predecir el movimiento de un proyectil (la altura del objeto a lo largo del tiempo). Las ecuaciones se aplican a modelos de la relación entre tiempo, velocidad y distancia, y a cálculos para objetos parabólicos como lentes. También sirven para predecir beneficios y pérdidas en los negocios. El beneficio se basa en los ingresos totales menos los costes de producción, y las empresas usan ecuaciones de segundo grado con estas variables para calcular el precio de venta óptimo y maximizar los beneficios.

mero, una variable o una combinación de ambos. La ecuación de segundo grado moderna tiene cuatro términos ax^2, bx, c, y 0.

Parábolas

Una función es un grupo de términos que define una relación entre variables (a menudo x e y). La función cuadrática suele escribirse como $y = ax^2 + bx + c$, lo cual, en un gráfico, muestra una curva, llamada parábola (arriba). Cuando existan soluciones reales (no imaginarias) para $ax^2 + bx + c = 0$ serán las raíces: los puntos en los que la parábola atraviesa el eje x. No todas las parábolas atraviesan el eje x en dos puntos. Si la parábola solo toca el eje x una vez, significa que hay raíces coincidentes (las soluciones son iguales la una a la otra). La ecuación más simple de este tipo es $y = x^2$. Si la parábola ni toca ni atraviesa el eje x, no hay raíces reales. Las parábo-

las resultan útiles en el mundo real por sus propiedades de reflexión, y este es el motivo de que las antenas parabólicas tengan dicha forma. La parábola de la antena refleja las señales que recibe y las dirige a un solo punto: el receptor. ■

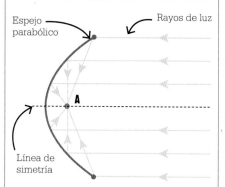

Los objetos parabólicos tienen propiedades reflectantes especiales. En un espejo parabólico, todo rayo de luz paralelo a la línea de simetría se reflejará hacia el mismo punto fijo (A).

Las ecuaciones de segundo grado sirven para trazar modelos de trayectoria de proyectiles, tales como este misil MIM-104 Patriot tierra-aire, del ejército de EE UU.

EL CALCULO PRECISO PARA INQUIRIR EN TODAS LAS COSAS

EL PAPIRO RHIND

CIVILIZACIÓN
Antiguo Egipto
(*c.* 1650 a. C.)

CAMPO
Aritmética

ANTES
***C.* 2480 a. C.** Se registran en piedra los niveles de las inundaciones del Nilo, medidas en codos (unos 52 cm) y palmos (unos 7,5 cm).

***C.* 1850 a. C.** El papiro de Moscú ofrece la solución a 25 problemas matemáticos, entre ellos, el cálculo del área de un hemisferio y el volumen de una pirámide.

DESPUÉS
***C.* 1800 a. C.** Sale a la luz el papiro de Berlín, que muestra que los antiguos egipcios utilizaban ecuaciones de segundo grado.

Siglo VI a. C. El científico griego Tales viaja a Egipto y estudia sus teorías matemáticas.

E l papiro Rhind del Museo Británico de Londres ofrece un atisbo del intrigante relato de las matemáticas en el antiguo Egipto. Llamado así en honor al anticuario escocés Alexander Henry Rhind, quien adquirió el papiro en Egipto en 1858, fue copiado de documentos anteriores por un escriba, Ahmes, hace más de 3500 años. Mide 32 cm por 200 cm, y contiene 84 problemas de aritmética, álgebra, geometría y medición. Los problemas planteados en este y otros soportes, como el anterior papiro de Moscú, ilustran técnicas para calcular áreas, proporciones y volúmenes.

El ojo de Horus, dios egipcio, era un símbolo de poder y protección. Partes del ojo de Horus se usaban para denotar fracciones cuyos denominadores eran potencias de 2. El globo ocular, por ejemplo, representa $1/4$, y la ceja, $1/8$.

Representar conceptos

El sistema numérico egipcio fue el primer sistema decimal. Usaba trazos verticales para los números del 1 al 9, y un símbolo distinto para cada potencia de 10. Los símbolos se repetían para representar otros números. Las fracciones se expresaban como números con un punto encima. El concepto egipcio de fracción se aproxima a la fracción unitaria, es decir, $1/n$, donde *n* es un número entero. Al doblarse una fracción, debía reescribirse como una fracción unitaria más otra; por ejemplo, $2/3$ en la notación moderna serían $1/2 + 1/6$ en la notación egipcia (no $1/3 + 1/3$ pues no se permitía repetir la misma fracción).

Los 84 problemas del papiro Rhind ilustran los métodos matemáticos de uso habitual en el antiguo Egipto. En el problema 24, por ejemplo, se pregunta qué cantidad sumada a su séptima parte se convierte en 19. Esto se traduce como $x + x/7 = 19$. El enfoque aplicado al problema 24 se conoce como la «regla de la falsa posición». La técnica –utilizada hasta bien entrada la Edad Media– es iterativa, o de aproximación: se escoge un valor sencillo falso para una variable, y se ajusta usando un factor de escala (la cantidad requerida dividida por el resultado).

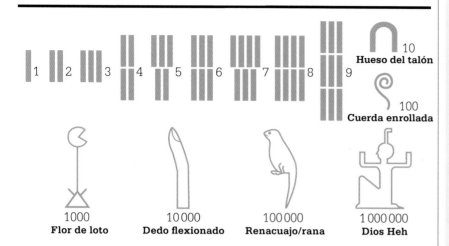

Los antiguos egipcios usaban líneas verticales para los números del 1 al 9. Las potencias de 10, en particular las inscritas en piedra, se representaban con jeroglíficos.

Obras de instrucción

Los papiros Rhind y de Moscú son los documentos matemáticos más completos que se conservan de la época del apogeo de la antigua civilización egipcia. Fueron copiados minuciosamente por escribas versados en aritmética, geometría y mensura (el estudio de la medición), y es probable que se usaran para la formación de nuevos escribas. Estos papiros contenían lo más avanzado del pensamiento matemático de su tiempo, pero no se consideraban obras de erudición, sino manuales de instrucción para uso comercial o contable, para la construcción, y para otras actividades que requerían medidas y cálculos.

Así, los ingenieros egipcios aplicaron las matemáticas a la construcción de las pirámides. El papiro Rhind incluye un cálculo de la pendiente de una pirámide que emplea el *seked*, la medida de la distancia horizontal que recorre una pendiente para cada desnivel de 1 codo. Cuanto mayor es la pendiente, menor es el número de *sekeds*.

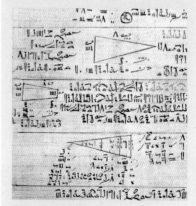

El escriba del papiro Rhind utilizó el sistema hierático para los números, un estilo cursivo más compacto y práctico que representar complejos jeroglíficos.

En los cálculos del problema 24, el 7 es el número más simple para hallar la séptima parte, por lo que se usa primero como falso valor de la variable. El resultado del cálculo (7 más $^7/_7$ [o 1]) es 8, no 19, por lo que es necesario un factor de escala. Para conocer la diferencia entre 7 y la cantidad requerida, se divide 19 por 8 (la solución «falsa»). Esto da como resultado $2 + \frac{1}{4} + \frac{1}{8}$ (no $2\frac{3}{8}$, pues la multiplicación egipcia se basaba en doblar y dividir por 2 las fracciones), que será el factor de escala que aplicar. Así, 7 (el valor «falso» original) se multiplica por $2 + \frac{1}{4} + \frac{1}{8}$ (el factor de escala) dando como resultado $16 + \frac{1}{2} + \frac{1}{8}$ (o $16^5/_8$).

Muchos problemas del papiro se refieren al cálculo de partes de bienes o tierra. En el problema 41 se pregunta el volumen de un depósito cilíndrico de 9 codos de diámetro y 10 codos de altura. El método consiste en hallar el área de un cuadrado de lados $^8/_9$ del diámetro, y mul-tiplicarla por la altura. La cifra $^8/_9$ es una aproximación de la proporción del área de un cuadrado que ocupa-ría un círculo inscrito en dicho cua-drado. Este es el método usado en el problema 50 para hallar el área de un círculo: restar $\frac{1}{9}$ al diámetro del círculo y hallar el área del cuadrado con la longitud del lado resultante.

Nivel de precisión

Desde los antiguos griegos, el área de un círculo se ha calculado mul-tiplicando el cuadrado de su radio (r^2) por el número pi (π), expresado como πr^2. Los antiguos egipcios carecían del concepto de pi, pero los cálculos del papiro Rhind indi-can que se habían aproximado a su valor. Su cálculo del área del círculo –con el diámetro del círculo como dos veces el radio ($2r$)– puede ex-presarse ($^8/_9 \times 2r)^2$, que simplificado es $^{256}/_{81}\, r^2$, que da un equivalente de pi de $^{256}/_{81}$. Como decimal, esto es aproximadamente un 0,6 % mayor que el verdadero valor de pi. ▪

LA SUMA ES LA MISMA EN TODAS LAS DIRECCIONES

CUADRADOS MÁGICOS

EN CONTEXTO

CIVILIZACIÓN
Antigua China

CAMPO
Teoría de números

ANTES
Siglo IX A.C. El *I ching (Libro de las mutaciones)* chino plantea trigramas y hexagramas de números para la adivinación.

DESPUÉS
1782 Leonhard Euler escribe sobre cuadrados latinos en *Recherches sur une nouvelle espèce de carrés magiques (Investigaciones sobre un nuevo tipo de cuadrados mágicos).*

1979 Dell Magazines, de Nueva York, publica el primer rompecabezas estilo sudoku.

2001 El ingeniero electrónico británico Lee Sallows inventa cuadrados mágicos (llamados «geomágicos»), con formas geométricas en lugar de números.

Un **cuadrado mágico** es una **tabla cuadrada** –de tres por tres o más– con enteros distintos en cada celda.

La suma de los números en cada **fila**, **columna** y **diagonal será la misma**.

Esta **suma** es el **total mágico**.

Hay miles de maneras de disponer los números del 1 al 9 en una tabla de tres por tres. Solo de ocho maneras se obtiene un cuadrado mágico en el que la suma de los números de cada fila, columna y diagonal –el total mágico– sea la misma. La suma de los números del 1 al 9 es 45, como lo es la suma de las tres filas o columnas. El total mágico, por tanto, es ⅓ de 45, es decir, 15. De hecho, hay una sola combinación de números en un cuadrado mágico, y las otras siete son rotaciones de la misma.

Orígenes antiguos

Los cuadrados mágicos son probablemente el primer ejemplo de «matemática recreativa». Su origen exacto se desconoce, pero la primera referencia conocida, en la leyenda china de *Lo Shu* («El rollo del río Lo»), data de 650 a.C. En la leyenda, se le aparece una tortuga al gran rey Yu, cuyo reino sufría inundaciones devastadoras. Las marcas en el caparazón de la tortuga formaban un cuadrado mágico, con los números del 1 al 9 representados por puntos. Debido a la leyenda, se atribuyeron propiedades mágicas a la disposición de números pares e impares (con los pares siempre en las esquinas del cuadrado), y se viene usando como talismán desde entonces.

Con la difusión de ideas chinas favorecida por la Ruta de la Seda, otras culturas se interesaron por los cuadrados mágicos. Se trata sobre ellos en textos indios de 100 d.C., y el libro de adivinación *Brijat samjita*

Véase también: Números irracionales 44–45 ▪ La criba de Eratóstenes 66–67 ▪ Números negativos 76–79 ▪ La sucesión de Fibonacci 106–111 ▪ La proporción áurea 118–123 ▪ Números primos de Mersenne 124 ▪ El triángulo de Pascal 156–161

(*c.* 550 d. C.) incluye el primer cuadrado mágico del que hay constancia en India, usado para medir cantidades de perfume. Los estudiosos árabes, vínculo vital entre los conocimientos de las civilizaciones antiguas y la Europa renacentista, introdujeron los cuadrados mágicos en Europa ya en el siglo XIV.

Cuadrados de distintos tamaños

El número de filas y columnas en un cuadrado mágico se llama orden. Por ejemplo, un cuadrado de tres por tres se conoce como de orden tres. No existe un cuadrado mágico de orden dos, pues solo funcionaría si todos los números fueran idénticos. A medida que crece el orden, aumenta también la cantidad de los cuadrados mágicos. El orden cuatro produce 880 cuadrados mágicos, con un total mágico de 34. Hay cientos de millones de cuadrados mágicos de orden cinco, y la de cuadrados de orden seis no se ha calculado toda-

Un cuadrado mágico de orden cuatro aparece bajo la campana en *Melancolía I*, del alemán Alberto Durero, e incluye ingeniosamente la fecha del grabado, 1514.

vía. Los cuadrados mágicos han sido una fuente permanente de fascinación para los matemáticos. El matemático italiano del siglo XV Luca Pacioli, autor de *De viribus quantitatis (Sobre el poder de los números)*, los coleccionaba. En el siglo XVIII, el suizo Leonhard Euler se interesó por ellos también, y creó un tipo de cuadrados llamados latinos, cuyas filas y columnas contienen números o símbolos que aparecen una única vez en cada fila y columna.

Una derivación del cuadrado latino es el sudoku, que se ha popularizado como rompecabezas. Creado en EE UU en la década de 1970 (con el nombre «Number Place»), en la década siguiente despegó en Japón, donde adquirió su nombre actual, que significa «números (o dígitos) solos». Un sudoku es un cuadrado latino de nueve por nueve, con la restricción añadida de que las subdivisiones del cuadrado deben contener también los nueve números. ▪

El más mágicamente mágico de todos los cuadrados mágicos de matemático alguno.
Benjamin Franklin
sobre un cuadrado mágico que había descubierto

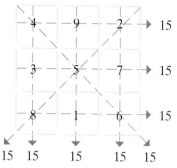

4	9	2	→ 15
3	5	7	→ 15
8	1	6	→ 15
↓15	↓15	↓15	

15 15 → 15 15 15

El cuadrado mágico Lo Shu tiene un total mágico de 15.

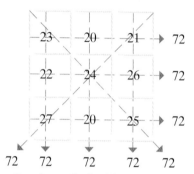

23	20	21	→ 72
22	24	26	→ 72
27	20	25	→ 72

72 72 72 72 72

Aquí se añade 19 a cada uno de los números del cuadrado Lo Shu; el total mágico es 72.

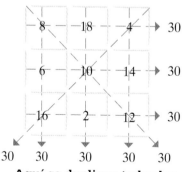

8	18	4	→ 30
6	10	14	→ 30
16	2	12	→ 30

30 30 30 30 30

Aquí se duplican todos los números del cuadrado Lo Shu; el total mágico es 30.

A un cuadrado mágico se le puede añadir la misma cantidad a cada uno de sus números sin que pierda sus propiedades. De manera análoga, si se multiplican todos los números por la misma cantidad, sigue siendo un cuadrado mágico.

EL NUMERO ES LA CAUSA DE DIOSES Y DEMONIOS

PITÁGORAS

EN CONTEXTO

FIGURA CLAVE
Pitágoras
(*c.* 570 a. C.– 495 a. C.)

CAMPO
Geometría aplicada

ANTES
C. 1800 A. C. Las columnas
de números cuneiformes en
la tablilla Plimpton 322 de
Babilonia incluyen algunos
números relacionados con
las ternas pitagóricas.

Siglo VI A. C. El filósofo griego
Tales de Mileto propone una
explicación no mitológica del
universo, inaugurando la idea
de que la naturaleza puede ser
interpretada por la razón.

DESPUÉS
C. 380 A. C. En el libro X de
La república, Platón defiende
la teoría de Pitágoras de la
transmigración de las almas.

C. 300 A. C. Euclides da con
una fórmula para encontrar
ternas pitagóricas primitivas.

Pitágoras, filósofo griego del
siglo VI a. C., es también el
matemático más famoso de
la Antigüedad. Sea o no el autor
de los numerosos logros que se le
atribuyen en matemáticas, ciencia,
astronomía, música y medicina, no
hay duda de que Pitágoras fundó
una comunidad exclusiva que culti-
vaba las matemáticas y la filosofía,
y veía en los números los fundamentos sagrados que constituían
el universo.

Ángulos y simetría

Los pitagóricos eran maestros de
la geometría, y sabían que la suma
de los tres ángulos de un triángulo
(180°) es igual a la suma de dos ángulos rectos (90° + 90°), hecho al
que dos siglos más tarde Euclides
se referiría como postulado de los
triángulos. Los seguidores de Pitágoras conocían también algunos de
los poliedros regulares, las formas
tridimensionales perfectamente simétricas (como el cubo) conocidas
posteriormente como sólidos platónicos.

Al propio Pitágoras se le asocia
principalmente con la fórmula que
describe la relación entre los lados
de un triángulo rectángulo. Univer-

Tales de Mileto, uno de los Siete
Sabios de la antigua Grecia, quizá
inspiró al más joven Pitágoras con
sus ideas geométricas y científicas.
Pudieron conocerse en Egipto.

salmente conocido como teorema
de Pitágoras, afirma que $a^2 + b^2 =
c^2$, donde c es el lado más largo del
triángulo (la hipotenusa), y a y b representan los otros dos lados más
cortos que forman el ángulo recto

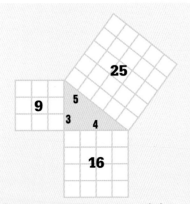

La menor, o más primitiva, de las
ternas pitagóricas es un triángulo
de lados 3, 4 y 5. Como muestra el
gráfico, 9 más 16 es igual a 25.

Ternas pitagóricas

Las tripletas de números enteros
que resuelven la ecuación $a^2 + b^2
= c^2$ se llaman ternas pitagóricas,
aunque su existencia se conociera
mucho antes de Pitágoras. En
torno a 1800 a. C., los babilonios
anotaron en la tablilla Plimpton
322 tripletas de números
pitagóricos que muestran cómo
progresan las ternas a medida
que avanza la recta numérica.
Los pitagóricos desarrollaron
métodos para encontrar ternas, y
demostraron que hay un número
infinito de ellas. Tas la destrucción

de muchas escuelas pitagóricas
en una purga política en el
siglo VI a. C., los pitagóricos
emigraron a otras partes del
sur de Italia, difundiendo el
conocimiento de las ternas en el
mundo antiguo. Dos siglos más
tarde, Euclides desarrolló una
fórmula para generar ternas:
$a = m^2 - n^2$, $b = 2mn$, $c = m^2
+ n^2$. Con ciertas excepciones,
m y n pueden ser dos enteros
cualesquiera, tales como 7 y 4,
que producen la terna 33, 56,
65 ($33^2 + 56^2 = 65^2$). La fórmula
aceleró el proceso de hallar
nuevas ternas pitagóricas.

Las figuras siguientes demuestran por qué funciona la ecuación pitagórica ($a^2 + b^2 = c^2$). En un cuadrado se inscriben cuatro triángulos rectángulos de igual tamaño, de lados a, b, y c. Se disponen de tal modo que las hipotenusas (lados c) forman un cuadrado inclinado en el centro.

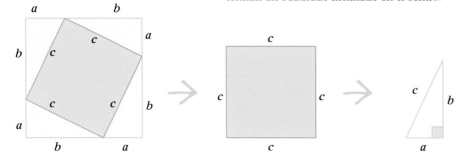

Como el cuadrado mayor, de área A, tiene lados de longitud $(a + b)$, su área es igual a $(a + b)^2$. $A = (a+b)(a+b)$

El cuadrado menor, inclinado dentro del mayor, tiene un área de c^2.

Cada triángulo tiene un área de $ab/2$ (la base a multiplicada por la altura b y dividida por 2). El área total de los cuatro triángulos es $4ab/2 = 2ab$.

El área total del cuadrado inclinado más los triángulos es igual al área del cuadrado mayor (A). $A = c^2 + 2ab$

A es igual a $(a+b)(a+b)$: $\quad (a+b)(a+b) = c^2 + 2ab$

Se suprimen los paréntesis, multiplicando cada término del primer paréntesis por cada término del segundo. Luego, se suma todo: $\quad a^2 + b^2 + 2ab = c^2 + 2ab$

Se elimina $2ab$ de cada lado: $\quad a^2 + b^2 = c^2$

(los catetos). Así, por ejemplo, un triángulo rectángulo con dos catetos de longitudes 3 cm y 4 cm tendrá una hipotenusa de 5 cm. Esta longitud se halla porque $3^2 + 4^2 = 5^2$ (9 + 16 = 25). Dichas series de soluciones con números enteros a la ecuación $a^2 + b^2 = c^2$ se conocen como ternas pitagóricas. Multiplicar la terna 3, 4 y 5 por 2 produce otra terna pitagórica: 6, 8 y 10 (36 + 64 = 100). La tripleta 3, 4, 5 se denomina terna pitagórica «primitiva» porque sus componentes no tienen un divisor común mayor que 1. La terna 6, 8, 10 no es primitiva, ya que sus componentes tienen el divisor común 2.

Hay pruebas convincentes de que los babilonios y los chinos conocían bien la relación matemática entre los lados de un triángulo rectángulo siglos antes de Pitágoras,

pero a este se le atribuye la prioridad en demostrar la verdad de la fórmula que describe la relación, y su validez para todos los triángulos rectángulos, y por ello el teorema lleva su nombre.

Viajes de descubrimiento

Pitágoras viajó extensamente, y las ideas que absorbió en otras tierras alimentaron sin duda su inspiración matemática. Oriundo de Samos, isla muy cercana a Mileto, en la Anatolia occidental (actual Turquía), es posible que asistiera a la escuela de Tales de Mileto y que fuera discípulo de Anaximandro. Comenzó a viajar a los 20 años de edad, y pasó muchos años fuera de Grecia. Se cree que visitó Fenicia, Persia, Babilonia y Egipto, y es posible que llegara hasta India. Los egipcios sa-

bían que un triángulo de lados 3, 4 y 5 (la primera terna pitagórica) tendría un ángulo recto, y sus mensuradores usaban cuerdas de dichas longitudes para obtener ángulos perfectamente rectos en sus construcciones. Observar este método de primera mano pudo animar »

La razón es inmortal, y todo lo demás, mortal.
Pitágoras

Demostrar **todos** los ejemplos de una conjetura (teorema no demostrado) sería **interminable**.

Por ello, los matemáticos tratan de demostrar el **teorema subyacente**.

Una vez demostrado el teorema, **se sigue la verdad de todos los ejemplos**.

El teorema de Pitágoras es un ejemplo claro del proceso, pues demuestra que los lados de todos los triángulos rectángulos cumplen la regla $a^2 + b^2 = c^2$.

a Pitágoras a estudiar y demostrar el teorema matemático subyacente. Es posible también que Pitágoras conociera en Egipto a Tales de Mileto, hábil geómetra que calculó la altura de las pirámides y aplicó el razonamiento deductivo a la geometría.

Una comunidad pitagórica

Después de 20 años realizando viajes, Pitágoras acabó por establecerse en Crotona, colonia griega en el sur de Italia. Allí fundó la hermandad pitagórica, una comunidad a la que instruyó en sus ideas matemáticas y filosóficas. La comunidad admitía mujeres, que fueron una

La sobriedad es la fuerza del alma, pues conserva la razón libre de pasión.
Pitágoras

parte importante de sus 600 miembros. Al ingresar, los miembros renunciaban a todas sus posesiones en favor de la comunidad, y juraban mantener en secreto sus descubrimientos matemáticos. Bajo el liderazgo de Pitágoras, la comunidad ejerció una influencia política considerable.

Además de su teorema homónimo, y aunque los mantuvieran en un escrupuloso silencio, Pitágoras y sus seguidores realizaron muchos otros avances matemáticos, entre ellos, el descubrimiento de los números poligonales, que representados por puntos pueden formar los polígonos regulares. Por ejemplo, 4 es un número poligonal, ya que cuatro puntos pueden formar un cuadrado, y también lo es 10, pues 10 puntos pueden formar un triángulo con 4 puntos en la base, 3 en la fila superior, 2 en la siguiente y 1 en el vértice (4 + 3 + 2 + 1 = 10).

Dos milenios después de Pitágoras, en 1638, Pierre de Fermat expandió esta idea al afirmar que cualquier número se podía escribir como la suma de hasta k números k-gonales; en otras palabras, todos los números son la suma de hasta 3 números triangulares, hasta 4 números cuadrados, hasta 5 números pentagonales, y así de ma-

nera sucesiva. Así, por ejemplo, 19 se puede escribir como la suma de 3 números triangulares: 1 + 3 + 15 = 19. Fermat no pudo demostrar su conjetura, y no fue hasta 1813 cuando el matemático francés Augustin Louis Cauchy completó la demostración.

Fascinado por los números

Otro tipo de número que atrajo a Pitágoras era el número perfecto, así llamado por ser la suma exacta de todos los divisores menores que el propio número. El primer número perfecto es 6, ya que sus divisores

La mejor clase de hombre se dedica a comprender el significado y propósito de la vida [...], es a este a quien yo llamo filósofo.
Pitágoras

He admirado mucho la vía mística de Pitágoras y la magia secreta de los números.
Sir Thomas Browne
Polímata inglés

1, 2 y 3 suman 6. El segundo es 28 (1 + 2 + 4 + 7 + 14 = 28), el tercero es 496, y el cuarto, 8128. No había valor práctico alguno en identificar tales números, pero su carácter especial y la belleza de sus patrones fascinaban a Pitágoras y a su hermandad.

Por contraste, se atribuye a Pitágoras pavor y rechazo a los números irracionales, los que no pueden expresarse como fracciones de dos enteros, siendo π el ejemplo más famoso. Tales números no tenían lugar entre los enteros y fracciones bien ordenados que gobernaban el universo en la concepción de Pitágoras. Según uno de los relatos, el miedo de Pitágoras a los números irracionales movió a sus seguidores a ahogar a un miembro de la comunidad, Hípaso, por revelar su existencia al tratar de hallar $\sqrt{2}$.

La reputación de cruel de Pitágoras aparece también en un relato sobre un miembro de la hermandad ejecutado por revelar públicamente que los pitagóricos habían descubierto un nuevo poliedro regular: el dodecaedro, formado por 12 pentágonos regulares, uno de los cinco sólidos platónicos. Los pitagóricos veneraban el pentágono, y su símbolo era el pentagrama, una estrella de cinco puntas con un pentágono en su centro. Revelar el conocimiento del dodecaedro, quebrando la norma de secretismo de la hermandad, se habría considerado un crimen particularmente atroz que merecía como castigo la muerte.

Una filosofía integrada

En la antigua Grecia, las matemáticas y la filosofía se consideraban disciplinas complementarias, y se estudiaban juntas. Se atribuye a Pitágoras haber acuñado el término «filósofo», de *phylos* («amor») y *sophia* («sabiduría»). Para Pitágoras y sus sucesores, el deber del filósofo era buscar la sabiduría.

La filosofía del propio Pitágoras integraba ideas de índole espiritual con las matemáticas, la ciencia y la razón. Creía en la metempsicosis, noción que pudo haber conocido durante los viajes que realizó por Egipto u Oriente Próximo, y según la cual el alma es inmortal, y tras la muerte del cuerpo transmigra para ocupar otro nuevo. Dos siglos más tarde, en Atenas, la idea sedujo a Platón, quien la incluyó en varios de sus diálogos. Posteriormente, también el cristianismo adoptaría »

En *La escuela de Atenas*, fresco pintado por Rafael en 1509–1511 en el Vaticano (Roma), Pitágoras aparece con un libro, rodeado de estudiosos ávidos por aprender de él.

Pitágoras observó **patrones numéricos** en la **música** y en las **formas**.

Algunas familias de números son **poligonales**; representados por puntos, forman **polígonos regulares**.

Las **proporciones** de distintas longitudes de **cuerdas de lira** se corresponden con la secuencia de notas **de una escala musical**.

Un martillo del doble de peso que otro produce una nota **una octava más baja**.

Los números y las proporciones entre ellos **gobiernan las formas y los sonidos de los instrumentos musicales y las herramientas**.

esta concepción de una división entre cuerpo y alma, pasando así las ideas pitagóricas al núcleo del pensamiento occidental.

De modo relevante para las matemáticas, Pitágoras creía también que todo en el universo guarda relación con los números y obedece reglas matemáticas. Ciertos números estaban dotados de unas características y de un sentido espirituales en lo que constituía una especie de culto a los números, y Pitágoras y sus seguidores buscaron patrones matemáticos en todo lo que les rodeaba.

Números en armonía
De enorme importancia para Pitágoras fue también la música, que consideraba una ciencia sagrada,

Pitágoras tenía fama de ser un excelente tañedor de lira. Este dibujo representa a antiguos músicos griegos con dos instrumentos de la familia de la lira: el trigonon (izda.) y la kithara.

más que algo destinado al mero entretenimiento. Era un elemento unificador en su concepción de la armonía, que conectaba el cosmos y la psique, y quizá por ello se le atribuyó el descubrimiento del vínculo entre las proporciones matemáticas y la armonía. Se cuenta que Pitágoras, al pasar junto a la forja de un herrero, se dio cuenta de que martillos de peso desigual producían notas distintas al golpear longitudes iguales de metal. Si el peso de los martillos estaba en proporciones particulares y exactas, las notas resultantes eran armónicas.

Los martillos de la forja tenían pesos individuales de 6, 8, 9 y 12 unidades. Los martillos que pesaban 6 y 12 unidades daban las mismas notas en distinto tono; en la terminología musical actual, se diría que las separa un intervalo de una octava. La frecuencia de la nota producida por el martillo de peso 6 era el doble de la del de peso 12, lo cual corresponde a la proporción de sus pesos. Los martillos de pesos 12 y 9 producían un sonido armonioso –una cuarta justa–, por estar sus pesos en una proporción de 4:3. Las notas producidas por los martillos de 12 y 8 eran también armoniosos –una quinta justa–, pues sus pesos

La numerología de la *Divina comedia* de Dante (1265–1321) –retratado aquí en un fresco del Duomo de Florencia (Italia)– refleja la influencia de Pitágoras, al que Dante menciona varias veces en sus escritos.

estaban en una proporción de 3:2. Los de pesos 9 y 8 eran disonantes, en cambio, pues 9:8 no es una proporción matemática simple. Al observar que las notas musicales armoniosas guardaban relación con proporciones numéricas, Pitágoras fue el primero en desvelar la relación entre las matemáticas y la música.

Crear una escala musical

El relato de la forja ha sido cuestionado por los estudiosos, pero a Pitágoras se le suele atribuir otro descubrimiento musical, el de haber experimentado con las notas producidas por diferentes longitudes de cuerdas de lira. Así, descubrió que mientras una cuerda que vibra produce una nota de frecuencia f, reducir su longitud a la mitad produce una nota una octava por encima, de frecuencia $2f$. Al aplicar a cuerdas vibratorias las mismas proporciones en las que los martillos sonaban en armonía, Pitágoras obtuvo también notas armónicas entre sí, y construyó una escala musical, comenzando por una nota y la nota una octava por encima, y llenando el intervalo con quintas justas.

Esta escala se utilizó hasta el siglo XVIII, siendo sustituida por la escala temperada, en la que las notas entre dos octavas están más uniformemente repartidas. La escala pitagórica funcionaba bien para música con un registro de una octava, pero no tanto en música más moderna, escrita en distintos tonos y con varias octavas de registro.

Se han utilizado distintas escalas de muchos tipos en diferentes culturas, pero la larga tradición de la música occidental se remonta a los pitagóricos y a su afán por comprender la relación entre la música y las proporciones matemáticas.

El legado de Pitágoras

La condición de matemático más famoso de la Antigüedad de Pitágoras está justificada por sus aportaciones a la geometría, la teoría de números y la música. No todas sus ideas fueron originales; sin embargo, el rigor con el que él y sus seguidores las desarrollaron, usando los axiomas y la lógica para construir un sistema matemático, fue un legado valioso para quienes iban a sucederle. ∎

Hay geometría en el zumbido de las cuerdas, así como hay música en el espaciado de las esferas.
Pitágoras

Pitágoras

Pitágoras nació en torno a 570 a. C., en la isla griega de Samos, al este del Egeo. Sus ideas influyeron a muchos de los mayores estudiosos de la historia, desde Platón a Nicolás Copérnico, Johannes Kepler e Isaac Newton. Se cree que viajó extensamente, asimilando ideas de estudiosos egipcios y de Oriente Próximo antes de establecer una comunidad de unos seiscientos miembros en Crotona, en el sur de Italia, alrededor de 518 a. C. Los integrantes de esta hermandad ascética vivían dedicados a la actividad intelectual, y seguían reglas estrictas de dieta y vestimenta. Fue probablemente a partir de esta época cuando se escribieron el teorema de Pitágoras y otros hallazgos, aunque nada se conserva. Se dice que Pitágoras se casó a los 60 años de edad con una joven de la comunidad, Téano, y es posible que tuvieran dos o tres hijos. La agitación política en Crotona condujo a una revuelta contra los pitagóricos, y Pitágoras pudo morir asesinado en el incendio de su escuela, o poco después. Se cree que murió en torno a 495 a. C.

UN NUMERO REAL QUE NO ES RACIONAL
NÚMEROS IRRACIONALES

EN CONTEXTO

FIGURA CLAVE
Hípaso (siglo VI a. C.)

CAMPO
Sistemas numéricos

ANTES
Siglo XIX a. C. Las inscripciones cuneiformes muestran que los babilonios construían triángulos rectángulos y comprendían sus propiedades.

Siglo VI a. C. En Grecia, se descubre la relación entre las longitudes de los lados de un triángulo rectángulo, luego atribuida a Pitágoras.

DESPUÉS
400 a. C. Teodoro de Cirene demuestra la irracionalidad de las raíces cuadradas de los números no cuadrados entre 3 y 17.

Siglo IV a. C. El matemático griego Eudoxo de Cnido establece fundamentos matemáticos sólidos para los números irracionales.

Todo número expresable como proporción de dos enteros –una fracción, un decimal que termina o se repite en un patrón periódico o un porcentaje– se denomina número racional. Todos los números enteros son racionales, pues se pueden expresar como fracciones divididas por 1. Los números irracionales, en cambio, no pueden expresarse como proporción de dos números.

Se cree que fue el griego Hípaso, en el siglo V a. C., el primero que identificó los números irracionales mientras trabajaba con problemas geométricos. Conocía el teorema de Pitágoras, que postula que el cuadrado de la hipotenusa de un triángulo rectángulo es igual a la suma de los cuadrados de los catetos. Hípaso aplicó el teorema a un triángulo rectángulo cuyos catetos eran ambos igual a 1. Como $1^2 + 1^2 = 2$, la longitud de la hipotenusa es la raíz cuadrada de 2.

Hípaso comprendió, sin embargo, que la raíz cuadrada de 2 no se podía expresar como proporción de dos enteros, es decir, no se podía escribir como fracción, pues no hay número racional que multiplicado por sí mismo dé exactamente 2. La raíz cuadrada de 2 es, por tanto, un

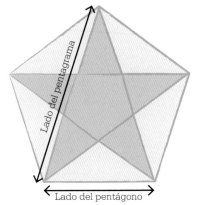

Hípaso encontró quizá los números irracionales al estudiar la relación entre las longitudes del lado de un pentágono y de un pentagrama (o pentáculo) inscrito en el mismo. Halló que era imposible expresarla como una proporción de dos números enteros.

número irracional, y el 2, un número no cuadrado. También lo son los números 3, 5, 7 y muchos otros cuya raíz cuadrada es irracional. En cambio, números como 4 (2^2), 9 (3^2) y 16 (4^2) son cuadrados perfectos, con raíces cuadradas que son también números enteros, y son, por tanto, racionales.

El concepto de número irracional no fue aceptado en sus inicios, pero matemáticos griegos e indios posteriores estudiaron sus propiedades,

Véase también: La notación posicional 22–27 ▪ Ecuaciones de segundo grado 28–31 ▪ Pitágoras 36–43 ▪ Números imaginarios y complejos 128–131

Un **número real al cuadrado** da un **resultado positivo**.

Un **número irracional** tiene un **número infinito** de decimales **sin patrón periódico** alguno.

La **raíz cuadrada** de 2 da un **resultado positivo** –2– elevada al cuadrado.

La **raíz cuadrada** de 2 es 1,4142135…, donde los decimales continúan **sin patrón periódico**.

La raíz cuadrada de 2 es un número real que no es racional.

Hípaso

Poco se sabe de los inicios de la vida de Hípaso, pero se cree que nació en Metaponto, en la Magna Grecia (actual sur de Italia), hacia 500 a. C. Según el filósofo Jámblico, autor de una biografía de Pitágoras, Hípaso fue uno de los fundadores de la secta pitagórica de los matemáticos, una de cuyas convicciones era que todos los números son racionales.

Suele atribuirse a Hípaso el descubrimiento de los números irracionales, idea que la secta habría considerado herética. Según uno de los relatos, los compañeros pitagóricos de Hípaso lo arrojaron por la borda de un barco y se ahogó. En otro se cuenta que fue otro pitagórico quien descubrió los números irracionales, pero que Hípaso fue castigado por revelarlos a los no iniciados. No se conoce el año de su muerte, pero probablemente fue en el siglo V a. C.

Obra principal

Siglo V A. C. *Discurso místico.*

y, en el siglo IX, los árabes y los persas los emplearon en el álgebra.

En términos decimales

El sistema numérico posicional decimal indoarábigo permitió profundizar en el estudio de los números irracionales, que pueden mostrarse como una serie infinita de dígitos después de una coma decimal sin un patrón periódico. Por ejemplo, 0,1010010001…, que continúa indefinidamente con un cero más entre cada par siguiente de unos, es un número irracional. Pi (π), la relación entre la circunferencia de un círculo y su diámetro, es irracional, como demostró en 1761 Johann Heinrich Lambert; las estimaciones anteriores de π habían sido 3 o $^{22}/_{7}$.

Entre dos números racionales cualesquiera, siempre puede encontrarse otro número racional. La media de los dos números será también racional, como lo será la media entre este y cualquiera de los dos originales. También pueden encontrarse números irracionales entre dos números racionales cualesquiera. Uno de los métodos es cambiar un dígito en una secuencia recurrente. Por ejemplo, se puede encontrar un número irracional entre los números periódicos 0,124124… y 0,125125… cambiando 1 a 3 en el segundo ciclo de 124, para obtener 0,124324… y hacerlo de nuevo en el quinto, y luego el noveno ciclo, aumentando la distancia entre los «3» reemplazantes un ciclo cada vez. Uno de los mayores retos de la teoría de números moderna ha sido determinar si hay más números racionales o irracionales. La teoría de conjuntos apunta con fuerza a que hay muchos más números irracionales que racionales, aunque haya un número infinito de ambos. ▪

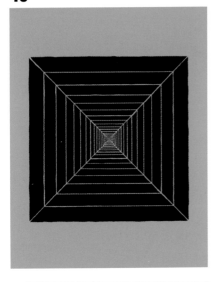

EL CORREDOR MAS RAPIDO NUNCA ADELANTA AL MAS LENTO

LAS PARADOJAS DEL MOVIMIENTO DE ZENÓN

EN CONTEXTO

FIGURA CLAVE
Zenón de Elea
(*c.* 495–430 a. C.)

CAMPO
Lógica

ANTES
Principios del siglo V A. C.
Parménides funda la escuela filosófica eleática, en Elea, colonia griega del sur de Italia.

DESPUÉS
350 A. C. En su tratado *Física*, Aristóteles usa el concepto de movimiento relativo para refutar las paradojas de Zenón.

1914 El filósofo británico Bertrand Russell, quien juzgó de una sutileza infinita las paradojas de Zenón, afirma que el movimiento es una función de la posición con respecto al tiempo.

Z enón de Elea fue miembro de la escuela eleática de filosofía que floreció en la antigua Grecia en el siglo V a. C. En contraste con los pluralistas, quienes creían que el universo puede dividirse en sus átomos constituyentes, los eleáticos creían en la indivisibilidad de todas las cosas.

Para mostrar el absurdo de la postura de los pluralistas, Zenón escribió 40 paradojas, de las que cuatro –las paradojas de la dicotomía, de Aquiles y la tortuga, de la flecha y del estadio– se ocupan del movimiento. La paradoja de la dicotomía muestra el absurdo de la idea pluralista de que el movimiento se pueda dividir. Un cuerpo que recorre una determinada distancia, afirma, tendría que llegar al punto medio de la distancia antes de llegar al final, y para alcanzar ese punto medio, llega a la cuarta parte, y así hasta el infinito. Como el cuerpo ha de pasar por un número infinito de puntos, nunca alcanzará el objetivo.

En la paradoja de Aquiles y la tortuga, Aquiles, que es 100 veces más rápido que la tortuga, da a esta una ventaja de 100 metros en la carrera. Al oírse la señal de salida,

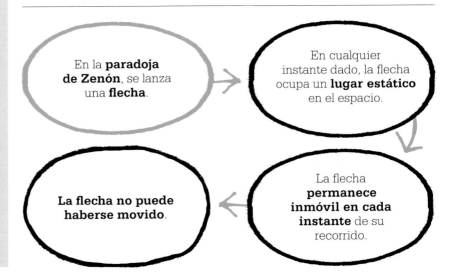

En la **paradoja de Zenón**, se lanza una **flecha**.

En cualquier instante dado, la flecha ocupa un **lugar estático** en el espacio.

La flecha **permanece inmóvil en cada instante** de su recorrido.

La flecha no puede haberse movido.

Véase también: Pitágoras 36–43 ■ Lógica silogística 50–51 ■ Cálculo 168–175 ■ Números transfinitos 252–253 ■ La lógica de las matemáticas 272–273 ■ El teorema del mono infinito 278–279

Aquiles corre 100 metros y alcanza el punto de salida de la tortuga, mientras que esta recorre 1 metro, distancia por la que supera a Aquiles. Sin perder el ánimo, Aquiles recorre otro metro, pero al mismo tiempo la tortuga recorre una centésima de metro, y por lo tanto sigue en cabeza. Como esto continúa de manera indefinida, Aquiles nunca llega a alcanzar a la tortuga.

En la paradoja del estadio se suponen tres filas de atletas, cada una con el mismo número de ellos. Una fila permanece en reposo, mientras que las otras dos corren a la misma velocidad, pero en sentido contrario cada una. Según la paradoja, un atleta en una fila móvil puede rebasar a dos de la otra fila móvil en un tiempo dado, pero solo a uno de la fila inmóvil. La conclusión paradójica es que la mitad de un tiempo dado es igual al doble de ese tiempo.

Muchos son los matemáticos que a lo largo de los siglos han refutado estas paradojas. El desarrollo del cálculo permitió manejarse con cantidades infinitesimales sin generar contradicciones. ■

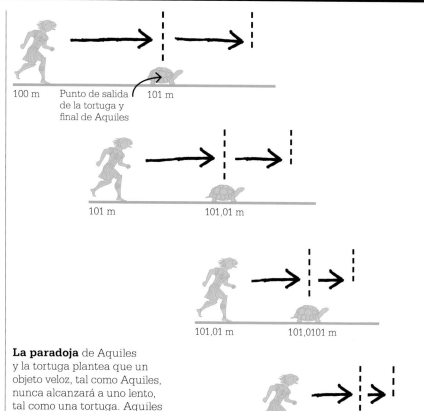

100 m — Punto de salida de la tortuga y final de Aquiles — 101 m

101 m — 101,01 m

101,01 m — 101,0101 m

La paradoja de Aquiles y la tortuga plantea que un objeto veloz, tal como Aquiles, nunca alcanzará a uno lento, tal como una tortuga. Aquiles se acercará cada vez más a la tortuga, pero nunca podrá llegar a rebasarla.

101,0101 m — 101,010101 m

Zenón de Elea

Zenón de Elea nació en torno a 495 a. C. en la ciudad griega de Elea (actual Velia, en el sur de Italia). Fue adoptado por el filósofo Parménides, del que fue un discípulo muy estimado. Zenón ingresó en la escuela eleática fundada por Parménides. A los 40 años de edad, Zenón viajó a Atenas, donde conoció a Sócrates y familiarizó a los filósofos socráticos con las ideas eleáticas.

Zenón obtuvo renombre por sus paradojas, que contribuyeron al desarrollo del rigor matemático. Aristóteles le atribuyó más adelante la invención del método dialéctico (que parte de dos posturas opuestas) de argumentación lógica. Zenón reunió sus argumentos en un libro que no se ha conservado. Las paradojas se conocen gracias a la *Física* de Aristóteles, que recoge nueve de ellas.

Aunque se sabe muy poco de la vida de Zenón, el biógrafo griego Diógenes Laercio sostuvo que murió ejecutado, acusado de conspirar para derrocar al tirano Nearco, tras haberle arrancado a este la oreja de un mordisco.

SUS COMBINACIONES DAN LUGAR A COMPLEJIDADES SIN FIN

LOS SÓLIDOS PLATÓNICOS

EN CONTEXTO

FIGURA CLAVE
Platón (*c.* 428–348 a. C.)

CAMPO
Geometría

ANTES
Siglo VI A. C. Pitágoras identifica el tetraedro, el cubo y el dodecaedro.

Siglo IV A. C. Teeteto, contemporáneo ateniense de Platón, trata sobre el octaedro y el icosaedro.

DESPUÉS
C. 300 A. C. En los *Elementos*, Euclides describe por completo los cinco poliedros regulares convexos.

1596 Johannes Kepler propone un modelo del Sistema Solar, el cual explica geométricamente en términos de sólidos platónicos.

1735 Leonhard Euler ingenia una fórmula que vincula las caras, vértices y aristas de los poliedros.

Un **polígono** regular tiene **ángulos** y **lados iguales**.

Solo **cinco sólidos** (formas 3D) tienen vértices idénticos y **polígonos regulares** idénticos como **caras**.

Estos **cinco sólidos** son el **tetraedro**, el **cubo**, el **octaedro**, el **dodecaedro** y el **icosaedro**.

Se conocen como **sólidos platónicos**.

La simetría perfecta de los cinco sólidos platónicos era probablemente conocida mucho antes de que el filósofo griego Platón los divulgara en su diálogo *Timeo*, escrito hacia 360 a. C. Cada uno de los cinco poliedros regulares convexos —formas tridimensionales de caras planas y aristas rectas— tiene una serie propia de caras poligonales idénticas, el mismo número de caras que se encuentran en cada vértice, lados equiláteros y ángulos iguales. Al teorizar sobre la naturaleza del universo, Platón asignó cuatro de estas formas a los elementos clásicos: el cubo (también llamado hexaedro regular), a la tierra; el icosaedro, al agua; el octaedro, al aire; y el tetraedro, al fuego. El dodecaedro, de doce caras, lo asoció al modelo del universo.

Compuestos por polígonos
Solo son posibles cinco poliedros regulares, creados a partir de triángulos equiláteros idénticos, cuadrados o pentágonos regulares, como explicó Euclides en el libro XIII de los *Elementos*. Para crear un sólido platónico, un mínimo de tres polígonos idénticos deben encontrarse en un vértice, por lo que el más simple es el tetraedro: una pirámide formada

Los sólidos platónicos

Un tetraedro tiene cuatro caras triangulares.

Un cubo tiene seis caras cuadradas.

Un octaedro tiene ocho caras triangulares.

Un dodecaedro tiene 12 caras pentagonales.

Un icosaedro tiene 20 caras triangulares.

por cuatro triángulos equiláteros. El octaedro e icosaedro los forman también triángulos equiláteros, mientras que el cubo lo forman cuadrados, y el dodecaedro, pentágonos regulares. Los sólidos platónicos se caracterizan también por la dualidad, al haber correspondencia entre los vértices de un poliedro y las caras de otro: el cubo, que tiene seis caras y ocho vértices, está emparejado con el octaedro (de ocho caras y seis vértices); otra pareja dual la forman el dodecaedro (de 12 caras y 20 vértices) y el icosaedro (de 20 caras y 12 vértices).

El tetraedro, de cuatro caras y cuatro vértices, se considera autodual.

¿Formas en el universo?

Al igual que Platón, estudiosos posteriores buscaron sólidos platónicos en la naturaleza y el universo. En 1596, Johannes Kepler argumentó que las posiciones de los seis planetas entonces conocidos (Mercurio, Venus, la Tierra, Marte, Júpiter y Saturno) podían explicarse en términos de sólidos platónicos. Más adelante reconocería su error, pero sus cálculos le llevaron al descubrimien-

to de que las órbitas de los planetas son elípticas.

El matemático suizo Leonhard Euler enunció en 1735 otra propiedad de los sólidos platónicos, que más adelante se demostraría cierta para todos los poliedros: la suma de los vértices (V) más el número de caras (C) menos el número de aristas (A) es siempre igual a 2, es decir,

$$V - A + C = 2.$$

También se sabe hoy que los sólidos platónicos se hallan de hecho en la naturaleza, en ciertos cristales, virus, gases y cúmulos de galaxias. ▪

Platón

Nacido hacia 428 a. C., de familia aristocrática, Platón fue alumno de Sócrates, amigo de su familia. El destierro y la muerte de Sócrates en 399 a. C. afectaron profundamente a Platón, que decidió abandonar Grecia y viajar. Descubrir la obra de Pitágoras le inspiró el amor a las matemáticas. Regresó a Atenas en 387 a. C., y fundó allí la Academia, sobre cuya entrada se leía: «No entre aquí nadie que no sepa geometría». Platón enseñaba matemáticas como una rama de la filosofía, e insistía en la importancia de la geometría, por creer que sus

formas –sobre todo los cinco poliedros regulares convexos– podían explicar las formas del universo. Platón hallaba perfección en los objetos de la matemática, los cuales consideraba fundamentales para comprender la diferencia entre lo real y lo abstracto. Murió en Atenas hacia 348 a. C.

Obras principales

C. 375 A. C. *La república.*
C. 360 A. C. *Filebo.*
C. 360 A. C. *Timeo.*

EL CONOCIMIENTO DEMOSTRATIVO DEBE BASARSE EN VERDADES BASICAS NECESARIAS

LÓGICA SILOGÍSTICA

EN CONTEXTO

FIGURA CLAVE
Aristóteles (384–322 a. C.)

CAMPO
Lógica

ANTES
Siglo VI A. C. Pitágoras y su grupo crean un método sistemático para demostrar teoremas geométricos.

DESPUÉS
C. 300 A. C. En los *Elementos,* Euclides describe la geometría con deducciones lógicas a partir de axiomas.

1677 Gottfried Leibniz propone una notación lógica simbólica, anticipando el desarrollo de la lógica matemática.

1854 George Boole publica su segundo libro sobre lógica algebraica: *The laws of thought.*

1884 En *Fundamentos de la aritmética,* el alemán Gottlob Frege estudia los principios lógicos que subyacen a las matemáticas.

En la Grecia clásica, no había una distinción clara entre matemáticas y filosofía, que se consideraban interdependientes. Para los filósofos, era un principio importante formular argumentos coherentes que siguieran una progresión lógica de ideas. El principio se basaba en el método dialéctico de cuestionar supuestos con el que Sócrates revelaba inconsistencias y contradicciones. A Aristóteles no le convencía del todo este modelo, y trató de determinar una estructura sistemática para la argumentación lógica. Primero, identificó los diferentes tipos de proposición que se pueden usar en un argumento, y cómo se pueden combinar para llegar a una conclusión lógica. En *Primeros analíticos*, describió proposiciones de cuatro tipos generales: «todos los S son P», «ningún S es P», «algunos S son P» y «algunos S no son P»; donde S es un sujeto, tal como el azúcar, y P es el predica-

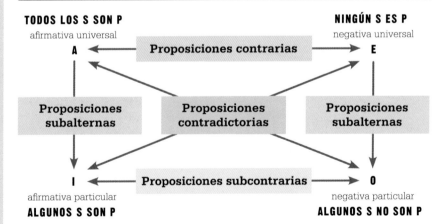

En el cuadro de oposición, S es un sujeto, como «azúcar», y P un predicado, como «dulce». A y O son contradictorias, como E e I (si una es cierta, la otra es falsa, y viceversa). A y E son contrarias (ambas no pueden ser ciertas, pero ambas pueden ser falsas); I y O son subcontrarias: ambas pueden ser ciertas, pero no pueden ser ambas falsas. I es subalterna de A, como O de E. Esto supone que si A es cierta, I tiene que serlo también, pero que si I es falsa, A tiene que ser falsa también.

Véase también: Pitágoras 36–43 ▪ Las paradojas del movimiento de Zenón 46–47
▪ Los *Elementos* de Euclides 52–57 ▪ Álgebra de Boole 242–247

Los **argumentos silogísticos** parten de una **premisa mayor**, una regla **universal o general**.

Todos los hombres son **mortales**.

Esta lleva a un caso **particular**, o **premisa menor**.

Aristóteles es un **hombre**.

La **conclusión** se obtiene de las **premisas mayor** y **menor**.

Aristóteles es mortal.

El silogismo sigue el mismo proceso deductivo que la demostración matemática.

Aristóteles

Hijo de un médico de la corte macedonia, Aristóteles nació en 384 a. C., en Estagira, en la península de Calcídica. Ingresó con 17 años en la Academia de Platón, en Atenas. Tras morir este, la hostilidad entre atenienses y macedonios le obligó a marcharse de Atenas. Continuó su labor académica en Assos (en la actual Turquía). Filipo II de Macedonia le encargó dirigir la escuela de la corte en 343 a. C.; uno de sus discípulos fue el hijo de Filipo posteriormente conocido como Alejandro Magno.

En 335 a. C., Aristóteles regresó a Atenas y fundó el Liceo, institución rival de la Academia. En 323 a. C., tras la muerte de Alejandro, el ambiente de Atenas de nuevo se volvió ferozmente antimacedonio, y Aristóteles se retiró a su propiedad familiar en Calcis (Eubea), donde murió en 322 a. C.

Obras principales

C.350 A. C. *Primeros analíticos.*
C.350 A. C. *Segundos analíticos.*
C.350 A. C. *Sobre la interpretación.*
335–323 A. C. *Ética a Nicómaco.*
335–323 A. C. *Política.*

---

do, una cualidad, como el ser dulce. A partir de solo dos proposiciones puede construirse un argumento y deducirse una conclusión. Esto es, en esencia, un silogismo: dos premisas que llevan a una conclusión. Aristóteles identificó la estructura de los silogismos lógicamente válidos (aquellos en que la conclusión se sigue de las premisas), y no válidos (la conclusión no se sigue de las premisas), aportando así un método tanto de construcción como de análisis de los argumentos lógicos.

Buscar una demostración rigurosa

Implícito en el discurso sobre la lógica silogística válida está el proceso de deducción, en el que a partir de una regla general en la primera pre-

misa, como «todos los hombres son mortales», y un caso particular en la premisa menor, como «Aristóteles es un hombre», se sigue necesariamente una conclusión; en este caso, «Aristóteles es mortal». Tal razonamiento deductivo es el fundamento de la demostración matemática.

Aristóteles observa en *Segundos analíticos* que, incluso en un argumento silogístico lógico, la conclusión no puede ser cierta a menos que se base en premisas aceptadas como ciertas, sean verdades evidentes en sí mismas o axiomas. Con esta idea estableció el principio de las verdades axiomáticas como base de una progresión lógica de las ideas —el modelo para los teoremas matemáticos desde Euclides en adelante. ▪

EL TODO ES MAYOR QUE LA PARTE

LOS *ELEMENTOS* DE EUCLIDES

EN CONTEXTO

FIGURA CLAVE
Euclides (*c.* siglo IV–siglo III a. C.)

CAMPO
Geometría

ANTES
***C.*600 A. C.** El filósofo, matemático y astrónomo griego Tales de Mileto deduce que el ángulo inscrito en un semicírculo es un ángulo recto. Esta será la proposición 31 de los *Elementos* de Euclides.

***C.*440 A. C.** El matemático griego Hipócrates de Quíos escribe *Elementos*, primer libro de texto de geometría organizado sistemáticamente.

DESPUÉS
***C.*1820** Carl Friedrich Gauss, János Bolyai y Nikolái Ivánovich Lobachevski, entre otros, se aproximan a la geometría hiperbólica no euclidiana.

L os *Elementos* de Euclides, probablemente la obra matemática más influyente de todos los tiempos, dominó el modo en que se conciben el espacio y el número durante más de dos mil años, y fue el libro de texto de geometría de referencia hasta comienzos del siglo XX.

Euclides vivió en torno a 300 a. C. en Alejandría (Egipto), época en que la ciudad era parte del ámbito cultural helenístico que floreció en el Mediterráneo oriental. Probablemente escribió su obra en papiros, un material poco duradero, y de su obra solo quedan copias, traducciones y comentarios de estudiosos posteriores.

Colección de obras

Los *Elementos* es una colección de trece libros sobre temas muy diversos. Los libros del I al IV se ocupan de la geometría plana, esto es, el estudio de las superficies planas; el libro V, de las proporciones, inspirado por el pensamiento del matemático y astrónomo griego Eudoxo de Cnido; el libro VI contiene más geometría plana avanzada; los libros VII al IX están dedicados a la teoría de números y a sus propie-

No hay camino fácil hacia la geometría.
Euclides

dades y relaciones; el largo y difícil libro X es sobre los inconmensurables, conocidos en la actualidad como números irracionales, que no pueden expresarse como fracción de números enteros; y los libros XI al XIII estudian la geometría sólida, o tridimensional.

El libro XIII de los *Elementos* se atribuye a otro autor, el matemático ateniense y discípulo de Platón, Teeteto, que murió en 369 a. C. Cubre los cinco sólidos regulares convexos −tetraedro, cubo, octaedro, dodecaedro e icosaedro, los llamados sólidos platónicos−, y es el primer ejemplo de un teorema de clasificación (uno que reúne todas

Euclides

Los detalles de la fecha y del lugar de nacimiento de Euclides se desconocen, y es muy poco lo que se sabe de su vida. Se cree que estudió en la Academia de Atenas, fundada por Platón. En el siglo V d. C., el filósofo griego Proclo escribió en su historia de los matemáticos que Euclides enseñó en Alejandría durante el reinado de Tolomeo I Sóter (323–285 a. C.).

La obra de Euclides cubre dos áreas: la geometría elemental y la matemática general. Además de los *Elementos*, escribió sobre perspectiva, secciones cónicas, geometría esférica, astronomía matemática, teoría de números y sobre la importancia del rigor matemático. Varias obras atribuidas a Euclides se han perdido, pero al menos cinco han llegado hasta el siglo XXI. Se cree que Euclides vivió entre mediados del siglo IV a. C. y mediados del siglo III a. C.

Obras principales

Elementos.
Cónicas.
Catóptrica.
Fenómenos.
Óptica.

Véase también: Pitágoras 36–43 ▪ Los sólidos platónicos 48–49 ▪ Lógica silogística 50–51 ▪ Secciones cónicas 68–69
▪ El problema de los máximos 142–143 ▪ Geometrías no euclidianas 228–229

las figuras posibles, dadas ciertas limitaciones).

Se sabe que Euclides escribió sobre secciones cónicas, pero esta obra no se ha conservado. Las secciones cónicas son figuras formadas por la intersección de un plano y un cono, y pueden ser de forma circular, elíptica o parabólica.

El mundo de la demostración

El título de la obra de Euclides tiene un significado particular que refleja su enfoque matemático. En el siglo XX, el matemático británico John Fauvel mantuvo que el significado de la palabra griega traducida por «elemento», *stoicheia*, fue variando a lo largo del tiempo; así, pasó de significar «constituyente de una línea», tal como un olivo en una hilera de ellos, a «una proposición usada para demostrar otra» y, con el tiempo, «punto de partida para muchos otros teoremas». Este es el sentido en el que emplea el término Euclides. En el siglo V d.C., el filósofo Proclo habló de un elemento como «una letra de un alfabeto», con combinaciones de letras que crean palabras del mismo modo que las combinaciones de axiomas –verdades evidentes por sí mismas– crean proposiciones.

Deducciones lógicas

Euclides no construyó su obra a partir de la nada, sino sobre los cimientos dejados por una serie de influyentes matemáticos griegos anteriores. Tales de Mileto, Hipócrates y Platón (entre otros) habían tendido todos hacia el enfoque matemático que formalizó de modo tan brillante Euclides: el mundo de la demostración. Lo que vuelve único a Euclides es que sus obras son el ejemplo más antiguo conservado de unas matemáticas plenamente axiomatizadas. Identificó determinados hechos básicos, y a partir de ellos formuló enunciados que eran deducciones lógicas cabales (proposiciones). Euclides consiguió también reunir todo el conocimiento matemático de su tiempo, y lo organizó en una estructura en la que

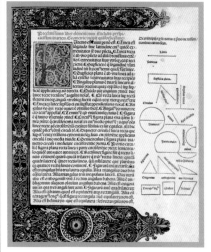

Esta primera página de los *Elementos* de Euclides, con texto en latín iluminado y con diagramas, es de la primera edición impresa, hecha en Venecia, en 1482.

se explicaban cuidadosamente las relaciones lógicas entre las diversas proposiciones.

Euclides se enfrentó a una tarea hercúlea al tratar de sistematizar las matemáticas que tenía ante sí. Al crear su sistema axiomático, comenzó por 23 definiciones para términos tales como punto, recta, área, circunferencia y diámetro. Después enunció cinco postulados: dos puntos cualesquiera pueden ser unidos por el segmento de una recta; todo segmento de una recta puede extenderse hasta el infinito; dado cualquier segmento de una recta, puede describirse una circunferencia que tenga el segmento por radio y uno de sus extremos como centro; todos los ángulos rectos son iguales unos a otros; y un postulado sobre rectas paralelas (p. 56).

Luego añadió cinco axiomas, o nociones comunes; si $A = B$ y $B = C$, entonces $A = C$; si $A = B$ y $C = D$, »

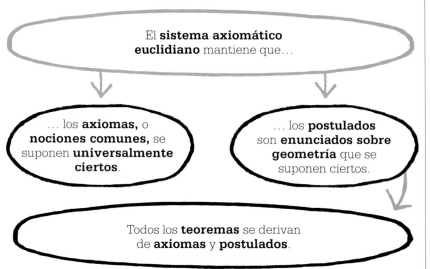

El **sistema axiomático euclidiano** mantiene que…

… los **axiomas, o nociones comunes,** se suponen **universalmente ciertos**.

… los **postulados** son **enunciados sobre geometría** que se suponen ciertos.

Todos los **teoremas** se derivan de **axiomas** y **postulados**.

Los cinco postulados de Euclides

1. Dos puntos cualesquiera pueden ser unidos por una línea recta.

2. Todo segmento de línea recta puede extenderse hasta el infinito.

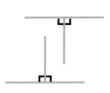

3. Dados un centro y un radio, con los mismos puede trazarse siempre una circunferencia.

4. Todos los ángulos rectos son iguales unos a otros.

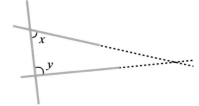

5. Si $x + y$ es menos que dos ángulos rectos, las rectas acabarán por encontrarse en uno de los lados.

$A + C = B + D$; si $A = B$ y $C = D,$ entonces $A - C = B - D$; si A coincide con B, entonces A y B son iguales; y el todo de A es mayor que parte de A.

Para demostrar la Proposición 1 (p. siguiente), Euclides trazó una recta de extremos A y B (abajo). Tomando cada extremo como centro, dibujó dos circunferencias en intersección, de modo que ambas tenían el radio AB. Con esto aplicaba el tercer postulado. Llamó C al punto en que se tocaban las circunferencias, y podía dibujar otras dos rectas AC y BC basándose en

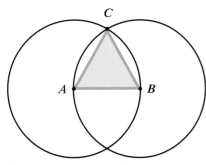

Para construir un triángulo equilátero en la Proposición 1, Euclides dibujó una recta y centró una circunferencia sobre sus extremos A y B. Trazando una recta desde cada extremo hasta C, la intersección de las circunferencias, creó un triángulo de lados AB, AC y BC de igual longitud.

el primer postulado. El radio de las dos circunferencias es el mismo, de modo que $AC = AB$ y $BC = AB$; esto supone que $AC = BC$, que es el primer axioma de Euclides (las cosas iguales a la misma cosa son también iguales unas a otras). Se sigue que $AB = BC = CA$, con el resultado de haber dibujado un triángulo equilátero sobre AB.

En las traducciones latinas de los *Elementos*, las deducciones acaban con las letras QEF (*quod erat faciendum,* «lo que se quería hacer [y se ha hecho]»), y las demostraciones lógicas, con QED (*quod erat demonstrandum,* «lo que se quería demostrar [y se ha demostrado]»).

La misma proposición primera de Euclides fue criticada por autores posteriores, que observaron, por ejemplo, que Euclides ni justificaba ni explicaba la presencia del punto C, el punto de intersección entre las dos circunferencias. Aunque aparente, no se menciona en los supuestos preliminares. El quinto postulado habla de un punto de intersección, pero es entre dos rectas, no dos circunferencias. De modo análogo, una de las definiciones de triángulo es una figura plana acotada por tres rectas, las tres en dicho plano. Sin embargo, no parece que Euclides mostrara explícitamente

que las rectas AB, BC y CA están en el mismo plano.

El quinto postulado se conoce también como «de las paralelas», pues sirve para demostrar las propiedades de las rectas paralelas. Afirma que si una recta que corta otras dos (A, B) forma ángulos interiores en un lado que suman menos que dos ángulos rectos (180°), las rectas A y B acabarán cortándose al prolongarlas. Euclides no lo usa hasta la proposición 29, donde afirma que una condición para una recta que corta dos paralelas es que los ángulos interiores del mismo lado sean iguales a dos ángulos rectos. El quinto postulado es más elaborado que los otros cuatro, y el propio Euclides parece cauto al respecto.

La geometría es
el conocimiento de
lo que siempre existe.
Platón

Una parte vital de cualquier sistema axiomático es tener suficientes axiomas (y postulados, en el caso de Euclides) de los que poder derivar todas las proposiciones ciertas, pero evitar axiomas superfluos que puedan derivarse de otros. Algunos se preguntaron si el postulado de las paralelas podía demostrarse como proposición utilizando las nociones comunes, las definiciones y los otros cuatro postulados; en caso afirmativo, el quinto postulado es innecesario. Los contemporáneos de Euclides y estudiosos posteriores intentaron sin éxito construir una demostración semejante. Finalmente, en el siglo XIX, el quinto postulado se consideró necesario para la geometría de Euclides, e independiente de los otros cuatro postulados.

Más allá de la geometría euclidiana

Los *Elementos* examina también la geometría esférica, área que estudiaron dos de sus sucesores, Teodosio de Bitinia y Menelao de Alejandría. Mientras que la definición de punto de Euclides se ocupa de puntos en un plano, un punto puede entenderse también como punto en una esfera.

Esto plantea la cuestión de cómo pueden aplicarse los cinco postulados de Euclides a la esfera. En la geometría esférica, casi todos los axiomas parecen diferentes de los postulados planteados en los *Elementos* de Euclides. Los *Elementos* dio lugar a lo que se conoce como geometría euclidiana, y la geometría esférica es el primer ejemplo de geometría no euclidiana. El postulado de las paralelas no es cierto para la geometría esférica, en la que todos los pares de rectas tienen puntos en común, ni para la geometría hiperbólica, en la que estas pueden encontrarse un número infinito de veces. ∎

Las primeras 16 proposiciones del libro I	
Proposición 1	Construir un triángulo equilátero sobre una recta finita dada.
Proposición 2	Colocar una línea recta igual a otra recta dada con un extremo en un punto dado.
Proposición 3	Dadas dos rectas desiguales, tomar de la mayor una recta igual a la menor.
Proposición 4	Si dos triángulos tienen dos lados iguales a dos lados respectivamente, y tienen iguales los ángulos contenidos por los lados iguales, entonces también tienen la base igual a la base, el triángulo igual al triángulo y los ángulos restantes iguales a los ángulos restantes, respectivamente.
Proposición 5	En triángulos isósceles, los ángulos de la base son iguales entre sí, y, si las rectas iguales se prolongan, los ángulos debajo de la base serán iguales entre sí.
Proposición 6	Si en un triángulo dos ángulos son iguales entre sí, los lados separados del tercero por dichos ángulos iguales también serán iguales entre sí.
Proposición 7	Dadas dos rectas construidas a partir de los extremos de una recta y que se encuentran en un punto, no pueden ser construidas desde los extremos de la misma recta, y sobre el mismo lado de ella, otras dos rectas juntándose en otro punto e iguales a las dos primeras respectivamente, a saber, cada una igual con aquella que parte del mismo extremo.
Proposición 8	Si dos triángulos tienen los dos lados iguales a dos lados respectivamente, y tienen también la base igual a la base, entonces también tendrán los ángulos iguales.
Proposición 9	Bisecar un ángulo rectilíneo dado.
Proposición 10	Bisecar una recta finita dada.
Proposición 11	Dada una recta, trazar desde un punto en ella otra recta que forme ángulos rectos.
Proposición 12	Dada una recta infinita, desde un punto dado que no esté en la misma, trazar una recta perpendicular.
Proposición 13	Si una recta levantada sobre otra forma ángulos, serán dos ángulos rectos o dos ángulos iguales a dos ángulos rectos.
Proposición 14	Si, con cualquier recta y a partir de uno de sus puntos, dos rectas que no están colocadas del mismo lado de ella hacen que la suma de los ángulos adyacentes sea igual a dos ángulos rectos, entonces las dos rectas estarán en línea recta la una con la otra.
Proposición 15	Si dos rectas se cortan entre sí, entonces se crean ángulos opuestos por el vértice iguales entre sí.
Proposición 16	En todo triángulo, si se prolonga uno de los lados, entonces el ángulo exterior es mayor que cualquiera de los ángulos interiores y opuestos.

CONTAR SIN NUMEROS
EL ÁBACO

EN CONTEXTO

CIVILIZACIÓN
Antigua Grecia (*c*. 300 a. C.)

CAMPO
Sistemas numéricos

ANTES
***C*. 18 000 a. C.** Se indican
números con marcas sobre
hueso en África central.

***C*. 3000 a. C.** En Sudamérica
se registran números con
nudos en cuerdas.

***C*. 2000 a. C.** Los babilonios
siguen desarrollando la
notación posicional.

DESPUÉS
1202 Leonardo de Pisa
(Fibonacci) alaba el sistema
indoarábigo en *Liber Abaci*.

1621 La regla de cálculo
inventada por el inglés
William Oughtred simplifica
el uso de logaritmos.

1972 Hewlett Packard inventa
la calculadora científica
electrónica de uso personal.

El ábaco es un ingenio para contar y calcular empleado desde la Antigüedad. Hay ábacos de muchas formas, pero todos funcionan sobre el mismo principio: las cuentas, dispuestas en columnas, representan valores de distinto tamaño.

Ábacos antiguos

La palabra «ábaco» podría dar noticias del origen del objeto que describe: es un término latino derivado del griego antiguo *ábax* («losa» o «tabla»), una superficie que, cubierta de arena, habría servido como mesa de dibujo. El ábaco más antiguo que se conserva es la tabla de Salamina, hecha de mármol, con surcos horizontales, de *c*. 300 a. C. Las cantidades se contaban con piedrecitas en los surcos. La línea inferior representaba los números del 0 al 4; la superior, 5 y múltiplos de 5; y las superiores, decenas, cincuentenas, etc. Se descubrió en la isla griega de Salamina en 1846.

Algunos estudiosos creen que la tabla de Salamina es en realidad babilonia. El término griego *ábax* pudo proceder de uno fenicio o hebreo que significa «polvo» *(abaq)*, posiblemen-

---

El Campeonato de Soroban

Los japoneses aún usan el ábaco japonés *(soroban)* en las clases de matemáticas para desarrollar habilidades aritméticas, y se usa también para cálculos mucho más complejos. Los expertos suelen ser capaces de realizar cálculos mucho más rápidamente que alguien provisto de una calculadora electrónica.

Todos los años, los mejores abacistas de Japón participan en el Campeonato de Soroban, que pone a prueba su velocidad y precisión en un sistema eliminatorio semejante al de los concursos ortográficos. Una prueba destacada del evento es el Flash Anzan®, hazaña de aritmética mental en la que los jugadores imaginan utilizar un ábaco para sumar 15 números de tres dígitos, no estando permitido usar un ábaco físico. Los participantes ven aparecer los números en una pantalla, más rápidamente en cada nueva ronda. El récord mundial de 2017 de Flash Anzan fue de 15 números sumados en 1,68 segundos.

Véase también: La notación posicional 22–27 ▪ Pitágoras 36–43 ▪ El cero 88–91 ▪ Decimales 132–137 ▪ Cálculo 168–175

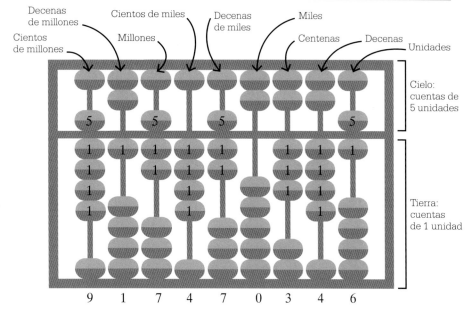

Decenas de millones
Cientos de miles
Decenas de miles
Miles
Cientos de millones
Millones
Centenas
Decenas
Unidades

Cielo: cuentas de 5 unidades

Tierra: cuentas de 1 unidad

9   1   7   4   7   0   3   4   6

Este *suanpan* muestra la cifra 917 470 346. Tradicionalmente, el *suanpan* es un ábaco de 2:5 –cada columna tiene dos cuentas en el «cielo», cada una de valor 5, y cinco cuentas en la «tierra», cada una de valor 1, lo cual da un valor potencial de 15 unidades. Esto permite cálculos utilizando el sistema chino de base 16, que emplea 15 unidades en vez de las 9 del sistema decimal. Los números se pueden sumar anotando las unidades de un número, empezando por la derecha, y luego ir recolocando las cuentas a medida que se van sumando otros números. Para restar, se anotan las unidades del primer número, y luego se ajustan hacia abajo los valores a medida que se van restando otros números.

te referido a tablas de contar mucho más antiguas de las civilizaciones mesopotámicas, en las que las cuentas se disponían sobre surcos trazados en la arena. El sistema numérico posicional babilonio, desarrollado hacia 2000 a. C., pudo inspirarse en el ábaco.

Los romanos convirtieron la tabla griega en un ingenio que simplificaba mucho los cálculos. Las filas horizontales del ábaco griego se convirtieron en columnas verticales en el romano, en el que se insertaban guijarros –*calculi*, en latín–, de donde procede la palabra «cálculo».

En las civilizaciones precolombinas mesoamericanas se usaba también un tipo de ábaco. Basado en un sistema vigesimal de cinco dígitos, empleaba granos de maíz ensartados en hilos para representar los números. No se ha conservado ninguno, pero los estudiosos creen que lo inventaron los olmecas hace 3000 años. Hacia 1000 d. C., los aztecas lo llamaban *nepohualtzintzin*

–«la cuenta relevante»– y lo llevaban a modo de brazalete en la muñeca.

Base doble

En torno al siglo II d. C., los ábacos se habían convertido en una herramienta habitual en China. El ábaco chino, o *suanpan*, tenía el mismo diseño que el romano, pero no tenía piedras sobre una estructura metálica, sino cuentas de madera sobre varillas de madera, como los ábacos modernos. No está claro qué ábaco llegó primero, el romano o el chino, pero sus semejanzas podrían ser una coincidencia, favorecida por la costumbre tan común de contar con los dedos de una mano. Ambos ábacos tienen dos niveles, el nivel inferior para contar hasta cinco y el nivel superior para múltiplos de cinco.

Una personificación femenina de la aritmética juzga una competición entre el matemático romano Boecio, usando números, y el griego Pitágoras, con una tabla de contar.

En el II milenio d. C., el *suanpan* y sus métodos para contar se extendieron por toda Asia. En la década de 1300 fue exportado a Japón, donde se llamó *soroban*. Este se fue refinando lentamente, y en el siglo XX era un ábaco 1:4 (con una cuenta superior y cuatro inferiores en cada varilla). ▪

EXPLORAR PI ES COMO EXPLORAR EL UNIVERSO

CÁLCULO DE PI

EN CONTEXTO

FIGURA CLAVE
Arquímedes
(*c.*287–*c.*212 a. C.)

CAMPO
Teoría de números

ANTES
C. 1650 A. C. El papiro
Rhind, guía matemática
para escribas egipcios,
incluye estimaciones
del valor de π.

DESPUÉS
Siglo V D. C. En China, Zu
Chongzhi calcula π con una
precisión de seis decimales.

1671 El escocés James
Gregory desarrolla el
método de la arcotangente
para calcular π, como
hará Gottfried Leibniz
en Alemania tres años
más tarde.

2019 En Japón, Emma
Haruka Iwao calcula π
con una precisión de más
de 31 billones de decimales
con un servicio de *cloud
computing*.

El hecho de que pi (π) –la relación entre la circunferencia de un círculo y su diámetro, aproximadamente 3,1416– no pueda expresarse exactamente como decimal, por muchos decimales que se le calculen, fascina a los matemáticos desde hace varios siglos. El matemático galés William Jones fue el primero en emplear la letra griega π para representar el número en 1706, pero la importancia de este número para calcular la circunferencia y el área de un círculo y el volumen de una esfera se comprende desde hace milenios.

Textos antiguos

Determinar el valor exacto de pi no es cosa fácil, y la búsqueda por representarlo con el mayor número posible de decimales continúa. Dos de las estimaciones más antiguas de π aparecen en los antiguos documentos egipcios conocidos como papiros Rhind y de Moscú. El primero, que se cree destinado a la formación de escribas, describe cómo calcular el volumen de cilindros y pirámides, y también el área de un círculo. El método para esto último era hallar el área de un cuadrado de lados $8/9$ del diámetro del círculo, y usarlo implicaba un valor de π de aproximadamente 3,1605 con cua-

Pi no es meramente el factor ubicuo en los problemas de geometría del instituto; está cosido por el tejido entero de las matemáticas.
Robert Kanigel
Autor científico estadounidense

tro decimales, que excede solo en un 0,6 % del valor más preciso conocido para π.

En la antigua Babilonia, el área de un círculo se calculaba multiplicando el cuadrado de la circunferencia por $1/12$, lo cual implica un valor de 3 para π. Dicho valor aparece en la Biblia (1 Reyes 7:23): «Fabricó el Mar de metal fundido, que medía diez codos de diámetro, cinco de altura y treinta de circunferencia».

En torno a 250 a. C., el estudioso griego Arquímedes desarrolló un algoritmo para determinar el valor de π basado en construir polígonos regulares inscritos dentro de un

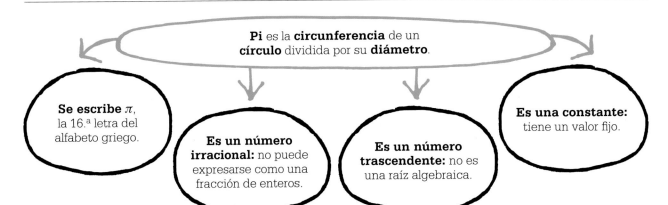

Pi es la **circunferencia** de un **círculo** dividida por su **diámetro**.

Se escribe π, la 16.ª letra del alfabeto griego.

Es un número irracional: no puede expresarse como una fracción de enteros.

Es un número trascendente: no es una raíz algebraica.

Es una constante: tiene un valor fijo.

círculo, o circunscritos a su alrededor. Calculó valores máximo y mínimo para π aplicando el teorema de Pitágoras —el área del cuadrado de la hipotenusa (el lado opuesto al ángulo recto) de un triángulo rectángulo es igual a la suma de las áreas de los cuadrados de los catetos— para establecer la relación entre las longitudes de los lados de los polígonos regulares al doblar el número de lados. Esto le permitió extender el algoritmo hasta polígonos de 96 lados. Determinar el área de un círculo utilizando un polígono de muchos lados es algo que se propuso al menos 200 años antes de Arquímedes; sin embargo, él fue el primero en considerar polígonos tanto inscritos como circunscritos.

Cuadrar el círculo

Otro método para estimar π, la «cuadratura del círculo», fue un reto común para los matemáticos de la antigua Grecia. Consistía en construir un cuadrado de área igual a la de un círculo dado. Empleando únicamente un compás y un borde recto, superponían un cuadrado a

Los polígonos se usaron desde mucho antes para estimar la circunferencia de círculos, pero Arquímedes fue el primero en usar polígonos inscritos (dentro del círculo) y circunscritos (fuera del mismo) para hallar los valores mínimo y máximo de π.

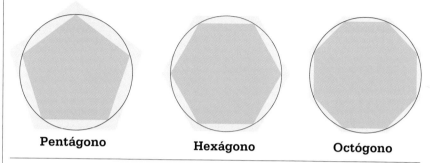

Pentágono   **Hexágono**   **Octógono**

un círculo, y a continuación aplicaban su conocimiento del área del cuadrado para aproximarse a la del círculo. Los griegos no tuvieron éxito con este método, y en el siglo XIX se demostró que cuadrar el círculo era imposible, debido a la condición irracional de π. De ahí que se llame «buscar la cuadratura del círculo» al intento de lograr llevar a cabo una tarea imposible. Otra manera en que los matemáticos intentaron cuadrar el círculo fue cortar este en secciones y disponerlas en forma rectangular (p. 64). El área »

Los trabajos de Arquímedes son, sin excepción, obras de exposición matemática.
Thomas L. Heath
Historiador y matemático británico

Arquímedes

El polímata griego Arquímedes, nacido en torno a 287 a. C. en Siracusa (Sicilia), destacó como matemático e ingeniero, y se le recuerda también por su momento «eureka», cuando comprendió que el volumen de agua desplazada por un objeto es igual al volumen de este. Entre los inventos que se le atribuyen está el tornillo de Arquímedes, una hoja helicoidal dentro de un cilindro para elevar agua por una pendiente.

En matemáticas, Arquímedes aplicó enfoques prácticos para determinar la relación de los volúmenes de un cilindro, una

esfera y un cono de igual radio máximo y altura en proporción de 3:2:1. Muchos consideran a Arquímedes un pionero del cálculo, que no se desarrolló hasta el siglo XVIII. Lo mató un soldado romano durante el asedio de Siracusa en 212 a. C., pese a las órdenes en sentido contrario.

Obras principales

C.250 A. C. *La medida del círculo.*
C. 225 A. C. *De la esfera y del cilindro.*

del rectángulo es $r \times \frac{1}{2}(2\pi r) = r \times \pi r = \pi r^2$ (donde r es el radio del círculo, y $2\pi r$ es su circunferencia). El área del círculo es también πr^2. Cuanto menores sean los segmentos, más se aproxima la forma a la de un rectángulo.

La búsqueda se extiende

Más de 300 años después de la muerte de Arquímedes, Tolomeo (*c.* 100–170 d. C.) determinó para π un valor de 3:8:30 (sexagesimal), es decir, $3 + \frac{8}{60} + \frac{30}{3600} = 3,1416$, que es solamente un 0,007 % mayor que el valor más exacto conocido de π. En China se empleó a menudo 3 como valor de π, hasta generalizarse $\sqrt{10}$ a partir del siglo II d. C. Esto es un 2,1 % mayor que π. En el siglo III, Wang Fau afirmó que un círculo cuya circunferencia sea 142 tiene un diámetro de 45 –es decir $\frac{142}{45} = 3,15$, solo un 1,4 % más que π–, mientras que Liu Hui empleó un polígono de 3072 lados para estimar π en 3,1416. En el siglo V, Zu Chongzhi y su hijo emplearon un polígono de 24 576 lados para calcular π como $\frac{355}{113} = 3,14159292$, un nivel de precisión que no fue alcanzado en Europa hasta el siglo XVI.

En India, el matemático y astrónomo Aryabhata incluyó un método para calcular π en su tratado astronómico *Aryabhatiyam*, del año 499 d. C.: «Suma 4 a 100, multiplica por 8 y luego suma 62 000. Con esta regla, se puede acometer el cálculo de la circunferencia de un círculo de diámetro de 20 000». Esto se puede expresar como $[8(100 + 4) + 62\,000]/20\,000 = 62\,832/20\,000 = 3,1416$.

Brahmagupta (*c.* 598–668 d. C.) derivó aproximaciones de π en forma de raíz cuadrada usando polígonos regulares de 12, 24, 48 y 96 lados: $\sqrt{9,65}$, $\sqrt{9,81}$, $\sqrt{9,86}$ y $\sqrt{9,87}$, respectivamente. Habiendo establecido hasta los cuatro decimales el valor de $\pi^2 = 9,8696$, simplificó el cálculo a $\pi = \sqrt{10}$. Durante el siglo IX, el

> Con pi no hay fin. Me encantaría probar con más dígitos.
> **Emma Haruka Iwao**
> **Informática japonesa**

matemático persa Al Juarismi usó $3\frac{1}{7}$, $\sqrt{10}$ y $62\,832/20\,000$ como valores de π, atribuyendo el primero a Grecia y los otros dos a India. El clérigo inglés Adelardo de Bath tradujo la obra de Al Juarismi en el siglo XII, renovando el interés por la búsqueda de π en Europa. En 1220, Leonardo de Pisa (Fibonacci), que popularizó los numerales indoarábigos en su *Liber abaci* (*El libro del cálculo*, 1202), calculó π como $864/275 = 3,141$, una mejora leve con respecto a la aproximación de Arquímedes, pero no tan precisa como los cálculos de Tolomeo, Zu Chongzhi o Aryabhata. Dos siglos más tarde, el polímata italiano Leonardo da Vinci (1452–1519) propuso construir un rectángulo de longitud igual a la circunferencia de un círculo y altura igual a la mitad de su radio para determinar el área del círculo.

El método de Arquímedes usado en la antigua Grecia para calcular π continuaba utilizándose a finales del siglo XVI. En 1579, el matemático francés François Viète empleó 393 polígonos regulares, cada uno de 216 lados, para calcular π con 10 decimales. En 1593, el matemático flamenco Adriaan van Roomen (o Adrianus Romanus) utilizó un polígono de 230 lados para calcular π con 17 decimales; tres años más

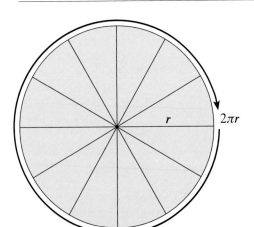

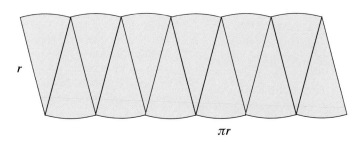

Disponer los segmentos de un círculo en una forma casi rectangular muestra que el área de un círculo es πr^2. La altura del «rectángulo» es aproximadamente igual al radio r del círculo, y su base es la mitad de la circunferencia (la mitad de $2\pi r$, que es πr).

La relación entre el perímetro y la altura de la gran pirámide de Guiza es casi exactamente π, lo cual apunta a que los antiguos arquitectos egipcios conocían este número.

tarde, en los Países Bajos, el profesor de matemáticas alemán Ludolph van Ceulen calculó π con 35 decimales.

El desarrollo de series del arcotangente por el astrónomo y matemático escocés James Gregory en 1671, e independientemente por Gottfried Leibniz en 1674, aportó un nuevo enfoque para hallar π. Una serie del arcotangente (arctg) es un modo de determinar los ángulos de un triángulo a partir de la longitud de sus lados, y requiere medir el radián, siendo un giro completo 2π radianes (equivalente a 360°).

El inconveniente es que, con dicha serie, son necesarios cientos de términos para calcular π aun con solo unos pocos decimales. Muchos matemáticos intentaron encontrar formas más eficientes de calcular π con arctg, entre ellos, Leonhard Euler, en el siglo XVIII. En 1841, el ma-

temático británico William Rutherford calculó 208 dígitos de π usando series del arctg.

La llegada de las calculadoras y los ordenadores electrónicos en el siglo XX facilitó mucho la tarea de hallar nuevos dígitos de π. En 1949 se calcularon 2037 en 70 horas. Cuatro años después únicamente se tardó unos 13 minutos en calcular 3089 dígitos. En 1961, los matemáticos estadounidenses Daniel Shanks y John Wrench utilizaron series del arctan para calcular 100 625 dígitos en menos de ocho horas. En 1973, los matemáticos franceses Jean Guillaud y Martin Bouyer lograron un millón de decimales; y, en 1989, los hermanos ucraniano-estadounidenses David y Gregory Chudnovsky, alcanzaron mil millones.

En 2016, el físico de partículas suizo Peter Trueb usó el *software y-cruncher* para calcular π hasta los 22,4 billones de dígitos. Un nuevo récord mundial quedó establecido cuando la informática japonesa Emma Haruka Iwao calculó π más allá de los 31 billones de decimales en marzo de 2019. ■

Aplicaciones de pi

Los científicos espaciales usan constantemente π en sus cálculos. Por ejemplo, la longitud de las órbitas a diferentes altitudes sobre la superficie de un planeta se puede calcular gracias a que, conociendo el diámetro de un círculo, puede obtenerse su circunferencia multiplicando por π. Este método lo aplicaron en 2015 científicos de la NASA para calcular cuánto tardó la nave Dawn en completar una órbita en torno a Ceres, planeta enano del cinturón de asteroides entre Marte y Júpiter.

Cuando en el Laboratorio de Propulsión a Chorro de la NASA, en California, quisieron saber cuánto hidrógeno podría haber disponible debajo de la superficie de la luna de Júpiter Europa, estimaron el hidrógeno producido en una unidad de área dada, calculando el área de Europa, que es $4\pi r^2$, como para cualquier esfera. Como conocían el radio de Europa, calcular su área fue fácil.

Usando π también es posible calcular la distancia recorrida durante una rotación de la Tierra por una persona parada en un punto de su superficie, siempre que se conozca la latitud de la posición de esa persona.

Los astrofísicos usan π en sus cálculos para determinar las órbitas y características de cuerpos planetarios tales como Saturno.

SEPARAMOS LOS NUMEROS COMO CON UNA CRIBA
LA CRIBA DE ERATÓSTENES

EN CONTEXTO

FIGURA CLAVE
Eratóstenes (*c.* 276–*c.* 194 a. C.)

CAMPO
Teoría de números

ANTES
***C.* 1500 A. C.** Los babilonios distinguen números primos de compuestos.

***C.* 300 A. C.** En los *Elementos* (libro IX, proposición 20), Euclides demuestra que los números primos son infinitos.

DESPUÉS
Principios del siglo XIX Carl Friedrich Gauss y el matemático francés Adrien-Marie Legendre plantean independientemente conjeturas sobre la densidad de los números primos.

1859 Bernhard Riemann publica una hipótesis sobre la distribución de los primos, aún no demostrada, aunque ha servido para demostrar muchas otras teorías sobre los números primos.

Además de calcular la circunferencia de la Tierra y las distancias de esta a la Luna y al Sol, el polímata griego Eratóstenes ingenió un método para hallar números primos. Tales números, divisibles solo por 1 y por sí mismos, llevaban siglos intrigando a los matemáticos. Al inventar la «criba» para eliminar los no primos –empleando una tabla y tachando los múltiplos de 2, 3, 5 y otros–, Eratóstenes volvió considerablemente más accesibles los números primos. Estos tienen exactamente dos factores (o divisores): 1 y el propio número. Los griegos comprendían la importancia de los números primos en la construcción de todos los enteros positivos. En su obra *Elementos*, Euclides enunció muchas propiedades tanto de los números compuestos (enteros mayores que 1 que se pueden obtener multiplicando otros enteros) como de los números primos. Entre tales propiedades está el hecho de que o todo entero se puede expresar como el producto de números primos o el propio entero es primo.

Eratóstenes desarrolló la **«criba»** para agilizar el proceso de **hallar números primos**.

Los números se escriben en una tabla.

El resultado del **método** es una **tabla** con los **números primos claramente** identificados.

Se eliminan **sistemáticamente** los **múltiplos** de números primos.

Véase también: Números primos de Mersenne 124 ▪ La hipótesis de Riemann 250–251 ▪ El teorema de los números primos 260–261

El método de Eratóstenes emplea una tabla de números consecutivos. Primero se elimina el 1, luego todos los múltiplos de 2 salvo el propio 2, y a continuación los múltiplos de 3, 5 y 7. Los múltiplos de todos los números mayores que 7 han sido eliminados ya, pues 8, 9 y 10 son compuestos de 2, 3 y 5.

◻ **Números primos**

▧ **1 y números compuestos**

1	2	3	4	5	6	7	8	9	10
11	12	13	14	15	16	17	18	19	20
21	22	23	24	25	26	27	28	29	30
31	32	33	34	35	36	37	38	39	40
41	42	43	44	45	46	47	48	49	50
51	52	53	54	55	56	57	58	59	60
61	62	63	64	65	66	67	68	69	70
71	72	73	74	75	76	77	78	79	80
81	82	83	84	85	86	87	88	89	90
91	92	93	94	95	96	97	98	99	100

Eratóstenes

Eratóstenes, nacido en torno a 276 a. C. en Cirene, polis griega en Libia, estudió en Atenas, y fue matemático, astrónomo, geógrafo, teórico de la música, crítico literario y poeta. Pasó muchos años al frente de la Biblioteca de Alejandría, la mayor institución académica del mundo antiguo. Se le conoce como padre de la geografía, que fundó y nombró como disciplina académica, y cuya terminología en gran medida acuñó.

Eratóstenes comprendió que la Tierra es una esfera, y calculó su circunferencia comparando el ángulo de elevación del Sol al mediodía en Asuán, al sur de Egipto, y en Alejandría, al norte del país. También creó el primer mapa del mundo con meridianos, el ecuador, e incluso las zonas polares. Murió hacia 194 a. C.

Pocas décadas después, Eratóstenes desarrolló su método, que se puede extender para descubrir todos los primos. Utilizando una tabla del 1 al 100 (arriba), está claro que 1 no es un número primo, pues su único factor es 1. El primer número primo –y también el único primo par– es 2. Como todos los demás números pares son divisibles por 2, no pueden ser primos, de modo que todos los demás primos han de ser impares. El siguiente primo, 3, tiene solo dos factores, de manera que ningún otro múltiplo de 3 puede ser primo. Los múltiplos de 4 (2 × 2) ya han sido eliminados, por ser todos pares. El siguiente primo es 5, de modo que ningún otro múltiplo de 5 puede ser primo. El número 6 y todos sus múltiplos han sido eliminados ya de la lista de primos potenciales, como múltiplos pares de 3. El siguiente primo es 7, y suprimiendo sus múltiplos se eliminan 49, 77 y 91. Todos los múltiplos de 9 han sido eliminados por ser múltiplos de 3, y también todos los de 10, por ser los múltiplos pares de 5. Los múltiplos de 11 hasta 100 se han eliminado, y así sucesivamente con todos los números siguientes. Hasta el 100 hay solo 25 números primos –comenzando por 2, 3, 5, 7, 11…, y acabando con 97– todos identificados con solo eliminar los múltiplos de 2, 3, 5 y 7.

La búsqueda continúa

Los números primos interesaron a los matemáticos a partir del siglo XVII, cuando figuras tales como Pierre de Fermat, Marin Mersenne, Leonhard Euler y Carl Friedrich Gauss estudiaron en mayor profundidad sus propiedades.

Incluso en la era informática, determinar si un número grande es primo es un desafío. La criptografía asimétrica –el uso de dos primos grandes para encriptar un mensaje– es la base de toda la seguridad en internet. Si los *hackers* dan con un modo sencillo de determinar la factorización de primos de cifras muy grandes, será necesario idear un nuevo sistema. ▪

Obras principales

Mensuram orae ad terram (Sobre la medición de la tierra). Geographica (Geografía).

UNA HAZAÑA GEOMETRICA
SECCIONES CÓNICAS

EN CONTEXTO

FIGURA CLAVE
Apolonio de Perga
(*c.* 262–190 a. C.)

CAMPO
Geometría

ANTES
***C.* 300 A. C.** Los *Elementos*
de Euclides plantea las
proposiciones que son la
base de la geometría plana.

***C.* 250 A. C.** En *Sobre conoides
y esferoides*, Arquímedes
muestra los sólidos formados
al girar secciones cónicas
sobre su eje.

DESPUÉS
***C.* 1079 D. C.** El persa Omar
Jayam resuelve ecuaciones
algebraicas con la intersección
de secciones cónicas.

1639 En Francia, a sus
16 años, Blaise Pascal enuncia
que los lados opuestos de un
hexágono inscrito en una
circunferencia se encuentran
en tres puntos sobre una recta.

Entre los muchos matemáticos pioneros que produjo la antigua Grecia, Apolonio de Perga fue uno de los más brillantes. Comenzó a estudiar matemáticas cuando ya era conocida la gran obra de Euclides, los *Elementos*, y usó el método euclidiano de tomar axiomas –proposiciones evidentes que se considera que no requieren demostración– como punto de partida para demostraciones ulteriores.

Apolonio escribió sobre muchos campos, entre ellos, la óptica (cómo viajan los rayos de luz) y la astronomía, además de la geometría. De gran parte de su obra se conservan solo

He enviado a mi hijo [...] para que os traiga [...] mi segundo libro de *Las cónicas*. Leedlo con atención y comunicadlo a quienes sean dignos de ello.
Apolonio de Perga

fragmentos, pero la más influyente, *Las cónicas*, está relativamente intacta. La escribió en ocho volúmenes, de los que se conservan siete: los libros 1–4 en griego, y los libros 5–7 en árabe. Era una obra pensada para matemáticos versados en geometría.

Una nueva geometría

Matemáticos antiguos griegos como Euclides se centraron en la recta y la circunferencia como formas geométricas más puras. Apolonio visualizó estas de forma tridimensional: si se combina una circunferencia con todas las líneas que de la misma emanan, por encima o por debajo del plano, y dichas líneas pasan por el mismo punto fijo –el vértice–, se crea un cono. Cortando este de diferentes maneras se obtienen una serie de curvas, llamadas secciones cónicas.

En *Las cónicas*, Apolonio expuso con minucioso detalle este nuevo mundo de construcción geométrica, estudiando y definiendo las propiedades de las secciones cónicas. Basó sus cálculos en el supuesto de dos conos unidos por el mismo vértice, con el área de sus bases circulares extendiéndose potencialmente hasta el infinito. A tres de las secciones cónicas les dio los nombres elipse, parábola e hipérbola. Una elipse se forma

Véase también: Los *Elementos* de Euclides 52–57 ▪ Coordenadas 144–151 ▪ El área bajo una cicloide 152–153 ▪ Geometría proyectiva 154–155 ▪ Geometrías no euclidianas 228–229 ▪ La demostración del último teorema de Fermat 320–323

cuando un plano inclinado corta un cono recto; una parábola, si la sección es paralela a la pendiente del cono; y una hipérbola, si el plano es vertical. Aunque consideraba la circunferencia como una de las cuatro secciones cónicas, en realidad es una elipse con el plano perpendicular al eje del cono.

Despejando el camino a los demás

En su descripción de estos cuatro objetos geométricos, Apolonio no usó fórmulas algebraicas ni números. Su visión de una curva cónica como una serie de líneas paralelas ordenadas que emanan de un eje, sin embargo, prefiguraba la posterior creación de la geometría de sistemas de coordenadas. No logró el nivel de precisión que se alcanzaría 1800 años después con la obra de los matemáticos franceses René Descartes y Pierre de Fermat, pero se acercó a la representación por coordenadas de las curvas cónicas. Frenaba a Apolonio el que no usara ni números negativos ni el cero de forma explícita. Como resultado, la geometría bidimensional cartesiana se desarrolla sobre cuatro

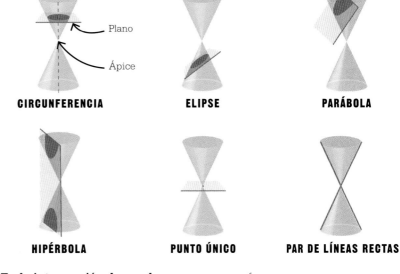

En la intersección de un plano y un cono se forma una sección cónica. Además de las secciones descritas por Apolonio, pueden ser de un solo punto si el plano corta el ápice (vértice superior), o líneas rectas que atraviesan el ápice en ángulo.

cuadrantes –con coordenadas positivas y negativas–, mientras que la de Apolonio opera solo en uno.

Los estudios de Apolonio inspiraron muchos de los avances de la geometría que se produjeron en el mundo islámico en la Edad Media. Su obra fue redescubierta en Europa durante el Renacimiento, y condujo al desarrollo de la geometría analítica que contribuyó a impulsar la revolución científica. ∎

[Las secciones cónicas] son la clave necesaria para llegar a conocer las leyes más importantes de la naturaleza.
Alfred North Whitehead
Matemático británico

Apolonio de Perga

Poco se sabe de la vida de Apolonio. Nació en torno a 262 a. C. en Perga, centro del culto a la diosa Artemisa, en el sur de Anatolia (hoy parte de Turquía). Viajó a Egipto, donde fue discípulo de maestros euclidianos en la gran urbe cultural de Alejandría.

Se cree que los ocho volúmenes de *Las cónicas* se compilaron durante la estancia de Apolonio en Egipto. En los primeros volúmenes había poco que no conociera Euclides, pero las obras posteriores supondrían un avance importante para la geometría.

Más allá de su trabajo con las secciones cónicas, a Apolonio se le atribuye estimar el valor de pi con mayor precisión que su contemporáneo Arquímedes, así como ser el primero en enunciar que un espejo esférico no enfoca los rayos del sol, mientras que sí lo hace uno parabólico.

Obra principal

C. 200 A. C. *Las cónicas.*

EL ARTE DE MEDIR TRIANGULOS

TRIGONOMETRÍA

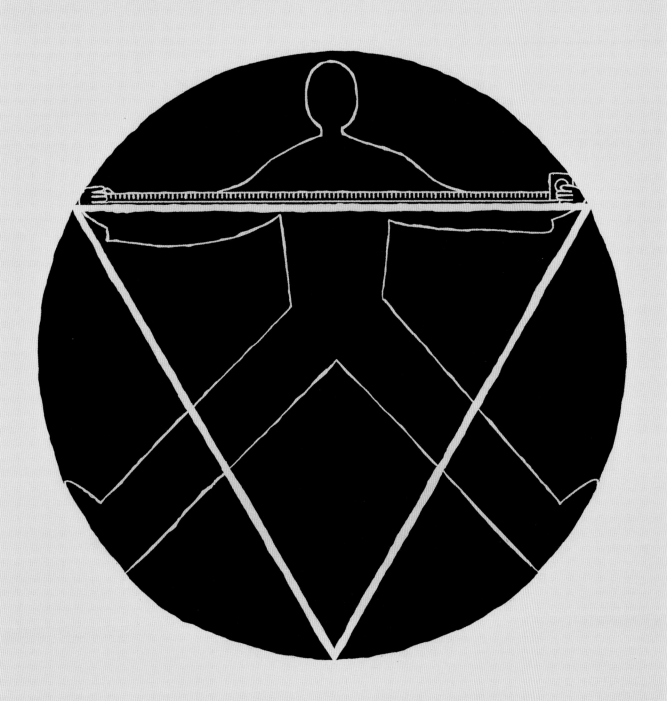

EN CONTEXTO

FIGURA CLAVE
Hiparco (*c.* 190–120 a. C.)

CAMPO
Geometría

ANTES
***C.* 1800 a. C.** La tablilla babilonia Plimpton 322 contiene una lista de ternas pitagóricas, muy anterior a la fórmula $a^2 + b^2 = c^2$ de Pitágoras.

***C.* 1650 a. C.** El papiro Rhind incluye un método para calcular la pendiente de una pirámide.

Siglo VI a. C. Pitágoras descubre el teorema relativo a la geometría de los triángulos.

DESPUÉS
500 d. C. Se utilizan las primeras tablas trigonométricas en India.

1000 En el mundo islámico, los matemáticos emplean las distintas proporciones entre los lados y ángulos de los triángulos.

La **trigonometría** es el estudio de la **relación** entre los **lados y los ángulos de un triángulo**.

Los **tres ángulos** de cualquier triángulo **suman 180°**.

Si se conocen dos ángulos, puede determinarse el **tercero**.

Las **proporciones** de los lados de un triángulo rectángulo se llaman proporciones **trigonométricas**.

Si **se conoce** la longitud de **un lado** de un triángulo y sus **ángulos**, puede **determinarse** la **longitud de los dos lados restantes**.

L a trigonometría, término que combina las palabras griegas que significan «triángulo» y «medida», es de inmensa importancia tanto para el desarrollo histórico de las matemáticas como del mundo actual. La trigonometría es una de las disciplinas matemáticas más útiles: ha permitido, por ejemplo, navegar por los océanos, comprender la electricidad y medir la altura de las montañas.

Desde la Antigüedad, las civilizaciones apreciaron la necesidad de los ángulos rectos en la arquitec-tura. Esto movió a los matemáticos a analizar las propiedades de los triángulos rectángulos: todos tienen dos lados más cortos, o catetos (de igual o distinta longitud), y uno diagonal, o hipotenusa, más largo que cualquiera de los otros dos; todos los triángulos tienen tres ángulos; y los triángulos rectángulos tienen un ángulo de 90°.

La tablilla Plimpton

A principios de la década de 1900 se descubrió un estudio de triángulos de *c.* 1800 a. C. en una antigua tablilla de barro babilonia. Adquirida por el editor estadounidense George Plimpton en 1923, la tabla se conoce como Plimpton 322, y tiene grabada información numérica relativa a los triángulos rectángulos. Se discute su importancia exacta, pero la información parece incluir ternas pitagóricas (tres números positivos que representan las longitudes de un triángulo rectángulo), junto con otra serie de números que parecen las proporciones de los cuadrados de los lados. Se desconoce la finalidad original de la tablilla, pero pudo

Aunque no la inventara, Hiparco es la primera persona de cuyo uso sistemático de la trigonometría tenemos pruebas documentales.
Sir Thomas Heath
Historiador de las matemáticas británico

servir como manual práctico para medir dimensiones.

En la misma época aproximadamente que los babilonios, los matemáticos egipcios se estaban interesando por la geometría, animados no solo por programas de construcción monumental, sino también por las inundaciones anuales del Nilo, que requerían volver a delimitar los campos de cultivo cada vez que se retiraban las aguas. El interés de los egipcios resulta evidente en el papiro Rhind, rollo que contiene tablas relativas a las fracciones. Una de estas tablas plantea la pregunta: «Si una pirámide tiene 250 codos de altura y el lado de la base mide 360 codos, ¿cuál es su *seked*?». La palabra *seked* significa pendiente, por lo que el problema es puramente trigonométrico.

Hiparco establece reglas

Los antiguos griegos, influidos por teorías babilonias sobre los ángulos, desarrollaron la trigonometría como rama de las matemáticas gobernada por reglas claras, en lugar de las tablas de números de las que habían

dependido los matemáticos anteriores. En el siglo II a. C., al astrónomo y matemático Hiparco, comúnmente tenido por padre de la trigonometría, le interesaron en particular los triángulos inscritos en circunferencias y esferas, así como la relación entre ángulos y longitudes de cuerdas (rectas dibujadas entre dos puntos de una circunferencia, o sobre cualquier curva). Hiparco compiló lo que de hecho es la primera verdadera tabla de valores trigonométricos.

La aportación de Tolomeo

Unos 300 años más tarde, en la ciudad egipcia de Alejandría, el polímata grecorromano Claudio Tolomeo escribió un tratado matemático llamado *Syntaxis mathematikos* (renombrado posteriormente como *Almagesto* por estudiosos islámicos). En esta obra, Tolomeo desarrolló las ideas de Hiparco sobre triángulos, circunferencias y cuerdas, construyendo fórmulas que permitirían predecir la posición del Sol y otros cuerpos celestes basadas en el supuesto de órbitas circulares alrededor de la

En la época medieval, los astrolabios aplicaban principios trigonométricos para medir la posición de los cuerpos celestes. Su invención se atribuye a Hiparco.

Tierra. Tolomeo, como los matemáticos anteriores a él, usó el sistema numérico sexagesimal babilonio. El trabajo de Tolomeo fue desarrollado en India, donde la disciplina en auge de la trigonometría se consideraba parte de la astronomía. El matemático indio Aryabhata (474–550 d. C.) »

Hiparco

Hiparco nació en Nicea (actual Iznik, en Turquía) en 190 a. C. Se conoce poco de su vida, pero alcanzó fama como astrónomo por los estudios llevados a cabo durante su estancia en la isla de Rodas. Sus hallazgos fueron inmortalizados en el *Almagesto* de Tolomeo, donde se le describe como «amante de la verdad».

La única obra de Hiparco que se conserva es su comentario a los *Fenómenos* del poeta Arato y del matemático y astrónomo Eudoxo, y en el que critica la imprecisión de sus descripciones de las constelaciones. La

aportación más notable de Hiparco a la astronomía fue su obra *Sobre los tamaños y distancias del Sol y la Luna* (hoy día perdida, pero usada por Tolomeo), que le permitió calcular la fecha de equinoccios y solsticios. También compiló un catálogo de estrellas, que pudo ser el que usó Tolomeo en el *Almagesto*. Hiparco falleció en 120 a. C.

Obra principal

Siglo II A. C. *Sobre los tamaños y distancias del Sol y la Luna.*

Tipos de trigonometría

a = **cateto opuesto**
b = **cateto adyacente**
c = **hipotenusa**

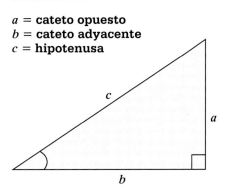

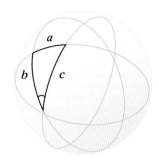

La trigonometría plana estudia los triángulos sobre un plano o superficie 2D. La usan los arquitectos, por ejemplo, para garantizar que los edificios sean estables, y los físicos para modelar el movimiento.

La trigonometría esférica estudia los triángulos sobre una esfera o superficie curva 3D. La utilizan los astrónomos para calcular posiciones de cuerpos celestes, y los navegantes para calcular la latitud y la longitud.

se dedicó al estudio de cuerdas y creó la primera tabla de lo que hoy se conoce como la función seno (todos los valores posibles de las proporciones seno/coseno para determinar la longitud desconocida de un cateto del triángulo cuando se conocen las longitudes de la hipotenusa –el lado más largo– y el cateto opuesto al ángulo).

En el siglo VII d. C., otro gran matemático y astrónomo, Brahmagupta, hizo aportaciones propias a la geometría y la trigonometría, entre ellas, lo que hoy se conoce como fórmula de Brahmagupta. Esta se usa para hallar el área de los cuadriláteros cíclicos, formas de cuatro lados rectos inscritas en una circunferencia. Dicha área se puede calcular también con un método trigonométrico, si se divide el cuadrilátero en dos triángulos.

Trigonometría islámica

Brahmagupta había creado ya una tabla de senos, pero, en el siglo IX d. C., el astrónomo y matemático persa Habash al Hasib («Habash el Calculador») creó algunas de las primeras tablas de senos, cosenos y tangentes para calcular los ángulos y lados de los triángulos. Aproximadamente en la misma época, Al Battani (cuyo nombre fue latinizado como Albatenius) desarrolló el trabajo de Tolomeo sobre la función seno y la aplicó a los cálculos astronómicos. Dejó observaciones muy precisas de objetos celestes desde Al Raqqa (Siria). La motivación de los estudiosos árabes islámicos para desarrollar la trigonometría no procedía

solo de la astronomía, sino también de la religión, ya que era importante para los musulmanes conocer la posición de La Meca desde cualquier lugar del mundo.

En el siglo XII, el matemático y astrónomo indio Bhaskara II inventó el estudio de la trigonometría esférica, que analiza los triángulos y otras formas sobre la superficie de una esfera, en lugar de sobre el plano. En siglos posteriores, la trigonometría se convirtió en algo imprescindible para la navegación, además de para la astronomía. La obra de Bhaskara II y las ideas del *Almagesto* de Tolomeo fueron estimadas por los eruditos islámicos medievales, que habían empezado a estudiar la trigonometría mucho antes que Bhaskara II.

Auxiliar de la astronomía

El desarrollo de la trigonometría trajo consigo un cambio gradual en el modo de concebir el cielo. De la observación y del registro pasivos del movimiento de los cuerpos celestes se fue pasando a los modelos matemáticos de dicho movimiento, para poder así predecir acontecimientos astronómicos con precisión cada vez mayor. El estudio de la trigonometría

La trigonometría, como otras ramas de las matemáticas, no fue obra de un solo hombre o nación.
Carl Benjamin Boyer
Historiador de las matemáticas estadounidense

Una tabla logarítmica es una pequeña tabla que nos permite conocer todas las dimensiones y movimientos geométricos en el espacio.
John Napier

como mero recurso de la astronomía persistió hasta bien entrado el siglo XVI, en el que fueron tomando ímpetu nuevos desarrollos en Europa. En 1533, el matemático alemán Johann Müller (conocido como Regiomontano) publicó *De triangulis omnimodis (Sobre triángulos de todos los tipos)*, un compendio de todos los teoremas conocidos para obtener los lados y ángulos de triángulos tanto planos (2D) como esféricos (los formados sobre la superficie 3D de una esfera). La publicación de esta obra fue un punto de inflexión para la trigonometría, que de mera rama auxiliar de la astronomía pasó a ser un componente clave de la geometría.

La trigonometría iba a desarrollarse aún más allá; aunque la geometría fuera su medio natural, se aplicó cada vez más a la resolución de ecuaciones algebraicas. El matemático francés François Viète mostró cómo se podían resolver estas utilizando funciones trigonométricas, en conjunción con el nuevo sistema de números imaginarios inventado por el matemático italiano Rafael Bombelli en 1572.

A finales del siglo XVI, el físico y astrónomo italiano Galileo Galilei usó la trigonometría para modelar la trayectoria de proyectiles sobre los que actúa la gravedad. Las mismas ecuaciones se siguen usando hoy para proyectar el movimiento de cohetes y misiles por la atmósfera. También en el siglo XVI, el cartógrafo y matemático neerlandés Gemma Frisius usó la trigonometría para determinar distancias, permitiendo realizar mapas precisos por primera vez.

Nuevos desarrollos

Los desarrollos de la trigonometría se sucedieron a mayor ritmo en el siglo XVII. El descubrimiento de los logaritmos por el matemático escocés John Napier (o Neper) en 1614 permitió compilar tablas precisas de senos, cosenos y tangentes. En 1722, el matemático francés Abraham de Moivre fue un paso más

Para cartografiar la isla de Gran Bretaña con precisión, la Ordnance Survey creó en 1936 una red de estaciones de triangulación, entre ellos, este punto geodésico en Gales.

allá que Viète, mostrando cómo las funciones trigonométricas servían para analizar números complejos. Estos tienen una parte real y otra imaginaria, y serían de gran importancia para el desarrollo de la ingeniería mecánica y eléctrica. Leonhard Euler usó los hallazgos de De Moivre para derivar «la ecuación más elegante de las matemáticas»: $e^{i\pi} + 1 = 0$, conocida como identidad de Euler.

En el siglo XVIII, Joseph Fourier aplicó la trigonometría al estudio de distintas formas de ondas y vibraciones. Las series trigonométricas de Fourier se han usado ampliamente en campos científicos como la óptica, el electromagnetismo y, más recientemente, la mecánica cuántica. Desde sus antiguos inicios, cuando los babilonios y antiguos egipcios ponderaban la longitud de las sombras proyectadas por una vara plantada en el suelo, pasando por la arquitectura y la astronomía hasta sus aplicaciones actuales, la trigonometría ha formado parte del lenguaje de las matemáticas a la hora de realizar modelos del universo. ∎

fórmula del seno	$\operatorname{sen} \theta = \dfrac{\text{opuesto}}{\text{hipotenusa}}$
fórmula del coseno	$\cos \theta = \dfrac{\text{adyacente}}{\text{hipotenusa}}$

fórmula de la tangente	$\tan \theta = \dfrac{\text{opuesto}}{\text{adyacente}}$

HIPOTENUSA

OPUESTO

θ

90°

ADYACENTE

Para hallar el ángulo desconocido (θ) de un triángulo rectángulo, se usa la fórmula del seno cuando se conocen las longitudes del cateto opuesto (opuesto a θ) y la hipotenusa; la del coseno, cuando se conocen las del cateto adyacente y la hipotenusa; y la de la tangente, cuando se conocen las del cateto opuesto y el adyacente.

LOS NUMEROS PUEDEN SER MENOS QUE NADA

NÚMEROS NEGATIVOS

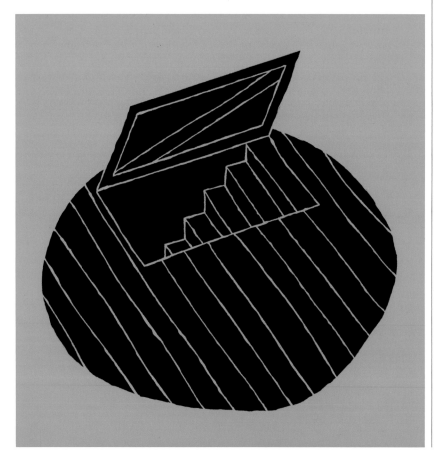

EN CONTEXTO

CIVILIZACIÓN
Antigua China
(c. 1700 a. C.–c. 600 d. C.)

CAMPO
Sistemas numéricos

ANTES
C. 1000 a. C. En China,
se representan por primera
vez números con varillas de
bambú, negativos incluidos.

DESPUÉS
628 d. C. El indio Brahmagupta
establece reglas aritméticas
con números negativos.

1631 En *Practice of the art
of analysis*, publicado diez
años después de su muerte,
el británico Thomas Harriot
acepta los números negativos
en la notación algebraica.

Aunque las nociones prácticas sobre cantidades negativas se aplicaron desde la Antigüedad, sobre todo en China, los números negativos tardaron mucho en ser aceptados en las matemáticas. Para los pensadores griegos antiguos y muchos matemáticos europeos posteriores, los números negativos –y la idea de que algo pudiera ser menos que nada– eran absurdos, y hasta el siglo XVII no fueron plenamente aceptados.

Sistema de varillas chino

Las ideas más antiguas acerca de cantidades negativas parecen haber surgido de la contabilidad comercial: el vendedor recibía dinero a cambio de lo vendido (una cantidad positiva), y el comprador gastaba la misma cantidad, resultando un déficit (una cantidad negativa). Para la aritmética comercial, los antiguos

Véase también: La notación posicional 22–27 ▪ Ecuaciones diofánticas 80–81 ▪ El cero 88–91 ▪ Álgebra 92–99 ▪ Números imaginarios y complejos 128–131

En el sistema de numeración de varillas, el rojo indica números positivos, y el negro, negativos. Para representar los números con la mayor claridad, se usaban de forma alterna varillas horizontales y verticales: por ejemplo, el número 752 requería un 7 vertical, luego un 5 horizontal, y por último un 2 vertical. Los espacios en blanco representan cero.

Positivos	0	1	2	3	4	5	6	7	8	9
Vertical		Ι	ΙΙ	ΙΙΙ	ΙΙΙΙ	ΙΙΙΙΙ	⊤	⊤	⊤	⊤
Horizontal		—	=	≡	≣	≣	⊥	⊥	⊥	⊥

Negativos	0	−1	−2	−3	−4	−5	−6	−7	−8	−9
Vertical		Ι	ΙΙ	ΙΙΙ	ΙΙΙΙ	ΙΙΙΙΙ	⊤	⊤	⊤	⊤
Horizontal		—	=	≡	≣	≣	⊥	⊥	⊥	⊥

chinos usaban pequeñas varillas de bambú dispuestas sobre una tabla grande. Las cantidades positivas y negativas las representaban varillas de distinto color, que se podían sumar. El estratega militar chino Sun Tzu, quien vivió alrededor de 500 a. C., las usaba para realizar cálculos antes de las batallas.

El sistema de varillas había evolucionado hasta varillas alternas horizontales y verticales en grupos de hasta cinco en 150 a. C. Durante la dinastía Sui (581–618 d. C.) se usaron también varillas de sección triangular para las cantidades positivas, y de sección rectangular para las negativas. El sistema fue empleado en el comercio y en cálculos fiscales: las cantidades recibidas se representaban con varillas rojas, y las deudas, con varillas negras. Al sumar varillas de distinto color, se cancelaban unas a otras, al igual que los ingresos cancelan la deuda. El carácter polarizado de los números positivos (varillas rojas) y negativos (varillas negras) casaba bien con la concepción china de un universo gobernado por el yin y el yang, fuerzas opuestas, pero complementarias.

Fortunas fluctuantes

A lo largo de varios siglos aproximadamente a partir de 200 a. C., los antiguos chinos fueron compilando *Los nueve capítulos sobre arte matemático* (recuadro). La obra, que compendia la esencia de sus conocimientos matemáticos, incluía algoritmos que suponen la posibilidad de cantidades negativas, por ejemplo, como soluciones a problemas de beneficios y pérdidas. Por contraste, las matemáticas de la antigua Grecia se basaban en la geometría y las magnitudes geométricas, o sus »

Las matemáticas en la antigua China

Jiuzhang suanshu, o *Los nueve capítulos sobre arte matemático*, una colección de 246 problemas prácticos con sus soluciones, muestra los métodos matemáticos conocidos en la antigua China. Los primeros cinco capítulos se ocupan de la geometría (áreas, longitudes y volúmenes) y la aritmética (proporciones y raíces cuadradas y cúbicas). El capítulo seis se centra en los impuestos, e incluye proporciones directas, inversas y compuestas, que en su mayoría no aparecieron en Europa hasta el siglo XVI. Los capítulos siete y ocho tratan sobre las soluciones a ecuaciones de primer grado, con la regla de la «doble falsa posición», que utiliza dos valores de prueba (o «falsos») en pasos repetidos para obtener la solución correcta. El capítulo final se ocupa de las aplicaciones del «Gougu» (equivalente al teorema de Pitágoras) y la resolución de ecuaciones de segundo grado.

Las lecturas de temperatura en la escala centígrada son negativas cuando algo, tal como un cristal de hielo, es más frío que 0° C, temperatura a la que el agua se congela.

×	−4	−3	−2	−1	0	1	2	3	4
−4	16	12	8	4	0	−4	−8	−12	−16
−3	12	9	6	3	0	−3	−6	−9	−12
−2	8	6	4	2	0	−2	−4	−6	−8
−1	4	3	2	1	0	−1	−2	−3	−4
0	0	0	0	0	0	0	0	0	0
1	−4	−3	−2	−1	0	1	2	3	4
2	−8	−6	−4	−2	0	2	4	6	8
3	−12	−9	−6	−3	0	3	6	9	12
4	−16	−12	−8	−4	0	4	8	12	16

Un negativo multiplicado por un negativo da un positivo. Por este motivo todos los números positivos tienen dos raíces cuadradas (una positiva y otra negativa), y los números negativos no tienen raíces reales: un positivo al cuadrado es positivo, y un negativo al cuadrado también.

▨ **Número positivo**
▨ **Número negativo**

proporciones. Como tales cantidades –longitudes, áreas y volúmenes– solo pueden ser positivas, la noción de números negativos no tenía sentido para los matemáticos griegos.

En la época de Diofanto, alrededor de 250 d. C., se usaban ecuaciones de primer y segundo grado para resolver problemas, pero toda cantidad desconocida seguía representándose geométricamente, por una longitud; en consecuencia, la idea de números negativos como soluciones a tales ecuaciones seguía considerándose absurda.

Un avance importante en el uso aritmético de los números negativos llegó desde India unos 400 años después, con la obra del matemático Brahmagupta (c. 598–668), quien estableció reglas aritméticas para las cantidades negativas y usaba incluso un símbolo para indicar los números. Como los antiguos chinos, Brahmagupta consideraba los números en términos financieros, como «fortunas» (positivos) y «deudas» (negativos), y enunció las reglas siguientes para multiplicar con cantidades positivas y negativas:

El producto de dos fortunas es una fortuna. El producto de dos deudas es una fortuna. El producto de una deuda y una fortuna es una deuda. El producto de una fortuna y una deuda es una deuda.

No tiene sentido hallar el producto de dos montones de monedas, pues solo las cantidades mismas se pueden multiplicar, no el dinero en sí (al igual que no pueden multiplicarse manzanas por manzanas). Brahmagupta, por tanto, estaba practicando la aritmética con cantidades positivas y negativas, y utilizando fortunas y deudas como un modo de comprender lo que representaban los números negativos. El matemático y poeta persa Al Juarismi (c. 780–

c. 850) –cuyas teorías, en particular sobre el álgebra, influyeron a matemáticos europeos posteriores– conocía las reglas de Brahmagupta, y comprendía el empleo de números negativos al tratar con deudas. No podía aceptar, sin embargo, el uso de los números negativos en el álgebra, pues no les veía sentido alguno, y aplicó métodos geométricos a la resolución de las ecuaciones de primero y segundo grado.

Aceptar los negativos

A lo largo de la Edad Media, los matemáticos europeos siguieron sin estar convencidos de la condición de números de las cantidades negativas. Este era aún el caso en 1545, cuando el polímata italiano Gerolamo Cardano publicó *Ars magna (Gran obra)*, en la que explicaba cómo resolver ecuaciones de primer, segundo y tercer grado. No podía excluir las soluciones negativas a sus ecuaciones, y usaba incluso como símbolo una «m» para indicar los números negativos. No podía aceptar, sin embargo, el valor de tales números, a los que llamó «ficticios». René Descartes (1596–1650) aceptaba también las cantidades negativas como soluciones a las ecuaciones, pero las llamaba «raíces falsas», por oposición a los números verdaderos. El matemático inglés John Wallis

Los números negativos son prueba de inconsistencia o absurdo.
Augustus De Morgan
Matemático británico

(1616–1703) dio algún significado a los números negativos al extender la recta numérica por debajo de cero. Este modo de ver los números como puntos sobre una recta condujo finalmente a la aceptación de los números negativos en pie de igualdad con los positivos, y a finales del siglo XIX habían sido formalmente definidos dentro de las matemáticas, separados de la noción de cantidades. Hoy se usan los números negativos en muchos ámbitos, desde la banca y las escalas de temperatura hasta la carga de las partículas subatómicas, y cualquier ambigüedad acerca de su lugar en las matemáticas es cosa del pasado. ■

Los inversores corren a retirar su dinero del Seamen's Savings Bank de Nueva York en 1857. El pánico se debió a que los bancos de EE UU habían prestado muchos millones de dólares (una cantidad negativa) sin las reservas (cantidad positiva) para respaldarlo.

En la **Europa del siglo XV**, las letras **«p»** (*plus*) y **«m»** (*minus*) se usan para más y menos.

Los signos + y − se introducen en el **siglo XVI**.

Pero los **números negativos** se consideran absurdos, y se ven con **animadversión** y **desconfianza**.

Hasta el siglo XVII, cuando se sitúan por primera vez en la **recta numérica**, no se **aceptan** los números negativos en **Europa**.

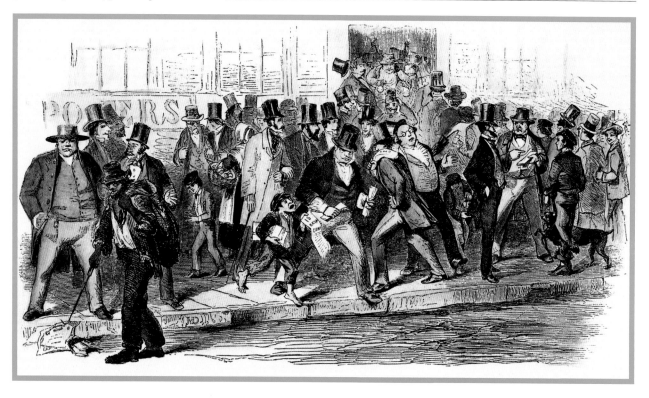

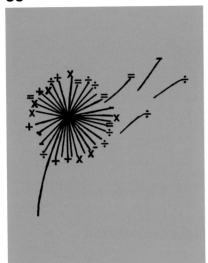

LA FLOR MISMA DE LA ARITMETICA
ECUACIONES DIOFÁNTICAS

EN CONTEXTO

FIGURA CLAVE
Diofanto (*c.* 200–*c.* 284 d. C.)

CAMPO
Álgebra

ANTES
***C.* 800 A. C.** El erudito
indio Baudhayana halla
soluciones a algunas
ecuaciones diofánticas.

DESPUÉS
***C.* 1600** François Viète pone
los cimientos para resolver
ecuaciones diofánticas.

1657 Pierre de Fermat escribe
su último teorema (sobre una
ecuación diofántica) en su
ejemplar de *Arithmetica*.

1900 El décimo problema de la
lista de problemas no resueltos
de David Hilbert es buscar un
algoritmo para resolver todas
las ecuaciones diofánticas.

1970 Matemáticos rusos
demuestran que no hay un
algoritmo que resuelva todas
las ecuaciones diofánticas.

Diofanto intentó resolver ecuaciones con **más de dos cantidades desconocidas** y solo soluciones **enteras** o **racionales**.

Las ecuaciones de este tipo se conocen hoy como **diofánticas**.

Algunas tienen soluciones simples, pero **la mayoría tienen muchas**, o ninguna.

Las ecuaciones diofánticas han **fascinado siempre a los matemáticos**.

En el siglo III d. C., el matemático griego Diofanto, pionero de la teoría de números y la aritmética, creó una obra prodigiosa, *Arithmetica*. En 13 volúmenes, de los que se han conservado solo seis, examinó 130 problemas que requerían ecuaciones, y fue el primero en representar cantidades desconocidas con un símbolo, una piedra angular del álgebra. Las hoy conocidas como ecuaciones diofánticas solo se han estudiado plenamente desde hace unos cien años, y en la actualidad se consideran una de las áreas más interesantes de la teoría de números.

Las ecuaciones diofánticas son un tipo de polinomio: una ecuación en la que las potencias de las variables (cantidades desconocidas) son enteros, como $x^3 + y^4 = z^5$. El fin de las ecuaciones diofánticas es hallar todas las variables, pero las soluciones deben ser números enteros o racionales (los que son expresables como un entero dividido por otro,

Véase también: El papiro Rhind 32–33 ▪ Pitágoras 36–43 ▪ Hipatia 82 ▪ El signo igual y otros símbolos 126–127 ▪ Veintitrés problemas para el siglo xx 266–267 ▪ La máquina de Turing 284–289 ▪ La demostración del último teorema de Fermat 320–323

> El simbolismo que introdujo Diofanto por primera vez […] aportó un medio breve e inmediatamente comprensible para expresar una ecuación.
>
> **Kurt Vogel**
> **Historiador de las matemáticas alemán**

como $^8/_3$). En las ecuaciones diofánticas, los coeficientes –enteros como el 4 en $4x$, que multiplican una variable– son también números racionales. Diofanto usaba solo números positivos, pero hoy los matemáticos buscan soluciones negativas también.

La búsqueda de soluciones

Muchos de los problemas hoy llamados ecuaciones diofánticas eran conocidos mucho antes de la época de Diofanto. En India, los matemáticos exploraron algunos a partir de *c*. 800 a. C., tal como revelan los textos antiguos «Sulba Sutras». En el siglo vi a. C., Pitágoras creó su ecuación de segundo grado para calcular los lados de un triángulo rectángulo; su forma $x^2 + y^2 = z^2$ es una ecuación diofántica.

Las ecuaciones diofánticas del tipo $x^n + y^n = z^n$ pueden parecer simples de calcular, pero solo las que tienen cuadrados son resolubles. Si la potencia (**n** en la ecuación) es mayor que 2, no hay enteros que resuelvan x, y y z –como apuntó Fermat en una

La *Arithmetica* de Diofanto influyó mucho a los matemáticos del siglo xvii conforme se desarrollaba el estudio del álgebra moderna. Este volumen del libro se publicó en latín en 1621.

nota al margen en 1657, y finalmente demostró el matemático británico Andrew Wiles en 1994.

Una fuente de fascinación

Las ecuaciones diofánticas son vastas en número y forma, y en su mayoría son muy difíciles de resolver. En 1900, David Hilbert afirmó que la cuestión de si eran todas resolubles o no era uno de los mayores retos a los que se enfrentaban los matemáticos.

Las ecuaciones están hoy agrupadas en tres clases: las que no tienen solución, las que tienen un número finito de soluciones y las que tienen un número infinito de ellas. En vez de hallar soluciones, sin embargo, a los matemáticos suele interesarles más descubrir si estas existen o no. En 1970, el matemático ruso Yuri Matiyasévich cerró el caso planteado por Hilbert, que él y otros tres matemáticos pasaron años estudiando,

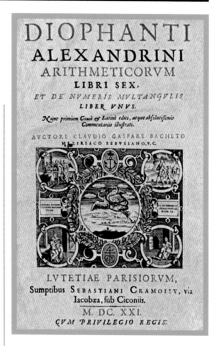

concluyendo que no existe algoritmo general alguno para resolver ecuaciones diofánticas. Sin embargo, los estudios continúan, ya que la fascinación por estas ecuaciones es en gran medida teórica. A los matemáticos les motiva la curiosidad, y creen que aún hay más por descubrir. ▪

Diofanto

Poco se sabe de la vida del matemático y filósofo griego Diofanto, pero probablemente nació en Alejandría (Egipto), hacia 200 d. C. *Arithmetica*, en 13 volúmenes, fue bien recibida –la matemática alejandrina Hipatia escribió sobre los seis primeros–, pero quedó en una relativa oscuridad hasta el siglo xvi, cuando revivió el interés por sus ideas.

La obra *Antología griega*, compilación de juegos y versos matemáticos publicada en torno

a 500 d. C., contiene un problema numérico que pretende ser un epitafio aparecido en la lápida de Diofanto. Escrito en forma de acertijo, dice que se casó a los 35 años y tuvo un hijo cinco años más tarde; este murió a los 40 años, cuando tenía la mitad de la edad de su padre. Se dice que Diofanto vivió otros cuatro años, por lo que habría muerto a la edad de 84.

Obra principal

C. 250 d. C. *Arithmetica.*

UNA ESTRELLA INCOMPARABLE EN EL FIRMAMENTO DE LA SABIDURIA
HIPATIA

La historia solo menciona a unas pocas mujeres matemáticas pioneras en el mundo antiguo, entre ellas, Hipatia de Alejandría. Fue una maestra inspiradora, y dirigió la escuela platónica alejandrina desde 400 d. C.

No se conocen estudios originales de Hipatia, pero se le atribuyen la edición y los comentarios a varios textos clásicos matemáticos, astronómicos y filosóficos. Es probable que Hipatia ayudara a su padre, el respetado estudioso Teón, en la edición definitiva de los *Elementos*, de Euclides, y del *Almagesto* y *Tablas fáciles*, de Tolomeo. También continuó el proyecto de Teón de conservar y expandir textos clásicos, en particular con comentarios a la *Arithmetica* de Diofanto y a la obra de Apolonio sobre secciones cónicas. Se cree que el propósito de estas ediciones era servir de libros de texto, ya que los comentarios son aclaratorios, e Hipatia desarrolló algunos conceptos. Muy renombrada como maestra y por sus conocimientos científicos y su sabiduría, en el año 415 fue asesinada por fanáticos

La erudita alejandrina Hipatia, representada aquí en un cuadro de 1889 por Julius Kronberg, fue reverenciada como mártir heroica después de ser asesinada por fanáticos cristianos. Más tarde sería un símbolo feminista.

cristianos debido a su filosofía «pagana». Las actitudes hacia la presencia de mujeres en el mundo académico se volvieron más intransigentes, y las matemáticas y la astronomía se convirtieron en reductos casi exclusivamente masculinos durante siglos, hasta que la Ilustración trajo nuevas oportunidades a las mujeres durante el siglo XVIII. ■

Véase también: Los *Elementos* de Euclides 52–57 ▪ Secciones cónicas 68–69 ▪ Ecuaciones diofánticas 80–81 ▪ Emmy Noether y el álgebra abstracta 280–281

LA MEJOR APROXIMACION DE PI DURANTE UN MILENIO
ZU CHONGZHI

EN CONTEXTO

FIGURA CLAVE
Zu Chongzhi (429–501 d. C.)

CAMPO
Geometría

ANTES
***C.* 1650 A. C.** Se calcula el área de un círculo con π como $(^{16}/_9)^2 \approx 3{,}1605$ en el papiro Rhind.

***C.* 250 A. C.** Arquímedes utiliza un algoritmo para aproximar el valor de π mediante polígonos regulares inscritos y circunscritos.

DESPUÉS
***C.* 1500** El astrónomo indio Nilakantha Somayaji calcula π con una serie infinita (la suma de términos de una secuencia de tipo ½ + ¼ + ⅛ + ¹⁄₁₆).

1665–1666 Isaac Newton calcula π con 15 dígitos.

1975–1976 Los algoritmos iterativos permiten calcular π por ordenador con millones de dígitos.

Al igual que sus homólogos griegos, los antiguos matemáticos chinos comprendieron la importancia de π (pi) –la relación entre la circunferencia de un círculo y su diámetro– en cálculos geométricos y de otros tipos. Desde el siglo I d. C. en adelante, se propusieron diversos valores para π. Algunos eran suficientemente precisos para fines prácticos, pero varios matemáticos chinos buscaron métodos más precisos para determinar π. En el siglo III, Liu Hui utilizó el mismo método que Arquímedes (dibujar polígonos regulares con un número creciente de lados dentro y fuera de una circunferencia) y halló que un polígono de 96 lados permitía calcular π como 3,14, pero doblando repetidamente el número de lados hasta los 3072, obtuvo un valor de 3,1416.

Mayor precisión
En el siglo V, el astrónomo y matemático chino Zu Chongzhi, famoso por sus meticulosos cálculos, se propuso obtener un valor aún más preciso de π. Usando un polí-gono de 12 288 lados, Zu Chongzhi obtuvo un valor entre 3,1415926 y 3,1415927, y propuso dos fracciones para expresar la relación: el *yuelü*, o aproximación cruda, de $^{22}/_7$, que llevaba empleándose algún tiempo; y su propio cálculo, el *milü*, o aproximación detallada, de $^{355}/_{113}$. Este último sería conocido más adelante como «razón de Zu». Los cálculos de π de Zu no fueron superados hasta que los matemáticos europeos se ocuparon de dicha cuestión durante el Renacimiento, casi un milenio más tarde. ■

Solo puedo ver en Zu Chongzhi a un genio de la Antigüedad.
Takebe Katahiro
Matemático japonés

Véase también: El papiro Rhind 32–33 ▪ Números irracionales 44–45 ▪ Cálculo de pi 60–65 ▪ La identidad de Euler 197 ▪ El experimento de la aguja de Buffon 202–203

LA EDAD

500–1500

MEDIA

El matemático indio Brahmagupta **establece el papel y uso del cero** y designa como «deudas» las cantidades negativas.

Se crea en Bagdad la **Casa de la Sabiduría**, que facilita el **intercambio y desarrollo de ideas** en el mundo árabe e islámico.

Al Juarismi y Al Kindi explican el **uso de los numerales indios**, precursores de nuestros actuales **números arábigos**.

c. 628 A. C.   **Finales del siglo VIII**   **c. 825–830**

Siglo VIII   **c. 820**   **c. 930**

Tras la expansión del islam a parte de la India, los **matemáticos indios comparten conocimientos** con estudiosos árabes.

Al Juarismi escribe su **libro sobre álgebra**, que presenta muchos métodos que conservan su importancia aún hoy.

Muere Abu Kamil, autor de *El libro del álgebra*, **influencia clave para Fibonacci** tres siglos más tarde.

Tras el colapso del Imperio romano y el inicio de la Edad Media en Europa, el centro de la erudición y del conocimiento matemáticos se desplazó del Mediterráneo oriental a China e India. A partir del siglo V d. C. comienza en India la edad de oro de las matemáticas, construida sobre una larga tradición propia y sobre ideas llegadas de Grecia. Los matemáticos indios realizaron avances importantes en los campos de la geometría y la trigonometría, con aplicaciones en la astronomía, la navegación y la ingeniería, pero la innovación de mayor alcance fue el desarrollo de un carácter para representar el número cero.

El empleo de un símbolo específico –una mera circunferencia, en lugar de un espacio en blanco o marcador de posición– para representar el cero se atribuye al brillante matemático Brahmagupta, quien enunció las reglas para usarlo en los cálculos. De hecho, es posible que el carácter en cuestión llevara ya un tiempo utilizándose. Habría encajado bien con el sistema numérico indio, prototipo de nuestros numerales indoarábigos actuales. La influencia de esta y otras ideas de la edad dorada india (que continuó hasta el siglo XII) en la historia de las matemáticas se debe, sin embargo, al islam.

La pujanza persa

Después de la muerte del profeta Mahoma en 632, el islam se convirtió rápidamente en una potencia política, además de religiosa, en Oriente Medio y más allá, al expandir su ámbito desde Arabia hacia el este, a Persia y hasta el subcontinente indio. La nueva fe era muy favorable a la filosofía y la ciencia, y la Casa de la Sabiduría, centro de enseñanza e investigación con sede en Bagdad, atrajo a estudiosos de todos los territorios del Imperio islámico en expansión.

Esta sed de conocimiento favoreció el estudio de los textos antiguos, sobre todo los de los grandes filósofos y matemáticos griegos. Los estudiosos islámicos no se limitaron a conservar y traducir los antiguos textos griegos; además de comentarlos, desarrollaron conceptos propios. Abiertos a nuevas ideas, adoptaron también muchas innovaciones indias, en particular el sistema numérico. El mundo islámico, al igual que la India, inició una edad de oro del saber que duró hasta el siglo XIV y que produjo una sucesión de matemáticos influyentes,

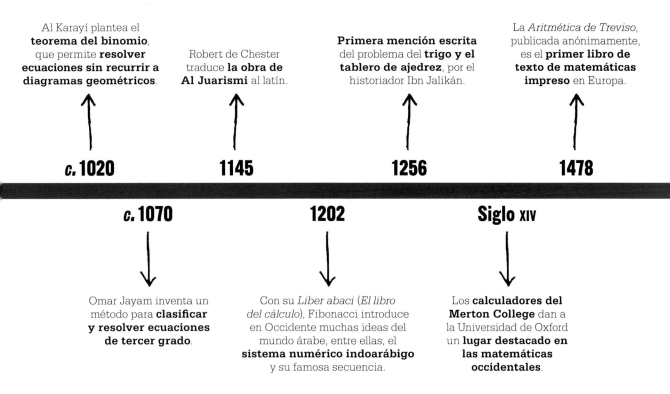

Al Karayí plantea el **teorema del binomio**, que permite **resolver ecuaciones sin recurrir a diagramas geométricos**.

c. 1020

Robert de Chester traduce **la obra de Al Juarismi** al latín.

1145

Primera mención escrita del problema del **trigo y el tablero de ajedrez**, por el historiador Ibn Jalikán.

1256

La *Aritmética de Treviso*, publicada anónimamente, es el **primer libro de texto de matemáticas impreso** en Europa.

1478

c. 1070

Omar Jayam inventa un método para **clasificar y resolver ecuaciones de tercer grado**.

1202

Con su *Liber abaci* (*El libro del cálculo*), Fibonacci introduce en Occidente muchas ideas del mundo árabe, entre ellas, el **sistema numérico indoarábigo** y su famosa secuencia.

Siglo XIV

Los **calculadores del Merton College** dan a la Universidad de Oxford un **lugar destacado en las matemáticas occidentales**.

como el persa Al Juarismi (de cuyo nombre procede «guarismo»), figura clave del desarrollo del álgebra (término derivado de «reintegrar» en árabe) y otros estudiosos que llevaron a cabo innovadoras aportaciones al teorema del binomio y a los modos de concebir las ecuaciones de segundo y tercer grado.

De Oriente a Occidente

En Europa, el estudio de las matemáticas, bajo el control de la Iglesia, se limitó a algunas traducciones tempranas de parte de la obra de Euclides. El progreso se veía impedido por el uso continuado del engorroso sistema numérico romano, que hacía necesario el ábaco para calcular. A partir del siglo XII, sin embargo, y como consecuencia de las cruzadas, los contactos con el islam fueron más frecuentes, y algunos europeos pudieron apreciar la riqueza de los conocimientos científicos cultivados por los eruditos islámicos. Los estudiosos cristianos pudieron acceder a los textos filosóficos y matemáticos griegos e indios, así como a los trabajos del propio mundo islámico. Robert de Chester tradujo el tratado sobre álgebra de Al Juarismi al latín en el siglo XII, y poco después hubo ya en Europa traducciones completas de los *Elementos* de Euclides y otros textos importantes.

Renacimiento matemático

Las ciudades-estado italianas comerciaron con el Imperio islámico, y fue un italiano, Leonardo de Pisa, llamado Fibonacci, el iniciador del renacimiento de las matemáticas en Occidente. Adoptó el sistema numérico indoarábigo y el uso de símbolos en el álgebra, y aportó muchas ideas originales, ente ellas, la sucesión aritmética de Fibonacci.

Con el desarrollo del comercio en la Alta Edad Media, las matemáticas –especialmente los campos de la aritmética y el álgebra– adquirieron una importancia creciente. Los avances astronómicos exigieron cálculos sofisticados, y la educación en matemáticas fue considerada cada vez más importante. Con la invención de la imprenta de tipos móviles en el siglo XV, se volvieron ampliamente disponibles libros de todas clases, incluida la obra *Aritmética de Treviso*, que difundieron los nuevos conocimientos por Europa. Estos libros inspiraron la revolución científica que iba a acompañar al fenómeno cultural conocido como Renacimiento. ∎

UNA FORTUNA RESTADA A CERO ES UNA DEUDA

EL CERO

EN CONTEXTO

FIGURA CLAVE
Brahmagupta
(*c.* 598–668)

CAMPO
Teoría de números

ANTES
***C.* 700 A. C.** En una tablilla de arcilla, un escriba babilonio indica un cero como marcador de posición con tres ganchos; más tarde se escribirá como dos cuñas inclinadas.

36 A. C. Queda registrado un cero en forma de concha en una estela de piedra maya en América Central.

***C.* 300 D. C.** Partes del manuscrito indio *Bajshali* muestran ceros circulares como marcadores de posición.

DESPUÉS
1202 En su obra *Liber abaci*, Leonardo de Pisa (Fibonacci) introduce el cero en Europa.

Siglo XVII El cero queda establecido como número y se generaliza su uso.

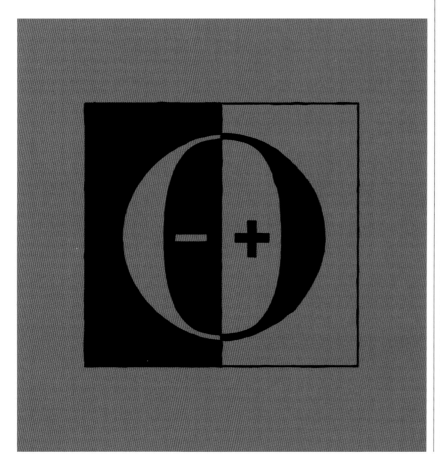

Un número que represente la ausencia de algo es un concepto complejo, y esa puede ser la razón de que tardase tanto en aceptarse el cero. Podría atribuirse la invención del cero a varias civilizaciones antiguas, entre ellas, los babilonios y los sumerios, pero el pionero de su uso como número fue el matemático indio Brahmagupta en el siglo VII d. C.

El desarrollo del cero

Todo sistema para registrar números acaba por llegar a un punto en que se vuelve posicional; es decir, los dígi-

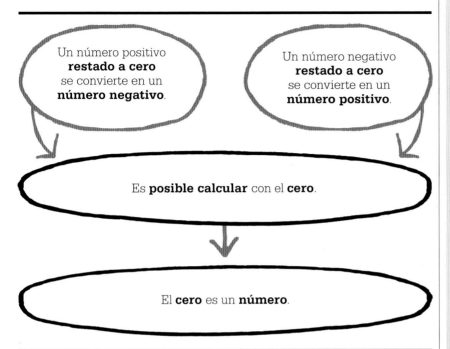

Un número positivo **restado a cero** se convierte en un **número negativo**.

Un número negativo **restado a cero** se convierte en un **número positivo**.

Es **posible calcular** con el **cero**.

El **cero** es un **número**.

Brahmagupta

El astrónomo y matemático Brahmagupta (n. en 598 d. C.) vivió en Bhillamala (actual Binhmal), en India, centro de tales disciplinas. Dirigió el observatorio astronómico principal de Ujjain, e incorporó nuevos trabajos sobre la teoría de números y álgebra a sus estudios astronómicos.

El uso del sistema numérico decimal y de los algoritmos que ideó Brahmagupta se difundieron por todo el mundo y conformaron el trabajo de matemáticos posteriores. Sus reglas para calcular con números positivos y negativos, a los que llamaba «fortunas» y «deudas», se siguen citando hoy. Brahmagupta murió en 668, pocos años después de completar su segundo libro.

Obras principales

628 *Brahmasphutasiddhanta (Doctrina de Brahma correctamente establecida).*
665 *Khandakhadyaka (Bocado de comida).*

---

tos se ordenan en función de su valor para poder manejar números cada vez mayores. Todos los sistemas posicionales requieren un modo de indicar que «no hay nada ahí». Los babilonios, que al principio se apoyaron en el contexto para diferenciar entre cantidades como 35 y 305, acabaron usando una doble cuña semejante a unas comillas para indicar el valor vacío. Así, el cero llegó al mundo como un signo de puntuación.

Para los historiadores ha sido un problema encontrar pruebas del empleo del cero y de su reconocimiento como tal en las civilizaciones antiguas, y más aún por el hecho de que el cero cayó en desuso y se volvió a utilizar a lo largo del tiempo. Por ejemplo, en *c.* 300 a. C., los griegos estaban empezando a desarrollar unas matemáticas más sofisticadas basadas en la geometría, con cantidades representadas por líneas de distinta longitud. No había necesidad del cero, ni de números negativos (números menores que 0), ya que los griegos no tenían un sistema numérico posicional, y las longitudes no pueden ser no existentes, ni negativas.

Con el desarrollo de las matemáticas para su uso en la astronomía,

los griegos comenzaron a representar el cero con una «O», aunque no está claro por qué. En el manual astronómico *Almagesto*, escrito en el siglo II d. C., el estudioso grecorromano Tolomeo utilizó de modo posicional un símbolo circular entre dígitos y al final de los números, pero no lo consideraba un número por derecho propio.

En el I milenio d. C., en América Central, los mayas usaron un sistema posicional que incluía el cero como número, representado por una concha, uno de los tres símbolos que usaban en la aritmética. Los otros dos eran un punto, que representaba 1, y una barra, para el 5. Los mayas podían calcular con cantidades de **»**

Los griegos usaban el ábaco, una mesa o tabla cubierta de arena, para contar. Algunos estudiosos creen que se utilizó la forma «O» para el cero por ser la que quedaba en la arena al quitar una cuenta.

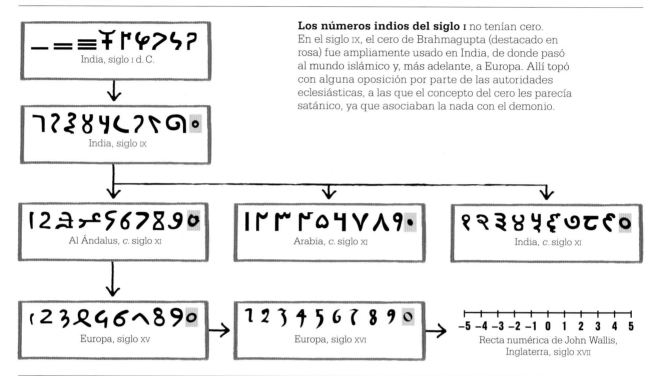

India, siglo I d. C.

India, siglo IX

Al Ándalus, *c.* siglo XI

Arabia, *c.* siglo XI

India, *c.* siglo XI

Europa, siglo XV

Europa, siglo XVI

Recta numérica de John Wallis, Inglaterra, siglo XVII

Los números indios del siglo I no tenían cero. En el siglo IX, el cero de Brahmagupta (destacado en rosa) fue ampliamente usado en India, de donde pasó al mundo islámico y, más adelante, a Europa. Allí topó con alguna oposición por parte de las autoridades eclesiásticas, a las que el concepto del cero les parecía satánico, ya que asociaban la nada con el demonio.

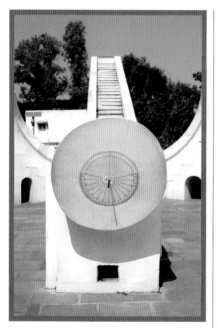

El yantra Nadi Yali forma parte de un observatorio del siglo XVIII en Ujjain (India). Importante centro matemático y astronómico desde que trabajara allí Brahmagupta en el siglo VII, se halla en la intersección de un antiguo meridiano cero con el trópico de Cáncer.

cientos de millones, pero su aislamiento geográfico impidió que sus matemáticas se difundieran a otras culturas. En India, las matemáticas progresaron rápidamente en los primeros siglos del I milenio d. C. Hacia los siglos III y IV llevaba ya tiempo usándose un sistema de valor posicional; y en el siglo VII –la época de Brahmagupta– el uso de un símbolo circular como marcador de posición estaba ya bien asentado.

El cero como número

Brahmagupta estableció reglas para calcular con el cero, que definió como el resultado de restar un número a sí mismo, como, por ejemplo, $3 - 3 = 0$. Esto dejaba establecido el cero como número por derecho propio, en lugar de notación meramente figurativa o marcador de posición. A continuación exploró los efectos de calcular con el cero, mostrando que si se suma cero a un número negativo, el resultado es igual a dicho número. De manera análoga,

sumar cero a un número positivo da como resultado ese mismo número positivo. Brahmagupta describió también el restar cero de números tanto negativos como positivos, observando de nuevo que los números no cambiaban.

A continuación, Brahmagupta describió los resultados de restar números negativos a cero. Calculó que un número positivo restado a cero se

Los agujeros negros están donde Dios dividió por cero.
Steven Wright
Cómico estadounidense

convierte en negativo, y un número negativo restado a cero se convierte en positivo. Este cálculo integró los números negativos en el mismo sistema numérico que los positivos. Como el cero, los números negativos eran un concepto abstracto, y no valores positivos como las longitudes o las cantidades.

Multiplicación y división

Brahmagupta pasó luego a estudiar el cero en relación con la multiplicación, y describió cómo el producto de multiplicar cualquier número por cero es cero, incluido cero multiplicado por cero. El siguiente paso fue explicar la división por cero, que resultaba más problemática. Al consignar el resultado de dividir un número n por cero como $n/0$, Brahmagupta parecía sugerir que el número no cambia, pero esto luego resultó imposible, como se demuestra al multiplicar cualquier número por cero (definiéndose la división como hallar el número que falta en una multiplicación). El resultado no puede ser el número original, pues cualquier número multiplicado por cero es igual a cero.

Hoy los matemáticos consideran «indefinida» la división por cero. Al-

El cero es el número más mágico que conocemos. Es el número que tratamos de alcanzar cada día.
Bill Gates

gunos han propuesto que la respuesta a $n/0$ es «infinito», pero el infinito no es un número, y no puede usarse en los cálculos. Dividir el cero mismo por cero ha resultado aún más problemático: el resultado podría ser cero, si se considera que cero dividido por cualquier número es cero; también podría ser 1, pues todo número dividido por sí mismo da como resultado 1.

Como consecuencia de la expansión del islam a partes de India en el siglo VIII, los matemáticos indios entraron en contacto con otros del mundo islámico y compartieron sus conocimientos, entre ellos, el con-

cepto del cero. En el siglo IX, el persa Al Juarismi escribió un tratado sobre los números indoarábigos que describía el sistema de valor posicional, incluido el cero. Sin embargo, 300 años después, Leonardo de Pisa (más conocido como Fibonacci) introdujo los numerales indoarábigos en Europa, y aún desconfiaba del cero, el cual trataba mayormente como un operador de tipo + o −, y no tanto como un número. Incluso en el siglo XVI, el polímata italiano Gerolamo Cardano resolvía ecuaciones de segundo y tercer grado sin el cero. Los europeos lo aceptaron finalmente en el siglo XVII, al incorporarlo el matemático inglés John Wallis a la recta numérica.

Un concepto vital

Con unas matemáticas sin cero, no se habrían podido escribir muchos de los artículos de este libro: no habría números negativos, sistemas de coordenadas, sistemas binarios (ni, por tanto, ordenadores), decimales ni cálculo, pues no sería posible describir cantidades infinitesimalmente pequeñas. Los avances de la ingeniería habrían quedado severamente restringidos. El cero es, quizá, el número más importante de todos. ∎

La *Aritmética de Treviso*

La cifra cero llegó a Italia gracias al anónimo *Arte dell' abbaco* de 1478 («Arte del cálculo», también llamado *Aritmética de Treviso*), el primer libro de texto de matemáticas impreso en Europa. Revolucionario por estar en lengua vernácula veneciana, para los comerciantes y cualquiera que quisiese resolver problemas de cálculo, explicaba el sistema indoarábigo de valor posicional y describía cómo funciona el sistema numérico. El autor desconocido identifica

el cero como décimo número, y lo llama *cifer* («cifra») o *nulla*, para indicar que no tiene valor a menos que se escriba a la derecha de otros números para incrementar el valor de estos.

El autor concibe el cero como mero marcador de posición, lo cual en sí mismo era aún un concepto nuevo. La idea del cero como número no fue aceptada durante siglos, y tampoco era de gran interés para los lectores de *Arte dell' abbaco*, la mayoría de los cuales querían aprender a usar los números para cálculos prácticos en sus transacciones cotidianas.

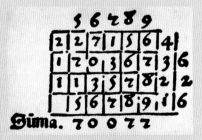

Este método de multiplicación con tabla, de la *Aritmética de Treviso*, multiplica el número 56 789 por 1234. El cero se utiliza como marcador de posición en el cálculo y la solución: 70 077 626. El libro ilustra también otros métodos de multiplicación.

EL ALGEBRA ES UN ARTE CIENTIFICO

ÁLGEBRA

EN CONTEXTO

FIGURA CLAVE
Al Juarismi (*c.* 780–*c.* 850)

CAMPO
Álgebra

ANTES
1650 a. C. El papiro
Rhind incluye soluciones a
ecuaciones de primer grado.

300 a. C. En los *Elementos*,
Euclides establece los
fundamentos de la geometría.

Siglo III d. C. Diofanto usa
símbolos para cantidades
desconocidas.

Siglo VII d. C. Brahmagupta
resuelve ecuaciones de
segundo grado.

DESPUÉS
1202 En *Liber abaci*,
Fibonacci usa el sistema
numérico indoarábigo.

1591 François Viète introduce
el álgebra simbólica, en la que
se usan letras para abreviar los
términos de las ecuaciones.

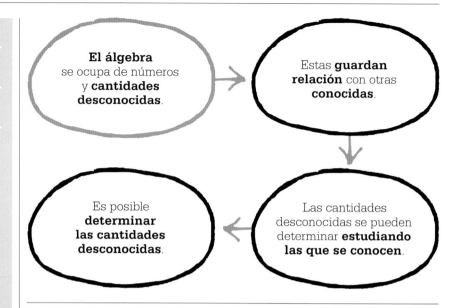

El **álgebra** se ocupa de números y **cantidades desconocidas**.

Estas **guardan relación** con otras **conocidas**.

Las cantidades desconocidas se pueden determinar **estudiando las que se conocen**.

Es posible **determinar las cantidades desconocidas**.

Los orígenes del álgebra –el método matemático para calcular cantidades desconocidas– se remontan a los antiguos babilonios y egipcios, como revelan las ecuaciones en tablillas cuneiformes y papiros. El álgebra evolucionó a partir de la necesidad de resolver problemas prácticos, a menudo de tipo geométrico, que requerían determinar una longitud, área o volumen. Los matemáticos fueron desarrollando reglas para resolver un espectro más amplio de problemas generales. Para calcular longitudes y áreas, se elaboraron ecuaciones con variables (cantidades desconocidas) y términos al cuadrado. Usando tablas, los babilonios podían calcular también volúmenes, como el espacio interior de un depósito de grano.

Una búsqueda de métodos nuevos

A lo largo de los siglos, con el desarrollo de las matemáticas, los pro-

Al Juarismi

Nacido hacia 780 d. C. (se debate si en Bagdad o en Jiva, actual Uzbekistán), Mohamed Ibn Musa Al Juarismi estudió en Bagdad, en cuya Casa de la Sabiduría trabajó. Se le considera el «padre del álgebra» por sus reglas sistemáticas para resolver ecuaciones de primer y segundo grado, incluidas en su gran obra sobre cálculo. Sus métodos de compleción y comparación se usan aún en la actualidad. Otros logros de Al Juarismi son su texto sobre numerales indios, que en su traducción al latín introdujo los números indoarábigos en Europa.

Al Juarismi escribió un libro sobre geografía, ayudó a elaborar un mapa del mundo, participó en un proyecto para determinar la circunferencia de la Tierra, desarrolló el astrolabio (invento griego anterior para la navegación) y compiló una serie de tablas astronómicas. Murió hacia 850.

Obras principales

C. 820 *Libro de la suma y de la resta, según el cálculo indio.*
C. 830 *Libro conciso de cálculo de restauración y oposición.*

Véase también: Ecuaciones de segundo grado 28–31 ▪ El papiro Rhind 32–33 ▪ Ecuaciones diofánticas 80–81 ▪ Ecuaciones de tercer grado 102–105 ▪ La resolución algebraica de ecuaciones 200–201 ▪ El teorema fundamental del álgebra 204–209

blemas se volvieron más largos y complejos, y los estudiosos buscaron nuevas formas de abreviar y simplificarlos. Las antiguas matemáticas griegas se basaban en gran medida en la geometría, pero Diofanto desarrolló nuevos métodos algebraicos en el siglo III d. C., y fue el primero en emplear símbolos para las cantidades desconocidas. Sin embargo, pasarían más de mil años antes de que se aceptara una norma de notación algebraica.

Después de la caída del Imperio romano se produjo un declive de las matemáticas en el área del Mediterráneo, pero la difusión del islam a partir del siglo VII tuvo un impacto revolucionario sobre el álgebra. En 762, el califa Al Mansur estableció la capital del imperio en Bagdad, que rápidamente se convirtió en un gran centro cultural y comercial donde se adquirían y traducían manuscritos de culturas anteriores, entre ellos, los de los matemáticos griegos Euclides, Apolonio y Diofanto, así como los de estudiosos indios, como Brahmagupta. Se guardaron en la gran biblioteca de la Casa de la Sabiduría, que pasó a ser un centro de investigación y difusión del conocimiento.

Los primeros algebristas

Los estudiosos de la Casa de la Sabiduría realizaron investigaciones propias. En 830, Mohamed ibn Musa Al Juarismi presentó a la biblioteca su obra *Libro conciso de cálculo de restauración y oposición*, que revolucionó los modos de calcular problemas algebraicos e introdujo los principios en los que se basa el álgebra moderna. Como en épocas anteriores, los problemas que se consideraban eran en gran medida geométricos. El estudio de la geo-

metría era importante en el mundo islámico, en parte por la prohibición de la imagen humana en el arte religioso y la arquitectura, que favoreció los diseños basados en patrones geométricos.

Al Juarismi introdujo varias operaciones algebraicas fundamentales, a las que llamó reducción, compleción y comparación. El proceso

de reducción (simplificar una ecuación) se puede lograr reintegrando *(al jabr)* –moviendo términos restados al otro miembro de la ecuación– y luego equilibrando ambos miembros. El término «álgebra» procede de *al jabr*.

Al Juarismi no trabajaba en un vacío total, ya que había traducido la obra de matemáticos griegos e »

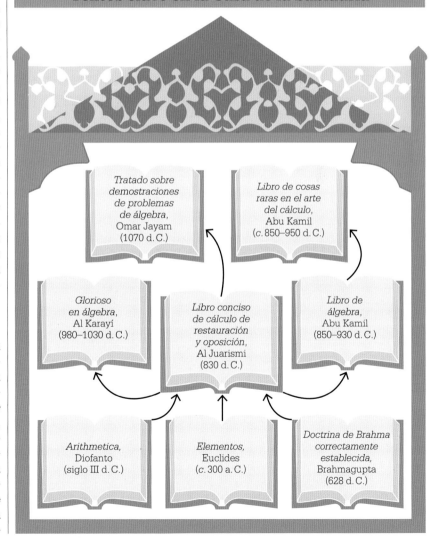

Textos clave en la Casa de la Sabiduría

Tratado sobre demostraciones de problemas de álgebra, Omar Jayam (1070 d. C.)

Libro de cosas raras en el arte del cálculo, Abu Kamil (c. 850–950 d. C.)

Glorioso en álgebra, Al Karayí (980–1030 d. C.)

Libro conciso de cálculo de restauración y oposición, Al Juarismi (830 d. C.)

Libro de álgebra, Abu Kamil (850–930 d. C.)

Arithmetica, Diofanto (siglo III d. C.)

Elementos, Euclides (c. 300 a. C.)

Doctrina de Brahma correctamente establecida, Brahmagupta (628 d. C.)

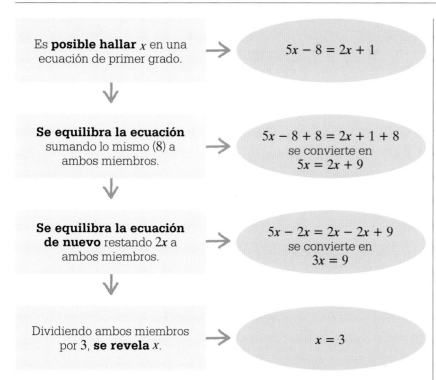

Es **posible hallar** x en una ecuación de primer grado.

$$5x - 8 = 2x + 1$$

Se equilibra la ecuación sumando lo mismo (8) a ambos miembros.

$$5x - 8 + 8 = 2x + 1 + 8$$
se convierte en
$$5x = 2x + 9$$

Se equilibra la ecuación de nuevo restando $2x$ a ambos miembros.

$$5x - 2x = 2x - 2x + 9$$
se convierte en
$$3x = 9$$

Dividiendo ambos miembros por 3, **se revela** x.

$$x = 3$$

indios anteriores. Introdujo el sistema posicional decimal indio en el mundo islámico, y esto condujo más adelante a la adopción del sistema numérico indoarábigo que hoy se usa en todo el mundo.

Al Juarismi comenzó por estudiar las ecuaciones de primer grado, o lineales, así llamadas por crear una recta al plantearse en un gráfico. Las ecuaciones lineales tienen una sola variable, que solo se expresa elevada a una potencia de 1, y no al cuadrado ni otra potencia superior.

Ecuaciones de segundo grado

Al Juarismi no utilizó símbolos: expresó las ecuaciones en palabras, acompañadas de diagramas. Así, por ejemplo, planteó la ecuación $(x/3 + 1)(x/4 + 1) = 20$ de la siguiente manera: «Una cantidad: multipliqué un tercio de la misma y un dírham por un cuarto de la misma y un dírham; da veinte». El dírham es una

única moneda, que Al Juarismi utiliza para indicar la unidad. Según Al Juarismi, aplicando los métodos de compleción y comparación, todas las ecuaciones de segundo grado, esto es, aquellas en que la mayor potencia de x es x^2, se pueden simplificar a una de las seis formas básicas. En la notación moderna, estas son: $ax^2 = bx$; $ax^2 = c$; $ax^2 + bx = c$; $ax^2 + c = bx$; $ax^2 = bx + c$; y $bx = c$. En las seis, las letras a, b y c representan números conocidos, y x representa la cantidad desconocida.

Al Juarismi abordó también problemas más complejos, y creó un método geométrico para resolver ecuaciones de segundo grado que empleaba la técnica llamada «completar el cuadrado» (p. siguiente). Trató de buscar una solución general para las ecuaciones de tercer grado –en las que la mayor potencia de x es x^3–; no logró hallarla, pero perseguir tal objetivo era una muestra de cuánto habían progresado las

matemáticas desde la época de los antiguos griegos. Durante siglos, el álgebra no había sido más que una herramienta para resolver problemas geométricos; ahora era ya una disciplina por derecho propio, cuyo objetivo era calcular ecuaciones cada vez más complejas.

Soluciones racionales

Muchas de las ecuaciones con las que trabajó Al Juarismi tenían soluciones que no se podían expresar de forma racional y completa con el sistema numérico indoarábigo. Aunque números como $\sqrt{2}$ (la raíz cuadrada de 2) eran conocidos desde la Antigüedad griega e incluso a través de tablillas babilonias aún más antiguas, en 825 d. C., Al Juarismi fue el primero en distinguir entre números racionales –los que pueden expresarse como fracciones– e irracionales –los que tienen una serie indefinida de decimales sin patrón periódico alguno. Al Juarismi llamó a los números racionales «audibles», y a los irracionales, «inaudibles».

El trabajo realizado por Al Juarismi fue desarrollado por el matemático egipcio Abu Kamil Shuja ibn

El objeto principal del álgebra [...] es determinar el valor de cantidades antes desconocidas [...] considerando atentamente las condiciones dadas [...] expresadas en números conocidos.
Leonhard Euler

> El álgebra es solo geometría escrita, y la geometría, álgebra imaginada.
> **Sophie Germain**
> **Matemática francesa**

Aslam (c. 850–930 d. C.), cuyo *Libro de álgebra* estaba concebido como tratado académico para matemáticos, más que para aficionados cultos con un interés menos específico. Abu Kamil aceptó los números irracionales como soluciones posibles a las ecuaciones de segundo grado, en lugar de rechazarlos como anomalías. En su *Libro de cosas raras en el arte del cálculo*, Abu Kamil intentó resolver ecuaciones indeterminadas (las de más de una solución). Siguió explorando este asunto en su *Libro de las aves*, donde planteaba una miscelánea de problemas algebraicos relacionados con aves, tales como: «¿De cuántas maneras puede uno comprar 100 aves en el mercado con 100 dírhams?».

Soluciones geométricas

Hasta la época de los algebristas árabes y persas –desde Al Juarismi, en el siglo IX, hasta la muerte del matemático del reino nazarí de Granada Al Qalasadi, en 1486–, los desarrollos clave del álgebra surgieron de representaciones geométricas subyacentes. Por ejemplo, el método de completar el cuadrado de Al Juarismi para resolver ecuaciones de segundo grado se basa en considerar las cualidades de un cuadrado como polígono, y los estudiosos posteriores se »

Al Juarismi mostró cómo resolver ecuaciones de segundo grado por el método llamado «completar el cuadrado». Este ejemplo muestra cómo hallar x en la ecuación $x^2 + 10x = 39$.

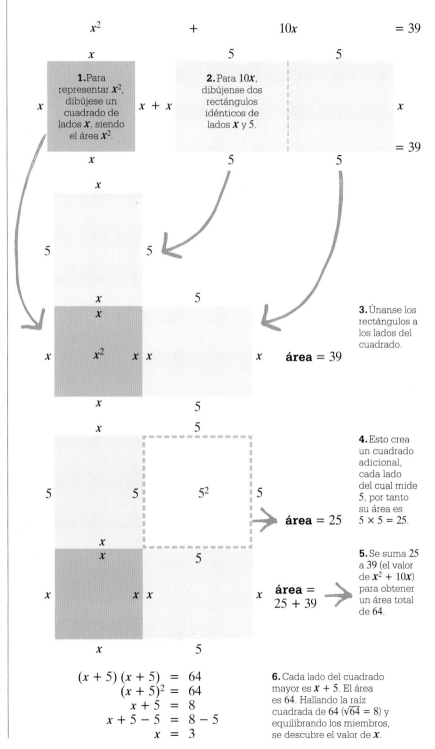

$$x^2 + 10x = 39$$

1. Para representar x^2, dibújese un cuadrado de lados x, siendo el área x^2.

2. Para $10x$, dibújense dos rectángulos idénticos de lados x y 5.

3. Únanse los rectángulos a los lados del cuadrado.

área = 39

4. Esto crea un cuadrado adicional, cada lado del cual mide 5, por tanto su área es $5 \times 5 = 25$.

área = 25

5. Se suma 25 a 39 (el valor de $x^2 + 10x$) para obtener un área total de 64.

área = 25 + 39

$$(x + 5)(x + 5) = 64$$
$$(x + 5)^2 = 64$$
$$x + 5 = 8$$
$$x + 5 - 5 = 8 - 5$$
$$x = 3$$

6. Cada lado del cuadrado mayor es $x + 5$. El área es 64. Hallando la raíz cuadrada de 64 ($\sqrt{64} = 8$) y equilibrando los miembros, se descubre el valor de x.

basaron en conceptos similares. Al matemático y poeta Omar Jayam, por ejemplo, le interesaba resolver problemas usando la disciplina relativamente nueva del álgebra, pero empleó métodos tanto geométricos como algebraicos. En este sentido, resulta notable que su *Tratado sobre demostraciones de problemas de álgebra* (1070) incluya una perspectiva nueva sobre aspectos problemáticos de los postulados de Euclides, una serie de reglas geométricas que se suponen ciertas sin que requieran demostración. Partiendo del trabajo anterior de Al Karayí, Jayam desarrolló ideas sobre los coeficientes binomiales, que determinan el número de formas que hay para extraer subconjuntos de un conjunto dado. También resolvió ecuaciones de tercer grado, inspirándose en el uso que dio Al Juarismi a las construcciones geométricas de Euclides para calcular ecuaciones de segundo grado.

Polinomios

Entre los siglos x y xi se fue desarrollando una teoría del álgebra más abstracta y menos dependiente de la geometría, factor importante para establecer su categoría académica. Fue decisivo en tal desarrollo Al Karayí, al establecer una serie de procedimientos para la aritmética con polinomios (expresiones que contienen una mezcla de términos algebraicos). Elaboró reglas para calcular con polinomios análogas a las reglas ya existentes para sumar, restar o multiplicar números. Esto permitió a los matemáticos trabajar con expresiones algebraicas cada vez más

Una onza de álgebra vale por una tonelada de argumentación verbal.
John B. S. Haldane
Biólogo matemático británico

Matemáticos islámicos reunidos en la biblioteca de una mezquita, según una ilustración de un manuscrito del poeta y erudito del siglo xii Al Hariri de Basora.

complejas de un modo uniforme, y reforzó los vínculos esenciales del álgebra con la aritmética.

La demostración matemática es una parte fundamental del álgebra moderna, y una de sus herramientas es la inducción matemática. Al Karayí empleó una forma básica de este principio para mostrar que un enunciado algebraico es cierto para el caso más sencillo (como $n = 1$), usar después ese hecho para mostrar que debe ser cierto también para $n = 2$ y así de manera sucesiva, hasta llegar a la conclusión inevitable de que el enunciado tiene que ser verdadero para todos los valores posibles de n.

Uno de los sucesores de Al Karayí fue el estudioso del siglo xii Ibn Yahya al Maghribi al Samaw'al, quien observó que la nueva forma de pensar el álgebra como un tipo

Como el Sol eclipsa a las estrellas con su brillo, el hombre dotado de conocimiento eclipsará la fama de los demás en las reuniones si propone problemas algebraicos, y más aún si los resuelve.
Brahmagupta

de aritmética, con reglas generales, suponía que el algebrista «operase con lo desconocido usando todas las herramientas de la aritmética, de igual manera que el aritmético opera con lo conocido». Al Samaw'al continuó el trabajo llevado a cabo por Al Karayí sobre polinomios, y desarrolló también las leyes de índices, un avance matemático que dio pie a muchos trabajos posteriores sobre logaritmos y exponenciales.

Plantear ecuaciones

Las ecuaciones de tercer grado habían desafiado a los matemáticos desde la época de Diofanto de Alejandría. Al Juarismi y Jayam habían hecho progresos importantes en su comprensión, labor que desarrolló el erudito del siglo XII Sharaf al Din al Tusi, probablemente nacido en Persia (Irán), cuyo trabajo parece inspirado por la obra de matemáticos griegos anteriores, en particular por Arquímedes. A Al Tusi le interesó más determinar los tipos de ecuación de tercer grado que a Al Juarismi y Jayam, y desarrolló la concepción de las curvas gráficas, articulando la importancia de los valores máximos y mínimos. Su trabajo

reforzó el vínculo entre ecuaciones algebraicas y gráficos, es decir, entre símbolos matemáticos y representaciones visuales.

Un álgebra nueva

Los descubrimientos y reglas establecidos por los estudiosos islámicos medievales siguen constituyendo la base del álgebra hoy. Las obras de Al Juarismi y sus sucesores fueron claves para hacer del álgebra una disciplina por derecho propio. No fue hasta el siglo XVI, sin embargo, cuando los matemáticos comenzaron a abreviar las ecuaciones usando letras para representar variables conocidas y desconocidas, desarrollo en el que fue clave el matemático francés François Viète. Su trabajo fue pionero en la superación del álgebra de procedimientos del mundo islámico para ir hacia lo que se conoce como álgebra simbólica.

En *Introducción al arte analítico* (1591), Viète propuso que los matemáticos usaran letras para simbolizar las variables en las ecuaciones: vocales para representar cantidades desconocidas, y consonantes para las conocidas. Esta convención fue sustituida por René Descartes, quien prefirió utilizar las primeras letras del alfabeto para los números conocidos y las últimas para los desconocidos. Sin embargo, se debe a Viète haber simplificado el lenguaje algebraico mucho más allá de lo imaginado por los estudiosos islámicos. La innovación permitió a los matemáticos escribir ecuaciones abstractas cada vez más complejas y detalladas, sin tener que recurrir a la geometría. Sin el álgebra simbólica, sería difícil imaginar cómo habría podido desarrollarse la matemática moderna. ∎

Los algebristas islámicos escribían las ecuaciones en forma de texto con diagramas, como en el *Tratado sobre la cuestión del código aritmético*, del maestro Ala El Din Mohamed El Ferjumedhi.

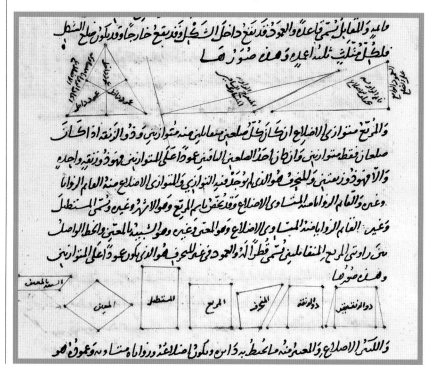

LIBERAR EL ALGEBRA DE LAS ATADURAS DE LA GEOMETRIA
EL TEOREMA DEL BINOMIO

EN CONTEXTO

FIGURA CLAVE
Al Karayí (*c.* 980–*c.* 1030)

CAMPO
Teoría de números

ANTES
***C.* 250 D. C.** En *Arithmetica*, Diofanto plantea ideas algebraicas, retomadas por Al Karayí posteriormente.

***C.* 825 D. C.** El persa Al Juarismi desarrolla el álgebra.

DESPUÉS
1653 En *Traité du triangle arithmétique* (Tratado del triángulo aritmético), Blaise Pascal revela el patrón triangular de los coeficientes en el teorema del binomio en lo que más tarde se llamaría el triángulo de Pascal.

1665 Isaac Newton desarrolla la serie binomial a partir del teorema del binomio, parte de la base de su trabajo sobre cálculo.

En la antigua Grecia, las matemáticas se basan casi exclusivamente en argumentos **geométricos**.

Al Karayí **rompió con esta tradición** y trató la resolución de ecuaciones en términos solo **numéricos**.

Creó una serie de **reglas algebraicas**, entre ellas, el teorema del binomio.

Las soluciones algebraicas ya no dependieron de diagramas geométricos.

Para muchas operaciones matemáticas es fundamental un teorema básico relevante, el teorema del binomio, que ofrece una clave resumida de lo que ocurre al multiplicar binomios, expresiones algebraicas simples consistentes en la suma o resta de dos términos conocidos o desconocidos. Sin el teorema del binomio, muchas operaciones matemáticas serían casi imposibles. El teorema muestra que al multiplicar binomios, los resultados siguen un patrón predecible que se puede representar como expresión algebraica o exponer en un triángulo de Pascal (así llamado en honor al matemático francés Blaise Pascal, quien estudió el patrón en el siglo XVII).

Hallar sentido a los binomios

El patrón binomial lo observaron antes matemáticos de la antigua Grecia y de la India, pero su descubrimiento se atribuye al matemático persa Al Karayí, uno de los muchos estudiosos que trabajaron en Bagdad entre los siglos VIII y XIV. Al Karayí estudió la multiplicación de términos algebraicos, definió los términos únicos llamados monomios (x, x^2, x^3, y así sucesivamente)

Al Karayí creó una tabla para calcular los coeficientes de las ecuaciones con binomios. Aquí se muestran las cinco primeras columnas. La hilera superior contiene las potencias, con los coeficientes de cada una en la columna inferior. El primer y último número de estas es siempre 1. Los demás números son la suma del número adyacente de la columna anterior y del número encima de este.

El desarrollo de $(a + b)^3$ está enumerado en la columna del 3.

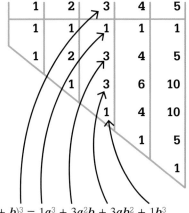

$$(a + b)^3 = 1a^3 + 3a^2b + 3ab^2 + 1b^3$$

El teorema del binomio y una fuga de Bach son, a la larga, más importantes que todas las batallas de la historia.
James Hilton
Novelista británico

y mostró cómo se pueden multiplicar y dividir. También estudió los polinomios (expresiones con términos múltiples), tales como $6y^2 + x^3 - x + 17$, pero fue su descubrimiento de la fórmula para multiplicar binomios la que tendría mayor influencia.

El teorema del binomio se refiere a las potencias de los binomios. Así, por ejemplo, desarrollar el binomio $(a + b)^2$ expresado como $(a + b)(a + b)$ y multiplicar cada término del primer paréntesis por cada término del segundo, da como resultado $(a + b)^2 = a^2 + 2ab + b^2$. El cálculo con la potencia 2 es manejable; sin embargo, con potencias mayores la expresión resultante se vuelve cada vez más compleja. Así pues, el teorema del binomio simplifica el problema desentrañando el patrón de los coeficientes: números, tales como 2 en $2ab$, que multiplican los términos desconocidos. Tal y como descubrió el matemático Al Karayí, los coeficientes se pueden disponer en una tabla cuyas columnas contienen los coeficientes necesarios para multiplicar cada potencia. Estos coeficien-

tes se calculan sumando pares de números en la columna precedente. Para determinar las potencias del desarrollo, el grado del binomio se considera n. En $(a + b)^2$, $n = 2$.

El álgebra se desata

El descubrimiento del teorema del binomio por Al Karayí contribuyó a despejar el camino al desarrollo pleno del álgebra, al permitir a los matemáticos manipular expresiones algebraicas complejas. El ál-

gebra desarrollada por Al Juarismi unos 150 años antes, que usaba un sistema de símbolos para calcular cantidades desconocidas, tenía un espectro limitado. Atada a las reglas de la geometría, las soluciones eran dimensiones geométricas tales como ángulos y longitudes de lados. El trabajo llevado a cabo por Al Karayí mostró cómo podía basarse el álgebra enteramente sobre números, liberándose así de la geometría. ▪

Al Karayí

Abu Bakr ibn Mohamed ibn al Huseín al Karayí (n. en *c.* 980), cuyo apellido le haría proceder de Karaj, cerca de Teherán, vivió la mayor parte de su vida en Bagdad, en la corte del califa. Fue aquí, hacia 1015, donde probablemente escribió sus tres textos matemáticos clave. La obra en la que Al Karayí desarrolló el teorema del binomio se ha perdido, pero los comentaristas posteriores transmitieron sus ideas. Al Karayí fue también ingeniero,

y su libro *Extracción de aguas ocultas* es el primer manual de hidrología conocido.

Hacia el final de su vida, Al Karayí se trasladó a «la montaña» (posiblemente los montes Elburz próximos a Karaj), donde trabajó en proyectos de perforación de pozos y construcción de acueductos. Murió hacia 1030.

Obras principales

Glorioso en álgebra.
Maravilla en el cálculo.
Suficiente en el cálculo.

CATORCE FORMAS CON TODAS SUS RAMAS Y CASOS

ECUACIONES DE TERCER GRADO

EN CONTEXTO

FIGURA CLAVE
Omar Jayam (1048–1131)

CAMPO
Álgebra

ANTES
Siglo III A. C. Arquímedes resuelve ecuaciones cúbicas con la intersección de dos formas cónicas.

Siglo VII D. C. El chino Wang Xiaotong resuelve ecuaciones de tercer grado numéricamente.

DESPUÉS
Siglo XVI Matemáticos italianos crean, y mantienen celosamente en secreto, métodos para resolver ecuaciones de tercer grado.

1799–1824 El italiano Paolo Ruffini y el noruego Niels Henrik Abel muestran que no hay fórmulas algebraicas para ecuaciones con términos elevados a potencias de 5 o mayores.

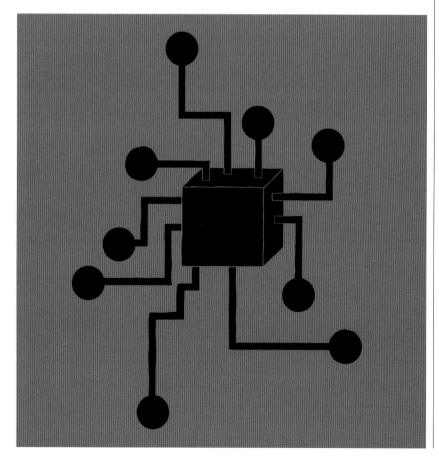

En el mundo antiguo, los estudiosos consideraban los problemas en términos geométricos. Las ecuaciones de primer grado (o lineales, pues describen una recta), como $4x + 8 = 12$, donde x está elevado a 1, se podían usar para hallar una longitud, mientras que una variable al cuadrado (x^2) en una ecuación de segundo grado podía representar un área desconocida, o espacio bidimensional. El paso siguiente es la ecuación de tercer grado, donde el término x^3 es un volumen desconocido: un espacio tridimensional.

Los babilonios resolvían ecuaciones de segundo grado ya hacia 1800 a. C.; no obstante, pasaron otros 3000 años antes de que el poeta y

Véase también: Ecuaciones de segundo grado 28–31 ▪ Los *Elementos* de Euclides 52–57 ▪ Secciones cónicas 68–69 ▪ Números imaginarios y complejos 128–131

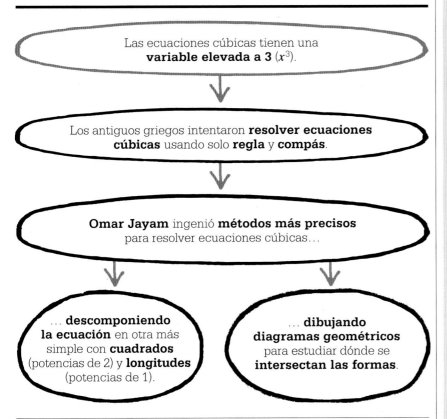

Las ecuaciones cúbicas tienen una **variable elevada a 3** (x^3).

Los antiguos griegos intentaron **resolver ecuaciones cúbicas** usando solo **regla** y **compás**.

Omar Jayam ingenió **métodos más precisos** para resolver ecuaciones cúbicas…

… **descomponiendo la ecuación** en otra más simple con **cuadrados** (potencias de 2) y **longitudes** (potencias de 1).

… **dibujando diagramas geométricos** para estudiar dónde se **intersectan las formas**.

Omar Jayam

Omar Jayam, nacido en Nishapur (Persia, actual Irán) en 1048, recibió una educación filosófica y científica. Pese a su prestigio como astrónomo y matemático, tras la muerte de su mecenas, el sultán Malik Shah en 1092, se vio obligado a ocultarse. Rehabilitado al fin 20 años después, llevó una vida apacible, y murió en 1131.

En matemáticas, a Jayam se le recuerda principalmente por su trabajo con ecuaciones de tercer grado; pero también fue autor de un comentario sobre el quinto postulado de Euclides, o postulado de las paralelas. Como astrónomo, ayudó a crear un calendario muy preciso, que fue utilizado hasta el siglo xx. Paradójicamente, hoy en día se conoce a Jayam sobre todo por una colección de poemas de la que pudo no ser el único autor, los *Rubaiyat*, traducidos al inglés por Edward Fitzgerald en 1859.

Obras principales

C. 1070 *Tratado sobre demostraciones de problemas de álgebra.*
1077 *Explicaciones de las dificultades encontradas en los postulados de Euclides.*

científico persa Omar Jayam hallara un método preciso para resolver ecuaciones de tercer grado, usando curvas llamadas secciones cónicas –como circunferencias, elipses, hipérbolas o parábolas– formadas por la intersección de un plano y un cono.

Problemas con los cubos

A los antiguos griegos, que usaban la geometría para resolver problemas complejos, les desconcertaban los cubos. Un enigma clásico fue cómo obtener un cubo de volumen doble al de otro cubo dado. Por ejemplo, si los lados de un cubo son iguales a 1 codo de longitud, ¿qué longitud requieren los lados de otro cubo del doble del volumen del primero? En términos actuales, si un cubo de lado 1 tiene un volumen de 1^3, ¿qué longitud de lado al cubo (x^3) produce el doble de ese volumen?; es decir, dado que $1^3 = 1$, ¿que valor tiene x si $x^3 = 2$? Los antiguos griegos emplearon reglas y compases para tratar de construir una solución a esta ecuación de tercer grado, pero nunca lo lograron. Jayam vio que tales herramientas no eran suficientes para resolver todas las ecuaciones de tercer grado, y expuso el uso de secciones cónicas en su tratado de álgebra.

En la convención moderna, las ecuaciones de tercer grado pueden expresarse de forma simple, como en $x^3 + bx = c$. Sin la economía de la notación moderna, Jayam expresó sus ecuaciones en palabras, llamando «cubos» a las x^3, «cuadrados» a las, x^2, «longitudes» a las x y «cantidades» a los números. Así, describió »

$x^3 + 200x = 20x^2 + 2000$ como un problema para hallar un cubo que «con doscientas veces su lado» sea igual a «veinte cuadrados de su lado y dos mil». Para una ecuación más simple, como $x^3 + 36x = 144$, el método de Jayam consistió en dibujar un diagrama geométrico. Halló que podía descomponer la ecuación de tercer grado en dos ecuaciones más sencillas: una para una circunferencia y otra para una parábola. Calculando el valor de x para el cual las dos ecuaciones más simples sean ciertas, podía resolver la ecuación de tercer grado original, como se muestra en el gráfico de abajo. Los matemáticos no disponían de tales medios gráficos en la época de Jayam, y este habría construido geométricamente la circunferencia y la parábola.

Jayam había estudiado también las propiedades de las secciones cónicas, y dedujo que se podía hallar una solución a la ecuación de tercer grado dando a la circunferencia del diagrama un diámetro de 4. Esta medida se obtiene dividiendo c por b, o $^{144}/_{36}$ en el ejemplo de abajo. La circunferencia pasa por el origen $(0, 0)$, y su centro está en el eje x en $(2, 0)$. Usando este diagrama, Jayam trazó una recta perpendicular desde el punto de intersección de la circunferencia y la parábola hasta el eje x. El punto en que la recta atraviesa el eje x (donde $y = 0$) da el valor de x en la ecuación de tercer grado. En el caso de $x^3 + 36x = 144$, la respuesta es $x = 3,14$ (redondeado a dos decimales).

Jayam no usó coordenadas y ejes (inventados unos 600 años después). Probablemente dibujó las formas con toda la precisión posible, y midió las longitudes en sus diagramas. Habría encontrado luego una solución numérica aproximada con tablas trigonométricas, de uso habitual en la astronomía. Para Jayam la solución habría sido siempre un número positivo. Hay una solución negativa igualmente válida, como muestran los números negativos del gráfico, pero la noción de números negativos, aunque reconocida entre los matemáticos indios, no fue generalmente aceptada hasta el siglo XVII.

La aportación de Jayam

Puede que ya en el siglo III a. C. Arquímedes estudiara la intersección de secciones cónicas para tratar de resolver ecuaciones de tercer grado, pero lo que distingue a Jayam es su enfoque sistemático, que le permitió formular una teoría general. Amplió la combinación de geometría y álgebra a la resolución de ecuaciones de tercer grado usando circunferencias, hipérbolas y elipses, pero no explicó cómo las había construido, limitándose a decir que usó «instrumentos».

Jayam fue de los primeros que comprendieron que una ecuación de tercer grado puede tener más de una raíz y, por tanto, más de una solución. Como se puede ver en un gráfico moderno que plantea las ecuaciones de tercer grado como curva por encima y por debajo del eje x, estas tienen hasta tres raíces. Jayam sospechaba que pudiera haber dos, pero no ha-

He mostrado cómo hallar los lados del cuadrado-cuadrado, el cuadrado-cubo, el cubo-cubo [...] hasta cualquier longitud, como no se había hecho antes.
Omar Jayam

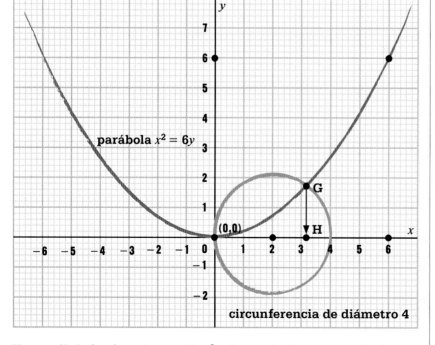

parábola $x^2 = 6y$

(0,0)

G

H

circunferencia de diámetro 4

Una parábola (rosa) para la ecuación $x^2 = 6y$ corta la circunferencia (azul) $(x-2)^2 + y^2 = 4$. Una recta desde G, el punto de intersección, hasta H, sobre el eje x, da el valor de x (3,14) en la ecuación cúbica $x^3 + 36x = 144$.

> Las álgebras son hechos geométricos demostrados por proposiciones.
> **Omar Jayam**

bría considerado los valores negativos. No le gustaba tener que recurrir a la geometría además de al álgebra para hallar una solución, y confiaba en que los medios geométricos fuesen sustituidos por la aritmética.

Jayam se anticipó al trabajo de los matemáticos italianos el siglo XVI, quienes resolvieron ecuaciones de tercer grado sin recurrir directamente a la geometría. Scipione del Ferro obtuvo la primera solución algebraica a las ecuaciones de tercer grado, descubierta en su cuaderno de notas tras su muerte. Él y sus sucesores Niccolò Fontana (Tartaglia), Lodovico Ferrari y Gerolamo Cardano tra-

bajaron sobre fórmulas algebraicas para resolver estas ecuaciones. Cardano publicó la solución de Ferro en su obra *Ars magna* en 1545. Sus soluciones eran algebraicas, pero diferían de las actuales, en parte porque el cero y los números negativos se usaban poco aún.

Hacia el álgebra moderna

Entre los matemáticos que continuaron la búsqueda de soluciones para las ecuaciones de tercer grado estaba Rafael Bombelli, uno de los primeros en postular que una raíz cúbica podía

En la arquitectura islámica es clara la pasión por las formas geométricas, como se aprecia en los azulejos, arcos y cúpulas de Masjid-i Kabud, la mezquita Azul, en Tabriz (Irán).

ser un número complejo, es decir, un número que se sirve de una unidad «imaginaria» derivada de la raíz cuadrada de un número negativo, algo que no es posible con números «reales». A finales del siglo XVI, François Viète creó una notación algebraica más moderna, usando la sustitución y la simplificación para hallar las soluciones. En 1637, Descartes publicó una solución a la ecuación cuártica, o de cuarto grado (con x^4), reduciéndola a una ecuación de tercer grado y, luego, a dos de segundo grado. Hoy, una ecuación de tercer grado se puede escribir de la forma $ax^3 + bx^2 + cx + d = 0$, siempre y cuando a mismo no sea 0. Cuando los coeficientes (a, b y c, que multiplican la variable x) sean números reales, y no complejos, la ecuación tendrá al menos una raíz real, y hasta tres en total.

El método de Jayam aún se enseña. Su trabajo minucioso hizo progresar el álgebra, cuya expresión y espectro siguieron refinando y ampliando matemáticos posteriores. ∎

La duración del año

En 1074, el sultán de Persia Jalal al Din Malik Shah I encargó a Omar Jayam la reforma del calendario lunar que se venía utilizando desde el siglo VII. Para sustituirlo por otro solar, se construyó un observatorio nuevo en la capital, Isfahán, y Jayam reunió un equipo de ocho astrónomos para asistir en la tarea.

El año –calculado con gran precisión en 365,24 días– comenzaba en el equinoccio vernal en marzo, cuando el

centro del Sol visible se halla directamente sobre el ecuador. Se calculó cada mes en función del tránsito del Sol por cada región del zodiaco, lo cual requirió tanto cálculos como observaciones. Dado que los tiempos del tránsito solar podían variar en 24 horas, los meses tenían entre 29 y 32 días, pero su duración podía variar de un año a otro. El nuevo calendario Jalali, nombrado así en honor al sultán, fue adoptado el 15 de marzo de 1079, y no se modificó hasta 1925.

LA MUSICA UBICUA DE LAS ESFERAS

LA SUCESIÓN DE FIBONACCI

EN CONTEXTO

FIGURA CLAVE
Leonardo de Pisa, llamado Fibonacci (1170–*c.*1250)

CAMPO
Teoría de números

ANTES
200 A.C. El matemático indio Pingala cita la secuencia numérica luego conocida como sucesión de Fibonacci en relación con la métrica poética sánscrita.

700 D.C. El poeta y matemático indio Virahanka escribe sobre la sucesión.

DESPUÉS
Siglo XVII Johannes Kepler observa que la proporción de los términos sucesivos de la sucesión converge.

1891 Édouard Lucas acuña la expresión «sucesión de Fibonacci» en *Théorie des nombres* (*Teoría de los números*).

Una regla determina la secuencia de una **sucesión numérica**.

En la sucesión de Fibonacci, que comienza con 0 y 1, cada número es la suma de los dos anteriores.

La **sucesión continúa hasta el infinito**.

$$0 + 1 = 1; 1 + 1 = 2;$$
$$1 + 2 = 3; 2 + 3 = 5;$$
$$3 + 5 = 8; 8 + 5 = 13\ldots$$

Las sucesiones numéricas se dan en el mundo natural una y otra vez. En esta secuencia, cada número es la suma de los dos anteriores (0, 1, 1, 2, 3, 5, 8, 13, 21, 34, y así sucesivamente). Citada por primera vez por el estudioso indio Pingala alrededor de 200 a.C., se conocería posteriormente como sucesión de Fibonacci en referencia al matemático italiano Leonardo de Pisa, llamado Fibonacci («hijo de Bonacci»). Fibonacci estudió la secuencia en su obra de 1202 *Liber abaci* (*El libro del cálculo*). La serie tiene aplicaciones predictivas importantes en las ciencias naturales, la geometría y los negocios.

El problema de los conejos

Uno de los problemas planteados por Fibonacci en *Liber abaci* es el del crecimiento de las poblaciones de conejos. Comenzando con una única pareja, pidió a sus lectores que calcularan cuántas parejas habría cada mes sucesivo. Fibonacci establece los supuestos siguientes: no

Fibonacci

Leonardo de Pisa (o Pisano), nacido probablemente en Pisa (Italia) en 1170, no fue conocido como Fibonacci («hijo de Bonacci») hasta mucho tiempo después de su muerte. Viajó extensamente junto con su padre, que era diplomático, y estudió en una escuela de contabilidad en Bugía, en la actual Argelia. Allí conoció los símbolos indoarábigos para los números del 1 al 9. Impresionado por la sencillez de estos numerales comparados con los engorrosos numerales romanos usados en Europa, los trató en su *Liber abaci* (*El libro del cálculo*), de 1202. Leonardo viajó también a Egipto, Siria, Grecia, Sicilia y Provenza, y exploró distintos sistemas numéricos. Su obra fue muy leída, y llamó la atención del emperador del Sacro Imperio Federico II. Fibonacci murió entre 1240 y 1250.

Obras principales

1202 *Liber abaci* (*El libro del cálculo*).
1220 *Practica geometriae* (*Geometría práctica*).
1225 *Liber quadratorum* (*El libro de los números cuadrados*).

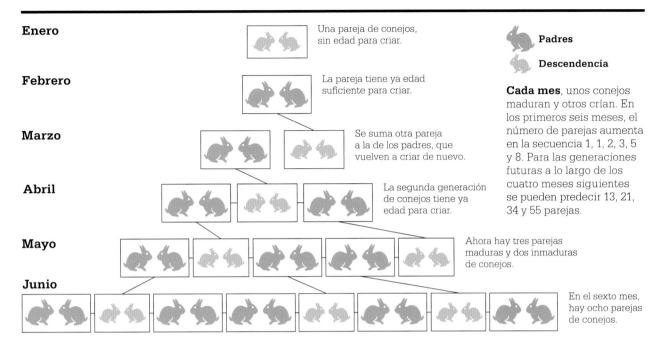

Enero — Una pareja de conejos, sin edad para criar.

Febrero — La pareja tiene ya edad suficiente para criar.

Marzo — Se suma otra pareja a la de los padres, que vuelven a criar de nuevo.

Abril — La segunda generación de conejos tiene ya edad para criar.

Mayo — Ahora hay tres parejas maduras y dos inmaduras de conejos.

Junio — En el sexto mes, hay ocho parejas de conejos.

Padres

Descendencia

Cada mes, unos conejos maduran y otros crían. En los primeros seis meses, el número de parejas aumenta en la secuencia 1, 1, 2, 3, 5 y 8. Para las generaciones futuras a lo largo de los cuatro meses siguientes se pueden predecir 13, 21, 34 y 55 parejas.

muere ningún conejo; las parejas se aparean cada mes, pero solo a partir de los dos meses, cuando alcanzan la madurez; y cada pareja tiene una cría macho y una hembra cada mes. Durante los primeros dos meses, no habría más que la pareja original; a los tres meses, habría un total de dos parejas; a los cuatro meses, habría tres parejas, pues solo la pareja original tiene edad para criar.

A partir de ese momento, la población crece más rápidamente. En el quinto mes, tienen crías tanto la pareja original como su primera descendencia, mientras que la de esta última no ha alcanzado aún la madurez. Esto resulta en un total de cinco parejas. El proceso continúa en cada mes sucesivo, resultando una secuencia numérica en la que cada número es la suma de los dos anteriores: 1, 1, 2, 3, 5, 8, 13, 21, 34, 55, 89, 144, y así sucesivamente, en lo que se acabaría conociendo como sucesión de Fibonacci. Como mu-

chos problemas matemáticos, este se basa en una situación hipotética, ya que los supuestos de Fibonacci acerca del comportamiento de los conejos no son realistas.

Generaciones de abejas

Un ejemplo de la sucesión de Fibonacci en la naturaleza es el de las abejas en una colmena. Los machos, o zánganos, se desarrollan a partir de los huevos no fertilizados de la abeja reina, y por lo tanto tienen un solo progenitor, la madre. Los zánganos tienen varios fines en la colmena, uno de los cuales es aparearse con la reina y fertilizar los huevos que se convertirán en hembras, que pueden ser reinas u obreras. Esto supone que el zángano tiene un solo antepasado en la generación anterior, su madre, y dos generaciones atrás tiene dos antepasados, o «abuelos»: la madre y el padre de su madre. Yendo más atrás, tiene tres «bisabuelos»: los padres de

su abuela y la madre de su abuelo. En la generación anterior a esta, hay cinco miembros de la generación; en la anterior hay ocho, y así sucesivamente. El patrón está claro: el número de miembros en cada generación forma la sucesión de Fibonacci. La suma del número de progenitores de un macho y una hembra de la misma generación es tres. Los padres de »

La sucesión de Fibonacci resulta ser la clave para comprender cómo diseña la naturaleza.
Guy Murchie
Escritor estadounidense

Si un **número** en una sucesión se **divide por** el **anterior**, crea una proporción.

Las proporciones de dos **números de Fibonacci** consecutivos se aproximan cada vez más a **1,618**.

1,618 es una aproximación de la **«proporción áurea»**, que es $(1 + \sqrt{5})/2$.

Como la sucesión de Fibonacci, la **proporción áurea** se da a menudo en el **mundo natural**.

existen otros patrones, aunque el de Fibonacci sea común.

Cada número de Fibonacci es la suma de los dos anteriores, de modo que hay que conocer estos antes de calcular el tercero. La sucesión de Fibonacci se define por una relación de recurrencia: una ecuación que define un número en una sucesión en función de los precedentes. El primer número de Fibonacci se escribe f_1, el segundo f_2, y así sucesivamente. La ecuación es $f_n = f_{(n-1)} + f_{(n-2)}$, donde n es mayor que 1. Si se quiere hallar el quinto número de Fibonacci (f_5), por ejemplo, hay que sumar f_4 y f_3.

Proporciones de Fibonacci

Resulta particularmente interesante calcular las proporciones de los sucesivos términos en la sucesión

estos progenitores suman cinco abuelos, cuyos padres suman ocho bisabuelos. Si se hace remontar el patrón a generaciones anteriores, la sucesión de Fibonacci continúa, con 13, 21, 34, 55 antepasados, y así sucesivamente.

Vida vegetal

La sucesión de Fibonacci está presente también en la disposición de las hojas y semillas de algunas plantas. Las piñas (o conos) de los pinos y la fruta tropical del mismo nombre, por ejemplo, tienen los números de la sucesión en la formación espiral de las escamas exteriores. Muchas flores tienen tres, cinco u ocho pé-

talos, números de la sucesión de Fibonacci. Las flores de la hierba de Santiago tienen 13 pétalos, la achicoria tiene a menudo 21, y distintos tipos de margaritas, 34 o 55. Muchas otras flores, sin embargo, tienen cuatro o seis pétalos, y por tanto

[Si] una araña trepa tantos pies al día por una pared, y cae un número fijo de pies cada noche, ¿cuántos días tardará en trepar la pared?
Fibonacci

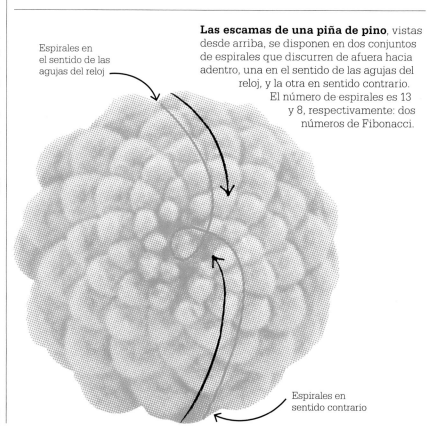

Espirales en el sentido de las agujas del reloj

Las escamas de una piña de pino, vistas desde arriba, se disponen en dos conjuntos de espirales que discurren de afuera hacia adentro, una en el sentido de las agujas del reloj, y la otra en sentido contrario. El número de espirales es 13 y 8, respectivamente: dos números de Fibonacci.

Espirales en sentido contrario

En un teclado de piano, una escala de do a do abarca 13 teclas, ocho blancas y cinco negras, estas últimas en grupos de dos y tres. Todos estos números pertenecen a la sucesión de Fibonacci.

de Fibonacci. Dividir cada número por el anterior produce las siguientes: $^1/_1 = 1$, $^2/_1 = 2$, $^3/_2 = 1,5$, $^5/_3 = 1,666...$, $^8/_5 = 1,6$, $^{13}/_8 = 1,625$, $^{21}/_{13} = 1,61538...$, $^{34}/_{21} = 1,61904...$ Continuando el proceso indefinidamente, se comprueba que los números se aproximan a 1,618. Esta se conoce como la proporción o media áurea, y es un número importante en la curva llamada espiral áurea, que se ensancha en un factor de 1,618 cada cuarto de vuelta. Esta espiral se da a menudo en la naturaleza: las semillas de los conos de los pinos, del girasol y de las equináceas tienden a crecer en espiral áurea.

Artes y análisis

La sucesión de Fibonacci se encuentra también en la poesía, la pintura y la música. Produce una poesía rimada agradable, por ejemplo, que los sucesivos versos tengan 1, 1, 2, 3, 5 y 8 sílabas, y hay una larga tradición de poemas de seis líneas y 20 sílabas estructuradas de este modo. En *c.* 200 a. C., Pingala observó este patrón en la poesía en sánscrito, y el poeta romano Virgilio lo empleó en el siglo I a. C.

La sucesión se ha usado también en la música. El compositor francés Claude Debussy (1862–1918) la usó en varias composiciones, y en el clímax dramático de *Cloches à travers les feuilles (Campanas a través de las hojas)*, la proporción entre el total de los compases de la pieza y los del clímax es de, aproximadamente, 1,618.

Aunque sea frecuente esta asociación con las artes, la sucesión de Fibonacci ha resultado útil también en el mundo de las finanzas. Hoy, las proporciones derivadas de dicha sucesión se usan como herramienta analítica para predecir el punto en que los valores de la bolsa dejarán de subir o bajar. ∎

Una página del manuscrito original de *Liber abaci* muestra la sucesión de Fibonacci a la derecha.

Soluciones prácticas

La intención de la obra de Fibonacci era resultar útil. Por ejemplo, en *Liber abaci* (1202) describía cómo resolver muchos problemas frecuentes en el comercio, como calcular márgenes de beneficio o convertir cantidades a otra moneda. En *Practica geometriae* (1220), dio solución a problemas de agrimensura, como hallar la altura de un objeto de grandes dimensiones empleando triángulos similares (con ángulos idénticos pero distinto tamaño). En *Liber quadratorum* (1225) acometió varios aspectos de la teoría de números, como hallar ternas pitagóricas, grupos de tres enteros que representan las longitudes de triángulos rectángulos. En estos, la suma del cuadrado del lado más largo (la hipotenusa) es igual a la suma de los cuadrados de los catetos. Fibonacci halló que, a partir del 5, cada número alterno de la sucesión (13, 34, 89, 233, 610, y así sucesivamente) es la longitud de la hipotenusa de un triángulo rectángulo cuando las longitudes de los catetos son enteros.

EL PODER DE DOBLAR

EL TRIGO Y EL TABLERO

EN CONTEXTO

FIGURA CLAVE
Sissa ben Dahir
(siglo III o IV)

CAMPO
Teoría de números

ANTES
C. 300 A. C. Euclides introduce el concepto de potencia para describir cuadrados.

C. 250 A. C. Arquímedes usa la ley de los exponentes, por la que se puede multiplicar potencias sumando estos.

DESPUÉS
1798 El economista británico Thomas Malthus predice una catástrofe por el crecimiento exponencial de la población humana y el más lento de la producción de alimentos.

1965 Gordon Moore, cofundador de Intel, observa que el número de transistores en los microchips se dobla aproximadamente cada 18 meses.

El primer registro escrito del problema del trigo y el tablero de ajedrez es de 1256, por el historiador árabe Ibn Jalikán, quien probablemente recreó una versión india anterior, del siglo V. La leyenda cuenta que el tenido como inventor del ajedrez, Sissa ben Dahir, fue convocado a una audiencia por el rey Sirham. El rey estaba tan encantado con el juego que ofreció a Sissa la recompensa que este quisiera. Sissa pidió unos granos de trigo y explicó la cantidad de trigo que de-

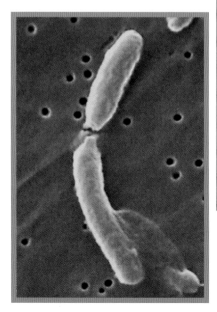

seaba recurriendo al tablero de 8 × 8 escaques o casillas del ajedrez. Había que poner un grano de trigo (o arroz, en otras versiones del relato) en la casilla inferior izquierda. En cada casilla siguiente hacia la derecha se doblaría la cantidad del anterior, de modo que en el segundo escaque habría dos granos, en el tercero, cuatro, y así sucesivamente, de izquierda a derecha por cada fila hasta llegar al último de los 64 escaques, arriba a la derecha.

Desconcertado por lo que parecía una recompensa más bien mísera, el rey mandó contar los granos. Al octavo cuadrado le correspondían 128 granos, al 24.°, más de ocho millones, y al 32.°, el último de la primera mitad del tablero, más de dos mil millones. Aquí, el rey había comprendido que no tendría reservas suficientes y que al cuadrado siguiente por sí solo le corresponderían 4000 millones de granos, esto es, la producción de un campo grande. Los consejeros del rey calcularon que el último cuadrado reque-

La división celular de las bacterias es un ejemplo de crecimiento exponencial: una sola célula se divide, forma dos, que forman cuatro, y así sucesivamente, propagándose de manera muy rápida.

Véase también: Las paradojas del movimiento de Zenón 46–47 ▪ Lógica silogística 50–51 ▪ Logaritmos 138–141 ▪ El número de Euler 186–191

El concepto del trigo y el tablero de Sissa es un ejemplo antiguo del rápido incremento de los números con crecimiento exponencial. El trigo en este tablero sumaría más de 18 trillones de granos. (En el ejemplo, los números mayores de un millón son aproximados.)

72 000 billones	144 000 billones	288 000 billones	600 000 billones	1,2 trillones	2,3 trillones	4,6 trillones	9,2 trillones
281 billones	562 billones	1123 billones	2252 billones	4504 billones	9007 billones	18 000 billones	36 000 billones
1 billón	2 billones	4 billones	8 billones	17 billones	35 billones	70 billones	140 billones
4000 millones	8000 millones	16 000 millones	33 000 millones	66 000 millones	131 000 millones	262 000 millones	524 000 millones
16 millones	32 millones	64 millones	128 millones	256 millones	512 millones	1000 millones	2000 millones
65 536	131 072	262 144	524 288	1 millón	2 millones	4 millones	8 millones
256	512	1024	2048	4096	8192	16 384	32 768
1	2	4	8	16	32	64	128

riría 9,2 trillones de granos, y que el total de granos del tablero sería 18 446 744 073 709 551 615 ($2^{64} - 1$). La historia tiene dos finales alternativos: en uno, el rey nombra consejero jefe a Sissa; en el otro, lo manda ejecutar por dejarle en ridículo.

El concepto de Sissa es un ejemplo de lo que se conoce como una progresión o serie geométrica, en la que cada término es el anterior multiplicado por dos: $1 + 2 + 4 + 8 + 16$, y así sucesivamente. El número superíndice, el exponente, indica cuántas veces el otro número, en este caso 2, se multiplica por sí mismo. El último término de la serie, 2^{63}, es 2 multiplicado por sí mismo 63 veces.

La potencia de los exponentes

Al aumento de los valores en esta serie se le llama exponencial. Los exponentes se pueden considerar instrucciones que indican cuántas veces 1 se multiplicará por un número dado. Por ejemplo, 2^3 significa que 1 se multiplicará por 2 tres veces: $1 \times 2 \times 2 \times 2 = 8$, mientras que 2^1 sig-

nifica que 1 se multiplicará por 2 una vez: $1 \times 2 = 2$. El primer cuadrado del tablero contiene 1 grano, de modo que 1 es el primer número de la serie. El 1 se puede expresar como 2^0, pues es equivalente a 1 multiplicado por 2 cero veces, lo cual no altera 1. De hecho, cualquier número elevado a 0 es igual a 1 por esta razón.

El crecimiento y decrecimiento exponenciales se encuentran en muchos aspectos de la realidad física. Por ejemplo, los isótopos radiactivos se degradan y cambian de forma atómica a una tasa exponencial. Esto resulta en una vida media, en la que la mitad del material tarda lo mismo en decaer que el total, sea cual sea la cantidad inicial. ▪

La segunda mitad del tablero

El problema del tablero ha servido a pensadores recientes como metáfora de la tasa de cambio en la tecnología en los últimos años. En 2001, el informático Ray Kurzweil escribió un influyente ensayo donde describía el crecimiento exponencial de la tecnología en los años anteriores. Predijo que, al igual que el trigo de la segunda mitad del tablero, la tasa de crecimiento tecnológico crecería más allá de todo control, conforme al modelo de doblar el crecimiento anterior en cada paso.

Según Kurzweil, esta tasa de crecimiento de la tecnología acabaría conduciendo a la singularidad, que en física se define como el punto en el que una función adquiere un valor infinito. Aplicado a la tecnología, marcaría el punto en que la capacidad cognitiva de la inteligencia artificial sobrepasará la de los seres humanos.

EL
RENACIM
1500–1680

IENTO

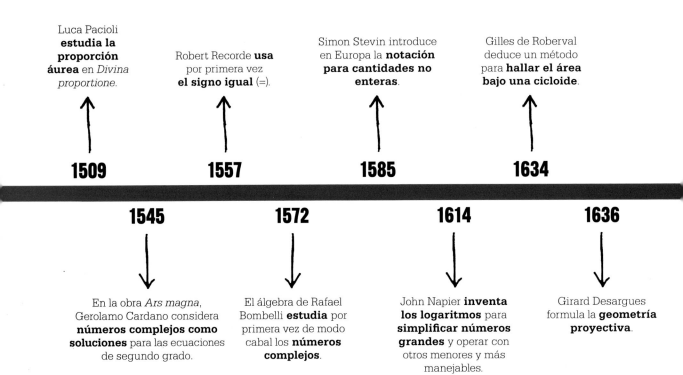

Luca Pacioli **estudia la proporción áurea** en *Divina proportione*.

Robert Recorde **usa** por primera vez **el signo igual** (=).

Simon Stevin introduce en Europa la **notación para cantidades no enteras**.

Gilles de Roberval deduce un método para **hallar el área bajo una cicloide**.

1509   **1557**   **1585**   **1634**

1545   **1572**   **1614**   **1636**

En la obra *Ars magna*, Gerolamo Cardano considera **números complejos como soluciones** para las ecuaciones de segundo grado.

El álgebra de Rafael Bombelli **estudia** por primera vez de modo cabal los **números complejos**.

John Napier **inventa los logaritmos** para **simplificar números grandes** y operar con otros menores y más manejables.

Girard Desargues formula la **geometría proyectiva**.

A lo largo de la Edad Media, la Iglesia católica ejerció un gran poder político en toda Europa, acompañado de un monopolio casi total del conocimiento. En el siglo XV, sin embargo, su autoridad comenzó a verse menoscabada. Un nuevo movimiento cultural, el denominado Renacimiento, se inspiró en el interés renovado por las artes y la filosofía de la época clásica grecorromana. La sed de descubrimiento durante este periodo aceleró también una revolución científica, al difundirse textos matemáticos, filosóficos y científicos clásicos que inspiraron a nuevas generaciones de pensadores. La reforma protestante tuvo un efecto similar, al enfrentarse a la hegemonía de la Iglesia católica en el siglo XVI.

El arte renacentista influyó también en las matemáticas. Así, Luca Pacioli, matemático del Renacimiento temprano, estudió las matemáticas de la proporción áurea, tan importante en el arte clásico; y el empleo innovador de la perspectiva en la pintura alentó a Girard Desargues a estudiar las matemáticas de la perspectiva y a desarrollar el campo de la geometría proyectiva. Las consideraciones prácticas fueron otro estímulo para el progreso: el aumento de las transacciones comerciales requerían de sistemas contables más sofisticados, y el comercio internacional estimuló avances en la navegación, que requerían un conocimiento más profundo de la trigonometría.

Innovación matemática

La adopción del sistema numérico indoarábigo y el mayor uso de signos para representar funciones como la igualdad, la multiplicación y la división supusieron un gran avance para el cálculo. Otro desarrollo importante fue la formalización de un sistema numérico decimal y la introducción de la coma (o punto) decimal, por Simon Stevin, en torno a 1585.

Con el objetivo de satisfacer las necesidades prácticas de la época, los matemáticos crearon las tablas de cálculo relevantes, y John Napier desarrolló los medios de calcular con logaritmos en el siglo XVII. En este periodo se inventaron las primeras ayudas mecánicas para calcular, como la regla de cálculo de William Oughtred y la máquina de Leibniz (la *Staffelwalze*), el primer paso hacia el ordenador propiamente dicho.

Otros matemáticos siguieron un camino más teórico, inspirado en los

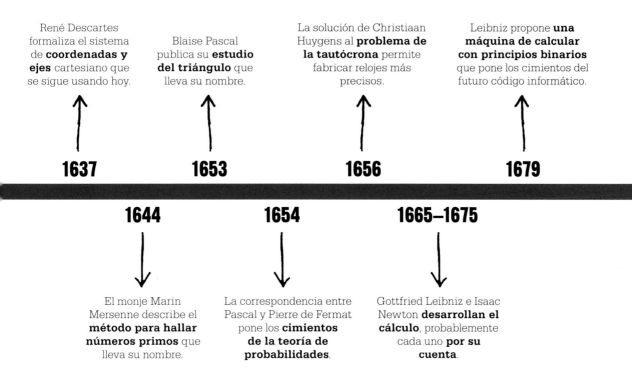

René Descartes formaliza el sistema de **coordenadas y ejes** cartesiano que se sigue usando hoy.

Blaise Pascal publica su **estudio del triángulo** que lleva su nombre.

La solución de Christiaan Huygens al **problema de la tautócrona** permite fabricar relojes más precisos.

Leibniz propone **una máquina de calcular con principios binarios** que pone los cimientos del futuro código informático.

1637 **1653** **1656** **1679**

1644 **1654** **1665–1675**

El monje Marin Mersenne describe el **método para hallar números primos** que lleva su nombre.

La correspondencia entre Pascal y Pierre de Fermat pone los **cimientos de la teoría de probabilidades**.

Gottfried Leibniz e Isaac Newton **desarrollan el cálculo**, probablemente cada uno **por su cuenta**.

textos nuevamente disponibles. En el siglo XVI, la resolución de ecuaciones de tercer y cuarto grado ocupó a matemáticos italianos como Gerolamo Cardano, mientras Marin Mersenne ingeniaba un método para hallar números primos y Rafael Bombelli establecía reglas de uso para los números imaginarios. En el siglo XVII, los descubrimientos matemáticos se sucedieron a un ritmo nunca visto hasta entonces, y surgieron varios pioneros de la matemática moderna, como, por ejemplo, el filósofo, científico y matemático René Descartes, cuyo enfoque metódico de la resolución de problemas estableció los criterios de la era científica moderna. Su aportación principal a las matemáticas fue la invención del sistema de coordenadas para especificar la posición de un punto en relación con los ejes, estableciendo el nuevo campo de la geometría analítica, en la que las rectas y formas se expresan por medio de ecuaciones algebraicas.

Pierre de Fermat es otro matemático del Renacimiento tardío cuya fama no ha dejado de crecer hasta la actualidad, en gran parte gracias a su último y enigmático teorema, irresuelto hasta 1994. Menos conocidas son las aportaciones que hizo al desarrollo del cálculo, la teoría de números y la geometría analítica. Su correspondencia con su colega Blaise Pascal sobre juegos de azar puso los cimientos del campo de la probabilidad.

El nacimiento del cálculo

Uno de los conceptos matemáticos fundamentales del siglo XVII fue desarrollado independientemente por dos gigantes científicos de la época, el alemán Gottfried Leibniz y el inglés Isaac Newton. Construyendo sobre el trabajo llevado a cabo por Gilles de Roberval para hallar el área bajo una cicloide, Leibniz y Newton trabajaron sobre el cálculo de fenómenos como el cambio continuo y la aceleración, que venían desconcertando a los matemáticos desde que Zenón de Elea expusiera sus famosas paradojas del movimiento en la antigua Grecia. La solución a la que llegaron Leibniz y Newton fue el teorema fundamental del cálculo, un conjunto de reglas para calcular con infinitesimales. Para Newton, el cálculo era una herramienta práctica para su trabajo en física, sobre todo aquel relacionado con el movimiento de los planetas; Leibniz, por el contrario, reconoció su importancia teórica, y refinó las reglas de la diferenciación y la integración. ∎

LA GEOMETRIA DEL ARTE Y LA VIDA

LA PROPORCIÓN ÁUREA

EN CONTEXTO

FIGURA CLAVE
Luca Pacioli (1445–1517)

CAMPO
Geometría aplicada

ANTES
447–432 A.C. El escultor griego Fidias diseña el Partenón; posteriormente se dirá que se aproxima a la proporción áurea.

C. 300 A.C. Primera referencia escrita conocida al número áureo, en los *Elementos* de Euclides.

1202 D.C. Fibonacci presenta su famosa sucesión.

DESPUÉS
1619 Kepler demuestra que los números de la sucesión de Fibonacci se aproximan a la proporción áurea.

1914 El estadounidense Mark Barr usa la letra griega fi (ϕ) para el número áureo, o proporción áurea.

[La proporción áurea] es una escala de proporciones que vuelve lo malo difícil [de producir], y lo bueno, fácil.
Albert Einstein

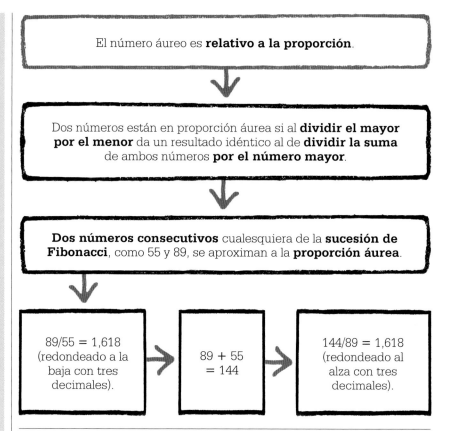

El número áureo es **relativo a la proporción**.

Dos números están en proporción áurea si al **dividir el mayor por el menor** da un resultado idéntico al de **dividir la suma** de ambos números **por el número mayor**.

Dos números consecutivos cualesquiera de la **sucesión de Fibonacci**, como 55 y 89, se aproximan a la **proporción áurea**.

89/55 = 1,618 (redondeado a la baja con tres decimales).

89 + 55 = 144

144/89 = 1,618 (redondeado al alza con tres decimales).

El Renacimiento fue una época de creatividad intelectual en la que disciplinas como la pintura, la filosofía, la ciencia, la religión y las matemáticas se consideraban mucho más próximas entre sí de lo que hoy puedan ser. Una de las áreas de interés era la relación entre matemáticas, proporción y belleza. En 1509, el sacerdote y matemático italiano Luca Pacioli escribió *De divina proportione* (*Sobre la divina proporción*), cuyo asunto son las nociones matemáticas y geométricas que subyacen a la perspectiva en la arquitectura y las artes visuales. El libro estaba ilustrado por el gran artista y polímata renacentista Leonardo da Vinci, amigo y colega de Pacioli.

Desde el Renacimiento, el análisis matemático del arte por medio de la razón, proporción o media áurea —o, como la llamó Pacioli, la divina proporción— ha llegado a simbolizar la perfección geométrica. La proporción se halla dividiendo una recta en dos partes, de modo que la proporción entre la parte mayor (*a*) y la menor (*b*) sea igual a la de la recta entera (*a* + *b*) dividida por la parte mayor (*a*). Así: $(a + b)/a = a/b$. El valor de esta proporción es una constante matemática indicada por la letra griega fi, ϕ *(phî)*. La letra ϕ alude al antiguo escultor griego Fidias (500–432 a. C.), considerado de los primeros en reconocer las posibilidades estéticas de la proporción áurea, la cual supuestamente usó en el diseño del Partenón, en Atenas.

Como π (3,1415…), ϕ es un número irracional (un número no expresable como fracción), y por tanto tiene un número infinito de decimales sin patrón alguno. Su valor aproximado es 1,618. Es uno de los misterios de las matemáticas que este número aparentemente anodino produzca proporciones tan estéticas en el arte, la arquitectura y la naturaleza.

El descubrimiento de fi

Algunos opinan que las proporciones relacionadas con fi (ϕ) se pueden encontrar en la antigua arquitectura griega, y antes incluso en la antigua cultura egipcia: un ejemplo es la gran pirámide de Guiza, construida alrededor de 2560 a. C., cuya proporción entre base y altura es 1,5717. Sin embargo, no existen pruebas de que los arquitectos antiguos fuesen conscientes de esta proporción ideal. Las aproximaciones a la proporción áurea pudieron ser el resultado de una tendencia inconsciente, en vez de una intención matemática deliberada.

Los pitagóricos, esto es, la sociedad de matemáticos y filósofos de orientación mística fundada por Pitágoras de Samos (570–495 a. C.) tenían como símbolo el pentagrama (o pentáculo), una estrella de cinco puntas. Donde un lado del pentagrama corta otro, divide cada lado en dos partes cuya proporción es ϕ. Para los pitagóricos, el universo estaba constituido por números, y también opinaban que todos los números se podían expresar como fracción de dos enteros. Según sostenía la doctrina pitagórica, dos longitudes cualesquiera son ambas múltiplos de alguna longitud menor. En otras palabras, su proporción es un número racional, y por lo tanto puede expresarse como razón de enteros. Se cuenta que, cuando un miembro de la comunidad, Hípaso, descubrió que esto no es cierto, sus indignados compañeros lo ahogaron arrojándole al mar.

Registros escritos

Las referencias más antiguas a la proporción áurea se encuentran en la obra del matemático alejandrino Euclides, de *c.* 300 a. C. En los *Elementos*, Euclides trataba sobre los sólidos platónicos descritos antes por Platón (como el tetraedro), y demostró en sus proporciones lo que él llamaba «razón extrema y media»

Todo lo que
es bueno es bello,
y lo bello no se da sin
proporciones regulares.
Platón

(proporción áurea) y cómo construirla con regla y compás.

Fi y Fibonacci

La proporción áurea guarda una relación estrecha con otro fenómeno matemático bien conocido, la secuencia de números conocida como sucesión de Fibonacci, introducida por Leonardo de Pisa, llamado Fibonacci, en su *Liber abaci (El libro del cálculo)*, de 1202. Cada número de la sucesión se halla sumando los dos anteriores: 1, 1, 2, 3, 5, 8, 13, 21, 34, 55, 89… »

Luca Pacioli

Luca Pacioli nació en 1445 en Sansepolcro, en la Toscana (Italia). En su juventud se mudó a Roma, donde fue discípulo del pintor y matemático Piero della Francesca, así como del renombrado arquitecto Leon Battista Alberti, y aprendió sobre geometría, arquitectura y perspectiva artística. Pacioli compaginaba actividades diversas como miembro de la orden de los franciscanos y profesor, y viajó por toda Italia. En 1496 se trasladó a Milán, donde trabajó como contable, además de enseñar matemáticas en la corte de Ludovico Sforza. Uno de sus discípulos fue Leonardo da Vinci, quien ilustró la obra de Pacioli *De divina proportione*. Pacioli creó un método contable que sigue usándose actualmente. Murió en 1517, en su mismo pueblo natal.

Obras principales

1494 *Summa de arithmetica, geometria, proportioni et proportionalita.*
1509 *De divina proportione.*

Se supone que Leonardo da Vinci usó rectángulos áureos en la composición de la obra *La última cena* (1494–1498). Otros artistas de la época, como Rafael y Miguel Ángel, usaron también esta proporción.

No fue hasta 1619 cuando el matemático y astrónomo alemán Johannes Kepler mostró que se obtiene la proporción áurea dividiendo un número de la sucesión de Fibonacci por el número precedente. Cuanto mayores sean los números con los que se calcule, más próximo a ϕ es el resultado. Por ejemplo, 6765/4181 = 1,61803. Tanto la sucesión de Fibonacci como la proporción áurea parecen estar ampliamente presentes en la naturaleza, como en muchas especies de flores cuyo número de pétalos corresponde a la sucesión; o en las escamas de las piñas de pino, que, vistas desde abajo, se disponen en 8 espirales en el sentido de las agujas del reloj y 13 espirales contrarias.

Otra proporción áurea a la que se aproxima la naturaleza es la espiral áurea, que se ensancha por un factor de ϕ en cada cuarto de vuelta. La espiral áurea se puede dibujar partiendo un rectángulo áureo (de lados en proporción áurea) en cuadrados y rectángulos áureos cada vez menores, e inscribiendo cuartos de circunferencia en los cuadrados (p. siguiente). Espirales naturales como la de la concha del nautilo se asemejan a la espiral áurea, pero no encajan estrictamente con la proporción.

La espiral áurea la describió por primera vez el filósofo, matemático y polímata francés René Descartes en 1638, y fue estudiada por el matemático suizo Jacob Bernoulli. El matemático francés Pierre Varignon la clasificó como una «espiral logarítmica», ya que se puede generar con una curva logarítmica.

Arte y arquitectura

Aunque se pueda encontrar la proporción áurea en la música y la poesía, se asocia más a menudo a la pintura renacentista de los siglos XV y XVI. Se ha dicho que Leonardo da Vinci la incorporó en el cuadro *La última cena* (1494–1498), en su famoso dibujo «Hombre de Vitruvio» —el hombre «perfectamente proporcionado» inscrito en un círculo y un cuadrado— y en las ilustraciones de poliedros para *De divina proportione*, de Luca Pacioli (recuadro, p. 121). En realidad, el «Hombre de Vitruvio», inspirado en las proporciones del cuerpo humano originales del anti-

El problema de usar la proporción áurea para definir la belleza humana es que, si hay afán por encontrar un patrón, es casi seguro encontrarlo.
Hannah Fry
Matemática británica

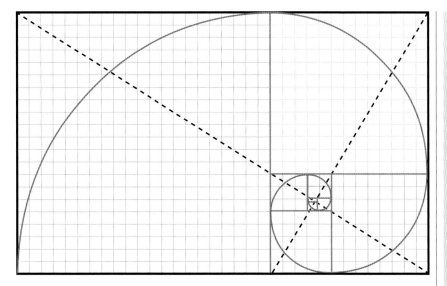

Una espiral áurea se puede inscribir en un rectángulo áureo. Se crea partiendo el rectángulo en un cuadrado y un rectángulo áureo menor, y repitiendo el proceso en este último rectángulo. Al inscribir cuartos de circunferencia en los cuadrados, se obtiene la espiral áurea.

guo arquitecto romano Vitruvio, no encaja del todo con las proporciones áureas, pero esto no impidió que posteriormente muchos trataran de establecer una relación entre dicha proporción y el atractivo de las personas (recuadro, dcha.).

Contra la proporción áurea

En el siglo XIX, el psicólogo alemán Adolf Zeising defendió que el cuerpo humano perfecto se alineaba con la proporción áurea, que se podía hallar midiendo la altura total y dividiéndola por la altura desde los pies hasta el ombligo. En 2015, el profesor de matemáticas de la Universidad de Stanford Keith Devlin sostuvo que la proporción áurea es «un timo de hace 150 años», y atribuyó a la obra de Zeising la noción de que haya tenido históricamente alguna relación con la estética. Devlin argumenta que las ideas de Zeising llevaron a aplicar retrospectivamente la proporción áurea al arte y la arquitectu-

ra del pasado. En el mismo sentido, en 1992, el matemático estadounidense George Markowsky dijo que las supuestas proporciones áureas del cuerpo humano son el resultado de mediciones imprecisas.

Usos modernos

Aunque se discuta el empleo histórico de ϕ, la proporción áurea se puede encontrar en obras modernas, como *El sacramento de la última cena* (1955), de Salvador Dalí, en la que el propio lienzo es un rectángulo áureo. Más allá de las artes, la proporción áurea está presente también en la geometría moderna, en particular en el trabajo del matemático británico Roger Penrose, cuya teselación –o alicatado– incorpora la proporción áurea en su estructura. Las relaciones de aspecto estándar para monitores de televisión y ordenador, tales como el formato 16:9, se aproximan también a ϕ, al igual que las tarjetas de los bancos, que son rectángulos áureos casi perfectos. ∎

La razón de la belleza

Los estudios indican que la simetría facial tiene un papel importante en la percepción del atractivo de las personas, pero podría parecer aún mayor el de las proporciones definidas por la razón áurea. Las personas cuyo rostro se aproxima a la proporción áurea (entre la longitud de la cabeza y su anchura, por ejemplo) se perciben a menudo como más atractivas. Sin embargo, los estudios hasta la fecha, no concluyentes y en muchos casos contradictorios, no establecen base científica alguna para creer que la proporción áurea haga más atractiva una cara.

El cirujano plástico estadounidense Stephen Marquardt creó una «máscara» (abajo) basada en aplicar la proporción áurea al rostro humano: cuanto más alineado esté con la máscara, más bello se supone que es. Algunos consideran que esta máscara –que sirve de patrón en la cirugía plástica– representa un uso infundado y no ético de las matemáticas.

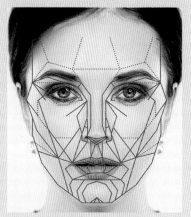

La máscara de Stephen Marquardt ha sido criticada por definir la belleza según los cánones blancos occidentales.

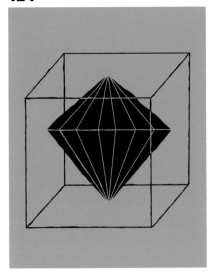

COMO UN GRAN DIAMANTE
NÚMEROS PRIMOS DE MERSENNE

EN CONTEXTO

FIGURAS CLAVE
Hudalrichus Regius
(principios del siglo XVI),
Marin Mersenne (1588–1648)

CAMPO
Teoría de números

ANTES
***C.* 300 A. C.** Euclides prueba
el teorema fundamental de la
aritmética: todo entero mayor
que 1 es primo o único
producto de primos.

***C.* 200 A. C.** Eratóstenes
halla un método para
calcular números primos.

DESPUÉS
1750 Leonhard Euler confirma
que el número de Mersenne
$2^{31} - 1$ es primo.

1876 El matemático francés
Édouard Lucas verifica que
$2^{127} - 1$ es un primo de
Mersenne.

Diciembre de 2018 Se halla
el mayor número primo hasta
la fecha: $2^{82\,589\,933} - 1$.

os números primos –solo divisibles por sí mismos y por 1– han fascinado a los matemáticos desde los antiguos griegos de la escuela de Pitágoras, en gran medida porque se pueden concebir como elementos constructivos de todos los números naturales (enteros positivos). Hasta 1536 se creyó que todos los números primos para n, en la ecuación $2^n - 1$, darían como resultado otro número primo. En *Utriusque Arithmetices Epitome (Epítome de ambas aritméticas)*, de 1536, un estudioso al que solo se conoce como Hudalrichus Regius señaló que $2^{11} - 1 = 2047$. Y este no es un número primo, ya que $2047 = 23 \times 89$.

La influencia de Mersenne
Otros continuaron el trabajo de Regius sobre números primos y propusieron nuevas hipótesis acerca de $2^n - 1$. La más importante fue la del monje francés Marin Mersenne en 1644, en la que $2^n - 1$ es válida cuando $n = 2, 3, 5, 7, 13, 17, 19, 31, 67, 127$ y 257. El trabajo de Mersenne hizo revivir el interés por la cuestión, y hoy los números primos generados por $2^n - 1$ se conocen como primos de Mersenne (M_n).

Gracias a la computación se han hallado más primos de Mersenne. Dos de los valores de Mersenne para n (67 y 257) se han demostrado incorrectos, pero en 1947 se hallaron tres nuevos primos: $n = 61, 89$ y 107 (M_{61}, M_{89}, M_{107}), y, en 2018, el proyecto Great Internet Mersenne Prime Search descubrió el primo de Mersenne n.º 51, el $M_{82\,589\,933}$. ∎

La belleza de la teoría de números está relacionada con la contradicción entre la simplicidad de los enteros y la estructura compleja de los primos.
Andreas Knauf
Matemático alemán

NAVEGAR POR UN RUMBO
RUMBO Y CURVA LOXODRÓMICA

EN CONTEXTO

FIGURA CLAVE
Pedro Nunes (1502–1578)

CAMPO
Teoría de grafos

ANTES
150 D. C. El matemático grecorromano Tolomeo establece los conceptos de latitud y longitud.

C. 1200 Navegantes chinos, europeos y del mundo islámico emplean la brújula.

1522 La nave *Victoria*, de la expedición de Magallanes y Elcano, completa la primera vuelta al mundo.

DESPUÉS
1569 La proyección del cartógrafo flamenco Gerardus Mercator permite a los navegantes trazar los rumbos como líneas rectas en el mapa.

1617 El matemático neerlandés Willebrord Snell llama al «rumbo» curva loxodrómica.

Desde 1500 aproximadamente, al comenzar a aventurarse los barcos por los océanos, los navegantes toparon con el problema de fijar un rumbo que considerara la curvatura de la superficie terrestre. Lo resolvió la curva llamada «rumbo» por el matemático portugués Pedro Nunes en su *Tratado sobre la esfera* (1537).

La espiral de rumbo

La curva de rumbo atraviesa todos los meridianos (líneas de longitud) en el mismo ángulo. Como los meridianos se van aproximando a los polos, la curva se convierte en espiral. En 1617, el matemático neerlandés Willebrord Snell llamó loxodrómica a esta curva, que sería un concepto clave en la geometría del espacio.

La curva loxodrómica facilitó la navegación al requerir un único rumbo para un viaje. En 1569, se introdujeron los mapas Mercator, cuyas líneas de longitud son paralelas, de modo que las curvas loxodrómicas son rectas. Esto facilitó el fijar un rumbo con solo tazar una línea recta

Curva loxodrómica, o de rumbo

Círculo máximo

Meridiano, o línea de longitud

El ángulo entre la curva loxodrómica y cada meridiano es el mismo.

Un loxódromo comienza en un polo y recorre el globo en espiral, cruzando cada meridiano en el mismo ángulo. La curva es toda la espiral o parte de ella.

en un mapa. Sin embargo, la distancia más corta entre dos puntos del globo no es la curva loxodrómica, sino el círculo máximo (o gran círculo), es decir, uno centrado en el centro de la Tierra; sin embargo, seguir un rumbo de círculo máximo no fue práctico hasta la invención del GPS. ∎

Véase también: Coordenadas 144–151 ▪ La curva tautócrona de Huygens 167 ▪ Teoría de grafos 194–195 ▪ Geometrías no euclidianas 228–229

DOS RECTAS DE IGUAL LONGITUD
EL SIGNO IGUAL Y OTROS SÍMBOLOS

EN CONTEXTO

FIGURAS CLAVE
Robert Recorde (*c.* 1510–1558)

CAMPO
Sistemas numéricos

ANTES
250 D. C. El matemático griego Diofanto usa símbolos para representar variables (cantidades desconocidas) en *Arithmetica*.

1478 La *Aritmética de Treviso* explica en lenguaje llano cómo hacer sumas, restas, multiplicaciones y divisiones.

DESPUÉS
1665 En Inglaterra, Isaac Newton desarrolla el cálculo infinitesimal, que introduce nociones como los límites, las funciones y las derivadas. Estos procesos requieren signos nuevos para abreviar.

1801 Carl Friedrich Gauss introduce el signo de la congruencia (≡), equivalente a igual forma y tamaño.

En el siglo XVI, cuando el médico y matemático galés Robert Recorde empezó su trabajo, había poco consenso acerca de la notación usada en la aritmética. Los números indoarábigos, incluido el cero, estaban bien establecidos, pero poco había para representar los cálculos.

En 1543, en *The grounde of artes*, el galés Robert Recorde introdujo los signos de la suma (+) y la resta (−) en las matemáticas. Estos signos habían aparecido por primera vez en *Aritmética mercantil* (1489), del alemán

Johannes Widman, pero probablemente los usaban ya los comerciantes alemanes antes de publicarse el libro de Widman. Estos signos fueron sustituyendo a las letras «p», de *plus* (más), y «m», de *minus* (menos), a medida que las adoptaban los estudiosos, en Italia en primer lugar.

En 1557, Recorde recomendó un signo de su propia creación en *The whetstone of witte (La piedra de afilar del ingenio)*; usó dos rectas paralelas idénticas (=) para representar la igualdad, afirmando que «no puede haber dos cosas más iguales» que estas. Según Recorde, los signos y los símbolos ahorrarían a los matemáticos tener que escribir los cálculos en palabras. El signo igual fue ampliamente adoptado, y en el siglo XVII se crearon muchos de los demás signos que hoy usamos, como el de la multiplicación (×) y la división (/).

Notación algebraica
Aunque las técnicas algebraicas más antiguas se remontan más de dos milenios atrás, hasta los babilonios, la mayoría de los cálculos anteriores

Robert Recorde usó el signo igual (=) en sus propios cálculos, y era bastante más largo que el actual, como se ve en uno de sus libros de ejercicios.

Véase también: La notación posicional 22–27 ▪ Números negativos 76–79 ▪ Álgebra 92–99 ▪ Decimales 132–137 ▪ Logaritmos 138–141 ▪ Cálculo 168–175

La creación de signos

Signo	Significado	Inventor	Fecha
−	Resta	Johannes Widman	1489
+	Suma	Johannes Widman	1489
=	Igualdad	Robert Recorde	1557
×	Multiplicación	William Oughtred	1631
<	Menor que	Thomas Harriot	1631
>	Mayor que	Thomas Harriot	1631
/	División	Augustus De Morgan	1845

Robert Recorde

Robert Recorde nació en Tenby (Gales) hacia 1510. Estudió medicina en la Universidad de Oxford, y luego en Cambridge, donde se tituló como médico en 1545. Enseñó matemáticas en ambas universidades y escribió el primer libro en inglés sobre álgebra, en 1543. En 1549, después de un tiempo practicando la medicina en Londres, Recorde estuvo al frente de la ceca (casa de la moneda) de Bristol, que fue cerrada después de que se negara a emitir fondos para el ejército de William Herbert, futuro conde de Pembroke.

En 1551, Recorde pasó a dirigir la ceca de Dublín, lo cual incluía dirigir minas de plata en Alemania. Al verse que no daban beneficios, se cerraron. Recorde puso un pleito por mala conducta a Pembroke, quien respondió con otro por libelo. Encarcelado en Londres en 1557 por no pagar la multa, Recorde murió en prisión en 1558.

Obras principales

1543 *The grounde of artes.*
1551 *The pathway to knowledge.*
1557 *The whetstone of witte.*

al siglo XVI se registraron en palabras, en ocasiones abreviadas, pero no con un criterio uniforme. El matemático inglés Thomas Harriot y el francés François Viète, a ambos de los cuales se deben aportaciones al desarrollo del álgebra, emplearon letras para crear una notación simbólica coherente. En su sistema, la diferencia más destacable respecto a la notación moderna es el empleo de una letra repetida para indicar una potencia; por ejemplo, a^3 era aaa, y x^4, $xxxx$.

Un sistema moderno

En 1484, el matemático francés Nicolas Chuquet usó cifras en superíndice para representar los exponentes («elevado a la potencia de…»), pero no las representó como tales; por ejemplo, expresaba $6x^2$ como 6.2. Las cifras en superíndices tardaron más de 150 años en ser de uso habitual. René Descartes usó ejemplos reconocibles en 1637 al escribir $3x + 5x^3$, pero seguía escribiendo x^2 como xx. Solo a comienzos del siglo XIX, cuando el influyente matemático alemán Carl Gauss se inclinó por x^2, comenzó a cuajar la notación con superíndices. La aportación de Descartes fue el uso de x, y y z para las cantidades desconocidas en las ecuaciones, y a, b y c para las conocidas.

Siendo cierto que la notación algebraica tardó mucho en imponerse, cuando un signo o símbolo tenía sentido y a los matemáticos les resultaba útil para calcular, se convertía en norma; y también el mayor contacto entre los matemáticos de diferentes partes del mundo en el siglo XVII condujo a una adopción más rápida de este tipo de notaciones. ▪

Para evitar la tediosa repetición de las palabras «es igual a», pondré, como hago a menudo, un par de paralelas.
Robert Recorde

MAS DE MENOS POR MAS DE MENOS DA MENOS

NÚMEROS IMAGINARIOS Y COMPLEJOS

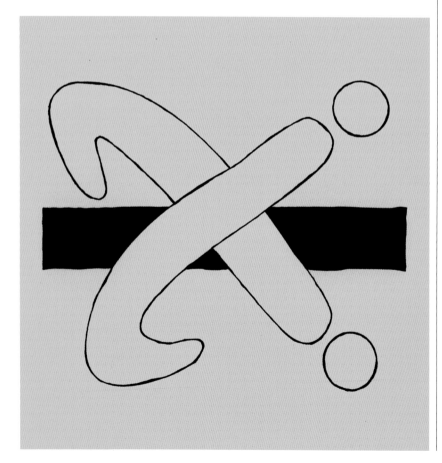

EN CONTEXTO

FIGURA CLAVE
Rafael Bombelli
(1526–1572)

CAMPO
Álgebra

ANTES
Siglo XVI Scipione del Ferro, Tartaglia, Antonio Fior y Ludovico Ferrari compiten públicamente por resolver ecuaciones de tercer grado.

1545 En *Ars magna*, Gerolamo Cardano incluye el primer cálculo con números complejos publicado.

DESPUÉS
1777 Leonhard Euler introduce la notación *i* para $\sqrt{-1}$.

1806 Jean-Robert Argand publica una interpretación geométrica de los números complejos que conduce al diagrama de Argand.

A finales del siglo XVI, el matemático italiano Rafael Bombelli aportó un gran avance al establecer las reglas de uso de los números imaginarios y complejos en su libro *Álgebra*. Un número imaginario al cuadrado da un resultado negativo, lo cual es contrario a las reglas habituales, según las cuales todo número al cuadrado, positivo o negativo, resulta en un número positivo. Un número complejo es la suma de un número real (de la recta numérica) y uno imaginario. Los números complejos tienen la forma $a + bi$, donde a y b son reales e $i = \sqrt{-1}$.

A lo largo de los siglos, los matemáticos han tenido que ampliar el concepto de número para resolver problemas diversos. Los números imagi-

Véase también: Ecuaciones de segundo grado 28–31 ▪ Números irracionales 44–45 ▪ Números negativos 76–79 ▪ Ecuaciones de tercer grado 102–105 ▪ La resolución algebraica de ecuaciones 200–201 ▪ El teorema fundamental del álgebra 204–209

Un **número real** al cuadrado da un **resultado positivo**.

Un **número imaginario** al cuadrado da un **resultado negativo**.

Un número complejo es la suma de un número real y un número imaginario.

Los números complejos permiten resolver ecuaciones polinómicas (las que plantean una suma de potencias igual a cero, como $3x^3 - 2x^2 + x - 5 = 0$).

Hay quien cree en amigos imaginarios. Yo creo en los números imaginarios.
R.M. ArceJaeger
Autor estadounidense

narios y complejos eran herramientas nuevas para dicho empeño, y *Algebra* de Bombelli fue un progreso en el conocimiento de cómo funcionan estos y otros números. Para resolver las ecuaciones más simples, como $x + 1 = 2$, solo son necesarios números naturales (enteros positivos); para resolver $x + 2 = 1$, en cambio, x debe ser un entero negativo; mientras que resolver $x^2 + 2 = 1$ requiere la raíz cuadrada de un número negativo. Estos no estaban entre los números disponibles para Bombelli, por lo que había que inventarlos, lo cual condujo al concepto de unidad imaginaria ($\sqrt{-1}$). Los números negativos seguían siendo vistos con recelo en la década de 1500, y los números imaginarios y complejos tardarían muchas décadas en ser aceptados.

Rivalidad feroz
La idea de los números complejos surgió en los primeros años de la vida

de Bombelli, al tratar los matemáticos italianos de hallar soluciones a las ecuaciones de tercer grado del modo más eficiente posible, sin depender de los métodos geométricos ingeniados por el polímata persa Omar Jayam en el siglo XII. Como la mayoría de las ecuaciones de segundo grado se podían resolver con una fórmula algebraica, estaba en marcha la búsqueda de una fórmula similar para las de tercer grado. Scipione del Ferro, profesor de matemáticas en la Universidad de Bolonia, dio un paso adelante importante al descubrir un método algebraico para resolver algunas ecuaciones de tercer grado, pero continuaba la búsqueda de una fórmula general.

Los matemáticos italianos de la época competían en público por resolver ecuaciones de tercer grado y otros problemas en el menor tiempo posible. La fama que proporcionaban estas competiciones se volvió

fundamental para todo estudioso que aspirara a un puesto de profesor de matemáticas en una universidad prestigiosa. Como resultado, muchos matemáticos mantenían sus métodos en secreto, en vez de compartirlos por el bien común. Del Ferro resolvió ecuaciones del tipo $x^3 + cx = d$, y comunicó la técnica a solo dos personas, Antonio Fior y Annibale della Nave, quienes juraron guardar el secreto. Del Ferro pronto tuvo un competidor en Niccolò Fontana, de apodo Tartaglia («Tartaja»). Profesor itinerante de capacidad matemática considerable, pero »

La llamaré [a la unidad imaginaria] «más de menos» al sumarla y «menos de menos» al restarla.
Rafael Bombelli

Reglas de Bombelli para combinar números imaginarios

Rafael Bombelli sentó las reglas para operaciones con números complejos. Usó «más de menos» para indicar unidades imaginarias positivas, y «menos de menos» para las unidades imaginarias negativas. Por ejemplo, multiplicar una unidad imaginaria positiva por otra negativa resulta en un entero positivo; multiplicar una unidad imaginaria negativa por otra negativa da como resultado un entero negativo.

Más de menos	×	Más de menos	=	Menos
Más de menos	×	Menos de menos	=	Más
Menos de menos	×	Menos de menos	=	Menos
Menos de menos	×	Más de menos	=	Más

escasos recursos económicos, Tartaglia descubrió un método general para resolver ecuaciones de tercer grado independientemente de Del Ferro. Al morir este último en 1526, Fior decidió que había llegado la hora de esgrimir la fórmula de Del Ferro, y retó a Tartaglia a un duelo cúbico, pero fue derrotado por el método superior de Tartaglia. Al enterarse Gerolamo Cardano, persuadió a Tartaglia para que le explicase su método. Al igual que con Del Ferro, lo hizo a condición de que no se divulgara.

Más allá de los positivos

En esa época, todas las ecuaciones se resolvían usando números positivos. Al trabajar con el método de Tartaglia, Cardano tuvo que vérselas con la noción de que usar raíces cuadradas de números negativos pudiera ser útil para resolver ecuaciones de tercer grado. Estaba obviamente dispuesto a experimentar con el método, pero no parece que estuviera muy convencido. Llamó «ficticias» y «falsas» a tales soluciones negativas, y «tortura mental» al esfuerzo intelectual que requería hallarlas. Su uso de la raíz cuadrada negativa se recoge en *Ars magna*, donde escribió: «Multiplíquese $5 + \sqrt{-15}$ por $5 - \sqrt{-15}$, que da $25 - (-15)$, que es $+ 15$. El producto es por tanto 40». Este es el primer cálculo con números complejos registrado, pero Cardano no fue consciente de su importancia, y tildó su propio trabajo de «sutil» e «inútil».

Explicar los números

Rafael Bombelli asimiló la pugna entre los diversos matemáticos por resolver ecuaciones de tercer grado, y leyó con admiración *Ars magna*, de Cardano. Su propia obra, *Álgebra*, era una versión más accesible y un estudio completo e innovador sobre la cuestión. Investigaba la aritmética de los números negativos, y usaba algunas notaciones económicas que eran un gran avance sobre lo precedente.

Álgebra sienta las reglas básicas para calcular con cantidades positivas y negativas, como «más por más da más» y «menos por menos da más»; y luego establece reglas nuevas para sumar, restar y multiplicar números imaginarios con una terminología distinta a la de las matemáticas actuales. Enuncia, por ejemplo, que «más de menos multiplicado por más de menos da menos» —es decir, que un número imaginario positivo multiplicado por un número imaginario positivo resulta en un número negativo: $\sqrt{-n} \times \sqrt{-n} = -n$. Bombelli puso también ejemplos prácticos de cómo aplicar sus reglas para números complejos a las ecuaciones de tercer grado, cuya solución

Rafael Bombelli

Rafael Bombelli nació en Bolonia (Italia) en 1526. Fue el mayor de seis hermanos, hijos de un comerciante de lana. No recibió una educación universitaria, pero fue discípulo de un ingeniero y arquitecto, y él mismo llegó a ser ingeniero especializado en hidráulica. También se interesó por las matemáticas, y estudió la obra de matemáticos antiguos y contemporáneos. Mientras esperaba a que se reanudara un proyecto de drenaje, emprendió *Álgebra*, la mayor de sus obras y que planteaba por primera vez una aritmética primitiva, pero rigurosa, de los números complejos.

Impresionado por una copia de la *Arithmetica* de Diofanto hallada en la Biblioteca Vaticana, Bombelli ayudó a traducirla al italiano, trabajo que le llevó a revisar su *Álgebra*. Se publicaron tres volúmenes en 1572, el año de su muerte; los dos últimos, incompletos, se publicaron en 1929.

Obra principal

1572 *Álgebra*.

La ruta más corta
entre dos verdades en
el dominio real pasa
por el dominio complejo.
Jacques Hadamard
Matemático francés

cionales y los irracionales, que se usaban para resolver ecuaciones y para diversas tareas matemáticas de sofisticación creciente.

A lo largo de las décadas, tales conjuntos de números fueron adquiriendo sus símbolos propios, hoy universales a la hora de formular. Por ejemplo, la *N* mayúscula negrita representa los números naturales de la serie {0, 1, 2, 3, 4…}, entre llaves para indicar un conjunto. En 1939, el matemático estadounidense Nathan Jacobson estableció la *C* mayúscula negrita para el conjunto de los números complejos, {*a + bi*}, donde *a* y *b* son reales e $i = \sqrt{-1}$.

Los números complejos permiten resolver completamente todas las ecuaciones polinómicas, y han resultado inmensamente útiles en muchas otras ramas de las matemáticas, incluso en la teoría de números (el estudio de los enteros, sobre todo positivos). Considerando los enteros como números complejos (la suma de un valor real y otro imaginario), los teóricos de números pueden recurrir a técnicas de análisis complejo (un estudio de funciones con números complejos) para estudiar los enteros. La función zeta de Riemann, por ejemplo, es una función de números

Hay en las personas la noción antigua e innata de que los números no deben comportarse mal.
Douglas Hofstadter
Científico cognitivo

complejos que aporta información sobre los números primos. En otros campos, los físicos emplean números complejos para estudiar el electromagnetismo, la dinámica de fluidos y la mecánica cuántica, mientras que los ingenieros los usan en el diseño de circuitos electrónicos y el estudio de señales de audio. ∎

Secuencia de vasos que muestra cómo al verter tinte alimentario azul sobre un cubito de hielo (izda.), el tinte, más pesado que el agua, se hunde al fundirse el hielo. Los números complejos sirven para hacer modelos de la velocidad y dirección de tales fluidos.

requiere hallar la raíz cuadrada de algún número negativo. Aunque la notación de Bombelli era avanzada para su época, el uso de signos y símbolos algebraicos estaba aún en su infancia. Dos siglos más tarde, para indicar la unidad imaginaria, el matemático suizo Leonhard Euler introdujo el símbolo *i*.

Aplicar los números complejos

Los números imaginarios y complejos ingresaron en las filas de otros conjuntos de números, como los números naturales, los reales, los ra-

EL ARTE DE LAS PARTES DE DIEZ

DECIMALES

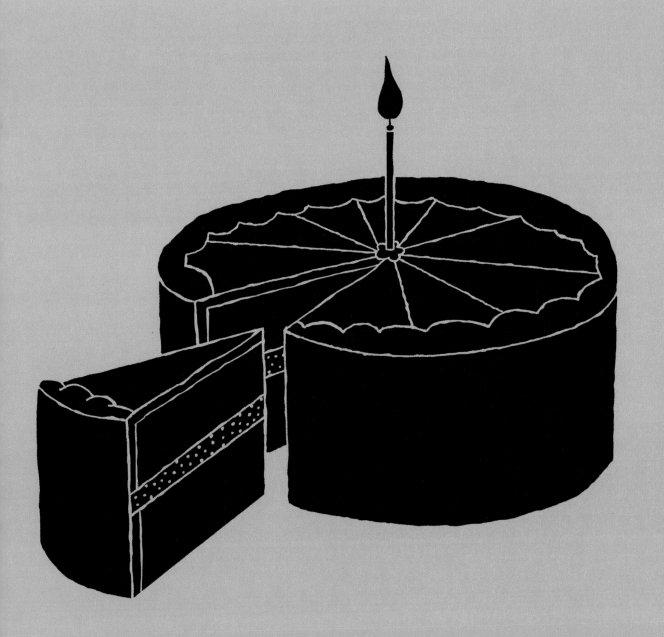

EN CONTEXTO

FIGURA CLAVE
Simon Stevin (1548–1620)

CAMPO
Sistemas numéricos

ANTES
830 D.C. En *Sobre el uso
de los números de la India,*
Al Kindi difunde el sistema
posicional indio en el mundo
islámico.

1202 En *Liber abaci (El
libro del cálculo),* Leonardo
de Pisa introduce el sistema
indoarábigo en Europa.

DESPUÉS
1799 Se adopta el sistema
métrico para la moneda y las
medidas durante la Revolución
francesa.

1971 Gran Bretaña adopta
el sistema decimal para su
moneda y prescinde de la
anterior división de las libras,
los chelines y los peniques
procedente del sistema latino.

as fracciones –del latín *fractio,* o «fragmentar»– se utilizaron desde aproximadamente 1800 a. C. en Egipto para expresar las partes de un todo. En un primer momento se limitaron a fracciones unitarias, las que tienen 1 como numerador (la cifra de arriba). Los antiguos egipcios tenían símbolos para $2/3$ y $3/4$, pero las demás fracciones se expresaban como la suma de fracciones unitarias, por ejemplo $1/3 + 1/13 + 1/17$. Este sistema funcionaba bien para registrar cantidades, pero no para calcular. No fue hasta después de la publicación de *De Thiende (El decimal),* de Simon Stevin, en 1585, que se volvió habitual el sistema decimal.

La importancia del 10

Simon Stevin, ingeniero y matemático flamenco de finales del siglo XVI y principios del XVII, realizaba muchos cálculos como parte de su trabajo. Simplificó estos usando fracciones en un sistema de potencias de diez, y predijo correctamente que el sistema decimal acabaría siendo universal.

A lo largo de la historia, distintas culturas emplearon muchas bases numéricas distintas para expresar

> Al aliviar la mente de todo trabajo innecesario, una buena notación la libera para concentrarse en problemas más avanzados.
> **Alfred North Whitehead**
> **Matemático británico**

las partes de un todo. En la antigua Roma, las fracciones se basaban en un sistema duodecimal, y se escribían en palabras: $1/12$ se llamaba *uncia;* $6/12$, *semis;* y $1/24$, *semiuncia.* Era un sistema engorroso que complicaba los cálculos. En Babilonia, las fracciones se expresaban con el sistema sexagesimal, pero en la escritura era difícil distinguir los números que representaban enteros de los que eran partes de un todo.

Durante muchos siglos, los europeos utilizaron los números romanos para registrar cifras y hacer

Simon Stevin

Simon Stevin nació en Brujas (actual Bélgica), en 1548. Trabajó como contable e intendente antes de matricularse en la Universidad de Leiden en 1583. Allí conoció al príncipe Mauricio de Nassau, heredero de Guillermo de Orange con quien trabó amistad. Stevin fue profesor de Mauricio en matemáticas, y le aconsejó sobre estrategia militar, con el resultado de victorias relevantes sobre los españoles. En 1600, Mauricio encargó a Stevin, que también era un ingeniero excelente, fundar la escuela de ingeniería en la universidad en 1600. Como

contramaestre general desde 1604, Stevin fue el responsable de varias ideas militares y de ingeniería adoptadas en toda Europa. Fue autor de muchos libros sobre temas diversos, entre ellos, las matemáticas. Murió en 1620.

Obras principales

1583 *Problemata geometrica
(Problemas geométricos).*
1585 *De Thiende (El decimal).*
1585 *De Beghinselen der
Weeghconst (Principios del
arte de pesar).*

Véase también: La notación posicional 22–27 ▪ Números irracionales 44–45 ▪ Números negativos 76–79 ▪ La sucesión de Fibonacci 106–111 ▪ Números binarios 176–177

cálculos. El matemático medieval italiano Leonardo de Pisa (llamado Fibonacci) se familiarizó con el sistema posicional indio en sus viajes por el mundo árabe, y no tardó en apreciar su utilidad y eficiencia, tanto para registrar como para calcular con números enteros. Su *Liber abaci* (1202), obra que introdujo numerosas ideas árabes útiles en Occidente, aportó también una notación nueva para las fracciones que constituiría la base de la notación moderna. Fibonacci empleaba una barra horizontal para separar el numerador del denominador (la cifra inferior), pero mantuvo la costumbre árabe de escribir la fracción a la izquierda del entero, en lugar de a la derecha.

La introducción de los decimales

Como las fracciones al uso requerían mucho tiempo para calcular y era fácil cometer errores, Stevin empezó a usar el sistema decimal. La idea de las «fracciones decimales» –con potencias de 10 como denominador– se había usado cinco siglos antes en Oriente Próximo, pero

> Los decimales [son] un tipo de aritmética inventada por la progresión del diez, consistente en caracteres de cifras.
> **Simon Stevin**

Para **decimalizar** las fracciones, se convierten en **fracciones decimales** en las que el **denominador** es una **potencia de 10**.

El **numerador** de la fracción convertida se usa para escribir la fracción como **decimal**, $^{25}/_{100}$ por ejemplo, se convierte en 0,25.

El numerador se escribe después de un **separador decimal**, **punto** o **coma**, para indicar que **no es un número entero**.

El **sistema decimal** hace más fácil **sumar** y **restar** cantidades que no son números enteros.

fue Stevin quien normalizó su uso en Europa, tanto en la contabilidad como en el cálculo con partes de un todo. Stevin propuso un sistema de notación para las fracciones decimales que replicaba las ventajas del sistema posicional indoarábigo para los números enteros.

En la nueva notación de Stevin, los números que hasta entonces se habrían escrito como suma de fracciones –por ejemplo, 32 + $^{5}/_{10}$ + $^{6}/_{100}$ + $^{7}/_{1000}$– se podían escribir como una única cifra, colocando círculos después de cada número como clave del denominador de la fracción decimal original. El 32 iría seguido de un 0, por tratarse de un entero, mientras que $^{6}/_{100}$, por ejemplo, se expresaba como 6 y un 2 inscrito en un círculo. El 2 indica la potencia de 10 del denominador original, **»**

La notación de Stevin empleaba círculos para indicar la potencia de diez del denominador de la fracción convertida. Así habría escrito Stevin el número que hoy expresamos como 32,567.

3 2 0 5 1 6 2 7 3

El sistema decimal facilita el multiplicar y dividir fracciones, sobre todo por 10. Como muestra el ejemplo con 32,567 (o 32 + $^5/_{10}$ + $^6/_{100}$ + $^7/_{1000}$), los números se desplazan una columna a la dcha. o la izda., atravesando el separador decimal.

	Centenas 100	Decenas 10	Unidades 1	Décimas $\frac{1}{10}$	Centésimas $\frac{1}{100}$	Milésimas $\frac{1}{1000}$	Diezmilésimas $\frac{1}{10000}$
× 1		3	2	5	6	7	
× 10	3	2	5	6	7		
/ 10			3	2	5	6	7

pues 100 es 10^2. De modo análogo, el $^7/_{1000}$ pasaba a ser un 7 seguido de un 3 inscrito en un círculo. Se podía escribir la suma entera siguiendo este patrón (p. 135, abajo dcha.). El signo colocado entre las partes entera y fraccionaria se llama separador decimal. El cero inscrito en un círculo acabó reducido a un punto, el actual punto decimal (o su variante, la coma decimal). Ese punto se situaba a media altura en la notación de Stevin, pero descendió a la base de la línea para evitar la confusión con el punto que se usa a veces para indicar la multiplicación. De los números inscritos en círculos para las potencias de diez se prescindió también, y, en consecuencia, 32 + $^5/_{10}$ + $^6/_{100}$ + $^7/_{1000}$ se escribió 32.567 (o también 32,567).

Sistemas distintos

El punto decimal no llegó a adoptarse universalmente, y en muchos países se usa la coma como separador decimal o se aceptan ambas formas. No habría problema con estas dos notaciones comunes si no fuera por el uso de delimitantes, signos que separan grupos de tres dígitos en la sección de los enteros de números que pueden ser muy grandes, o no tanto. En el Reino Unido, por ejem-

plo, las comas del número 2,500,000 son delimitantes, siendo su fin facilitar leer el número y reconocer su tamaño; se utiliza, por lo tanto, el punto como separador decimal y la coma como delimitante. En otras partes del mundo es a la inversa: la coma es separador decimal, y el punto, delimitante. En Vietnam, por ejemplo, es habitual escribir un precio de doscientos mil dong vietnamitas como 200.000.

Por lo general, el contexto es suficiente para interpretar la notación correctamente, pero siempre puede haber errores. En un intento de re-

solver el problema, en 2003, la 22.ª Conferencia General de Pesos y Medidas –que reunió a delegados de 60 países de la Oficina Internacional de Pesos y Medidas– decidió que se podía usar tanto el punto como la coma en la base del renglón como separador decimal, pero que el delimitador debía ser un espacio, en lugar de cualquiera de los dos sig-

En España, el separador decimal más común es la coma, como se ve en los precios de este puesto de mercado en Cataluña. También es frecuente la coma en la parte superior del renglón.

nos anteriores. Esta notación aún no se ha establecido universalmente.

Ventajas de los decimales

Los mismos procesos de suma, resta, multiplicación y división de los números enteros se pueden utilizar con los decimales, lo cual facilita las operaciones aritméticas básicas en comparación con el método anterior, que requería aprender un conjunto de normas distintas para calcular con fracciones. Al multiplicar con fracciones, por ejemplo, los numeradores se multiplicaban aparte de los denominadores, y luego se reducía la fracción resultante. Con fracciones decimales, multiplicar y dividir por potencias de 10 es sencillo. Así, en el ejemplo de 32,567 (p. anterior, arriba), basta mover el separador decimal a la izquierda o la derecha.

Stevin creía que la adopción universal de monedas, pesos y medidas decimales era solo cuestión de tiempo. La introducción de medidas decimales para la longitud y el peso (usando metros y kilogramos) se produjo en Europa unos 200 años después, durante la Revolución francesa. Al adoptar el sistema métrico, en Francia se intentó también cambiar a un sistema decimal de

Placa de mármol en la rue de Vaugirard, en París, uno de los 16 marcadores instalados en 1791, después de que la Academia Francesa de las Ciencias definiera el metro por primera vez.

medida del tiempo, consistente en días de 10 horas, horas de 100 minutos y minutos de 100 segundos; pero resultó tan impopular que fue abandonado al año de implantarse. En China se introdujeron diversas formas de tiempo decimal a lo largo de unos 3000 años, abandonándose el intento en 1645.

En EE UU, Thomas Jefferson defendió la adopción de un sistema decimal para las medidas y la moneda. En un documento de 1784 convenció al Congreso de que se adoptara un sistema decimal para el dinero, con dólares, *dimes* (10 centavos) y centavos. (De hecho, *dime* procede de *La Disme*, el título en francés de *De Thiende*, de Stevin.) Sin embargo, la propuesta de Jefferson no tuvo influencia en lo relativo a las medidas, y hasta hoy se siguen usando en EE UU pulgadas, pies y yardas. Muchas monedas de Europa fueron convertidas al sistema decimal en el siglo XIX, pero en el Reino Unido esto no ocurrió sino en 1971. ∎

Decimales exactos y periódicos

Las fracciones se convierten en decimales dividiendo el numerador por el denominador. Si el denominador solo es divisible por 2 o 5 y ningún otro número primo –como en el caso de 10–, el decimal será finito. Por ejemplo, ³/₄₀ se puede expresar como 0,075, y este valor es exacto, ya que 40 solo es divisible por los primos 2 y 5.

Otras fracciones se convierten en decimales periódicos, es decir, recurrentes e infinitos. Por ejemplo, ²/₁₁ se decimaliza como 0,18181818…, indicado como 0,$\overline{18}$ para indicar que se repiten tanto el 1 como el 8. La longitud del periodo (o números que se repiten, que son dos en el caso de 0,$\overline{18}$) se puede predecir, ya que será un factor del denominador menos 1 (así que, si el denominador es 11, el número de dígitos en el ciclo será un factor de 10). Estos números difieren de los irracionales, que son infinitos y sin patrón periódico. Los números irracionales no se pueden expresar como fracción de dos enteros.

Quizá el acontecimiento más importante de la historia de la ciencia […] [sea] la invención del sistema decimal […].
Henri Lebesgue
Matemático francés

TRANSFORMAR LA MULTIPLICACION EN SUMA

LOGARITMOS

EN CONTEXTO

FIGURA CLAVE
John Napier
(1550–1617)

CAMPO
Sistemas numéricos

ANTES
Siglo XIV En Kerala (India), Madhava de Sangamagrama construye una tabla precisa de senos trigonométricos para calcular los ángulos de triángulos rectángulos.

1484 En Francia, Nicolas Chuquet escribe un artículo sobre cálculo con series geométricas.

DESPUÉS
1622 El matemático y clérigo inglés William Oughtred inventa la regla de cálculo usando escalas logarítmicas.

1668 En *Logarithmotechnica*, el alemán Nikolaus Mercator utiliza por primera vez el término «logaritmos naturales».

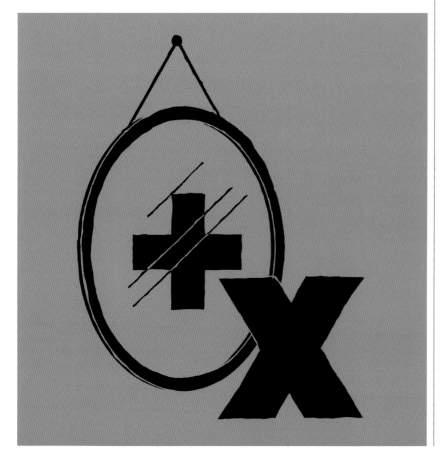

D urante miles de años, la mayoría de los cálculos se hicieron a mano, con la ayuda de tableros de conteo o ábacos. La multiplicación era particularmente engorrosa y mucho más difícil que la suma. Durante la revolución científica de los siglos XVI y XVII, la falta de una herramienta de cálculo fiable obstaculizaba el progreso en campos como la navegación y la astronomía, en los que la posibilidad de cometer errores era mayor, por los muchos cálculos que requerían.

Véase también: El trigo y el tablero 112–113 ▪ El problema de los máximos 142–143 ▪ El número de Euler 186–191 ▪ El teorema de los números primos 260–261

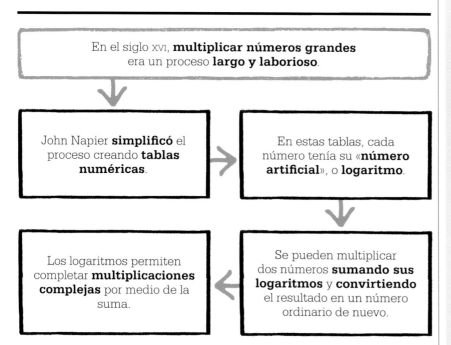

En el siglo XVI, **multiplicar números grandes** era un proceso **largo y laborioso**.

John Napier **simplificó** el proceso creando **tablas numéricas**.

En estas tablas, cada número tenía su «**número artificial**», o **logaritmo**.

Se pueden multiplicar dos números **sumando sus logaritmos** y **convirtiendo** el resultado en un número ordinario de nuevo.

Los logaritmos permiten completar **multiplicaciones complejas** por medio de la suma.

John Napier

John Napier (o Neper) nació cerca de Edimburgo (Escocia) en 1550, en el castillo de Merchiston, del que sería el octavo señor. Con solo 13 años se matriculó en la Universidad de Saint Andrews, y se apasionó por la teología; antes de licenciarse fue a estudiar a Europa, pero se conocen pocos detalles de ese periodo.

Napier volvió a Escocia en 1571, y dedicó mucho tiempo a sus propiedades, donde aplicó nuevos métodos agrícolas para la mejora de la tierra y del ganado. Fervoroso protestante, escribió también una obra contra el catolicismo. Su interés por la astronomía y el deseo de simplificar los cálculos necesarios le llevaron a inventar los logaritmos. También creó los huesos de Napier, o ábaco neperiano, un ingenio para calcular con varillas numeradas. Falleció en el castillo de Merchiston en 1617.

Obras principales

1614 *Mirifici logarithmorum canonis descriptio (Descripción de una maravillosa tabla de logaritmos).*
1617 *Rabdologiae.*

Resolver por series

En el siglo XV, el matemático francés Nicolas Chuquet estudió las relaciones entre progresiones aritméticas y geométricas para agilizar los cálculos. En una progresión aritmética, cada número difiere del anterior en una cantidad constante, caso de 1, 2, 3, 4, 5, 6… (sumando 1), o 3, 6, 9, 12… (sumando 3). En una progresión geométrica, cada número se determina multiplicando el anterior por una cantidad fija, la razón o factor de progresión. Por ejemplo, la progresión 1, 2, 4, 8, 16

tiene una razón de 2. Considerando una progresión geométrica (como 1, 2, 4, 8…) y otra aritmética (como 1, 2, 3, 4…), se observa que los números de la segunda progresión son los exponentes a los que hay que elevar 2 para obtener la primera. Una versión mucho más sofisticada de este recurso está detrás de las tablas de logaritmos desarrolladas por el terrateniente escocés John Napier.

Generar logaritmos

A Napier le fascinaban los números, y dedicaba mucho tiempo a buscar »

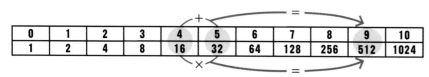

0	1	2	3	4	5	6	7	8	9	10
1	2	4	8	16	32	64	128	256	512	1024

La fila inferior de esta tabla es una progresión geométrica (de potencias de 2); la fila superior es una progresión aritmética que muestra los exponentes (potencias) a los que se eleva 2 para obtener los números de la fila inferior. (Todo número elevado a 0 es 1.) Para multiplicar los números 16 y 32 de la fila inferior, se pueden sumar los exponentes (4 + 5) para obtener 2^9 (= 512).

maneras de facilitar los cálculos. En 1614 publicó la primera descripción y tabla de logaritmos; el logaritmo de un número dado es el exponente (o potencia) al que se eleva otro número fijo (la base) para obtener el primero. Las tablas de este tipo facilitaron cálculos complejos, y favorecieron el desarrollo de la trigonometría.

Tal y como reconoció Napier, el principio básico de cálculo es bien sencillo: podía sustituir la tediosa tarea de multiplicar por la más simple de sumar. Cada número tendría un «número artificial» equivalente, como lo llamó al principio Napier, aunque luego lo denominó «logaritmo», compuesto del griego *logos* («proporción») y *arithmós* («número»). Sumar los dos logaritmos y volver a convertir el resultado en un número ordinario produce el mismo resultado que multiplicar los números originales. Para dividir, se resta un logaritmo de otro, y luego se convierte el resultado.

Para generar los logaritmos, Napier imaginó dos partículas desplazándose por dos rectas paralelas, la primera paralela de longitud infinita, y la segunda de una longitud dada. Ambas partículas parten de

> Con tiempo hallé unas reglas breves excelentes.
> **John Napier**

la misma posición inicial a la misma velocidad. La partícula en la recta infinita se desplaza con movimiento uniforme, de manera que cubre distancias iguales en tiempos iguales. La velocidad de la segunda partícula es proporcional a la distancia restante hasta el final de la recta. Alcanzada la mitad de la longitud de la recta, la segunda partícula se mueve a la mitad de la velocidad inicial; al llegar a los tres cuartos, viaja a un cuarto de la velocidad inicial, y así de manera sucesiva. Esto supone que la segunda partícula nunca llegará al final de la recta, al igual que la primera partícula en la recta infinita, que no completará nunca el

trayecto. En cualquier momento hay una correspondencia única entre las posiciones de una y otra partícula. La distancia recorrida por la primera partícula se puede ver como una progresión aritmética, mientras que la de la segunda partícula es geométrica.

Mejora del método

Napier tardó 20 años en completar sus cálculos y publicar las primeras tablas logarítmicas en *Mirifici logarithmorum canonis descriptio* (*Descripción de una maravillosa tabla de logaritmos*). Henry Briggs, profesor de matemáticas en la Universidad de Oxford, comprendió la importancia de las tablas de Napier, pero las encontraba engorrosas.

Briggs visitó a Napier en 1616, y otra vez en 1617. Después de lo tratado entre ellos, Briggs y Napier estuvieron de acuerdo en que el logaritmo de 1 debía redefinirse como 0, y el logaritmo de 10 como 1, lo cual facilitó mucho el empleo de logaritmos. Briggs ayudó también con el cálculo de los logaritmos de números ordinarios basados en 1 como logaritmo de 10, y pasó varios años recalculando las tablas. Los resultados se publicaron en 1624, con

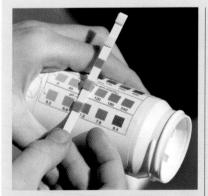

La escala logarítmica del pH mide la alcalinidad y la acidez. Un pH de 2 es 10 veces más ácido que un pH de 3, y 100 veces más que uno de 4.

Escalas logarítmicas

Para medir variables físicas como el sonido, el flujo o la presión, cuyos valores pueden variar de modo exponencial en lugar de aritmético, se usan escalas logarítmicas. Estas emplean el logaritmo de un valor en lugar del valor mismo, y cada paso de la escala es un múltiplo del paso precedente. Por ejemplo, en una escala $\log_{10}$ cada paso de la escala representa un incremento de 10 veces en la magnitud medida.

En acústica, la intensidad del sonido se mide en decibelios

(dB). La escala de los decibelios toma como nivel de referencia el umbral de audición, definido en 0 dB. A un sonido 10 veces más intenso se le asigna un valor de 10 dB; a uno 100 veces más intenso, 20 dB; a uno 1000 veces más intenso, 30 dB, y así sucesivamente. Esta escala logarítmica encaja bien con el modo en que oímos, pues un sonido debe volverse 10 veces más intenso para que el volumen que percibe el oído humano sea el doble.

El libro de Napier que describe los logaritmos se publicó en 1614 (como indica la portada), y los principios subyacentes de los mismos, en 1619, dos años después de su muerte.

los logaritmos calculados con 14 decimales. Los logaritmos de base 10 calculados por Briggs se conocen como $\log_{10}$, o logaritmos comunes. La tabla anterior elevada a 2 (p. 139) se puede considerar una tabla simple de base 2, o $\log_2$.

El impacto de los logaritmos

Los logaritmos tuvieron un efecto inmediato sobre la ciencia, y especialmente en la astronomía. El astrónomo alemán Johannes Kepler había publicado las primeras dos leyes del movimiento planetario en 1605, pero solo la invención de las tablas logarítmicas le permitió descubrir la tercera, que describe cómo el tiempo que tarda un planeta en completar una órbita alrededor del Sol guarda relación con su distancia orbital media. Cuando publicó este hallazgo en su libro de 1620 *Ephe-*

merides novae motuum coelestium, Kepler se lo dedicó a Napier.

La función exponencial

Más avanzado el siglo XVII, los logaritmos revelaron algo de mayor importancia: en su estudio de las series numéricas, el matemático italiano Pietro Mengoli mostró que la serie alterna $1 - \frac{1}{2} + \frac{1}{3} - \frac{1}{4} + \frac{1}{5} - \ldots$ tiene un valor aproximado de 0,693147, y demostró que este es el logaritmo natural de 2. Los logaritmos naturales (**ln**) –así llamados por ocurrir de modo natural, revelando el tiempo necesario para alcanzar un nivel de crecimiento determinado– tienen una base especial, posteriormente llamada constante e, con un valor aproximado de 2,71828. Se trata de un número muy importante en el campo de las matemáticas, por su relación con procesos naturales de crecimiento y decrecimiento.

Fue gracias al trabajo realizado por matemáticos como Mengoli que salió a la luz el importante concepto de la función exponencial –en la que la tasa de crecimiento de una cantidad es proporcional a su tamaño en cualquier momento dado, de modo que, cuanto mayor es, más rápidamente crece–, relevante en campos como la economía, la estadística y la mayoría de las disciplinas científicas. La función exponencial se ex-

Al abreviar el trabajo pesado, [Napier] dobló la vida del astrónomo.
Pierre-Simon Laplace

presa en la fórmula $f(x) = b^x$, donde b es mayor que 0 pero no es igual a 1 y donde x puede ser cualquier número real. En términos matemáticos, los logaritmos son la inversa de los exponenciales (potencias de un número), y pueden serlo para cualquier base.

Fundamento de la obra de Euler

El esfuerzo por tener tablas logarítmicas precisas animó a matemáticos como Nikolaus Mercator a profundizar en su estudio. En *Logarithmo-technica*, publicado en 1668, planteó una fórmula para el logaritmo natural $\ln(1 + x) = x - x^2/2 + x^3/3 - x^4/4 + \ldots$ Esta era una extensión de la fórmula de Mengoli, en la que el valor de x es 1. En 1744, más de 130 años después de que Napier construyera su primera tabla logarítmica, el matemático suizo Leonhard Euler publicó un estudio pleno de e^x y su relación con el logaritmo natural. ∎

Una regla de cálculo, usada en 1941 por una miembro de la Fuerza Aérea Auxiliar de Mujeres de la RAF. Las escalas logarítmicas facilitan el multiplicar, dividir y otras funciones. Inventada en 1622, fue un instrumento vital hasta la llegada de la calculadora de bolsillo.

LA NATURALEZA USA LO MENOS POSIBLE DE CUALQUIER COSA

EL PROBLEMA DE LOS MÁXIMOS

EN CONTEXTO

FIGURA CLAVE
Johannes Kepler (1571–1630)

CAMPO
Geometría

ANTES
C. 240 A. C. En su obra
*El método de los teoremas
mecánicos*, Arquímedes usa
indivisibles para estimar áreas
y volúmenes de formas curvas.

DESPUÉS
1638 Pierre de Fermat
hace circular *Methodus
ad disquirendam maximam
et minimam.*

1671 En *Methodus fluxionum
et serierum infinitorum*, Isaac
Newton presenta nuevos
métodos analíticos para
resolver problemas como los
máximos y mínimos de las
funciones.

1684 Gottfried Leibniz publica
*Nova methodus pro maximis
et minimis,* su primera obra
sobre cálculo.

El astrónomo Johannes Kepler es conocido sobre todo por su descubrimiento de las órbitas elípticas de los planetas y sus tres leyes del movimiento planetario, pero su aportación a las matemáticas es también de primer orden. En 1615, ingenió un modo de calcular la capacidad máxima de sólidos con formas curvas, como los toneles.

La cuestión despertó el interés de Kepler en 1613, en el día de su boda con su segunda esposa. Le intrigó ver que, en el banquete, el vinatero medía el vino del barril usando una vara, que introducía diagonalmente en el barril por la piquera en la parte central, para comprobar hasta dónde el vino manchaba la vara. Kepler se preguntó si esto daba el mismo resultado con barriles de distintas formas, y temiendo que le engañaban, decidió analizar la cuestión de los volúmenes. En 1615 publicó sus resultados en *Nova stereometria doliorum vinariorum (Nueva geometría sólida de los barriles de vino).*

Kepler examinó diversas maneras de calcular las áreas y los volúmenes de las formas curvas. Desde la Antigüedad, los matemáticos consideraban el uso de «indivisibles», elementos tan minúsculos que no se pueden dividir. En teoría, estos po-

Kepler creía que los **vinateros le engañaban**, y buscó un modo preciso de **medir el contenido de un barril**.

Inspirándose en Arquímedes, utilizó el **método de los infinitesimales** para dividir el barril en capas y hallar **el volumen exacto de vino**.

El método de Kepler supuso un paso clave en **el desarrollo del cálculo**.

drían encajarse en cualquier forma y sumarse. El área de un círculo, por ejemplo, se puede determinar usando triángulos estrechos, a modo de láminas de una tarta.

Para calcular el volumen de un barril o cualquier otra forma tridimen-

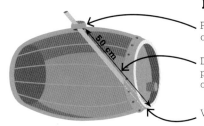

Barril 1

Piquera en el centro del barril

Distancia entre la piquera y el borde opuesto

Vara del vinatero

La vara que utilizaba el vinatero se sumerge en la misma medida al introducirse en diagonal en estos dos barriles, y el precio de ambos es el mismo. La forma alargada del segundo barril, sin embargo, reduce su volumen, por lo que contiene menos vino, aunque al mismo precio que el otro.

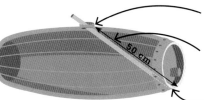

Barril 2

Piquera en el centro del barril

Distancia entre la piquera y el borde opuesto

Vara del vinatero

Johannes Kepler

Johannes Kepler nació en Weil der Stadt (Alemania), en 1571. Presenció el paso del Gran Cometa de 1577 y un eclipse lunar, y la astronomía le fascinó toda su vida.

Enseñó en el seminario protestante de Graz (Austria) hasta la expulsión de los no católicos en 1600, y se marchó a Praga, donde vivía su amigo Tycho Brahe. Tras la muerte de su primera esposa y su hijo, se mudó a Linz (Austria), donde su principal ocupación, como matemático imperial, fue elaborar tablas astronómicas.

Según Kepler, Dios había creado el universo según un plan matemático. Conocido sobre todo por su trabajo astronómico –en particular por sus leyes del movimiento planetario y tablas astronómicas–, al año de su muerte, en 1630, como había predicho, se observó el tránsito de Mercurio.

Obras principales

1609 *Astronomia nova.*
1615 *Nova stereometria doliorum vinariorum.*
1619 *Harmonices mundi.*
1621 *Epitome astronomiae copernicanae.*

---

sional, Kepler la visualizó como una pila de capas finas. El volumen total es la suma de los volúmenes de las capas. En un barril, por ejemplo, cada capa es un cilindro de poca altura.

Infinitesimales

El problema con los cilindros es que, en la medida en que tengan grosor, sus lados rectos no encajarán con la curva del barril, mientras que los cilindros sin grosor carecen de volumen. La solución de Kepler fue aceptar la noción de los «infinitesimales», o las capas más finas que puede haber sin desvanecerse en la nada. La idea la habían sugerido ya algunos griegos antiguos como Arquímedes. Los infinitesimales salvan la brecha entre lo continuo y lo dividido en unidades discretas.

Kepler aplicó el método de los cilindros para hallar las formas de barril que tenían el máximo volumen. Trabajó con triángulos definidos por la altura, el diámetro y una diagonal de arriba abajo del cilindro, e investigó cómo, si la diagonal es fija

(como la vara del vinatero), cambiar la altura del barril cambia el volumen. Resultó que el volumen máximo lo contenían los barriles chatos de altura algo inferior a 1,5 veces el diámetro del barril, que eran como los barriles que había en su boda. Los barriles altos, típicos de la tierra natal de Kepler junto al Rin, en cambio, contenían mucho menos vino.

Kepler se dio cuenta también de que cuanto más se acerca al máximo la forma del barril, menor es la tasa a la que aumenta el volumen, observación que contribuyó al nacimiento del cálculo, inaugurando la exploración de máximos y mínimos. El cálculo es la matemática del cambio continuo, y los máximos y mínimos son los puntos de inflexión: los picos y valles de cualquier gráfico.

El análisis de máximos y mínimos de Pierre de Fermat, que pronto siguió al de Kepler, despejó el camino al desarrollo del cálculo por Isaac Newton y Gottfried Leibniz entrado ya el siglo XVII. ▪

LA MOSCA EN EL TECHO

EN EL TECHO

COORDENADAS

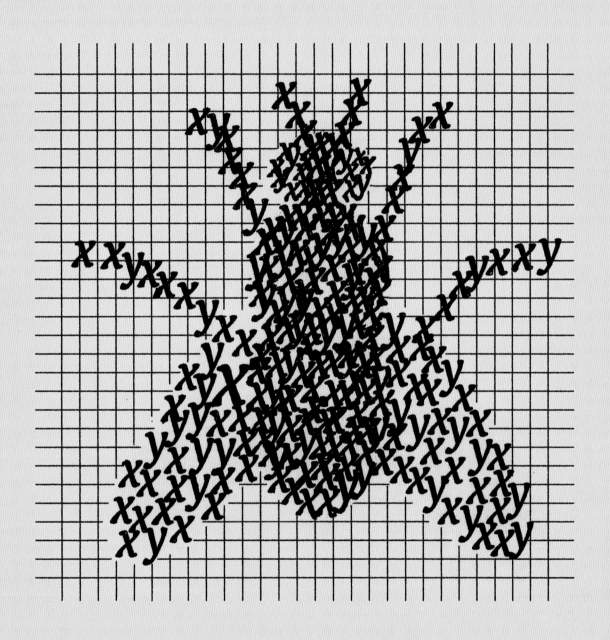

EN CONTEXTO

FIGURA CLAVE
René Descartes (1596–1650)

CAMPO
Geometría

ANTES
Siglo II A. C. Apolonio de Perga estudia la posición de los puntos en rectas y curvas.

C. 1370 El filósofo Nicole Oresme representa cualidades y cantidades como líneas definidas por coordenadas.

1591 François Viète introduce símbolos para las variables en la notación algebraica.

DESPUÉS
1806 Jean-Robert Argand representa números complejos con un plano de coordenadas.

1843 El irlandés William Hamilton añade dos nuevas unidades imaginarias, y crea los cuaterniones, planteados en un espacio cuatridimensional.

En geometría (el estudio de las formas y las medidas), las coordenadas se emplean para definir un punto único –una posición exacta– por medio de números. Se usan varios sistemas de coordenadas diferentes, pero el predominante es el cartesiano, nombrado así en honor a Renatus Cartesius, el nombre latinizado del filósofo francés René Descartes. Descartes presentó su geometría de coordenadas en *La géométrie* (1637), uno de los tres ensayos del volumen que encabezó con el prefacio filosófico *Discurso del método*, donde proponía métodos para llegar hasta la verdad en las ciencias. Los otros dos ensayos eran sobre óptica (*La dioptrique*) y meteorología (*Les météores*).

Elementos constructivos

La geometría de coordenadas transformó el estudio de la geometría, que apenas había evolucionado desde que el griego Euclides escribiera los *Elementos* unos dos mil años antes. También por medio de coordenadas cartesianas, los estudiosos podían visualizar las relaciones matemáticas. Las líneas, superficies y formas podían interpretarse también como una secuencia de puntos definidos,

> Problemas que se pueden construir usando solamente circunferencias y rectas.
> **René Descartes**
> **describiendo la geometría**

lo cual cambió la manera de concebir los fenómenos naturales. En el caso de acontecimientos como erupciones volcánicas o sequías, plantear elementos como la intensidad, la duración y la frecuencia puede servir para identificar tendencias o patrones.

Hallar un nuevo método

Hay dos versiones sobre cómo llegó a desarrollar Descartes el sistema de coordenadas. Según una, mientras observaba una mosca sobre el techo de su dormitorio, comprendió que podía plantear la posición de la mosca usando números, situándola

---

René Descartes

René Descartes nació en Touraine (Francia), en 1596, hijo de un noble menor. Poco después de nacer, su madre murió, y fue enviado a vivir con su abuela. Asistió a un colegio jesuita antes de ir a estudiar derecho a Poitiers. En 1618 se marchó a los Países Bajos, en cuyo ejército de los Estados Generales sirvió como mercenario.

En esa época, Descartes empezó a formular ideas filosóficas y teoremas matemáticos. Volvió a Francia en 1623, vendió su propiedad allí para garantizarse un capital de por vida, y regresó a los Países Bajos a estudiar. En

1649 fue invitado por la reina Cristina de Suecia, como tutor y para crear una nueva academia. Su constitución frágil no resistió el invierno sueco: murió de una neumonía en febrero de 1650.

Obras principales

1630–1633 *Le Monde (El mundo)*.
1630–1633 *L'Homme (Tratado del hombre)*.
1637 *Discours de la méthode (Discurso del método)*.
1637 *La géométrie (La geometría)*.
1644 *Principia philosophia (Los principios de la filosofía)*.

Un techo rectangular tiene **longitud y anchura**.

Las coordenadas bidimensionales se localizan usando medidas **horizontales** (x) y **verticales** (y).

La situación de una mosca en el techo es expresable por tanto en términos matemáticos.

en relación con las dos paredes adyacentes. Según la otra versión, la idea le habría llegado en sueños en 1619, cuando servía como mercenario en el sur de Alemania. Fue también en esta época, se cree, cuando comprendió la relación entre geometría y álgebra que constituye la base del sistema de coordenadas.

El sistema de coordenadas cartesiano más simple es unidimensional,

Comprendí que era necesario […] comenzar todo de nuevo desde los fundamentos, si quería establecer alguna cosa firme y constante en las ciencias.
René Descartes

e indica posiciones a lo largo de una recta. Un extremo de esta representa el punto cero, a partir del cual se cuentan todos los demás puntos a distancias o fracciones de una distancia iguales. Basta un único número de coordenada para describir un punto exacto de la recta, como cuando se mide una distancia con una regla, desde el cero hasta una unidad de medida. Más habitualmente, las coordenadas se usan para describir puntos en superficies bidimensionales, con longitud y anchura, o tridimensionales, que añaden la profundidad. Para lograrlo, es necesaria más de una recta numérica, comenzando cada una en el mismo punto cero, u origen. Para un punto sobre un plano (una superficie bidimensional), son necesarias dos rectas numéricas: la horizontal, llamada

Esta edición de *La géométrie* en latín (lengua común de las publicaciones científicas europeas) es de 1639. La obra se publicó originalmente en francés, para que fuera accesible a lectores menos formados.

eje x, y la vertical, o eje y son siempre perpendiculares la una a la otra, y el origen es el único punto en que se encuentran. El eje x es el de abscisas, y el y el de ordenadas. Dos números, uno de cada eje, se «coordinan» para determinar una posición exacta.

Para la lectura de un gráfico, estos dos números se presentan en forma de dupla: una secuencia estrictamente ordenada entre paréntesis. La abscisa (valor de x) siempre precede a la ordenada (valor de y) para crear la dupla (x, y). Aunque fueron concebidas antes de la aceptación plena de los números negativos, en la actualidad las coordenadas incluyen a menudo valores tanto negativos como positivos: los negativos debajo y a la izquierda del origen; los positivos, arriba y a la derecha. Juntos, los dos ejes crean un campo de puntos llamado plano de coordenadas, que se extiende por dos »

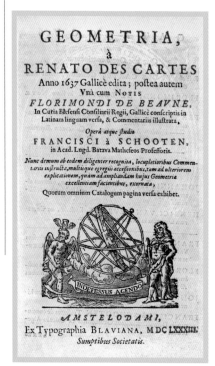

dimensiones desde el origen (0, 0), en el centro. Cualquier punto sobre dicho plano, que se puede extender hasta el infinito, puede describirse exactamente utilizando un par de números.

Plantear el espacio 3D

Para un espacio tridimensional, las coordenadas requieren un tercer número, por orden en la tripleta (x, y, z). La z se refiere a un tercer eje, perpendicular al plano que forman los ejes x e y (p. 151). Cada par de ejes crea un plano de coordenadas propio, y estos están en intersección en ángulo recto, dividiendo así el espacio en ocho zonas, llamadas octantes. Las coordenadas de cada octante siguen una de ocho secuencias de valores para x, y y z, desde valores enteramente negativos a va-

lores enteramente positivos, con seis posibles combinaciones de negativos y positivos entre una y otra.

Líneas curvas

La géométrie plantea lo que no tardaría en ser el fundamento del sistema de coordenadas; pero a Descartes estas le interesaban ante todo para aplicar el álgebra al estudio de las líneas, en particular las curvas. Con ello creó un nuevo campo de las matemáticas, la geometría analítica, en la que las formas se describen en términos de sus coordenadas y de las relaciones entre un par de variables, x e y. Esto era muy distinto de la «geometría sintética» de Euclides, en la que las formas se definen por cómo se construyen con ayuda de una regla y un compás. El método antiguo era limitante; el método

nuevo de Descartes estaba abierto a todo tipo de nuevas posibilidades.

La géométrie contiene un tratamiento extenso de las curvas, objeto de interés renovado en el siglo XVII, en parte gracias a nuevas traducciones de los antiguos matemáticos griegos, pero también por el papel destacado de las curvas en campos de estudio científico tales como la astronomía y la mecánica.

Las coordenadas permiten convertir curvas y formas en ecuaciones algebraicas, que pueden expresarse visualmente. Una línea recta que discurra en diagonal desde el origen, equidistante de ambos ejes, se puede describir algebraicamente como $y = x$, y sus coordenadas son $(0, 0)$, $(1, 1)$, $(2, 2)$, y así sucesivamente. La recta

Cada problema que resolvía se convertía en regla que servía después para resolver otros problemas.
René Descartes

Todo **punto de una recta** puede definirse **con un número** x.

↓

Todo **punto de una superficie plana** puede definirse **con dos números** x e y.

→

Los puntos **de una recta** guardan todos **la misma relación** entre x e y.

↓

Todas las líneas **pueden expresarse** como **ecuaciones algebraicas.**

←

Toda **ecuación** puede **plantearse como línea.**

↓

Las coordenadas **permiten** tanto **convertir curvas y formas en ecuaciones** como **plantear ecuaciones.**

Para mí, todo se convierte en matemáticas.
René Descartes

Una forma geométrica como la curva de una montaña rusa se puede representar en un gráfico y describir en función de los ejes x e y. La ecuación de la sección recta de la curva es $y = x$.

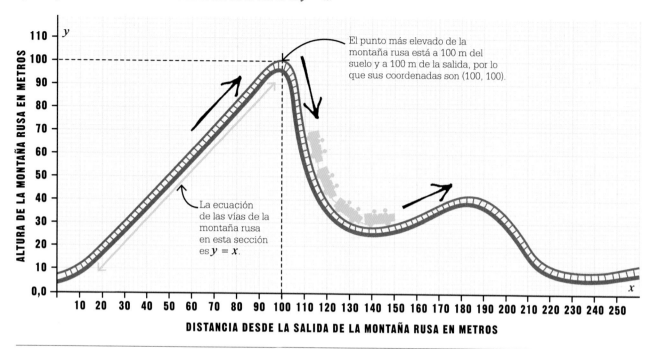

El punto más elevado de la montaña rusa está a 100 m del suelo y a 100 m de la salida, por lo que sus coordenadas son (100, 100).

La ecuación de las vías de la montaña rusa en esta sección es $y = x$.

ALTURA DE LA MONTAÑA RUSA EN METROS

DISTANCIA DESDE LA SALIDA DE LA MONTAÑA RUSA EN METROS

$y = 2x$ seguiría una trayectoria más empinada, por una línea que incluiría, entre otras, las coordenadas $(0,0)$, $(1,2)$ y $(2,4)$. Una línea paralela a $y = 2x$ pasaría por el eje y en un punto distinto al origen, tal como $(0,2)$. La fórmula de esta línea en particular es $y = 2x + 2$ e incluye los puntos $(0,2)$, $(1,4)$ y $(2,6)$, entre otros.

Las coordenadas cartesianas revelan el gran poder del álgebra para generalizar relaciones. Todas las rectas descritas arriba tienen la misma ecuación general: $y = mx + c$, donde el coeficiente m es la pendiente, e indica cuánto mayor (o menor) es y comparado con x. La constante c indica dónde la recta se encuentra con el eje y cuando x es igual a cero.

La ecuación de la circunferencia

En geometría analítica, cualquier circunferencia centrada en el origen puede definirse como $r = \sqrt{x^2 + y^2}$,

conocida como ecuación de la circunferencia. Esto se debe a que una circunferencia puede concebirse como todos los puntos que están a una distancia igual del punto central, siendo dicha distancia el radio de la circunferencia. Si el punto central es $(0,0)$ en un gráfico x, y, la ecuación de la circunferencia surge del

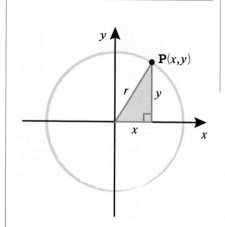

teorema de Pitágoras. El radio de la circunferencia se puede considerar como la hipotenusa de un triángulo rectángulo de catetos x e y, por tanto, $r^2 = x^2 + y^2$, lo cual puede reescribirse como $r = \sqrt{x^2 + y^2}$. La circunferencia puede entonces dibujarse sobre los ejes usando distintos valores para x e y que dan el mismo valor de r. Por ejemplo, si r es 2, la circunferencia atraviesa el eje x en $(2,0)$ y $(-2,0)$, y el eje y en $(0,2)$ y $(0,-2)$. Todos los demás puntos de la circunferencia pueden ser la esquina de un triángulo rectángulo que gira en círculo. A medida que **»**

Todo punto P, con coordenadas (x, y), en la circunferencia de un círculo puede conectarse al centro de dicho círculo $(0, 0)$ por medio de una recta (el radio), que es a su vez la hipotenusa de un triángulo rectángulo de catetos x e y. La ecuación de la circunferencia es $r^2 = x^2 + y^2$.

Coordenadas polares

En matemáticas, las coordenadas polares, que definen puntos en un plano por medio de dos números, son los rivales más inmediatos del sistema de Descartes. El primer número, la coordenada radial r, es la distancia desde el punto central, llamado polo, no origen. El segundo número, la coordenada angular (θ), es el ángulo definido como $0°$ desde un único eje polar. Comparándolo con el sistema cartesiano, el eje polar sería el eje cartesiano x, mientras que las coordenadas polares (1, 0°) sustituyen a las coordenadas cartesianas (1, 0). La versión polar del punto cartesiano (0, 1) es (1, 90°).

Las coordenadas polares se utilizan para manipular números complejos planteados en un plano, sobre todo para multiplicarlos. Este proceso se simplifica al tratarlos como coordenadas polares, multiplicando las coordenadas radiales, y sumando las coordenadas angulares.

Las coordenadas de A son r, θ

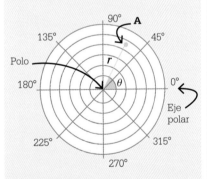

Las coordenadas polares se usan para calcular el movimiento de objetos alrededor o en relación con un punto central.

se desplaza por la circunferencia, la longitud de los catetos va variando, pero no la de la hipotenusa, pues es siempre el radio de la circunferencia. La línea que forma un punto que se mueve de este modo se conoce como lugar geométrico. La idea fue desarrollada por el geómetra griego Apolonio de Perga unos 1750 años antes de que naciera Descartes.

Intercambio de ideas

Además de trabajar con teoremas formulados por los antiguos griegos, Descartes intercambió ideas con otros matemáticos franceses, entre ellos, Pierre de Fermat, con quien mantuvo una correspondencia frecuente. Descartes y Fermat usaron ambos notación algebraica, el sistema de x e y introducido por François Viète a finales del siglo XVI. Fermat desarrolló un sistema de coordenadas por su cuenta, pero no lo publicó. Descartes conocía las ideas de Fermat, que sin duda le sirvieron para mejorar las propias. Fermat ayudó también al matemático neerlandés Frans van Schooten a comprender las ideas de Descartes. Van Schooten tradujo *La géométrie* al latín, y popularizó el uso de las coordenadas como técnica matemática.

Una versión modificada de las coordenadas polares que indica el destino de un avión en términos de ángulo y distancia es una alternativa al GPS.

Nuevas dimensiones

Tanto Van Schooten como Fermat propusieron ampliar las coordenadas a la tercera dimensión. Hoy, los matemáticos y físicos las usan para ir mucho más allá e imaginar un espacio con cualquier número de dimensiones. Aunque es casi imposible visualizar un espacio semejante, a los matemáticos les sirve como herramienta para describir líneas que se mueven en cuatro, cinco o tantas dimensiones espaciales como deseen.

Las coordenadas sirven también para estudiar la relación entre dos cantidades, idea explorada ya en la década de 1370, cuando el monje francés Nicole Oresme empleó coordenadas rectangulares y las formas geométricas creadas con los resultados para comprender, por ejemplo, la relación entre velocidad y tiempo o los vínculos entre la intensidad del calor y el grado de expansión debido al mismo.

Algunas cantidades se pueden representar utilizando coordenadas

El triunfo de las
ideas cartesianas en
las matemáticas […] se
debe no poco al profesor de
Leiden Frans van Schooten.
Dirk Struik
Matemático neerlandés

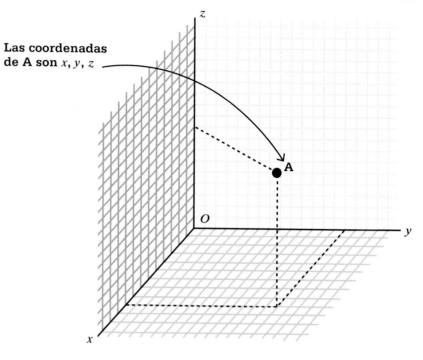

Las coordenadas de A son x, y, z

Las coordenadas cartesianas en 3D representan objetos que tengan, por ejemplo, anchura, altura y profundidad. Tres ejes (x, y, z) se disponen en ángulo recto, y se encuentran en el origen (O).

llamadas vectores, y existen en un «espacio vectorial» puramente matemático. Los vectores son cantidades con dos valores, que pueden plantearse como una magnitud (la longitud de una línea) y una dirección. La velocidad es un vector, pues tiene exactamente dichos valores (una cantidad de velocidad y una dirección del movimiento), mientras que otros vectores, como el calor y la expansión de Oresme, se visualizan de este modo para facilitar la suma y resta de distintos conjuntos de valores o para manipularlos de otra manera.

Las matemáticas
son una herramienta de
conocimiento más poderosa
que cualquier otra legada por
la intervención del hombre.
René Descartes

Los matemáticos del siglo XIX también encontraron fines nuevos para las coordenadas cartesianas, que utilizaron para representar números complejos (sumas de números imaginarios, como $\sqrt{-1}$, y números reales) o cuaterniones (que extienden los números reales a la manera de los complejos) como vectores planteados en dos, tres o más dimensiones.

Las coordenadas clave

El sistema cartesiano de coordenadas no es, ni mucho menos, el único. Las coordenadas geográficas plantean puntos sobre el globo como ángulos a partir de grandes circunferencias, el ecuador y el meridiano de Greenwich. Un sistema similar con coordenadas celestes describe la situación de las estrellas en una esfera imaginaria centrada en la Tierra, y que se extiende infinitamente por el espacio. Las coordenadas polares, determinadas por la distancia y el ángulo desde el centro de la Tierra, resultan también útiles para determinados cálculos.

Las coordenadas cartesianas continúan siendo una herramienta omnipresente, capaz de plantear desde los datos de una encuesta hasta los movimientos de los átomos. Sin las coordenadas cartesianas no habrían podido producirse avances tales como el cálculo analítico (que divide las cantidades en otras infinitesimales), el espacio-tiempo y las geometrías no euclidianas. Las coordenadas cartesianas han tenido una influencia inmensa sobre las matemáticas y numerosos campos de las ciencias y las artes, desde la ingeniería y la economía hasta la robótica y la animación por ordenador. ∎

UN INGENIO DE MARAVILLOSA INVENTIVA
EL ÁREA BAJO UNA CICLOIDE

A los antiguos griegos les desconcertaban los problemas relativos a las áreas y volúmenes de las figuras limitadas por curvas. Hallaban el área de las formas transformándolas en cuadrados de área igual a la forma original, y comparando luego el tamaño de estos cuadrados. Esto era sencillo con formas de bordes rectos, pero las formas curvas causaban problemas.

Estos problemas quedaron irresueltos hasta 1629, cuando el matemático y sacerdote jesuita italiano Bonaventura Cavalieri halló un método para calcular áreas y volúmenes de formas curvas dividiéndolas en partes paralelas, el principio de Cavalieri (p. siguiente, arriba), aunque no publicó los resultados hasta seis años después. En 1634, Gilles Personne de Roberval usó este método para calcular que el área bajo una cicloide (el arco que describe el borde de una rueda que gira) es tres veces el área del círculo usado para generarla.

Cuadrar el círculo

El antiguo matemático griego Arquímedes había usado el ingenioso «método exhaustivo» para determinar el área entre una parábola y una

A esta rueda se le ha pegado un chicle. El gráfico muestra el recorrido del chicle mientras gira la rueda, que describe una curva cicloide. Esta, como descubrió De Roberval, tiene un área que es tres veces la de la rueda.

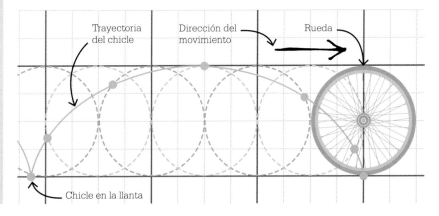

Trayectoria del chicle

Dirección del movimiento

Rueda

Chicle en la llanta

> Un bello resultado del que no me había dado cuenta antes.
> **René Descartes**
> **sobre el método de De Roberval**
> **para hallar el área bajo una cicloide**

Como esta forma de aleta de tiburón (izda.) y este triángulo (dcha.) tienen la misma altura y anchura por cada nivel equivalente, el principio de Cavalieri afirma que pueden dividirse en partes paralelas de área similar.

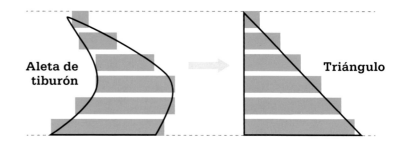

Aleta de tiburón

Triángulo

recta, consistente en inscribir en la misma un triángulo de área conocida, y luego inscribir triángulos menores en los huecos restantes. Sumando las áreas de los triángulos, Arquímedes lograba aproximarse al área buscada. Los métodos de regla y compás de la época tenían sus limitaciones, sin embargo. En el intento de calcular el área de una esfera con la cuadratura, proceso consistente en construir un cuadrado de área igual a un círculo, Arquímedes no tuvo éxito. Sabía que el área de la superficie de una esfera era cuatro veces la de un círculo del mismo radio, pero no pudo hallar un cuadrado que diera el área.

Nuevos enfoques del problema

La primera descripción de una cicloide fue publicada por Charles de Bovelles en 1503. El polímata italiano Galileo la llamó cicloide (del griego *kykloeidés*, «en forma de círculo»), y trató de calcular el área recortando modelos de una cicloide y un círculo, pesando los recortes, y comparando el resultado.

En torno a 1628, el francés Marin Mersenne retó a sus colegas matemáticos, como De Roberval, René Descartes y Pierre de Fermat, a que hallaran tanto el área bajo el arco de una cicloide como una tangente de un punto de la curva. Al comunicar De Roberval su éxito a Descartes, este lo desdeñó como «un resultado tan pequeño». Descartes, a su vez, descubrió la tangente de una cicloide en 1638, y retó a De Roberval y Fermat a hacer lo mismo. Solo Fermat lo consiguió.

El arquitecto inglés Christopher Wren calculó en 1658 la longitud del arco de una cicloide en cuatro veces el diámetro del círculo generador de la cicloide. Blaise Pascal calculó ese mismo año el área de cualquier sección vertical de una cicloide. También imaginó estas secciones rotando sobre un eje horizontal, y calculó el área y el volumen de los discos barridos por dicha rotación. El empleo por Pascal de secciones infinitesimales para resolver las propiedades de las cicloides habría de conducir a las «fluxiones» introducidas por Isaac Newton en los inicios del desarrollo del cálculo. ▪

Gilles Personne de Roberval

Nacido en 1602, en un campo cerca de Roberval, en el norte de Francia, donde su madre recogía la cosecha, Gilles Personne de Roberval fue instruido en los clásicos y en matemáticas por el sacerdote del pueblo. En 1628 se trasladó a París, donde ingresó en el círculo intelectual de Marin Mersenne.

En 1632 empezó a trabajar como profesor de matemáticas en el Collège Gervais, y dos años más tarde, en 1634, ganó el concurso por un puesto de gran prestigio en el Collège Royale. Vivía de forma austera, pero compró una granja para su familia extensa, y arrendó parcelas para generar ingresos. Siguió practicando toda su vida las matemáticas. En 1669 inventó la llamada balanza Roberval. Murió en 1675.

Obra principal

1693 *Traité des indivisibles (Tratado de los indivisibles).*

TRES DIMENSIONES HECHAS CON DOS

GEOMETRÍA PROYECTIVA

EN CONTEXTO

FIGURA CLAVE
Girard Desargues
(1591–1661)

CAMPO
Geometría aplicada

ANTES
***C.*300 A.C.** En los *Elementos*,
Euclides sienta las bases de la
futura geometría euclidiana.

***C.*200 A.C.** Apolonio
describe las propiedades
de las secciones cónicas
en *Las cónicas*.

1435 Leon Battista Alberti
codifica los principios de la
perspectiva en *De pictura*
(Sobre la pintura).

DESPUÉS
1685 En *Sectiones conicæ*,
el matemático y pintor francés
Philippe de la Hire define la
hipérbola, la parábola y la elipse.

1822 Jean-Victor Poncelet,
matemático e ingeniero
francés, escribe un tratado
sobre geometría proyectiva.

A diferencia de la geometría euclidiana, en la que todos los objetos y las figuras bidimensionales pertenecen al mismo plano, la geometría proyectiva trata la perspectiva desde la cual se visualiza el objeto. El matemático francés del siglo XVII Desargues fue uno de los fundadores de dicha geometría.

La idea de perspectiva había sido estudiada dos siglos antes por los artistas y arquitectos renacentistas. Fillipo Brunelleschi había redescubierto los principios de la perspectiva

Perspectiva lineal y geometría

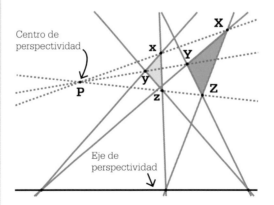

Punto
de fuga

Estos dos triángulos están en perspectiva desde el centro de perspectiva (P). Las rectas que conectan los respectivos vértices de los triángulos (de X a x; de Y a y; y de Z a z) se encontrarán siempre en P. Si XYZ fuera un objeto triangular real, se vería como el triángulo xyz desde P. El teorema de Desargues afirma que las rectas extendidas desde los lados correspondientes de cada triángulo se encontrarán siempre en una recta, el eje de perspectiva.

La perspectiva
hace que parezca que acabarán por encontrarse las líneas paralelas de los lados de esta casa de tejado plano, en el llamado punto de fuga.

La buena arquitectura debería ser una proyección de la propia vida.
Walter Gropius
Arquitecto alemán

lineal, conocida por los antiguos griegos y romanos, y los exploró en sus planes arquitectónicos, esculturas y cuadros. Su colega el arquitecto Leon Battista Alberti usó puntos de fuga para crear una sensación de perspectiva tridimensional, y escribió sobre el uso de la perspectiva en el arte.

De los mapas a las matemáticas

Al navegar hacia nuevas tierras, los exploradores occidentales necesitaron mapas precisos que representaran el mundo esférico en dos dimensiones. En 1569, el cartógrafo flamenco Gerardus Mercator ingenió un método, hoy conocido como proyección cilíndrica, que se puede visualizar como la superficie del globo transferida a un cilindro que lo rodeara. Al cortar el cilindro de arriba abajo y desplegarlo, se convierte en un mapa bidimensional.

En la década de 1630, Desargues empezó a estudiar qué propiedades permanecen sin cambios al proyectarlas sobre una superficie. Mientras que las dimensiones y los ángulos pueden variar, se conserva la colinealidad: si tres puntos XYZ están en una recta, con Y entre X y Z, sus imágenes

xyz están también en una recta con y entre x y z. Una imagen de cualquier triángulo es otro triángulo. Los lados correspondientes de cada triángulo pueden extenderse hasta cortar por tres puntos una recta (el eje de perspectiva), y tres rectas desde cada vértice hasta el vértice correspondiente y más allá se encuentran en un punto (el centro de perspectiva).

Desargues comprendió que todas las secciones cónicas son equivalentes de igual modo al proyectarse. Basta demostrar para un solo caso una sola propiedad invariante, como la colinealidad, sin que sea necesario comprobar cada sección cónica. Así, el teorema del «hexagrama místico» de Pascal enuncia que las intersecciones de líneas que conectan pares de seis puntos en una sección cónica se encuentran todas sobre una recta. Esto se puede ver conectando seis puntos de una circunferencia, demostración válida para las demás secciones cónicas.

Desargues consideró lo que sucede al alejar el vértice de la proyección. De un punto situado en el infinito (como el Sol) llegan rayos pa-

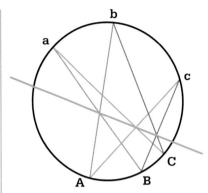

Si se conectan seis puntos arbitrarios en una circunferencia como en la imagen (Ab, aB; Ac, aC; Cb, cB), se puede trazar una recta por la intersección de las líneas del mismo color. Esto es cierto también para una elipse al proyectarla.

ralelos. Añadiendo estos puntos en el infinito al plano euclidiano, cada par de rectas se encuentra en un punto, incluidas las paralelas, que se encuentran en el infinito. En 1822, Poncelet desarrolló este método hasta ser una geometría plena. Hoy, la geometría proyectiva es usada por arquitectos e ingenieros en tecnología CAD, así como en la animación por ordenador para películas y juegos. ▪

Girard Desargues

Girard Desargues nació en 1591 en Lyon, donde vivió toda su vida. Era de una familia de magistrados dueños de varias propiedades, entre ellas, una casa de campo y un pequeño castillo con viñedos. Visitó en varias ocasiones París, y por medio de Marin Mersenne trabó amistad con Descartes y Pascal.

Desargues trabajó primero como tutor, y más tarde como ingeniero y arquitecto. Era un geómetra excelente, y compartía sus ideas con sus

colegas matemáticos. Algunos de sus folletos fueron ampliados después para su publicación. Escribió sobre perspectiva y matemáticas aplicadas, como en el diseño de una escalera espiral y una nueva bomba de desagüe. Falleció en 1661, y su obra fue redescubierta y publicada de nuevo en 1864.

Obras principales

1636 *Perspective*.
1639 *Brouillon project d'une atteinte aux evenemens des rencontres du cone avec un plan*.

LA SIMETRIA

ES LO QUE SE PERCIBE

DE UN VISTAZO

EL TRIÁNGULO DE PASCAL

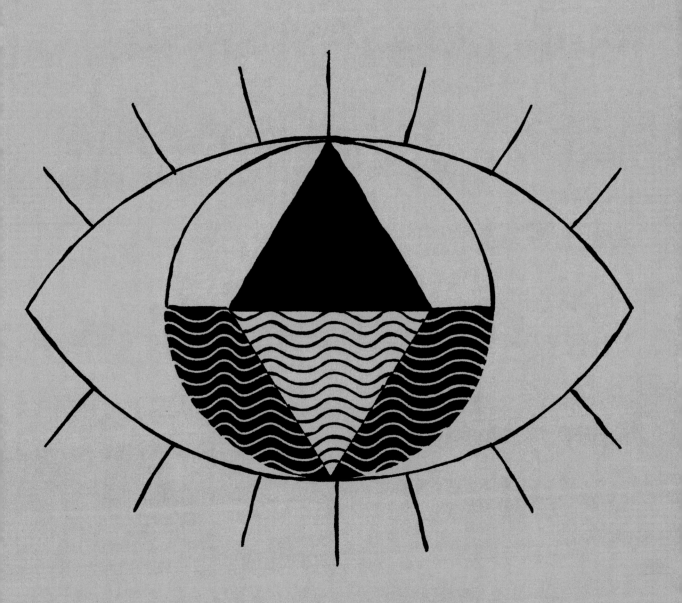

EN CONTEXTO

FIGURA CLAVE
Blaise Pascal (1623–1662)

CAMPOS
**Probabilidad,
teoría de números**

ANTES
975 Halayudha, matemático
indio, deja el ejemplo más
antiguo conservado de los
números del triángulo de Pascal.

***C.*1050** En China, Jia Xian
describe el triángulo luego
llamado de Yang Hui.

***C.*1120** Omar Jayam crea
una versión temprana del
triángulo de Pascal.

DESPUÉS
1713 En *Ars conjectandi*,
Jacob Bernoulli desarrolla
el triángulo de Pascal.

1915 Wacław Sierpiński
describe el patrón fractal
de los triángulos luego
llamados de Sierpiński.

Hay mentes de dos tipos
[…], la matemática y […] la
intuitiva. La primera llega a
sus conclusiones lentamente,
pero estas son […] rígidas;
la segunda tiene mayor
flexibilidad.
Blaise Pascal

El triángulo de Pascal se
forma sumando dos números
adyacentes (como indican las
flechas) para obtener los números
de la fila siguiente. Todas las filas
empiezan y acaban por 1.

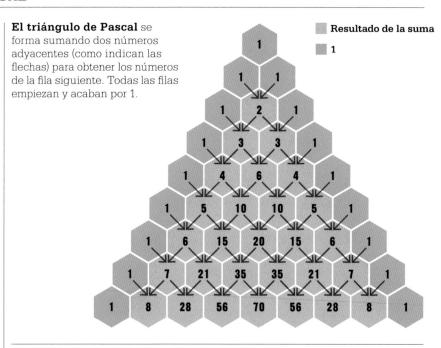

Resultado de la suma
1

Las matemáticas se ocupan a
menudo de identificar patrones numéricos, y uno de los
más extraordinarios es el triángulo de Pascal: un triángulo equilátero construido disponiendo números
muy simples, en filas que pueden
ensancharse indefinidamente. Cada
número es la suma de los dos adyacentes de la fila superior. El triángulo
de Pascal puede ser de cualquier tamaño, desde unas pocas filas de altura hasta cualquier número de ellas.

Aunque pueda parecer que de
una regla tan sencilla para disponer
números solo pueden salir patrones
simples, el triángulo de Pascal es
terreno fértil para varias ramas de
las matemáticas avanzadas, como
el álgebra, la teoría de números, la
probabilidad y la combinatoria (las
matemáticas de la enumeración y
la ordenación). Se han encontrado
muchas secuencias importantes en
el triángulo, y los matemáticos consideran que puede reflejar ciertas
verdades sobre relaciones numéricas
que aún no se comprenden. El nombre «triángulo de Pascal» hace refe-

rencia al filósofo y matemático francés Blaise Pascal, quien lo estudió en
detalle en *Tratado del triángulo aritmético*, de 1653. En Italia, en cambio, suele conocerse como triángulo
de Tartaglia, en honor al matemático
Niccolò Fontana, llamado Tartaglia,
quien escribió sobre la cuestión en
el siglo XV. De hecho, los orígenes del
triángulo se remontan a la antigua
India, en 450 a. C. (recuadro, p. 160).

Teoría de la probabilidad

La aportación de Pascal al triángulo
fue notable, por establecer un marco
claro para estudiar sus propiedades.
En particular, se sirvió del mismo
para establecer los fundamentos de
la teoría de la probabilidad en su correspondencia con su colega el matemático francés Pierre de Fermat.
Antes de Pascal, matemáticos como
Luca Pacioli, Gerolamo Cardano y
Tartaglia habían escrito sobre cómo
calcular la probabilidad de que sal-
gan manos o números determinados
en los naipes o los dados. Comprendían la cuestión de forma precaria en
el mejor de los casos, y fue el trabajo

Véase también: Ecuaciones de segundo grado 28–31 ▪ El teorema del binomio 100–101 ▪ Ecuaciones de tercer grado 102–105 ▪ La sucesión de Fibonacci 106–111 ▪ Números primos de Mersenne 124 ▪ Probabilidad 162–165 ▪ Fractales 306–311

de Pascal con el triángulo lo que permitió atar los cabos sueltos.

Repartir lo apostado

En 1652, el escritor y experto jugador francés Antoine Gombaud, conocido como Chevalier de Méré (Caballero de Méré) le consultó a Pascal un problema. Gombaud quería saber cuál sería el reparto justo de lo apostado cuando, por algún motivo, había que interrumpir un juego de azar de dos jugadores antes de completar el número de rondas fijadas, sabiendo que cada jugador ha ganado un número de rondas diferente al otro hasta ese momento. Un reparto justo debía reflejar cuántas rondas había ganado cada jugador, pero también las probabilidades de que cada uno ganara el juego si este se prolongase hasta el final. Pascal combinó los números paso a paso para representar las rondas jugadas. La consecuencia natural era un triángulo que se ensancha indefinidamente. Como mostró Pascal, los números del triángulo cuentan el número de maneras en que pueden combinarse varios sucesos para producir un resultado dado.

El **1** está en el **vértice** del triángulo de Pascal, así como en los **extremos** de cada fila.

Cada fila tiene **un número más** que la fila de arriba.

Cada número es la **suma de los dos adyacentes** de arriba.

El triángulo resultante puede continuar infinitamente.

La probabilidad de un suceso se define como la proporción de las ocasiones en que se producirá. Un dado tiene seis caras, y la probabilidad de sacar un mismo resultado al lanzarlo es de $\frac{1}{6}$. Es decir, hay que considerar de cuántas formas puede darse el suceso, y dividir por el número total de posibilidades. Esto es bastante fácil con un dado, pero con varios, o con un juego de 52 naipes, los cálculos se vuelven complejos. Pascal comprendió que el triángulo servía para averiguar el número de combinaciones posibles al escoger un número de objetos de entre otro número dado de opciones disponibles.

Cálculos binomiales

Tal como comprendió Pascal, la respuesta está en los binomios: expresiones con dos términos, como $x + y$. Cada fila del triángulo de Pascal da los coeficientes binomiales de »

Blaise Pascal

Blaise Pascal nació en Clermont-Ferrand (Francia) en 1623, y fue un prodigio matemático. Era aún adolescente cuando su padre le llevó al salón matemático parisino de Marin Mersenne. Con 21 años desarrolló una máquina de sumar y restar, la primera que se puso a la venta. Además de sus trabajos de matemáticas, Pascal aportó mucho en descubrimientos científicos del siglo XVII, en campos tales como el de los fluidos y la naturaleza del vacío, y contribuyó al desarrollo de la noción de presión atmosférica (la unidad de medida de la presión, el pascal,

lleva su nombre). En 1661 lanzó en París lo que pudo ser el primer servicio de transporte público del mundo, a base de carruajes para cinco personas. Murió por causas desconocidas en 1662, a los 39 años de edad.

Obras principales

1653 *Traité du triangle arithmétique (Tratado del triángulo aritmético).*
1654 *Potestatum Numericarum Summa (Sumas de potencias de números).*

The Bat Country, proyecto de la artista estadounidense Gwen Fisher, es un tetraedro Sierpiński hecho con pelotas y bates de *softball*. El tetraedro es una estructura 3D de triángulos Sierpiński.

de objetos: por ejemplo, en una familia de tres hijos (el número total de objetos), la probabilidad de que uno sea niña, y los otros dos, niños, es de 3/8 (la suma de todos los coeficientes en la tercera fila del triángulo es 8, y hay tres maneras de tener una sola niña en una familia con tres hijos).

El triángulo de Pascal convirtió el cálculo de probabilidades en una operación sencilla, y, como se puede extender infinitamente, funciona con cualquier potencia. La relación entre los coeficientes binomiales y los números del triángulo de Pascal revelan una verdad fundamental acerca de los números y la probabilidad.

Patrones visuales

El sencillo patrón numérico de Pascal resultó ser, junto con el trabajo de Fermat, la plataforma de lanzamiento de las matemáticas de la probabilidad, pero su relevancia no acaba ahí. Para empezar, ofrece un medio rápido para multiplicar expresiones con exponentes elevados, lo cual lle-

una potencia dada. La fila cero (la cúspide del triángulo) sirve para el binomio elevado a 0: $(x + y)^0 = 1$. Para el binomio elevado a 1, $(x + y)^1 = 1x + 1y$, por lo que los coeficientes (1 y 1) corresponde a la primera fila del triángulo (la fila cero no cuenta como fila). El binomio $(x + y)^2 = 1x^2 + 2xy + 1y^2$ tiene los coeficientes 1, 2 y 1, como en la segunda fila del triángulo de Pascal. A medida

que el desarrollo binomial va dando lugar a expresiones más largas, los coeficientes mantienen la correspondencia con una fila del triángulo. Por ejemplo, en el binomio $(x + y)^3 = 1x^3 + 3x^2y + 3xy^2 + 1y^3$, los coeficientes se corresponden con la tercera fila. Las probabilidades se calculan dividiendo el número de posibilidades por el total de todos los coeficientes de la fila, que refleja el número total

El antiguo triángulo

La pagoda Hsinbyume, en Myanmar, representa el mítico monte Meru, cuya escalinata inspiró otro nombre del triángulo de Pascal.

Los matemáticos conocían el triángulo de Pascal mucho antes del siglo XVII. En Irán se conoce como triángulo de Jayam, por Omar Jayam, pero este fue solo uno de los muchos matemáticos islámicos que lo estudiaron en la edad de oro del saber de los siglos VII-XIII. También en China, en torno a 1050, Jia Xian creó un triángulo similar para mostrar coeficientes, adoptado por Yang Hui en la década de 1200, y por ello llamado triángulo de Yang Hui en China. Aparece ilustrado

en la obra de Zhu Shijie titulada *Espejo precioso de los cuatro elementos*, de 1303. No obstante, las referencias más antiguas al triángulo de Pascal proceden de India, donde aparece en textos de 450 a. C. como guía métrica para la poesía, con el nombre «escalinata del monte Meru». Los antiguos matemáticos indios eran conocedores también de las diagonales del triángulo, que contienen lo que hoy en día se conoce como la sucesión de Fibonacci (p. siguiente).

varía mucho tiempo de otro modo. Para los matemáticos, los patrones del triángulo de Pascal son una fuente continua de nuevas sorpresas. Algunos de ellos son extremadamente simples: el borde exterior contiene exclusivamente el número 1, y la serie adyacente en la primera diagonal es una simple recta numérica 1, 2, 3, 4, 5…, y así sucesivamente.

Una propiedad particularmente atractiva del triángulo de Pascal es el patrón «palo de hockey», que se puede usar para sumar. Si se toma una diagonal desde cualquier 1 del exterior, parando en cualquier punto, se puede encontrar la suma de todos los números recorridos hasta ahí dando un solo paso en la dirección opuesta. Por ejemplo, comenzando por el cuarto 1 del borde izquierdo y bajando en diagonal hacia la derecha, si se para en el número 10, el total de los números recorridos hasta él (1 + 4 + 10) se encuentra un paso en diagonal hacia la izquierda: 15.

Colorear todos los números divisibles por un número dado crea un patrón fractal, y colorear todos los

> No puedo juzgar mi trabajo mientras lo estoy haciendo. Tengo que hacer como los pintores, alejarme y verlo a distancia, pero no mucha.
> **Blaise Pascal**

números pares crea un patrón de triángulos, identificado por el matemático polaco Wacław Sierpiński en 1915. Este patrón se puede obtener sin el triángulo de Pascal, dividiendo un triángulo equilátero en triángulos cada vez menores, por el procedimiento de conectar los puntos medios de los tres lados. Este proceso puede continuar indefinidamente. Actualmente se usan los triángulos de Sierpiński en patrones de punto

y en el origami, o papiroflexia, en la que un triángulo se convierte a 3D, en un tetraedro de Sierpiński.

Teoría de números

Hay muchos otros patrones más complejos ocultos en el triángulo, y uno de ellos es la sucesión de Fibonacci, que se encuentra en otra serie de diagonales (abajo). Otro vínculo con la teoría de números es el descubrimiento de que la suma de todos los números en las filas superiores a una fila dada es siempre uno menos que la suma de los números de dicha fila. Cuando la suma de todos los números por encima de una fila dada es un número primo, es un primo de Mersenne: un número primo que es uno menos que una potencia de 2, como 3 ($2^2 - 1$), 7 ($2^3 - 1$) y 31 ($2^5 - 1$). La primera lista de estos primos la elaboró Marin Mersenne, contemporáneo de Pascal. Actualmente, el mayor número primo de Mersenne conocido es $2^{82589933} - 1$. Si el triángulo de Pascal se extendiera hasta una escala suficiente, contendría este número. ∎

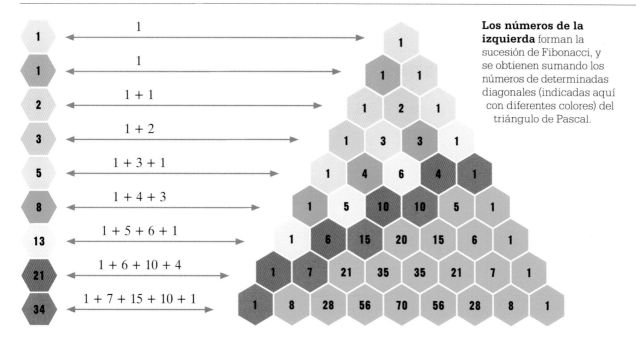

Los números de la izquierda forman la sucesión de Fibonacci, y se obtienen sumando los números de determinadas diagonales (indicadas aquí con diferentes colores) del triángulo de Pascal.

EL AZAR ESTA LIMITADO Y GOBERNADO POR LEYES
PROBABILIDAD

EN CONTEXTO

FIGURAS CLAVE
Blaise Pascal (1623–1662),
Pierre de Fermat (1601–1665)

CAMPO
Probabilidad

ANTES
1620 En *Sopra le scoperte dei dadi (Sobre los resultados de los dados)*, Galileo calcula la probabilidad de determinados totales.

DESPUÉS
1657 Christiaan Huygens escribe un tratado sobre teoría de la probabilidad y sus aplicaciones a los juegos de azar.

1718 Abraham de Moivre publica *The doctrine of chances*.

1812 En *Théorie analytique des probabilités*, Pierre-Simon Laplace aplica la teoría de la probabilidad a problemas científicos.

Antes del siglo XVI se creía imposible predecir el resultado de un suceso futuro con grado alguno de precisión. En la Italia renacentista, Gerolamo Cardano examinó en profundidad los resultados de los dados, y en el siglo XVII tales problemas atrajeron la atención de los matemáticos franceses Blaise Pascal y Pierre de Fermat. Más conocidos por descubrimientos como el triángulo de Pascal (pp. 156–161) y el último teorema de Fermat (pp. 320–323), ambos llevaron la matemática de las probabilidades a un nuevo nivel, y pusieron los cimientos de la teoría de la probabilidad.

Véase también: La ley de los grandes números 184–185 ▪ El teorema de Bayes 198–199 ▪ El experimento de la aguja de Buffon 202–203

> La teoría de la probabilidad no es más que sentido común reducido a cálculos.
> **Pierre-Simon Laplace**

Predecir los resultados de los juegos de azar resultó ser un enfoque muy útil de la probabilidad, que, por definición, mide las probabilidades de que se produzca un suceso. Por ejemplo, las probabilidades de sacar un seis con un dado se pueden estimar lanzándolo un número determinado de veces, y dividiendo el número de seises obtenidos por el total de lanzamientos. El resultado, llamado frecuencia relativa, da la probabilidad de sacar un seis, y se puede expresar como fracción, decimal o porcentaje. Esto, sin embargo, se basa en la observación de un experimento real. La probabilidad teórica de un suceso se calcula dividiendo el número de resultados deseados por el número de resultados posibles: al lanzar un dado de seis lados, la probabilidad de sacar un seis es de $\frac{1}{6}$; y la probabilidad de sacar cualquier otro número, de $\frac{5}{6}$.

Estimar las probabilidades

Un juego popular en la Francia del siglo XVII consistía en dos jugadores lanzando cuatro dados por turno para obtener al menos un as, o bien un seis. Los jugadores apostaban la misma cantidad, y convenían el número de rondas ganadas para quedarse con todo. El escritor y matemático aficionado Antoine Gombaud, »

Pierre de Fermat

Pierre de Fermat nació en Beaumont-de-Lomagne (Francia) en 1601. Estudió derecho en Orleans y pronto se aficionó a las matemáticas. Como otros matemáticos de la época, estudió problemas de geometría del mundo antiguo y les aplicó métodos algebraicos. En 1631 se marchó a Toulouse, donde ejerció como abogado.

En su tiempo libre, Fermat siguió con sus investigaciones matemáticas, y comunicó sus ideas por carta a amigos como Blaise Pascal. En 1653 enfermó de peste, pero sobrevivió, y fue entonces cuando realizó parte de su trabajo más valioso. Fue además un pionero del cálculo diferencial, pero sobre todo se le recuerda por su aportación a la teoría de números y por el llamado último teorema de Fermat. Murió en Castres (Francia) en 1665.

Obras principales

1629 *De tangentibus linearum curvarum (Tangentes de curvas).*
1637 *Methodus ad disquirendam maximam et minimam (Métodos para estudiar máximos y mínimos).*

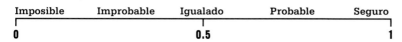

Imposible	Improbable	Igualado	Probable	Seguro
0		0.5		1

De un bote lleno solo de dulces rosas saldrá un dulce azul.

De un bote lleno a partes iguales de dulces rosas y azules saldrá un dulce azul.

De un bote lleno solo de dulces azules saldrá un dulce azul.

La probabilidad se mide fácilmente en casos como estos. Es cero si falta el elemento en cuestión (dulces azules); es 0,5 (o $\frac{1}{2}$, o el 50 %) si la mitad de los dulces son azules; y si un suceso es seguro, la probabilidad es 1 (o el 100 %).

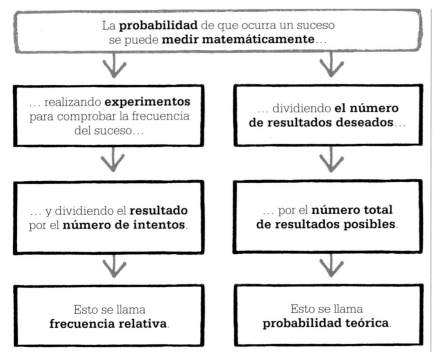

La **probabilidad** de que ocurra un suceso se puede **medir matemáticamente**…

… realizando **experimentos** para comprobar la frecuencia del suceso…

… dividiendo el **resultado** por el **número de intentos**.

Esto se llama **frecuencia relativa**.

… dividiendo **el número de resultados deseados**…

… por el **número total de resultados posibles**.

Esto se llama **probabilidad teórica**.

llamado Chevalier de Méré (nombre de un personaje suyo), comprendía la probabilidad de ¹/₆ de sacar un as con un lanzamiento, y quiso calcular la de obtener dos ases utilizando dos dados.

De Méré propuso que la probabilidad de sacar dos ases lanzando un dado dos veces era de ¹/₃₆, es decir, de ¹/₆ de la de sacar un as lanzando una vez. Para igualar la probabilidad, afirmó que había que lanzar seis veces dos dados por cada lanzamiento de un dado solo. Para tener la misma probabilidad de sacar un as doble que de sacar un as lanzando cuatro dados, habría que lanzar los dos dados 6 × 4 = 24 veces. Después de perder un número suficiente de apuestas, Gombaud tuvo que aceptar que sacar dos ases lanzando dos dados 24 veces era menos probable que sacar uno lanzando cuatro veces un único dado.

En 1654, Gombaud consultó a su amigo Pascal acerca de este problema, y también sobre cómo dividir lo apostado cuando los jugadores se ven obligados a interrumpir un juego antes de terminar. El llamado «problema de los puntos» tenía una larga historia. En 1494, el matemático italiano Luca Pacioli había propuesto dividir la apuesta en proporción al número de rondas ganado por cada jugador. A mediados del siglo XVI, otro matemático destacado, Tartaglia, observó que tal reparto sería injusto si la partida se interrumpía, por ejemplo, después de una única ronda, y su solución fue basar la división del premio en la proporción entre el tamaño de la ventaja y la duración de la partida. Esto daba resultados insatisfactorios para partidas con muchas rondas, y Tartaglia dudaba que el problema fuera resoluble de un modo que pareciera justo a todos los jugadores.

La correspondencia de Pascal y Fermat

En el siglo XVII fue habitual que los matemáticos se encontraran en academias o sociedades científicas. En Francia, la más destacada era la del abad Marin Mersenne, sacerdote jesuita y matemático que celebraba reuniones semanales en su casa de

En una ruleta estándar, la probabilidad de que la bola caiga en un número dado con un solo giro es de ¹/₃₇. El valor se acerca más a 1 cuantas más veces se haga girar la ruleta.

> Las opciones suponen probabilidad, y la probabilidad, trabajo para los matemáticos.
> **Hannah Fry**
> **Matemática británica**

París. Pascal asistió a estas reuniones, pero no había conocido a Fermat. Sin embargo, después de haber ponderado los problemas de Gombaud, decidió escribirle a Fermat para comunicarle sus ideas sobre esta y otras cuestiones relacionadas y para preguntarle por las suyas. Esta fue la primera de las cartas entre Pascal y Fermat en las que se desarrolló la teoría matemática de la probabilidad.

Jugador contra banca

La correspondencia entre Pascal y Fermat la entregaba un amigo de ambos, Pierre de Carcavi. Siete cartas enviadas en 1654 expresan las ideas que ambos tenían sobre el problema de los puntos, que examinaron en diversas situaciones. Hablan de un juego en que un jugador intenta sacar al menos un as lanzando ocho veces, y una banca que se queda con lo apostado si no lo consigue. Si el juego se interrumpe antes de que salga un as, Pascal parece proponer que lo apostado se reparta en función de la expectativa de ganar del jugador. Al comienzo del juego, la probabilidad de lanzar ocho veces sin sacar un as es de $(5/6)^8 \approx$ 0,233, y la probabilidad de sacar al menos uno es $(1 - 0,233)$, o 0,7677.

Esto favorece claramente al jugador, en detrimento de la banca.

Establecer la teoría

En otras cartas, Pascal y Fermat trataron otros casos de juegos interrumpidos, como cuando el juego alterna entre dos jugadores hasta que uno de los dos tiene éxito. Fermat observa que lo que importa es el número de lanzamientos que faltan al interrumpir el juego, y señala que un jugador con una ventaja de 7–5 en una partida a 10 ases tiene las mismas probabilidades de acabar ganando que un jugador con una ventaja de 17–15 en una partida a 20.

Pascal pone el ejemplo de dos oponentes disputando una serie de partidas con las mismas probabilidades de ganar, en la que el primero que gane tres partidas se lleva lo apostado. Cada jugador apuesta 32 pistolas, por lo que hay 64 pistolas a ganar. A lo largo de tres partidas, el primer jugador gana dos veces, y el segundo una vez. Si ahora juegan una cuarta partida y gana el primer jugador, se lleva las 64 pistolas; si gana el segundo, habrán ganado dos partidas cada uno, y tienen las mismas probabilidades de ganar. Si el juego se interrumpe en ese punto, cada uno debería recuperar su apuesta de 32 pistolas.

El método paso a paso de Pascal y las respuestas meditadas de Fermat constituyen uno de los primeros ejemplos del uso de las expectativas para razonar sobre probabilidades. Su correspondencia sentó los principios básicos de la teoría de la probabilidad, y los juegos de azar siguieron ofreciendo un campo fértil a los primeros teóricos. El físico y matemático neerlandés Christiaan Huygens escribió un tratado en latín titulado *Razonamientos sobre los juegos de azar* (1656), el primer libro sobre teoría de la probabilidad.

Hay una primera versión de la ley de los grandes números –teorema que estudia los resultados de repetir la misma acción, como lanzar un dado, un número determinado de veces– en *Ars conjectandi* (*El arte de conjeturar*, 1713), del matemático suizo Jacob Bernoulli. A finales del siglo XVIII y principios del XIX, Pierre-Simon Laplace aplicó la teoría de la probabilidad a problemas prácticos y científicos, y en 1812 expuso sus métodos en *Théorie analytique des probabilités (Teoría analítica de las probabilidades).* ∎

Teoría de la probabilidad

El derecho antiguo y medieval evaluaban la probabilidad de las pruebas judiciales, pero no había teoría en que basarla. Aún en el Renacimiento, al calcular seguros para los barcos, las primas se basaban en una estimación intuitiva del riesgo. La probabilidad era un rasgo de los juegos de azar, y Gerolamo Cardano fue el primero en aplicar las matemáticas a su estudio. Tales juegos siguieron siendo el foco de tales estudios, incluso después de Pascal y Fermat, aunque su correspondencia al respecto aportó mucho a la teoría posterior.

A finales de la década de 1700, Pierre-Simon Laplace amplió el espectro de la teoría de la probabilidad a la ciencia, introdujo herramientas matemáticas para predecir la probabilidad de muchos sucesos (incluidos fenómenos naturales) y comprendió su aplicación a la estadística. La teoría de la probabilidad se aplica a muchos otros campos, como la economía, la psicología y el deporte.

LA SUMA DE LA DISTANCIA ES IGUAL A LA ALTURA

TEOREMA DEL TRIÁNGULO DE VIVIANI

EN CONTEXTO

FIGURA CLAVE
Vincenzo Viviani
(1622–1703)

CAMPO
Geometría

ANTES
***C.*300 A.C.** En los *Elementos*, Euclides define un triángulo y demuestra muchos teoremas al respecto.

***C.*50 D.C.** Herón de Alejandría define la fórmula para hallar el área de un triángulo a partir de las longitudes de los lados.

DESPUÉS
1822 Karl Wilhelm Feuerbach publica la demostración de la circunferencia de nueve puntos, que atraviesa el punto medio de cada lado de un triángulo.

1826 El suizo Jakob Steiner describe el centro de un triángulo cuya suma de distancias a los tres vértices es mínima.

El matemático italiano Vincenzo Viviani fue discípulo de Galileo Galilei en Florencia. Tras la muerte de Galileo en 1642, Viviani reunió la obra de su maestro, de la que se publicó la primera edición en 1655–1656.

Viviani estudió, entre otras cosas, la velocidad del sonido, que midió con un error de menos de 7 m/s sobre su verdadero valor, pero es más conocido por el teorema que lleva su nombre, cuyo enunciado dice que la suma de las distancias entre cualquier punto de un triángulo equilátero y sus lados es igual a la altura del triángulo.

Demostración del teorema

Empezando con un triángulo equilátero de base (lado) a, y altura h (arriba, dcha.), se determina un punto del triángulo. Luego se trazan rectas perpendiculares (p, q y r) desde el punto hasta cada uno de los lados, en ángulo de 90° con estos. El triángulo se divide en tres triángulos menores, trazando una recta desde el punto hasta cada vértice el triángulo principal. El área de un triángulo es $^1/_2 \times$ base $\times$

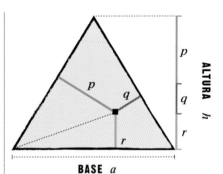

La altura de un triángulo equilátero como el de arriba es siempre igual a la longitud combinada de tres rectas perpendiculares a los tres lados desde cualquier punto del triángulo.

altura, de modo que si las longitudes de las perpendiculares son p, q y r, las áreas de los triángulos suman $^1/_2$ $(p + q + r)a$. Esta es también el área del triángulo mayor, que es $^1/_2$ ha, y por tanto $h = p + q + r$. Si se rompe un palo de longitud h en tres partes, siempre habrá un punto en el triángulo desde el cual las partes forman las perpendiculares p, q y r. ∎

Véase también: Pitágoras 36–43 ▪ Los *Elementos* de Euclides 52–57 ▪ Geometría proyectiva 154–155 ▪ Geometrías no euclidianas 228–229

LA OSCILACION DE UN PENDULO
LA CURVA TAUTÓCRONA DE HUYGENS

EN CONTEXTO

FIGURA CLAVE
Christiaan Huygens
(1629–1695)

CAMPO
Geometría

ANTES
1503 El matemático francés
Charles de Bovelles es el
primero en describir una
cicloide.

1602 Galileo descubre que el
tiempo que tarda un péndulo
en oscilar no depende de la
amplitud.

DESPUÉS
1690 Jacob Bernoulli parte
de la solución imperfecta de
Huygens al problema de la
tautócrona para resolver el
de la braquistócrona, o curva
de descenso más rápido.

Principios del siglo XVIII
El relojero británico John
Harrison y otros resuelven
el problema de la longitud,
utilizando muelles en lugar
de péndulos.

En 1656, el físico y matemático neerlandés Christiaan
Huygens creó el reloj de péndulo, de pesa oscilante constante.
Huygens quería resolver el problema
de determinar la longitud al navegar, cosa imposible sin cálculos de
tiempo precisos. Era necesario un
reloj preciso al que no afectara el movimiento de las olas, que causaba
grandes variaciones en la oscilación
del péndulo y, con ello, discrepancias
en la medición.

Buscar la curva correcta

La clave estaba en hallar una trayectoria curva para el péndulo, conocida como tautócrona, de modo
que el tiempo que tarda el péndulo en volver al punto de equilibrio
sea constante, independientemente de la amplitud de la oscilación.
Huygens identificó la cicloide, una
curva empinada en la parte superior
y somera por abajo. Había que ajustar la trayectoria del péndulo para
que se desplazara en una cicloide.
La idea de Huygens era constreñir
el movimiento del péndulo con unos
contornos laterales de forma cicloi-

de. En teoría, el periodo de cada oscilación sería ahora el mismo desde
cualquier punto de partida, pero la
fricción causaba un error mayor que
el que Huygens pretendía resolver.
No se encontró la solución hasta la
década de 1750, cuando el italiano Joseph-Louis Lagrange descubrió que la altura de la curva debe
estar en proporción al cuadrado de
la longitud del arco recorrido por el
péndulo. ■

Me impresionó [...] el
notable hecho de que, en
geometría, todos los cuerpos
que bajan por la cicloide [...]
tardan exactamente lo mismo
desde cualquier punto.
Herman Melville
Moby Dick (1851)

Véase también: El área bajo una cicloide 152–153 ▪ El triángulo de Pascal 156–161
▪ La ley de los grandes números 184–185

CON EL CALCULO PUEDO PREDECIR EL FUTURO

CÁLCULO

EN CONTEXTO

FIGURAS CLAVE
Isaac Newton (1642–1727),
Gottfried Leibniz (1646–1716)

CAMPO
Cálculo

ANTES
287–212 A. C. Arquímedes
aplica el método exhaustivo al
cálculo de áreas y volúmenes,
introduciendo el concepto de
los infinitesimales.

C. 1630 Pierre de Fermat
usa una técnica nueva para
hallar tangentes de curvas,
localizando los puntos
máximo y mínimo.

DESPUÉS
1740 Leonhard Euler aplica
las ideas del cálculo a la
síntesis de cálculo, álgebra
compleja y trigonometría.

1823 Augustin-Louis
Cauchy formaliza el teorema
fundamental del cálculo.

El desarrollo del cálculo, la rama de las matemáticas que se ocupa de cómo las cosas cambian, fue uno de los progresos más decisivos en la historia de las matemáticas. El cálculo puede mostrar, por ejemplo, cómo cambia la posición de un vehículo a lo largo del tiempo, cómo pierde brillo una fuente de luz a medida que se va alejando o cómo se altera la posición de los ojos de una persona que observe un objeto en movimiento. Puede determinar dónde alcanzan los fenómenos cambiantes sus valores máximo y mínimo, y la velocidad a la que pasan de uno a otro.

Además de las tasas de cambio, otro aspecto importante del cálculo son los sumatorios, que surgieron de la necesidad de calcular áreas. Con el tiempo, el estudio de áreas y volúmenes se formalizó en lo que se conoce como integración, mientras que el cálculo de las tasas de cambio se llamó diferenciación.

Al permitir conocer mejor el comportamiento de los fenómenos, el cálculo sirve para predecir su estado futuro e influir en el mismo. De manera análoga al álgebra y a la aritmética como herramientas para

Nada sucede en el
universo sin obedecer
alguna regla de
máximo o mínimo.
Leonhard Euler

trabajar con cantidades numéricas o generalizadas, el cálculo tiene sus propias reglas, notaciones y aplicaciones, y su desarrollo entre los siglos XVII y XIX condujo al progreso rápido de campos como la ingeniería y la física.

Orígenes antiguos

A los antiguos babilonios y egipcios les interesaba en particular la medición. Era de gran importancia para ellos poder calcular las dimensiones de los campos para cultivar y regarlos, así como el volumen de los depósitos de grano. Y esta necesidad les llevó a desarrollar nociones tempranas de áreas y volúmenes, aunque tendieran a darse en forma de ejemplos muy específicos, como uno incluido en el papiro Rhind que consiste en hallar el área de un campo circular con un diámetro de 9 *jet* (o *khet*, una antigua medida egipcia de longitud). Las reglas establecidas en el papiro Rhind condujeron en último término a lo que se conocería como cálculo integral más de 3000 años después.

El concepto de infinito es fundamental en el cálculo. En la antigua Grecia, las paradojas del movimiento de Zenón, un conjunto de problemas filosóficos ingeniados

---

Arquímedes concebía
un **número infinito
de lados** en la
circunferencia.

Se aproximó al **área**
del **círculo** inscribiéndolo
entre **polígonos de lados
infinitesimalmente
pequeños**.

Dividir en **partes
infinitas** es esencial para
la integración (cálculo de
áreas y volúmenes).

**El antiguo
pensamiento griego
está en la base del
cálculo moderno.**

por Zenón de Elea en el siglo v a. C., postularon que el movimiento es imposible por haber un número infinito de puntos intermedios en cualquier distancia dada. En torno a 370 a. C., el matemático griego Eudoxo de Cnido propuso un método para calcular el área de una forma llenándola de polígonos idénticos de área conocida, y luego hacer infinitamente menores los polígonos, de

Pues por velocidad última se entiende aquella con la que el cuerpo se mueve, no antes de alcanzar el punto final y cesar el movimiento ni después, sino cuando alcanza el punto final.
Isaac Newton

modo que su área combinada acabara convergiendo hacia el área real de la forma.

Alrededor de 225 a. C., Arquímedes adoptó este «método exhaustivo» para aproximarse al área de un círculo, inscribiéndolo en un polígono, e inscribiendo otro polígono –ambos con un número cada vez mayor de lados– en el círculo. Cuanto mayor sea el número de lados, más se aproxima el área de los polígonos (de área conocida) a la del círculo. Arquímedes llevó la idea al límite, imaginando un polígono de lados de longitud infinitesimalmente menor. Los infinitesimales fueron un punto de inflexión en el desarrollo del cálculo: problemas hasta entonces irresolubles, tales como las paradojas del movimiento de Zenón, se podían resolver.

Ideas nuevas

Los matemáticos de India y China medievales hicieron nuevos progresos en el manejo de sumas infinitas. También en el mundo islámico, el desarrollo del álgebra permitió el empleo de símbolos generalizados

El desarrollo de las civilizaciones exigió medidas precisas. En esta pintura de una antigua tumba egipcia, los mensuradores calculan las dimensiones de un campo de trigo con una cuerda.

para demostrar que un caso es verdad para todos los números hasta el infinito, en vez de escribir un cálculo millones de veces para todas las variaciones.

Las matemáticas pasaron por una larga época de estancamiento en Europa; sin embargo, en los primeros atisbos del Renacimiento, ya en el siglo xiv, un interés renovado condujo a nuevas ideas acerca del movimiento y las leyes que gobiernan la distancia y la velocidad. El matemático y filósofo francés Nicole Oresme estudió la velocidad de un objeto que se acelera en relación con el tiempo, y llegó a la conclusión de que el área bajo el gráfico que representa esta relación era equivalente a la distancia recorrida por el objeto. Esta idea sería formalizada a finales del siglo xvii por Isaac Newton e Isaac Barrow en Inglaterra, Gottfried Leibniz en »

Alemania y el matemático escocés James Gregory. El trabajo llevado a cabo por Oresme se inspiró en el de los calculadores del Merton College de Oxford, grupo de estudiosos del siglo XIV que desarrollaron el teorema de la velocidad media, demostrado después por Oresme. El teorema sostiene que si hay dos cuerpos, uno en movimiento uniformemente acelerado y otro que se mueve a velocidad uniforme igual a la velocidad media del primero, y si la duración del movimiento de ambos es la misma, ambos recorrerán la misma distancia. Los estudiosos del Merton se ocupaban en resolver problemas físicos y filosóficos por medio de cálculos y de la lógica, y les interesaba el análisis cuantitativo de fenómenos como el calor, el color, la luz y la velocidad. Se inspiraron en la trigonometría del astrónomo árabe Al Battani (858–929 d. C.), y en la lógica y la física de Aristóteles.

Nuevos desarrollos

Los pasos progresivos hacia el desarrollo del cálculo se aceleraron a finales del siglo XVI. Alrededor de 1600, el matemático francés François Viète promovió el empleo de símbolos en el álgebra (que hasta ese momento venía utilizando palabras), y el matemático flamenco Simon Stevin inauguró el concepto de límites matemáticos, en el que un sumatorio converge hacia un valor límite, de manera análoga a cómo el área de los polígonos de Arquímedes converge hacia el área de un círculo.

Prácticamente en aquella misma época, el matemático y astrónomo alemán Johannes Kepler estudiaba el movimiento de los planetas, y se propuso calcular el área delimitada por las órbitas planetarias, que reconoció como elípticas y no circulares. Aplicando antiguos métodos griegos, Kepler calculó el área dividiendo la elipse en tiras de ancho infinitesimal.

El método de Kepler, predecesor de la integración más formal aún por llegar, fue desarrollado en 1635 por Bonaventura Cavalieri, matemático italiano, en la obra *Geometria indivisibilibus continuorum nova quadam ratione promota* (*Geometría, avanzada de un modo nuevo por los indivisibles de los continuos*), con un método de indivisibles más riguroso para determinar el tamaño de las formas. Hubo nuevos desarrollos en el siglo XVII, con los trabajos del teólogo y matemático inglés Isaac Barrow y el físico italiano Evangelista Torricelli, seguidos de los de Pierre de Fermat y René Descartes, cuyos análisis de curvas promovieron el nuevo campo del álgebra gráfica.

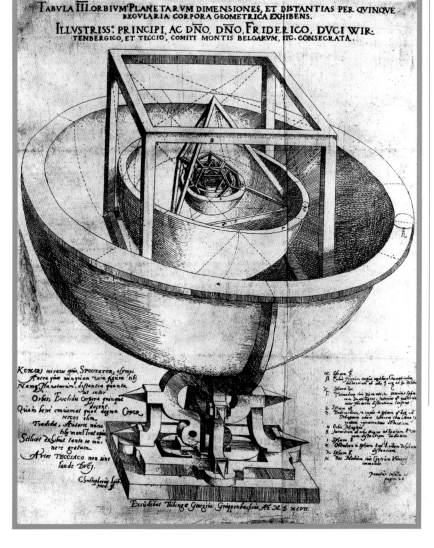

Esta ilustración del modelo de sólidos platónicos de Kepler del Sistema Solar apareció en un libro publicado en 1596. Kepler empleó tiras infinitesimales para medir la distancia recorrida en una órbita, un método predecesor de la integración.

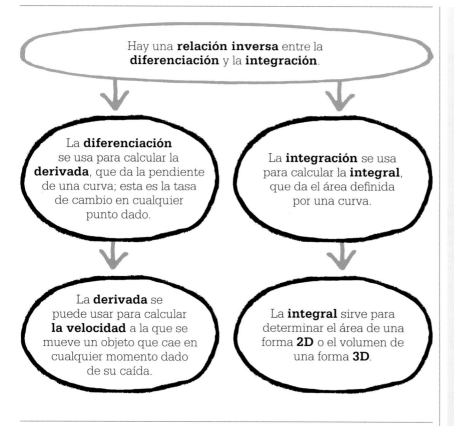

Hay una **relación inversa** entre la **diferenciación** y la **integración**.

La **diferenciación** se usa para calcular la **derivada**, que da la pendiente de una curva; esta es la tasa de cambio en cualquier punto dado.

La **integración** se usa para calcular la **integral**, que da el área definida por una curva.

La **derivada** se puede usar para calcular **la velocidad** a la que se mueve un objeto que cae en cualquier momento dado de su caída.

La **integral** sirve para determinar el área de una forma **2D** o el volumen de una forma **3D**.

Fermat localizó también los máximos y mínimos, es decir, los valores mayores y menores de una curva (o función).

Modelo de fluxiones

En 1665–1666, el matemático inglés Isaac Newton desarrolló su método de fluxiones para calcular variables que cambian a lo largo del tiempo, un hito en la historia del cálculo. Como a Kepler y Galileo, a Newton le interesaba el estudio de los cuerpos en movimiento, y buscaba la manera de unificar las leyes que gobiernan el movimiento de los cuerpos celestes y el movimiento sobre la Tierra.

En su modelo de fluxión, Newton consideró un punto en movimiento por una curva como dividido en dos componentes perpendiculares (x e y), y luego consideró las velocidades de dichos componentes. Este traba-

jo puso los cimientos de lo que se conocería como cálculo diferencial (o diferenciación), que junto con el campo relacionado del cálculo integral condujo al teorema fundamental del cálculo (recuadro, dcha.). La idea del cálculo diferencial es que la tasa a la que cambia una variable »

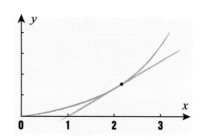

La diferenciación puede servir para calcular la tasa de cambio en cualquier momento dado: la línea azul muestra el total de la tasa, y la tangente naranja, la tasa de cambio en un punto dado.

El teorema fundamental del cálculo

El estudio del cálculo se sustenta en el teorema fundamental del cálculo, que especifica la relación que hay entre la diferenciación y la integración, dependientes del concepto de los infinitesimales. Fue articulado por primera vez en 1668 por James Gregory en *Geometriae pars universalis (La parte universal de la geometría)*; Isaac Barrow lo generalizó dos años después, y Augustin-Louis Cauchy lo formalizó en 1823.

El teorema tiene dos partes. La primera enuncia que la integración y la diferenciación son opuestas: para toda función continua (que se puede definir para todos los valores), existe una «antiderivada» (o integral), cuya derivada (medida de la tasa de cambio) es la función misma. La segunda parte establece que si se insertan valores en la antiderivada $F(x)$, el resultado –la integral definida de la función $f(x)$– permite calcular áreas bajo la curva de la función $f(x)$.

James Gregory (1638–1675) fue la primera persona en formular el teorema fundamental del cálculo.

en un punto es igual a la pendiente de una tangente en ese punto. Esto se puede visualizar trazando una tangente (una recta que toca la curva en un solo punto). La inclinación o pendiente de esta recta será la tasa de cambio de la curva en ese punto. Newton reconoció que la pendiente de la curva es cero en los máximos y mínimos, ya que, cuando algo se encuentra en su punto más alto o bajo, momentáneamente, no está cambiando. Newton llevó la teoría más allá al considerar el problema a la inversa: si se conoce la tasa a la que cambia una variable, ¿es posible calcular la forma de la propia variable? Esta «antidiferenciación» suponía calcular el área bajo las curvas.

Newton frente a Leibniz

Mientras Newton desarrollaba el cálculo, el matemático alemán Gottfried Leibniz trabajaba más o menos de manera simultánea en su propia versión, basada en considerar cambios infinitesimales en las dos coordenadas que definen un punto en una curva, o función. Leibniz empleó una notación muy diferente a la de Newton, y en 1684 publicó un trabajo sobre lo que más adelante

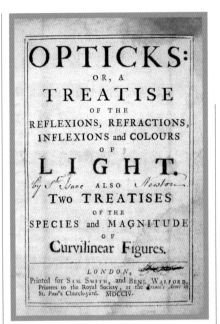

La *Óptica* de Isaac Newton, tratado sobre reflexión y refracción de la luz publicado en 1704, contiene los primeros detalles de su trabajo en el campo del cálculo.

se conocería como cálculo diferencial. Dos años después publicó otro trabajo sobre integración, de nuevo usando una notación distinta a la de Newton. En un manuscrito inédito fechado el 29 de octubre de 1675, Leibniz fue el primero en usar el signo de la integral $\int$, universalmente usado y reconocido en la actualidad.

Fue muy debatida la cuestión de quién descubrió el cálculo moderno, si Newton o Leibniz, y en el amargo enfrentamiento por la prioridad entre los dos se implicó también gran parte de la comunidad matemática. Aunque Newton construyó la teoría de las fluxiones en 1665–1666, no la publicó hasta 1704, cuando fue añadida como apéndice a su *Óptica*. Leibniz comenzó a trabajar en su versión del cálculo alrededor de 1673, y lo publicó en 1684. Algunos mantienen que los subsiguientes *Principia* de Newton están influidos por la obra de Leibniz.

Allá por 1712, Leibniz y Newton estaban acusándose abiertamente de plagio el uno al otro. El consenso moderno es que ambos desarrolla-

ron sus ideas sobre la cuestión de forma independiente.

También fueron importantes las aportaciones de los hermanos suizos Johann y Jacob Bernoulli, y este último acuñó el término «integral» en 1690. El matemático escocés Colin Maclaurin publicó su *Treatise on fluxions* en 1742, donde promovía y desarrollaba los métodos de Newton y trató de hacerlos más rigurosos. En esta obra, Maclaurin aplica el cálculo al estudio de series infinitas de términos algebraicos. Mientras tanto, el matemático suizo Leonhard Euler, buen amigo de los hijos de Johann Bernoulli, se vio influido por sus ideas sobre el tema. En particular, aplicó la idea de los infinitesimales a lo que se conoce como la función exponencial, e^x, lo cual acabó por conducir a la llamada identidad de Euler, $e^{i\pi} + 1 = 0$, ecuación que conecta cinco de las cantidades matemáticas más fundamentales (e, i, π, 0, y 1) de un modo muy simple.

Si conozco nuestra velocidad instantánea en todo momento posible, ¿puedo usar esa información para determinar la distancia recorrida? Según el cálculo, sí.
Jennifer Ouellette
Autora científica estadounidense

Cuando los valores asignados sucesivamente a la misma variable se aproximan indefinidamente a un valor fijo, diferenciándose tan poco de él como se desee, al valor fijo se le llama límite.
Augustin-Louis Cauchy

La notación del cálculo moderno	
$\dot{f}$	Inventado por **Newton** para la **diferenciación**.
$\int$	Inventado por **Leibniz** para la **integración**.
dy/dx	Inventado por **Leibniz** para la **diferenciación**.
f'	Inventado por **Lagrange** para la **diferenciación**.

A medida que el siglo XVIII avanzaba, el cálculo resultó cada vez más útil para describir y comprender el mundo físico. En la década de 1750, Euler, en colaboración con el matemático franco-italiano Joseph-Louis Lagrange, usó el cálculo para obtener una ecuación –la ecuación Euler-Lagrange– para comprender la mecánica, tanto de fluidos (gases y líquidos) como de sólidos. A principios del siglo XIX, el físico y matemático francés Pierre-Simon Laplace desarrolló la teoría electromagnética con la ayuda del cálculo.

Formalizar las teorías

Los diversos desarrollos del cálculo fueron formalizados en 1823, al enunciar Augustin-Louis Cauchy el teorema fundamental del cálculo. En esencia, este sostiene que el proceso de diferenciación (calcular tasas de cambio de una variable representada por una curva) es la inversa del proceso de integración (calcular el área bajo una curva). La formalización de Cauchy permitió considerar el cálculo como un todo unificado, en el que se manejan infinitesimales de una manera coherente, y con una notación universalmente convenida.

El campo del cálculo fue objeto de un desarrollo ulterior más avanzado en el siglo XIX. En 1854, el matemático alemán Bernhard Riemann formuló criterios para determinar si las funciones son integrables o no, basados en establecer límites máximo y mínimo para la función.

Aplicaciones omnipresentes

Numerosos avances de la física y la ingeniería han dependido del cálculo. Albert Einstein lo empleó en sus teorías de la relatividad especial y general a inicios del siglo XX, y ha tenido una aplicación extensa en la mecánica cuántica (que se ocupa del movimiento de las partículas subatómicas). La ecuación diferencial publicada en 1925 por el físico austriaco Erwin Schrödinger trata las partículas como ondas, cuyo estado solo puede determinarse por medio de las probabilidades, algo revolucionario para un mundo científico gobernado hasta entonces por la certeza.

El cálculo tiene también numerosas aplicaciones importantes en la actualidad; se utiliza, por ejemplo, en los motores de búsqueda, en proyectos de construcción, estudios médicos, modelos económicos y predicciones del tiempo. Es difícil imaginar un mundo sin esta rama tan ubicua de las matemáticas, entre otras cosas porque sería, casi con certeza, un mundo sin ordenadores. Muchos defenderían que el cálculo es el descubrimiento matemático más importante de los últimos 400 años. ∎

Gottfried Leibniz

Gottfried Leibniz nació en Leipzig (Alemania) en 1646, y se crio en una familia académica. Su padre era profesor de filosofía moral, y su madre, hija de un profesor de derecho. En 1667, después de completar sus estudios universitarios, Leibniz fue consejero legal y político del elector de Maguncia, lo cual le permitió viajar y conocer a otros estudiosos europeos. Después de morir su patrón en 1673, fue bibliotecario del duque de Brunswick en Hannover.

Leibniz fue conocido como filósofo además de como matemático. Nunca se casó y apenas se le honró después de su muerte en 1716. Sus éxitos estaban ensombrecidos por la disputa con Newton por la prioridad en descubrir el cálculo, y no se le reconocieron hasta varios años más tarde.

Obras principales

1666 *Disertación sobre el arte combinatorio.*
1684 *Nuevo método para los máximos y mínimos.*
1703 *Explicación de la aritmética binaria.*

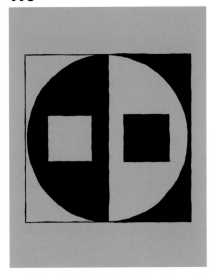

LA PERFECCION DE LA CIENCIA DE LOS NUMEROS
NÚMEROS BINARIOS

EN CONTEXTO

FIGURA CLAVE
Gottfried Leibniz (1646–1716)

CAMPOS
Teoría de números, lógica

ANTES
C. 2000 A.C. Los antiguos egipcios multiplican y dividen con un sistema binario de doblar y mediar.

C. 1600 El matemático y astrólogo inglés Thomas Harriot experimenta con sistemas numéricos, entre ellos, el binario.

DESPUÉS
1854 George Boole desarrolla el álgebra booleana con la aritmética binaria.

1937 Claude Shannon aplica el álgebra de Boole a los circuitos electrónicos con un código binario.

1990 Se codifican los píxeles de un monitor con un código binario de 16 bits, que permite mostrar más de 65 000 colores.

Para todo lo cotidiano usamos el sistema decimal y sus conocidos diez dígitos del 0 al 9. Al contar de 10 en adelante, se pone un 1 en la columna de las decenas, un 0 en la de unidades, y así sucesivamente, añadiendo columnas para las centenas, millares y cantidades mayores. El sistema binario es un sistema de base 2, y usa solo dos símbolos, 0 y 1. En lugar de aumentar en múltiplos de 10, cada columna representa una potencia de 2. Por tanto, el número binario 1011 no es mil y once, sino 11 (de derecha a izquierda: un 1, un 2, ningún 4 y un 8).

Números decimales	Potencia binaria					Binarios visuales				
	16	8	4	2	1	16	8	4	2	1
1	0	0	0	0	1	☐	☐	☐	☐	■
2	0	0	0	1	0	☐	☐	☐	■	☐
3	0	0	0	1	1	☐	☐	☐	■	■
4	0	0	1	0	0	☐	☐	■	☐	☐
5	0	0	1	0	1	☐	☐	■	☐	■
6	0	0	1	1	0	☐	☐	■	■	☐
7	0	0	1	1	1	☐	☐	■	■	■
8	0	1	0	0	0	☐	■	☐	☐	☐
9	0	1	0	0	1	☐	■	☐	☐	■
10	0	1	0	1	0	☐	■	☐	■	☐

Los números binarios se escriben en un sistema de base 2, empleando unos y ceros. Esta tabla muestra cómo escribir los números del 1 al 10, como números y como visuales –que es como los procesa un ordenador–, donde 1 es «encendido» y 0 es «apagado».

El cálculo binario, es decir, por medio de 0 y 1 […], es el más fundamental para la ciencia, y ofrece nuevos descubrimientos, que son […] útiles incluso para la práctica de los números.
Gottfried Leibniz

El código Bacon

El filósofo y cortesano inglés Francis Bacon (1561–1626) fue un gran aficionado a la criptografía, y desarrolló un cifrado al que llamó «biliteral», donde las letras a y b generan el alfabeto entero: a = aaaaa, b = aaaab, c = aaaba, d = aaabb y así sucesivamente. Sustituyendo «a» por 0 y «b» por 1, se convierte en una secuencia binaria. Era fácil de descifrar, pero Bacon comprendía que «a» y «b», en lugar de letras, podían ser dos objetos distintos cualesquiera, «[…] campanas, trompetas, luces o antorchas […] o instrumentos de similar naturaleza». Era un cifrado ingenioso y adaptable que permitía a Bacon «hacer que cualquier cosa signifique cualquier cosa». Se podía ocultar un mensaje secreto entre un grupo de objetos o números, o incluso notación musical. El código telegráfico de guiones y puntos de Samuel Morse que revolucionó las comunicaciones en el siglo XIX, y el de apagado/encendido de los ordenadores actuales, guardan ambos paralelismos con el de Bacon.

Las opciones binarias son blanco o negro: en cualquier columna dada no hay más que 1 o 0. Este concepto simple de «apagado o encendido» sería vital para la informática, en la que todos los números se representan por un conjunto de acciones de encendido o apagado, como un interruptor.

La revelación del poder binario

En 1617, el matemático escocés John Napier presentó una calculadora binaria basada en un tablero de ajedrez. Cada cuadrado tenía un valor, y este estaba «encendido» o «apagado» en función de si había o no una ficha sobre el cuadrado. Multiplicaba, dividía y hasta hallaba raíces cuadradas, pero fue considerada una mera curiosidad.

En la misma época, Thomas Harriot experimentaba con sistemas numéricos, entre ellos, el binario. Podía convertir números decimales en binarios y a la inversa, así como calcular con binarios, pero sus ideas no se publicaron hasta mucho después de su muerte, en 1621. El potencial de los números binarios fue comprendido al fin por el matemático y filósofo alemán Gottfried Leibniz, quien en 1679 describió una máquina de calcular basada en principios binarios, con trampillas abiertas o cerradas al paso de canicas. Los ordenadores funcionan de un modo similar, con interruptores y electricidad en vez de trampillas y canicas.

Leibniz expuso sus ideas sobre el sistema binario en 1703 en *Explicación de la aritmética binaria*, mostrando cómo ceros y unos podían representar números y simplificar hasta las operaciones más complejas a una forma binaria básica. Influyó en Leibniz su correspondencia con misioneros en China, quienes lo familiarizaron con el antiguo libro de arte adivinatoria *I ching*. Este dividía la realidad en los dos polos opuestos del yin y el yang, representado uno por una línea rota, y el otro por una entera. Estas líneas se disponían como hexagramas de seis, combinados en un total de 64 patrones distintos. Leibniz percibió los vínculos entre este enfoque binario de la adivinación y su propio trabajo con los números binarios.

Leibniz, al que animaba por encima de todo la fe religiosa, quería utilizar la lógica para responder a preguntas sobre la existencia de Dios, y creía que el sistema binario se correspondía con la creación del universo, representando el cero la nada, y el uno, a Dios. ∎

Las enseñanzas y comentarios del antiguo filósofo chino Confucio (551–479 a. C.) sobre el *I ching* influyeron en la obra de Leibniz y otros científicos de los siglos XVII y XVIII.

LA ILUSTRA

1680–1800

CION

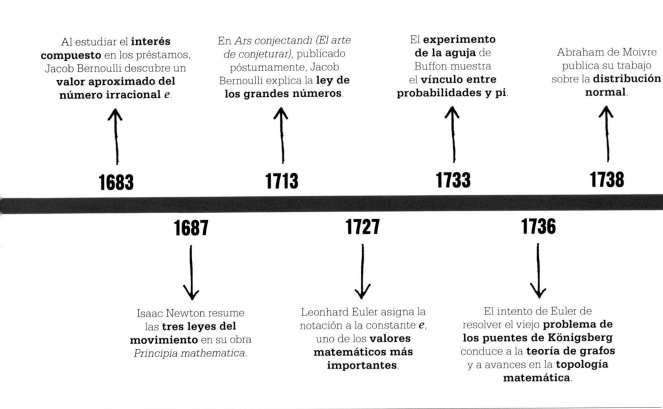

Al estudiar el **interés compuesto** en los préstamos, Jacob Bernoulli descubre un **valor aproximado del número irracional *e*.**

En *Ars conjectandi (El arte de conjeturar)*, publicado póstumamente, Jacob Bernoulli explica la **ley de los grandes números.**

El **experimento de la aguja** de Buffon muestra el **vínculo entre probabilidades y pi.**

Abraham de Moivre publica su trabajo sobre la **distribución normal.**

1683

1713

1733

1738

1687

1727

1736

Isaac Newton resume las **tres leyes del movimiento** en su obra *Principia mathematica.*

Leonhard Euler asigna la notación a la constante *e*, uno de los **valores matemáticos más importantes.**

El intento de Euler de resolver el viejo **problema de los puentes de Königsberg** conduce a la **teoría de grafos** y a avances en la **topología matemática.**

A finales del siglo XVII, Europa se estaba asentando como centro científico y cultural del mundo. La revolución científica llevaba tiempo en marcha, y no solo inspiró un nuevo enfoque racional de las ciencias, sino de todos los aspectos de la cultura y la sociedad. La Ilustración, como acabaría por conocerse ese periodo, fue una época de grandes cambios sociopolíticos en la que se dio un aumento enorme de la difusión del conocimiento y la educación, y, con ello, un progreso considerable de las matemáticas.

Gigantes suizos

Construyendo sobre el trabajo de Newton y Leibniz, cuyas ideas estaban encontrando aplicaciones prácticas en la física y la ingeniería, los hermanos Jacob y Johann Bernoulli desarrollaron la teoría del cálculo con el cálculo de variaciones y varios otros conceptos matemáticos descubiertos en el siglo XVII. El mayor de los dos, Jacob, reconocido por su trabajo en la teoría de números, contribuyó también al desarrollo de la teoría de la probabilidad con la ley de los grandes números.

Junto con sus hijos matemáticos, los Bernoulli fueron los matemáticos más eminentes de principios del siglo XVIII, e hicieron de su Basilea natal, en Suiza, un centro de estudios matemáticos. Fue aquí donde nació y se educó Leonhard Euler, el siguiente, y generalmente considerado el más grande, de los matemáticos ilustrados. Euler fue contemporáneo y amigo de Daniel y Nicolaus Bernoulli, hijos de Johann, y ya a temprana edad demostró ser un digno sucesor de Jacob y Johann. Con solo 20 años de edad propuso una notación para el número irracional *e*, para el que Jacob Bernoulli había calculado un valor aproximado. Euler publicó numerosos libros y tratados, y trabajó en todos los campos de las matemáticas, reconociendo en muchos casos los vínculos entre los conceptos aparentemente separados del álgebra, de la geometría y de la teoría de números, que se convertirían en los cimientos de ulteriores campos de estudio matemático. Su enfoque del problema aparentemente sencillo de cómo planificar una ruta por la ciudad de Königsberg atravesando cada uno de sus siete puentes solo una vez desveló conceptos profundos de la topología e inspiró nuevos estudios.

La aportación que hizo Euler a todos los campos de las matemá-

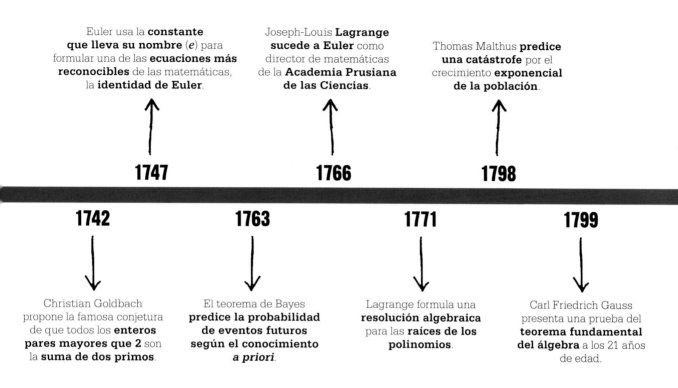

Euler usa la **constante que lleva su nombre** (*e*) para formular una de las **ecuaciones más reconocibles** de las matemáticas, la **identidad de Euler**.

Joseph-Louis **Lagrange sucede a Euler** como director de matemáticas de la **Academia Prusiana de las Ciencias**.

Thomas Malthus **predice una catástrofe** por el crecimiento **exponencial de la población**.

1747

1766

1798

1742

1763

1771

1799

Christian Goldbach propone la famosa conjetura de que todos los **enteros pares mayores que 2** son la **suma de dos primos**.

El teorema de Bayes **predice la probabilidad de eventos futuros** según el conocimiento *a priori*.

Lagrange formula una **resolución algebraica** para las **raíces de los polinomios**.

Carl Friedrich Gauss presenta una prueba del **teorema fundamental del álgebra** a los 21 años de edad.

---

ticas, pero en particular al cálculo, a la teoría de grafos y a la teoría de números, fue inmensa, y resultó influyente también en la estandarización de la notación matemática. Se le recuerda especialmente por la elegante ecuación que lleva su nombre, la llamada identidad de Euler, que ilustra la relación entre constantes matemáticas fundamentales como *e* y π.

Otros matemáticos

Los Bernoulli y Euler eclipsaron en alguna medida los logros obtenidos por los muchos otros matemáticos del siglo XVIII, como, por ejemplo, Christian Goldbach, contemporáneo alemán de Euler. En el curso de su carrera, Goldbach mantuvo amistad con otros matemáticos de reconocido trabajo tales como Leibniz y los Bernoulli, así como correspondencia regular sobre sus teorías. En una carta dirigida a Euler propuso la conjetura por la que es más conocido, la de que todo entero mayor que 2 se puede expresar como la suma de dos primos, lo cual continúa sin demostrarse hasta la actualidad.

Otros contribuyeron al desarrollo del campo en auge de la teoría de la probabilidad. Por ejemplo, Georges-Louis Leclerc, conde de Buffon, aplicó a la probabilidad los principios del cálculo y demostró el vínculo entre la probabilidad y pi; mientras que otro francés, Abraham de Moivre, describió el concepto de la distribución normal, y el inglés Thomas Bayes propuso un teorema de la probabilidad de los sucesos basado en el conocimiento *a priori*.

En la segunda mitad del siglo XVIII, Francia se convirtió en el epicentro de la investigación matemática europea, con la figura de Joseph-Louis Lagrange en particular como figura destacada. Lagrange se había hecho un nombre trabajando con Euler, y más adelante realizó aportaciones importantes a los polinomios y la teoría de números.

Nuevas fronteras

Hacia el final del siglo XVIII, Europa entró en una era convulsa de revoluciones políticas. Estas pusieron fin a la monarquía en Francia, y ya antes, en la orilla opuesta del Atlántico, habían propiciado el nacimiento de los Estados Unidos de América. Un joven alemán, Carl Friedrich Gauss, publicó su teorema fundamental del álgebra, lo cual marcó el inicio de una carrera espectacular, y de un periodo nuevo en la historia de las matemáticas. ∎

TODA ACCION PRODUCE UNA REACCION IGUAL Y DE SENTIDO OPUESTO

LAS LEYES DEL MOVIMIENTO DE NEWTON

EN CONTEXTO

FIGURA CLAVE
Isaac Newton (1642–1727)

CAMPO
Matemáticas aplicadas

ANTES
***C.* 330 a. C.** Según Aristóteles, para mantener el movimiento se requiere una fuerza.

***C.* 1630** Galileo halla en el rozamiento una fuerza opuesta al movimiento.

1674 En *An attempt to prove the motion of the Earth*, Robert Hooke incluye una hipótesis que se convertirá en la primera ley de Newton.

DESPUÉS
1905 La teoría de la relatividad de Einstein cuestiona la noción de Newton de la gravedad.

1977 Se lanza la Voyager 1. Sin rozamiento en el espacio, la nave sigue avanzando según la primera ley de Newton, y abandona el Sistema Solar en 2012.

Al usar las matemáticas para explicar el movimiento de los planetas y de los objetos en la Tierra, Isaac Newton cambió el modo en que concebimos el universo. Publicó sus hallazgos en 1687 en los tres volúmenes de *Philosophiae naturalis principia mathematica (Principios matemáticos de la filosofía natural)*, generalmente abreviado como *Principia*.

Cómo se mueven los planetas

En 1667, Newton tenía ya versiones tempranas de las tres leyes del movimiento, y conocía la fuerza necesaria para que un cuerpo se moviera con trayectoria circular. Combinó este conocimiento de las fuerzas con las leyes del movimiento planetario de Kepler, y dedujo la relación entre las órbitas y las leyes de la atracción gravitatoria. En 1686, el astrónomo inglés Edmond Halley convenció a Newton para que redactara su nueva física y sus aplicaciones al movimiento planetario.

En *Principia*, Newton utilizó las matemáticas para mostrar que las consecuencias de la gravedad eran coherentes con lo observado en los

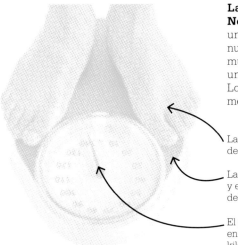

La segunda y tercera ley de Newton explican cómo funciona una balanza. Cuando nos pesamos, nuestro peso (la masa de un objeto multiplicada por la gravedad) es una fuerza, hoy medida en newtons. Los newtons pueden convertirse a medidas de masa, como kilogramos.

La gravedad tira del cuerpo (masa) de la persona sobre la balanza.

La balanza ejerce una fuerza idéntica y en sentido contrario a la presión debida a la gravedad.

El peso se indica en kilogramos en la mayoría de las balanzas; un kilogramo equivale a 9,81 newtons.

Véase también: Lógica silogística 50–51 ▪ El problema de los máximos 142–143 ▪ Cálculo 168–175 ▪ Emmy Noether y el álgebra abstracta 280–281

Las tres leyes del movimiento de Newton:

Primera ley: todo cuerpo en reposo o movimiento uniforme rectilíneo **continúa en el mismo estado**, mientras no lo cambie una fuerza ejercida sobre dicho cuerpo.

Segunda ley: el **cambio** del movimiento es **proporcional** a la **fuerza ejercida**, y se da en la dirección de la recta correspondiente al sentido en que se ejerce dicha fuerza.

Tercera ley: toda **acción** produce una **reacción igual** en **sentido opuesto**.

---

experimentos. Analizó el movimiento de los cuerpos bajo la acción de fuerzas, y postuló la atracción gravitatoria para explicar los ciclos de las mareas, los movimientos de proyectiles y péndulos y las órbitas de planetas y cometas.

Leyes del movimiento

En *Principia*, Newton comienza por enunciar las tres leyes del movimiento. Según la primera, para crear movimiento es necesaria una fuerza, que puede ser la atracción gravitatoria entre dos cuerpos o una fuerza aplicada, como cuando un taco de billar golpea una bola. La segunda ley explica lo que ocurre cuando los objetos están en movimiento. Newton afirmó que la tasa de cambio en la cantidad de movimiento (masa × velocidad) de un cuerpo es igual a la fuerza que actúa sobre el mismo. Planteando velocidad y tiempo en un gráfico, el gradiente en cualquier punto es la tasa de aceleración (cambio en la velocidad). La tercera ley de Newton afirma que si dos objetos se encuentran en contacto, se cancelan las fuerzas de reacción de ambos, empujando cada uno al otro con igual fuerza, pero en sentido opuesto. Un objeto que reposa sobre una mesa ejerce una fuerza sobre la misma, y la mesa opone una fuerza igual; de no ser así, el objeto se movería. Hasta la teoría de la relatividad de Einstein, toda la física mecánica se basó en las tres leyes del movimiento de Newton. ▪

Isaac Newton

Isaac Newton nació el día de Navidad de 1642 en Lincolnshire (Inglaterra), y fue criado en su primera infancia por su abuela. Estudió en el Trinity College de Cambridge, donde le fascinaron la ciencia y la filosofía. Durante la epidemia de peste en Londres de 1665–1666, la universidad tuvo que cerrar, y fue entonces cuando formuló sus ideas sobre fluxiones (tasas de cambio en un momento determinado).

Newton hizo descubrimientos importantes en los campos de la gravitación, el movimiento y la óptica, en los que mantuvo una notoria rivalidad con el eminente científico Robert Hooke. Uno de los puestos gubernamentales que ocupó fue el de maestre de la Real Casa de la Moneda, desde el cual supervisó el cambio del patrón plata al patrón oro. Fue también presidente de la Royal Society. Newton murió en 1727.

Obra principal

1687 *Philosophiae naturalis principia mathematica (Principios matemáticos de la filosofía natural).*

LOS RESULTADOS EMPÍRICOS Y LOS ESPERADOS SON LOS MISMOS

LA LEY DE LOS GRANDES NÚMEROS

EN CONTEXTO

FIGURA CLAVE
Jacob Bernoulli (1655–1705)

CAMPO
Probabilidad

ANTES
C. 1564 Gerolamo Cardano escribe *Liber de ludo aleae (El libro de los juegos de azar)*, la primera obra sobre probabilidad.

1654 Fermat y Pascal desarrollan la teoría de la probabilidad.

DESPUÉS
1733 Abraham de Moivre propone lo que será el teorema del límite central: cuanto mayor es el tamaño de la muestra, más se aproximan los resultados a la distribución normal.

1763 Thomas Bayes desarrolla una manera de predecir la probabilidad de un resultado considerando las condiciones iniciales relacionadas.

L a ley de los grandes números, uno de los fundamentos de la teoría de la probabilidad y la estadística, garantiza que, a largo plazo, el resultado de los sucesos futuros se pueda predecir con una precisión razonable. Esto da confianza a las aseguradoras, por ejemplo, para fijar los precios de sus seguros y pensiones, al conocer las probabilidades de tener que pagar; y a los casinos, para obtener siempre beneficios a la larga de sus clientes jugadores.

Según la ley, al aumentar el número de observaciones de un suceso, la probabilidad medida de un resultado se aproxima cada vez más a la probabilidad teórica calculada antes de cualquier observación. En otras palabras, el resultado medio de un gran número de observaciones se acerca mucho al valor calculado con la teoría de probabilidades; y cuantas más repeticiones, más aún se aproximará.

El matemático francés Siméon Poisson dio nombre a la ley en 1835,

La teoría de la probabilidad **calcula** la **probabilidad** esperada de un **suceso aleatorio**.

Al inicio, los resultados de las pruebas empíricas **no se ajustan mucho** al valor **esperado**.

Cuanto **mayor** es el número de repeticiones, más se **acerca** el valor medio observado al **esperado**.

Tras un **gran número** de repeticiones, el **valor medio observado** y el **valor esperado** son **casi idénticos**.

> Definimos el arte de conjeturar […] como el arte de evaluar […] las probabilidades de las cosas, con el fin de basar siempre nuestros juicios y actos en lo que se ha demostrado mejor.
> **Jacob Bernoulli**

pero esta se atribuye al suizo Jacob Bernoulli. El logro de Bernoulli, al que llamó «teorema dorado», lo publicó su sobrino en *Ars conjectandi (El arte de conjeturar)*, en 1713.

Aunque no fuera el primero en percibir la relación entre reunir datos y predecir resultados, Bernoulli ofreció la primera demostración de dicha relación, al considerar un juego con dos resultados posibles, perder o ganar. La probabilidad teórica de ganar en el juego es W, y Bernoulli sospechaba que la fracción de partidas ganadas (f) convergería hacia W a medida que aumentaba el número de partidas disputadas. Esto lo demostró haciendo ver que la probabilidad de que f fuese mayor o menor que W por una cantidad especificada se iba aproximando a 0 (es decir, a lo imposible) con un número creciente de repeticiones.

Cuando el árbitro lanza la moneda, no hay ventaja, según la ley de los grandes números, en que el capitán escoja cara o cruz en función de los resultados en partidos anteriores.

La falsa probabilidad

Echar las suertes a cara o cruz con una moneda es un ejemplo de la ley de los grandes números. Suponiendo que las probabilidades de sacar cara o cruz son las mismas, la ley dicta que, tras haber lanzado muchas veces la moneda, la mitad de las veces (o un número muy próximo) habrá salido cara, y la otra mitad, cruz. En las fases iniciales, sin embargo, es probable que el resultado sea más desigual. Por ejemplo, en los diez primeros lanzamientos podría salir cara siete veces y cruz tres veces. Podría entonces parecer más probable que en el siguiente salga cruz, pero esta es la llamada falacia del jugador, consistente en suponer una conexión entre los resultados de distintas partidas, o lanzamientos, en este caso. Un jugador puede suponer que en el undécimo lanzamiento hay más probabilidades de que salga cruz porque el número de caras y cruces tiende al equilibrio con la repetición, pero la probabilidad de que salga cara o cruz es la misma en cada lanzamiento, y el resultado de cada lanzamiento es independiente del de los demás. Este es el punto de partida de toda la teoría de la probabilidad. Tras 1000 lanzamientos, el desequilibrio de los primeros 10 se vuelve despreciable. ▪

Jacob Bernoulli

Nacido en Basilea (Suiza) en 1655, Jacob Bernoulli estudió teología, pero desarrolló un interés por las matemáticas que le llevaría a convertirse en 1687 en profesor de dicha disciplina en la Universidad de Basilea, puesto en el que se mantuvo toda su vida.

Además de su trabajo sobre probabilidad, a Bernoulli se le recuerda por descubrir la constante e al calcular el crecimiento de fondos cuyo interés compuesto aporta incrementos infinitesimales continuos. También participó en el desarrollo del cálculo, tomando partido por Gottfried Leibniz frente a Isaac Newton en su disputa por la prioridad en inventar un nuevo campo matemático. Bernoulli trabajó en el cálculo con su hermano menor, Johann. Sin embargo, este sintió celos de los logros de su hermano mayor, y su relación se rompió varios años antes de la muerte de Jacob en 1705.

Obras principales

1713 *Ars conjectandi (El arte de conjeturar)*.
1744 *Opera (Obras completas)*.

UNO DE ESOS EXTRAÑOS NÚMEROS QUE SON CRIATURAS PARTICULARES

EL NÚMERO DE EULER

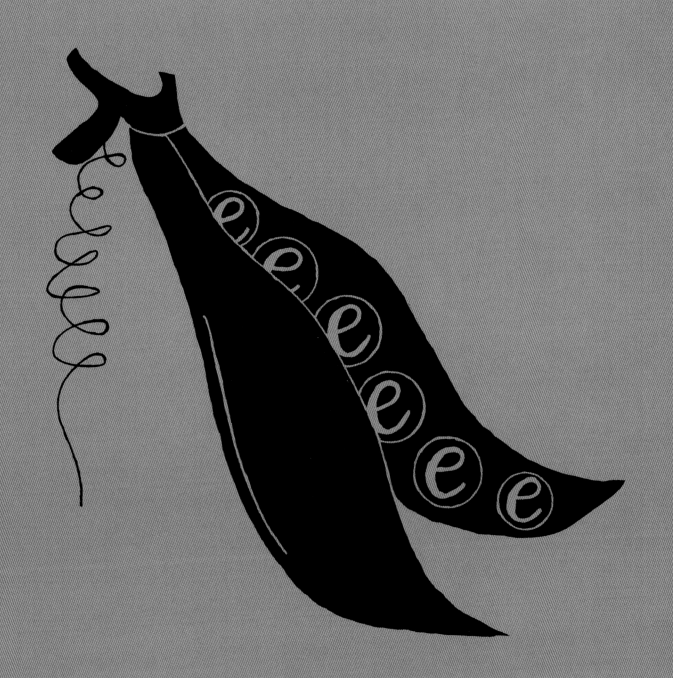

EN CONTEXTO

FIGURA CLAVE
Leonhard Euler (1707–1783)

CAMPO
Teoría de números

ANTES
1618 John Napier incluye en un apéndice los logaritmos calculados a partir del número hoy llamado *e*.

1683 Jacob Bernoulli usa *e* en su trabajo sobre el interés compuesto.

1733 Abraham de Moivre descubre la distribución normal: los valores de la mayoría de datos se acumulan alrededor de un punto central y caen en los extremos. La ecuación incluye *e*.

DESPUÉS
1815 Joseph Fourier publica la demostración de que *e* es irracional.

1873 Charles Hermite prueba que *e* es trascendente.

Una **constante** matemática es un número significativo y **bien definido**. Su magnitud **nunca varía**.

La constante *e* (2,718…) tiene **propiedades especiales**.

Es **irracional**: no es expresable como **proporción de dos enteros** en una fracción simple.

Es **trascendente**: sigue siendo **irracional** elevado **a cualquier potencia**.

La constante matemática después conocida como *e*, o número de Euler –2,718…, con decimales infinitos– apareció en el siglo XVII, cuando se inventaron los logaritmos para simplificar cálculos complejos. El matemático escocés John Napier compiló tablas de logaritmos de base 2,718…, que funcionaban particularmente bien en los cálculos de crecimiento exponencial. Estos se llamaron luego logaritmos «naturales», por su capacidad de describir matemáticamente muchos procesos de la naturaleza; pero, con una notación algebraica aún en la infancia, para Napier los logaritmos eran un mero medio para facilitar el cálculo de las proporciones de distancias recorridas por puntos móviles.

A finales del siglo XVII, el matemático suizo Jacob Bernoulli empleó 2,718… para calcular el interés compuesto, pero fue Leonhard Euler, alumno de Johann Bernoulli, hermano de Jacob, quien denominó *e* a este número. Euler lo cal-

---

Leonhard Euler

Leonhard Euler nació en Basilea (Suiza) en 1707, y se crio en la cercana Riehen. Primero fue instruido por su padre, pastor protestante con alguna formación matemática y amigo de la familia Bernoulli. Euler se apasionó por las matemáticas, y, aunque entró en la universidad para seguir los pasos paternos, se cambió a las matemáticas con el apoyo de Johann Bernoulli. Trabajó en Suiza y Rusia, y se convirtió en el matemático más prolífico de todos los tiempos, realizando grandes aportaciones al cálculo, la geometría y la trigonometría, entre otros campos. Esto ocurrió a pesar de su pérdida progresiva de visión a partir de 1738, hasta quedar ciego en 1771. Trabajó hasta el final, y murió en 1783 en San Petersburgo.

Obras principales

1748 *Introductio in analysin infinitorium (Introducción al análisis de lo infinito).*
1862 *Meditatio in experimenta explosione tormentorum nuper instituta (Meditación sobre experimentos recientes con el disparo de cañones).*

culó con 18 decimales, y escribió la primera obra sobre *e*, *Meditatio (Meditación)* en 1727, aunque no se publicó hasta 1862. Euler exploró *e* más allá en su *Introductio (Introducción)*, de 1748.

Interés compuesto

Una de las primeras veces en que se usó *e* fue en el cálculo del interés compuesto, en el que el interés sobre una cuenta bancaria, por ejemplo, se ingresa en la cuenta para aumentar la cantidad ahorrada, en lugar de pagarse a un inversor. Si el interés se calcula sobre una base anual, una inversión de 100 € a un interés del 3 % al año produciría 100 € × 1,03 = 103 € pasado un año. A los dos años serían 100 × 1,03 × 1,03 = 106,09 €, y, tras 10 años, 100 € × $1,03^{10}$ = 134,39 €. La fórmula para ello es $A = P(1 + r)^t$, donde A es la cantidad final, P la inversión inicial (el principal), r es la tasa de interés (como decimal) y t, el número de años.

Si el interés se calcula con una frecuencia mayor que la anual, el cálculo cambia. Si es mensual, por ejemplo, la tasa mensual es $1/12$ de la anual; 3/12 = 0,25, de manera que la inversión pasado un año sería 100 € × $1,0025^{12}$ = 103,04 €. Si el interés se calcula diariamente, la tasa es 3/365 = 0,008…; y la cantidad pasado un año es 100 € × $1,00008…^{365}$ = 103,05 €. La fórmula para ello es $A = P(1 + r/n)^{nt}$, en la que n es el número de veces que se calcula el interés al año. Cuanto menores son los intervalos en los que se calcula, más se aproxima la cantidad que rinde pasado un año $A = Pe^r$. Bernoulli se acercó mucho a deducir esto en sus cálculos, en los que identificó e como el límite de $(1 + 1/n)^n$ en la aproximación de n al infinito ($n \rightarrow \infty$). La fórmula $(1 + 1/n)^n$ da valores más »

El interés compuesto rinde sumas totales mayores. Los ejemplos de abajo muestran cómo acumula intereses un principal de 10 euros, si la tasa anual es del 100 %, comparado con un interés compuesto en intervalos más breves.

	1 año, tasa de interés del 100 %	6 meses, tasa de interés del 50 %	3 meses, tasa de interés del 25 %
Enero	depósito principal de 10 €	depósito principal de 10 €	depósito principal de 10 €
Febrero			
Marzo			
Abril			10 € × 0,25 = 2,50 € 10 € + 2,50 € = **12,50 €**
Mayo			
Junio			
Julio		10 € × 0,5 = 5 € 10 € + 5 € = **15 €**	12,50 € × 0,25 = 3,125 € 12,50 € + 3,125 € = **15,625 €**
Agosto			
Septiembre			
Octubre			15,625 € × 0,25 = 3,906 € 15,625 € + 3,906 € = **19,531 €**
Noviembre			
Diciembre			
Enero	10 € × 1 = 10 € 10 € + 10 € = **20 €**	15 € × 0,5 = 7,50 € 15 € + 7,50 € = **22,50 €**	19,531 € × 0,25 = 4,883 € 19,531 € + 4,883 € = **24,41 €**

La función exponencial sirve para calcular el interés compuesto. La función produce la curva $y = e^x$, que corta el eje y en $(0, 1)$ y se vuelve exponencialmente más empinada. El gráfico muestra también la tangente.

---

precisos de e cuanto mayor es n. Así, por ejemplo, $n = 1$ da un valor para e de 2, $n = 10$ da un valor para e de 2,5937… y $n = 100$ da un valor para e de 2,7048…

Cuando Euler calculó un valor de e correcto hasta los 18 decimales, probablemente usó la secuencia $e = 1 + 1 + \frac{1}{2} + \frac{1}{6} + \frac{1}{24} + \frac{1}{120} + \frac{1}{720}$, llegando a los 20 términos. Obtuvo estos denominadores usando el factorial de cada entero. El factorial es el producto de un entero con todos los enteros menores: 2 (2 × 1), 3 (3 ×

2 × 1), 4 (4 × 3 × 2 × 1), 5 (5 × 4 × 3 × 2 × 1) y así sucesivamente, añadiendo un término al producto cada vez. Esto puede expresarse como $e = 1 + 1 + \frac{1}{2!} + \frac{1}{3!} + \frac{1}{4!}$ en notación factorial.

Euler calculó e con 18 decimales, pero observó que estos continuaban indefinidamente; es decir e es irracional. En 1873, el matemático francés Charles Hermite demostró que e es también no algebraico: no es un número con un decimal finito que se pueda usar en una ecuación polinómica. Es, por tanto, un número trascendente: un número real que no se puede calcular resolviendo una ecuación.

La curva de crecimiento

El interés compuesto es un ejemplo de crecimiento exponencial. Dicho crecimiento se puede plantear en un gráfico, y describirá una curva. A finales del siglo XVII, el clérigo inglés Thomas Malthus mantuvo que la población también crece de modo exponencial si no hay límites a su crecimiento, tales como guerras o hambre. Sin tales límites, la población crece a la misma tasa, que conduce a totales cada vez mayores. El crecimiento constante de la pobla-

Con el fin de abreviar, representaremos siempre este número 2,718281828… con la letra e.
Leonhard Euler

---

ción se puede calcular con la fórmula $P = P_0 e^{rt}$ donde P_0 es la cifra de población original, r es la tasa de crecimiento y t, el tiempo.

Planteado en un gráfico, e muestra otras propiedades especiales. El gráfico de $y = e^x$, la función exponencial (izda.), es una curva cuya tangente (la recta que toca pero no interseca la curva) en las coordenadas $(0, 1)$ tiene también una gradiente (pendiente) de precisamente 1. Esto se debe a que la derivada (tasa de cambio) de e^x es de hecho e^x, y la derivada se usa para hallar la tangente. La tangente se usa para calcular la tasa de cambio en un punto

---

El arco Gateway, en Saint Louis (Misuri), es una catenaria aplanada, diseñada por el arquitecto finlandés-estadounidense Eero Saarinen en 1947.

La catenaria

Definida en ocasiones como la forma en que cuelga una cadena si solo se sujetan los extremos, la catenaria es una curva que tiene como fórmula $y = \frac{1}{2} \times (e^x + e^{-x})$. Las catenarias se dan a menudo en la naturaleza y la tecnología. Una vela cuadrada que recibe la presión del viento, por ejemplo, toma forma de catenaria. Los arcos en forma de catenaria invertida se utilizan en la arquitectura y la construcción, por su resistencia.

Durante mucho tiempo, la catenaria se consideró igual a

la parábola. El neerlandés Christiaan Huygens –quien acuñó el término a partir del latín *catena* en 1690– mostró que, a diferencia de la parábola, la curva catenaria no la da una ecuación polinómica. Tres matemáticos –Huygens, Gottfried Leibniz y Johann Bernoulli– calcularon cada uno una fórmula para la catenaria, llegando a la misma conclusión. Publicaron conjuntamente sus resultados en 1691. En 1744, Euler describió un catenoide, con forma de cilindro estrecho en el centro, resultado de rotar la catenaria sobre un eje.

específico de una curva. Como la derivada es e^x, la pendiente (una medida de la dirección y la inclinación) de la tangente será siempre igual al valor de y.

Desarreglos

Las diversas formas en que se puede ordenar un conjunto de elementos se conocen como permutaciones. El conjunto 1, 2, 3, por ejemplo, puede ordenarse como 1, 3, 2, o 2, 1, 3, o 2, 3, 1, o 3, 1, 2, o 3, 2, 1. Hay seis maneras en total, incluida la original, ya que el número de permutaciones de un conjunto es igual al factorial del mayor entero, en este caso 3! (abreviatura de 3 × 2 × 1). El número de Euler es importante también en un tipo de permutación denominado «desarreglo». En este, ninguno de sus elementos puede permanecer en su posición original. Para cuatro elementos, el número de permutaciones posibles es 24, pero, para hallar los desarreglos de 1, 2, 3, 4, primero hay que eliminar todas las permutaciones que empiezan por 1. Hay tres desarreglos que empiezan por 2: 2, 1, 4, 3; 2, 3, 4, 1; y 2, 4, 1, 3. Hay también tres desarreglos que empiezan por 3, y tres que empiezan por 4, lo cual hace un total de nueve. Con cinco elementos, el nú-

[Federico el Grande está] siempre en guerra; en verano con los austriacos, y en invierno, con los matemáticos.
Jean le Rond d'Alembert
Matemático francés

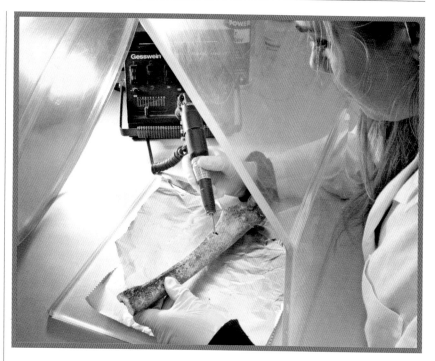

Para datar por radiocarbono material orgánico, se usa una muestra –de hueso humano antiguo en esta imagen– y el número e para calcular la edad según la desintegración radiactiva.

mero total de permutaciones es 120, y con seis, 720, con lo cual hallar todos los desarreglos es una tarea considerable.

El número de Euler permite calcular el número de desarreglos en cualquier conjunto. Este número es igual al número de permutaciones dividido por e, redondeado al entero más próximo. Por ejemplo, para el conjunto 1, 2, 3, que tiene seis permutaciones, $6/e = 2{,}207\ldots$ o 2, el número entero más próximo. Euler analizó los desarreglos de 10 números para Federico el Grande de Prusia, quien quería crear una lotería para pagar sus deudas. Para 10 números, Euler encontró que la probabilidad de obtener un desarreglo es de $1/e$, con una precisión de seis decimales.

Otros usos

El número de Euler es relevante en muchos otros cálculos; por ejemplo, en la partición de un número para descubrir los números de la partición que tienen el mayor producto. Con el número 10, las particiones

incluyen 3 y 7, con un producto de 21; 6 y 4, que dan 24; o 5 y 5, que dan 25, el máximo producto para una partición de 10 con dos números. Con tres números, 3, 3, 4 da un producto de 36, pero pasando a los números fraccionarios, $3\frac{1}{3} \times 3\frac{1}{3} \times 3\frac{1}{3} = {}^{1000}/_{27} = 37{,}037\ldots$, el máximo producto con tres números. Para una partición de cuatro, $2\frac{1}{2} \times 2\frac{1}{2} \times 2\frac{1}{2} \times 2\frac{1}{2} = 39{,}0625$, mientras que en una de cinco, $2 \times 2 \times 2 \times 2 \times 2 = 32$. Resumiendo, $({}^{10}/_2)^2 = 25$, $({}^{10}/_3)^3 = 37{,}037\ldots$, $({}^{10}/_4)^4 = 39{,}0625$, y $({}^{10}/_5)^5 = 32$. Este resultado menor para una partición de cinco apunta a un número óptimo de particiones para 10 de entre 3 y 4. El número de Euler ayuda a hallar el producto máximo, como $e^{(10/e)} = 39{,}598\ldots$, y el número de particiones: ${}^{10}/e = 3{,}678\ldots$ ∎

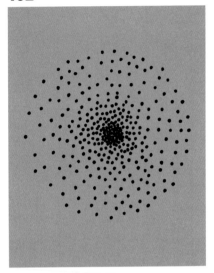

LA VARIACIÓN ALEATORIA FORMA UN PATRÓN

DISTRIBUCIÓN NORMAL

EN CONTEXTO

FIGURAS CLAVE
Abraham de Moivre
(1667–1754), **Carl Friedrich
Gauss** (1777–1855)

CAMPOS
Estadística, probabilidad

ANTES
1710 El médico británico
John Arbuthnot publica
una prueba estadística de la
providencia divina en relación
con el número de hombres y
mujeres en la población.

DESPUÉS
1920 Karl Pearson, estadístico
británico, lamenta que se llame
«normal» a la distribución de
Gauss, porque eso sugiere que
otras distribuciones puedan
tener algo de «anormales».

1922 En EE UU, la Bolsa
de Nueva York incorpora la
distribución normal a los
modelos de riesgo para
inversiones.

En el siglo XVIII, el matemático francés Abraham de Moivre dio un importante paso adelante para la estadística. Partiendo del descubrimiento de la distribución binomial por Jacob Bernoulli, de Moivre mostró que las variables se acumulan alrededor del valor medio (*b* en el gráfico de abajo), en el fenómeno conocido como distribución normal.

Bernoulli explicó la distribución binomial (usada para describir resultados basados en una de dos posibilidades) en *Ars conjectandi*, publica-

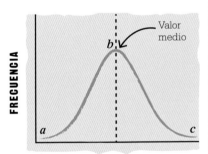

VALOR MEDIDO

La curva de campana es una ilustración visual de la distribución normal. El punto más alto de la curva (*b*) representa la media, hacia la que tienden los valores, que se vuelven menos frecuentes cuanto más se alejan de *b*, siendo los puntos menos frecuentes *a* y *c*.

do en 1713. Al lanzar una moneda, hay dos resultados posibles, éxito o fracaso. Este tipo de prueba con dos resultados igualmente probables se llama ensayo de Bernoulli. La probabilidad binomial surge al realizar un número, *n*, de dichos ensayos de Bernoulli, todos con la misma probabilidad de éxito, *p*, y se cuenta el número de éxitos. La distribución resultante se expresa como *b*(*n*, *p*). La distribución binomial *b*(*n*, *p*) puede tomar valores de 0 a *n*, centrados en una media de *np*.

Hallar la media

En 1721, el baronet escocés Alexander Cuming dio a Moivre un problema de ganancias esperadas en un juego de azar. De Moivre concluyó que había que hallar la desviación media (esto es, la diferencia media entre la media total y cada valor en un conjunto de cifras) de la distribución binomial, y escribió los resultados en *Miscellanea analytica*.

De Moivre había comprendido que los resultados binomiales tienden hacia la media: en un gráfico, plantean una curva desigual que tiende más a la forma de una campana (distribución normal) cuantos más datos se reúnen. En 1733, de Moivre estaba seguro de haber dado

Véase también: Probabilidad 162–165 ▪ La ley de los grandes números 184–185 ▪ El teorema fundamental del álgebra 204–209 ▪ El demonio de Laplace 218–219 ▪ La distribución de Poisson 220 ▪ El nacimiento de la estadística moderna 268–271

con un modo sencillo de aproximarse a la probabilidad binomial usando la distribución normal, creando así una curva en forma de campana para la distribución binomial en un gráfico. Redactó sus descubrimientos en un documento breve, que incluyó en la edición de 1738 de *The doctrine of chances (La doctrina de las probabilidades)*.

Usar la distribución normal

A partir de mediados del siglo XVIII, la curva acampanada sirvió de modelo para datos de todo tipo. En 1809, Carl Friedrich Gauss usó la distribución normal como una herramienta estadística útil por derecho propio. El matemático francés Pierre-Simon Laplace la usó en modelos de curvas para errores aleatorios, como los de medición, en una de las primeras aplicaciones de una curva normal.

En el siglo XIX, muchos estadísticos estudiaron la variación en resultados de experimentos. El estadístico británico Francis Galton utilizó un ingenio llamado quincunx (o máquina de Galton) para estudiar la

Las variables tienden hacia la media.

La **distribución normal** se aplica a **datos** continuos, que pueden tomar cualquier valor en un rango dado. Produce una **curva acampanada**.

La **distribución binomial** se aplica a **datos discretos**, es decir, fijos y distintos.

Según de Moivre, con una muestra lo bastante grande, la curva normal sirve para estimar la distribución binomial.

variación aleatoria. Consistía en una serie de clavos dispuestos en triángulo, a través de los cuales pasaban bolitas que caían desde la cúspide, para acabar depositándose en unos compartimentos verticales o tubos. Galton midió cuántas bolitas llegaban a cada tubo, y describió la distribución resultante como «normal», término que su trabajo –junto con el de Karl Pearson– popularizó para lo que también se conocía como curva de Gauss.

Actualmente, la distribución normal es muy usada en modelos de datos estadísticos, con aplicaciones que van desde estudios de población a análisis de inversiones. ▪

Abraham de Moivre

Abraham de Moivre nació en la Champaña (Francia) en 1667, y se crio como protestante en la Francia católica, donde vivió hasta la expulsión de los hugonotes, ordenada por Luis XIV en 1685. Tras una estancia breve en prisión por sus creencias religiosas, emigró a Inglaterra, y trabajó como tutor privado de matemáticas en Londres. Aspiraba a un puesto docente universitario; no obstante, como francés, topó con otra forma de discriminación en Inglaterra. Impresionó a muchos científicos de la época cuya amistad cultivó (entre ellos, Isaac Newton), y fue elegido miembro de la Royal Society en 1697. Además de la distribución, De Moivre fue conocido por su trabajo con los números complejos. Murió en Londres en 1745.

Obras principales

1711 *De mensura sortis (Sobre la medición de las probabilidades).*
1721–1730 *Miscellanea analytica (Miscelánea de análisis).*
1738 *The doctrine of chances (La doctrina de las probabilidades*, 1.ª edición; la 3.ª ed. se publicó en 1756).

LOS SIETE PUENTES DE KÖNIGSBERG

TEORÍA DE GRAFOS

EN CONTEXTO

FIGURA CLAVE
Leonhard Euler (1707–1783)

CAMPOS
Teoría de números, topología

ANTES
1727 Euler desarrolla la constante *e*, usada para describir variaciones exponenciales.

DESPUÉS
1858 August Möbius amplía la fórmula de teoría de grafos de Euler a las superficies que se unen para formar una sola.

1895 Henri Poincaré publica *Analysis situs*, que generaliza la teoría de grafos para crear el campo matemático nuevo de la topología (estudio de las propiedades de figuras geométricas no afectadas por la deformación continua).

La teoría de grafos de Euler se ocupa de los **caminos entre distintos puntos**.

Un **grafo** consiste en un conjunto de **puntos** (llamados nodos o vértices) conectados por **arcos** (curvas o aristas).

Un camino es **euleriano** si recorre todos los nodos y pasa por **cada arco una sola vez**.

Es imposible un camino euleriano para los puentes de Königsberg.

La teoría de grafos y la topología comenzaron con el intento de Leonhard Euler de resolver un rompecabezas matemático: hallar si era posible realizar un circuito por los siete puentes de Königsberg (actual Kaliningrado, en Rusia) sin cruzar dos veces ninguno. El río fluía alrededor de una isla y, luego, se bifurcaba. Comprendiendo que era un problema de geometría posicional, Euler desarrolló un nuevo tipo de geometría para demostrar la imposibilidad de dicha ruta. Las distancias entre los puntos no eran relevantes: lo único que contaba eran las conexiones entre los puntos.

Euler modeló el problema de los puentes de Königsberg representando cada una de las cuatro áreas de tierra como un punto (nodo o vértice), y los puentes, como arcos (curvas o aristas) que unían los diversos puntos. Así obtuvo un grafo que

Leed a Euler, leed a Euler.
Es nuestro maestro en todo.
**Pierre-Simon
Laplace**

representaba las relaciones entre la tierra y los puentes.

Primer teorema de grafos

Euler partió de la premisa de que cada puente se podía cruzar una única vez, y que cada vez que se entraba en un área de tierra había que abandonarla, lo cual requiere dos puentes para no cruzar ninguno dos veces. Cada área de tierra debía estar conectada por tanto a un número par de puentes, con la posible excepción de la salida y la llegada (si eran áreas diferentes). En el grafo que representa Königsberg (diagrama, dcha.), no obstante, A está en el extremo de cinco puentes, y B, C y D en el extremo de tres. Para resolver el problema hacen falta áreas de tierra (nodos o vértices) con acceso a un número par de puentes (arcos) por los que entrar y salir. Solo el principio y el final de la ruta pueden tener un número impar. Si más de dos nodos tienen un número impar de arcos, una ruta que use cada puente una sola vez es imposible. Al demostrarlo, Euler aportó el primer teorema de la teoría de grafos.

El término «grafo» suele referirse a un sistema de coordenadas carte-sianas con puntos planteados sobre ejes *x* e *y*. De modo más general, un grafo consiste en un conjunto discreto de nodos (o vértices) conectados por arcos (o aristas). El número de arcos que convergen en un nodo se denomina grado. Para el grafo de Königsberg, A tiene grado 5, y B, C y D, grado 3. Un camino que recorra cada arco una sola vez se llama euleriano, o semieuleriano si el principio y el final están en nodos diferentes.

El problema de los puentes de Königsberg puede expresarse en forma de la pregunta: «¿Hay un camino euleriano o semieuleriano para el grafo de Königsberg?». La respuesta de Euler es que tal grafo debería tener un máximo de dos nodos de grado impar, y el grafo de Königs-berg tiene cuatro.

Teoría de redes

A los arcos de un grafo se les puede dar un «peso» asignándoles valores numéricos, para representar, por ejemplo, las diferentes longitudes de las carreteras en un mapa. A los grafos con peso se les llama también redes. Las redes sirven para modelar relaciones entre objetos en muchas disciplinas –entre ellas, informática, física de partículas, economía, criptografía, sociología, biología y climatología–, por lo general con el fin de optimizar una propiedad en particular, tal como la distancia más corta entre dos puntos.

Una aplicación de las redes es el llamado problema del viajante o vendedor ambulante, que consiste en encontrar la ruta más corta para ir desde la casa de este a una serie de ciudades y volver. El rompeca-bezas apareció originalmente como un reto en el dorso de un envase de cereales, y pese a los avances de la informática, no existe un método que garantice hallar siempre la mejor solución, dado que el tiempo que se tarda aumenta de modo exponencial cuanto mayor es el número de ciuda-des dado. ∎

La ciudad de Königsberg tenía siete puentes que unían dos partes de la ciudad a sus dos islas. El grafo de Euler muestra que es imposible una ruta que pase por cada isla y cruce cada puente una sola vez.

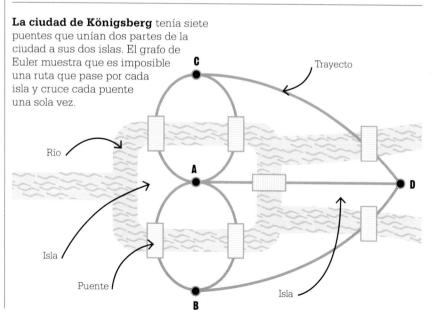

TODO ENTERO PAR ES LA SUMA DE DOS PRIMOS
LA CONJETURA DE GOLDBACH

En 1742, el matemático ruso Christian Goldbach escribió a Leonhard Euler, luminaria matemática de su tiempo, tras haber observado algo sorprendente: todos los enteros pares se pueden dividir en dos números primos, como el 6 (3 + 3) y el 8 (3 + 5). Euler estaba convencido de que Goldbach tenía razón, pero no fue capaz de demostrarlo. Otras propuestas de Goldbach –consideradas versiones «débiles» de la conjetura original «fuerte», pues quedarían demostradas si la original fuera cierta– fueron que todos los enteros mayores que 5 son la suma de tres números primos y que todos los enteros de 2 en adelante son la suma de números primos.

Los métodos manuales y electrónicos no han podido, hasta ahora, hallar un número par que desmienta la conjetura fuerte. En 2013, un ordenador probó todos los números pares hasta 4×10^{18} sin encontrarlo. Cuanto mayor es el número, más pares de primos pueden crearlo, por lo que parece altamente probable que la conjetura sea válida y no se encuentre ninguna excepción. En matemáticas, sin embargo, se requiere una demostración definitiva. A lo largo de los siglos se han ido demostrando varias versiones «débiles» de la conjetura, pero nadie ha podido demostrar hasta hoy la principal, o «fuerte», aparentemente inasequible hasta para las mentes más brillantes. ∎

Terence Tao, de la UCLA, ganador de la medalla Fields en 2006 y del premio Breakthrough de matemáticas en 2015, publicó una demostración rigurosa de una conjetura débil de Goldbach en 2012.

Véase también: Números primos de Mersenne 124 ▪ La hipótesis de Riemann 250–251 ▪ El teorema de los números primos 260–261

LA ECUACION MAS BELLA
LA IDENTIDAD DE EULER

EN CONTEXTO

FIGURA CLAVE
Leonhard Euler (1707–1783)

CAMPO
Teoría de números

ANTES
1714 Roger Cotes, matemático inglés que revisó *Principia* junto con Newton, crea una fórmula similar a la de Euler, pero con números imaginarios y un logaritmo complejo (usado cuando la base es un número complejo).

DESPUÉS
1749 De Moivre usa la fórmula de Euler para demostrar su teorema, que vincula números complejos y trigonometría.

1934 El matemático soviético Aleksandr Guélfond muestra que e^{π} es trascendente, es decir, irracional, y que es irracional elevado a cualquier potencia.

ormulada en 1747 por Leonhard Euler, la ecuación conocida como identidad de Euler, $e^{i\pi} + 1 = 0$, incluye los cinco números más importantes de las matemáticas: 0 (cero), que es neutral en la suma y la resta; 1, neutral en la multiplicación y la división; e (2,718…, el número clave del crecimiento y decrecimiento exponencial); i ($\sqrt{-1}$, el número imaginario fundamental); y π (3,1415…, la proporción del círculo de una circunferencia y su diámetro, presente en muchas ecuaciones en matemáticas y física). Dos de estos números, e e i, fueron introducidos por el propio Euler, cuyo genio residió en combinar estos cinco números con tres operaciones simples: elevar un número a una potencia (por ejemplo, 5^4, o $5 \times 5 \times 5 \times 5$), multiplicar y sumar.

Potencias complejas
Los matemáticos como Euler se preguntaron si tendría sentido elevar un número a una potencia compleja, siendo un número complejo uno que combina un número real y uno imaginario, como $a + bi$, donde a y b son dos números reales cualesquiera. Cuando Euler elevó la constante e a la potencia del número imaginario i multiplicado por π, descubrió que es igual a –1. Sumar 1 a ambos miembros resulta en la identidad de Euler, $e^{i\pi} + 1 = 0$. La sencillez de la ecuación movió a los matemáticos a llamarla «elegante», apelativo que suele reservarse a demostraciones que revelan lo profundo de forma sucinta. ∎

Es simple […] pero increíblemente profunda; comprende las cinco constantes matemáticas más importantes.
David Percy
Matemático británico

Véase también: Cálculo de pi 60–65 ▪ Trigonometría 70–75 ▪ Números imaginarios y complejos 128–131 ▪ Logaritmos 138–141 ▪ El número de Euler 186–191

NINGUNA TEORIA ES PERFECTA

EL TEOREMA DE BAYES

EN CONTEXTO

FIGURA CLAVE
Thomas Bayes (1702–1761)

CAMPO
Probabilidad

ANTES
1713 *Ars conjectandi*
(El arte de conjeturar), de
Jacob Bernoulli, publicado
de forma póstuma, plantea
su nueva teoría matemática
de la probabilidad.

1718 Abraham de Moivre
define la independencia
estadística de los sucesos
en *The doctrine of chances*.

DESPUÉS
1774 En *Mémoire sur la*
probabilité des causes par
les événements, Laplace
introduce el principio de
la probabilidad inversa.

1992 Se funda la Sociedad
Internacional para el Análisis
Bayesiano (ISBA, por sus
siglas en inglés) para la
aplicación y el desarrollo
del teorema de Bayes.

El teorema de Bayes se usa para **calcular probabilidades**
de eventos **desde el conocimiento a priori**.

Condiciones relacionadas con el evento pueden ayudar
a **estimar con más precisión su probabilidad**.

El teorema sirve para predecir con mayor
precisión la probabilidad de eventos futuros.

En 1763, el pastor y matemático galés Richard Price publicó el trabajo «An essay
towards solving a problem in the
doctrine of chances» («Un ensayo
para resolver un problema en la doctrina de la probabilidad»). Su autor
era el reverendo Thomas Bayes, fallecido dos años antes, que legó el
trabajo a Price en su testamento. Era
un avance para los modelos de la probabilidad, y aún se usa hoy para fines
tan diversos como encontrar aviones
perdidos o en pruebas patológicas.

En *Ars conjectandi* (1713), Jacob
Bernoulli mostró que, a medida que

aumenta el número de variables
aleatorias, la media observada se
aproxima más a la media teórica.
De esta forma, al lanzar una moneda un número suficiente de veces,
el número de veces que sale cara se
aproximará cada vez más a la mitad
del total de lanzamientos: una probabilidad de 0,5.

En 1718, Abraham de Moivre se
ocupó de las matemáticas que subyacen a la probabilidad, y demostró
que, si el tamaño de la muestra es lo
bastante grande, la distribución de
una variable aleatoria continua –la
altura de las personas, por ejemplo–

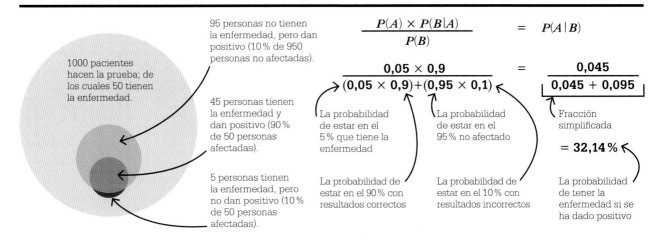

1000 pacientes hacen la prueba; de los cuales 50 tienen la enfermedad.

95 personas no tienen la enfermedad, pero dan positivo (10 % de 950 personas no afectadas).

45 personas tienen la enfermedad y dan positivo (90 % de 50 personas afectadas).

5 personas tienen la enfermedad, pero no dan positivo (10 % de 50 personas afectadas).

$$\frac{P(A) \times P(B|A)}{P(B)} = P(A|B)$$

$$\frac{0,05 \times 0,9}{(0,05 \times 0,9)+(0,95 \times 0,1)} = \frac{0,045}{0,045 + 0,095}$$

La probabilidad de estar en el 5 % que tiene la enfermedad

La probabilidad de estar en el 95 % no afectado

Fracción simplificada

La probabilidad de estar en el 90 % con resultados correctos

La probabilidad de estar en el 10 % con resultados incorrectos

$$= 32,14 \%$$

La probabilidad de tener la enfermedad si se ha dado positivo

Si una enfermedad afecta al 5 % de la población (evento A) y esta se somete a pruebas diagnósticas de un 90 % de precisión (evento B), se puede suponer que la probabilidad (P) de tener la enfermedad al dar positivo –$P(A|B)$– es del 90 %, pero el teorema de Bayes considera los resultados falsos debidos al 10 % de error de la prueba, $P(B)$.

tiende hacia una curva en forma de campana, a la que luego llamaría distribución normal el matemático alemán Carl Gauss.

Calcular las probabilidades

Sin embargo, la mayoría de los acontecimientos del mundo real son más complejos que echar algo a suertes con una moneda. Para que la probabilidad fuera útil, los matemáticos tenían que determinar cómo puede servir el resultado de un suceso para sacar conclusiones sobre las probabilidades que condujeron al mismo. Tal razonamiento basado en las causas de los sucesos observados –en lugar de usar probabilidades directas, como el 50 % de probabilidad de que salga cara o cruz– se llamó probabilidad inversa. Los problemas que se ocupan de las probabilidades de las causas son problemas de probabilidad inversa, y pueden consistir, por ejemplo, en observar que al lanzar una moneda sale cara 13 veces de 20, y luego tratar de deter-

minar si la probabilidad de que salga cara está entre 0,4 y 0,6.

Para mostrar cómo calcular probabilidades inversas, Bayes consideró dos sucesos interdependientes A y B. Cada uno tiene una probabilidad de ocurrir, $P(A)$ y $P(B)$, siendo P un número entre 0 y 1. Si ocurre el suceso A, altera la probabilidad de que

ocurra B, y viceversa. Para denotarlo, Bayes introdujo las probabilidades condicionales. Estas se dan como $P(A|B)$, la probabilidad de A dado B, y $P(B|A)$, la probabilidad de B dado A. Bayes logró resolver el problema de la relación entre sí de las cuatro probabilidades con la ecuación: $P(A|B)$ = $P(A) \times P(B|A)/P(B)$. ▪

Thomas Bayes

Hijo de un pastor inconformista, Thomas Bayes nació en 1702 en Londres, donde se crio. Estudió lógica y teología en la Universidad de Edimburgo, y siguió los pasos paternos como pastor, pasando gran parte de su vida al frente de una capilla presbiteriana en Tunbridge Wells, en el condado de Kent.

Se sabe muy poco de Bayes como matemático, pero en 1736 publicó anónimamente *Una introducción a la doctrina de las fluxiones, y una defensa*

de los matemáticos contra las objeciones del autor de *El Analista*, donde defendía los fundamentos del cálculo de Isaac Newton frente a las críticas del obispo y filósofo George Berkeley. Bayes fue elegido miembro de la Royal Society en 1742, y murió en 1761.

Obra principal

1736 *An introduction to the doctrine of fluxions, and a defence of the mathematicians against the objections of the author of The Analyst.*

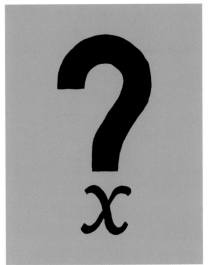

UNA SIMPLE CUESTION DE ALGEBRA

LA RESOLUCIÓN ALGEBRAICA DE ECUACIONES

Las ecuaciones polinómicas formadas por números y una sola cantidad desconocida (x y potencias de x, como x^2 y x^3) son una herramienta poderosa para resolver problemas del mundo real. Un ejemplo de ecuación polinómica es $x^2 + x + 41 = 0$. Si bien tales ecuaciones se podían resolver aproximadamente con cálculos numéricos, hasta el siglo XVIII no se logró su resolución exacta (algebraica), cuya búsqueda condujo a muchas innovaciones matemáticas, entre ellas, nuevos tipos de números –como los negativos y complejos–, así como la notación algebraica moderna y la teoría de grupos.

La búsqueda de soluciones

Los babilonios y antiguos griegos usaron métodos geométricos para resolver problemas que actualmente suelen expresarse como ecuaciones de segundo grado, y en la Edad Media se establecieron enfoques

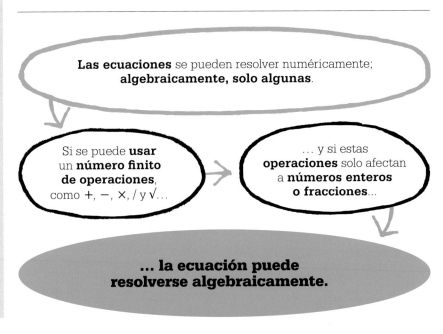

Las ecuaciones se pueden resolver numéricamente; **algebraicamente, solo algunas**.

Si se puede **usar un número finito de operaciones**, como $+, -, \times, /$ y $\sqrt{}$...

... y si estas **operaciones** solo afectan a **números enteros o fracciones**...

... la ecuación puede resolverse algebraicamente.

algorítmicos más abstractos. En el siglo XVI, los matemáticos conocían ciertas relaciones entre los coeficientes de una ecuación polinómica y sus raíces, y habían creado fórmulas para resolver ecuaciones de tercer y cuarto grado (con 3 y 4 como mayor potencia, respectivamente). En el siglo XVII tomó forma una teoría general de las ecuaciones polinómicas, llamada actualmente teorema fundamental del álgebra, que postulaba que una ecuación de grado n (en la que la mayor potencia de x es x^n) tiene exactamente n raíces o soluciones, que pueden ser números reales o complejos.

Raíces y permutaciones

En *Réflexions sur la résolution algébrique des équations* (1771), el matemático franco-italiano Joseph-Louis Lagrange presentó un enfoque general para resolver ecuaciones polinómicas. Su trabajo era teórico: estudió la estructura de las ecuaciones polinómicas para encontrar en qué circunstancias se podía hallar una fórmula para resolverlas. Lagrange combinó la técnica de usar una

Estos son los coeficientes de la ecuación.

Según el teorema fundamental del álgebra, una ecuación de tercer grado tiene tres soluciones: estas son tres números que, al sustituir cada uno a x, hacen que la ecuación sea igual a cero.

$$m x^3 + n x^2 + p x + q = 0$$

La mayor potencia de la ecuación es x^3, por tanto, es de tercer grado.

x es la variable de la ecuación.

Una ecuación algebraica se compone de variables y coeficientes. La mayor potencia que hay en la ecuación determina cuántas soluciones tiene esta; en este caso tiene tres.

ecuación polinómica relacionada de menor grado, cuyos coeficientes guardaran relación con los coeficientes de la ecuación original, con una innovación sorprendente: consideró las posibles permutaciones (reordenamientos) de las raíces. La percepción de las simetrías surgidas de esas permutaciones mostró por qué la ecuaciones de tercer y cuarto grado se podían resolver con fórmulas, y por qué (debido a las distintas permutaciones de simetrías y raíces) una fórmula para las ecuaciones de quinto grado requería otro enfoque.

A los 20 años del trabajo de Lagrange, el matemático italiano Paolo Ruffini comenzó a demostrar que no había fórmula general para la ecuación de quinto grado. El estudio de las permutaciones (y simetrías) de Lagrange fue la base de la aún más abstracta y general teoría de grupos propuesta por el matemático francés Évariste Galois, quien la usó para demostrar la imposibilidad de resolver algebraicamente ecuaciones de quinto grado o superior, es decir, por qué no hay una fórmula general para tales ecuaciones. ▪

Joseph-Louis Lagrange

Nacido en Turín en 1736, Lagrange fue bautizado como Giuseppe Lodovico Lagrangia. Su familia paterna era francesa, herencia que él asumió utilizando su nombre y apellido franceses. Como joven matemático autodidacta, trabajó en el problema de la tautócrona, y formalizó un método nuevo para hallar la función que resolvía tales problemas. Con 19 años, escribió a Leonhard Euler, quien reconoció su talento. Lagrange aplicó su método (que Euler llamó cálculo de variaciones) al estudio de fenómenos físicos diversos, entre ellos, la vibración de cuerdas. En

1766, por recomendación de Euler, fue nombrado director de matemáticas de la Academia de Berlín, y en 1787 se trasladó a la Academia de las Ciencias de París. Lagrange sobrevivió a la Revolución francesa y al Terror, y murió en París en 1813.

Obras principales

1771 *Réflexions sur la résolution algébrique des équations.*
1788 *Mécanique analytique.*
1797 *Théorie des fonctions analytiques.*

REUNAMOS DATOS

EL EXPERIMENTO DE LA AGUJA DE BUFFON

EN CONTEXTO

FIGURA CLAVE
**Georges Louis Leclerc,
conde de Buffon** (1707–1788)

CAMPO
Probabilidad

ANTES
1666 Se publica *Liber de ludo
aleae*, de Gerolamo Cardano.

1718 De Moivre publica *The
doctrine of chances*, el primer
tratado sobre probabilidad.

DESPUÉS
1942–1946 El Proyecto
Manhattan, organismo de
EE UU para el desarrollo de
armas nucleares, utiliza el
método de Monte Carlo (un
modelo computacional del
riesgo que genera variables
aleatorias).

**Finales de la década de
1900** Se aplican métodos
cuánticos de Monte Carlo
al estudio de interacciones
de partículas en sistemas
microscópicos.

En 1733, el matemático y naturalista Georges-Louis Leclerc, conde de Buffon, planteó y respondió una pregunta fascinante: si se deja caer una aguja sobre una serie de líneas paralelas a la misma distancia unas de otras, ¿qué probabilidades hay de que la aguja caiga sobre una línea? Esta cuestión, hoy conocida como el problema de la aguja de Buffon, fue uno de los primeros cálculos de probabilidades.

Una ilustración elegante

Primero, Buffon usó el experimento de la aguja para estimar π (pi), la razón entre la longitud de una circunferencia y su diámetro. Esto lo hizo dejando caer una aguja de longitud l muchas veces sobre varias paralelas separadas por una distancia d, siendo d mayor que la longitud de la aguja ($d > l$). Buffon contó luego el número de veces que la aguja cruzaba una línea como proporción del total de intentos (p), y dio con la fórmula en la que π es aproximadamente igual a dos veces la longitud de la aguja l, dividido por la distancia (d) multiplicada por la proporción de agujas que cruzan una línea: $\pi \approx 2l/dp$. La probabilidad de que la aguja cruce una línea se puede calcular multiplicando cada miembro de la fórmula por p,

y luego dividiendo cada miembro por π para obtener $p \approx 2l/\pi d$.

La relación con π se puede usar en varios problemas de probabilidad. Un ejemplo es un cuarto de círculo, inscrito en un cuadrado, cuya curva va desde el vértice superior izquierdo hasta el inferior derecho (diagrama, abajo). El lado horizontal inferior del cuadrado es el eje x, y el lado vertical izquierdo, el eje y, con el valor 0 en el vértice inferior izquierdo y el valor 1 en los vértices de los extremos de la curva. Cuando se eligen aleatoriamente dos números entre 0 y 1 como coordenadas x e y, que el punto quede dentro del cuarto de círculo (éxito) o fuera (fracaso) se

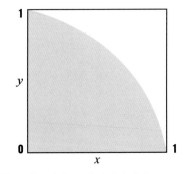

Usando pi, la probabilidad de que un punto escogido al azar caiga dentro el cuarto de círculo se calcula en el 78 % aproximadamente.

Véase también: Cálculo de pi 60–65 ▪ Probabilidad 162–165 ▪ El teorema de Bayes 198–199 ▪ El nacimiento de la estadística moderna 268–271

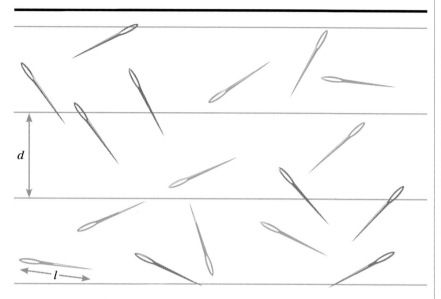

d = distancia
entre las líneas
l = longitud
de la aguja

Con el experimento de la aguja, Buffon demostró la relación entre probabilidad y pi. Distinguió las agujas en función de su «éxito» (rosa) o «fracaso» (azul) en cruzar alguna línea al caer, y a partir del resultado, calculó la probabilidades de «éxito».

puede deducir estudiando $\sqrt{a^2 + b^2}$, donde a es la coordenada x, y b es la coordenada y. El resultado es >1 para puntos fuera de la curva, y <1 para puntos dentro de la curva. El punto se elige al azar, y puede estar en cualquier parte del cuadrado. Los puntos sobre la línea del cuarto de círculo se pueden contar como éxitos. La probabilidad de éxito es πr^2 (el área del círculo) dividido entre 4. Si el radio es 1, $r^2 = 1$, de modo que el área es solo π; para un cuarto de círculo, se divide π por 4, obteniendo aproximadamente 0,78. El área total es la del cuadrado, que es $1 \times 1 = 1$, y por tanto la probabilidad de caer en la zona sombreada es de aproximadamente 0,78/1 = 0,78.

El método de Monte Carlo

Este problema es un ejemplo de un tipo más amplio de experimentos de enfoque estadístico, llamado método de Monte Carlo, nombre en clave acuñado por el polaco-estadounidense Stanisław Ulam y sus colegas para los muestreos aleatorios de su trabajo secreto con las armas nucleares en la Segunda Guerra Mundial. El método encontró aplicaciones modernas, sobre todo desde que los ordenadores redujeron el tiempo necesario para repetir una y otra vez experimentos de probabilidad. ▪

Los análisis de rendimiento de energía eólica calculan la producción predicha de un aerogenerador durante su vida útil con el método de Monte Carlo, dando distintos niveles de incertidumbre.

Georges-Louis Leclerc, conde de Buffon

Georges-Louis Leclerc nació en Montbard (Francia) en 1707. Sus padres le insistieron en que estudiara derecho, pero le interesaban más la botánica, la medicina y las matemáticas, que estudió en la Universidad de Angers. Con 20 años exploró el teorema del binomio.

Gracias a su independencia económica, Buffon pudo escribir y estudiar incansablemente, y mantuvo correspondencia con muchos miembros de la elite científica de su tiempo. Sus muy diversos intereses y su inmensa producción versaron sobre asuntos que van desde la construcción naval hasta la historia natural y la astronomía. También tradujo varias obras científicas.

Al frente del Real Jardín de Plantas Medicinales (o Jardín del Rey), en París, desde 1739, Buffon enriqueció la colección de este jardín botánico, y dobló su tamaño. Siguió en el puesto hasta su muerte, en 1788.

Obras principales

1749–1786 *Histoire naturelle (Historia natural).*
1778 *Les époques de la nature (Las épocas de la naturaleza).*

EL ALGEBRA

DA A MENUDO MAS DE LO QUE SE LE PIDE

EL TEOREMA FUNDAMENTAL DEL ÁLGEBRA

EN CONTEXTO

FIGURA CLAVE
Carl Gauss (1777–1855)

CAMPO
Álgebra

ANTES
1629 Albert Girard enuncia
que un polinomio de grado **n**
tendrá **n** raíces.

1746 Primer intento
de demostrar el teorema
fundamental del álgebra
(TFA), por Jean d'Alembert.

DESPUÉS
1806 Primera demostración
rigurosa del TFA que permite
polinomios con coeficientes
complejos, por Robert Argand.

1920 Alexander Ostrowski
demuestra los supuestos
restantes de la demostración
del TFA de Gauss.

1940 Primera variante
constructiva de la
demostración del TFA de
Argand que permite hallar las
raíces, por Hellmuth Kneser.

Este método de resolver
problemas por honesta
confesión de la propia
ignorancia se llama álgebra.
Mary Everest Boole
Matemática británica

Una ecuación expresa que una cantidad es igual a otra, y aporta un medio para determinar un número desconocido. Desde la época de los babilonios, los estudiosos han buscado solución a las ecuaciones, y de vez en cuando han topado con ejemplos aparentemente irresolubles. En el siglo V a. C., los intentos de Hípaso de resolver $x^2 = 2$ le llevaron a revelar que $\sqrt{2}$ es irracional (ni número entero ni fracción), lo cual contravenía el código de los pitagóricos, quienes, según algunas versiones, lo mataron por ello. Unos 800 años más tarde, Diofanto no tenía conocimiento de los números negativos, y por tanto no podía aceptar una ecuación en la que x fuera negativo, como $4 = 4x + 20$, en la que x es -4.

Polinomios y raíces

En el siglo XVIII, una de las áreas más estudiadas de las matemáticas era la de las ecuaciones polinómicas. Estas son de uso habitual en la resolución

Gerolamo Cardano encontró raíces negativas al trabajar con ecuaciones de tercer grado en el siglo XVI, y las aceptó como soluciones válidas, un paso importante en el álgebra.

de problemas de mecánica, física, astronomía e ingeniería, y contienen cantidades desconocidas elevadas a una potencia, como x^2. La raíz de una ecuación polinómica es un valor numérico específico que sustituye a la cantidad desconocida para que el

---

Una **ecuación polinómica** es una expresión hecha de **variables** (como x e y) y **coeficientes** (como 4), junto con operaciones (como + y −) para formar una ecuación (como $x^2 + 4x - 12 = y$).

Una raíz es un número que sustituye a una variable (como $x = -6$) para que la ecuación sea igual a cero.

Todas las ecuaciones polinómicas tienen **raíces**, o bien **reales**, o bien **complejas**.

Este es el **teorema fundamental del álgebra** (TFA).

Hallar las raíces de una ecuación

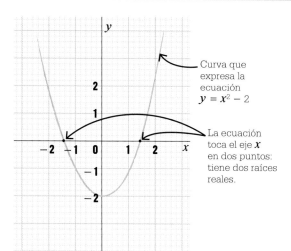

Curva que expresa la ecuación $y = x^2 - 2$

La ecuación toca el eje x en dos puntos: tiene dos raíces reales.

Una ecuación de segundo grado, como $y = x^2 - 2$, tiene siempre dos raíces reales o complejas.

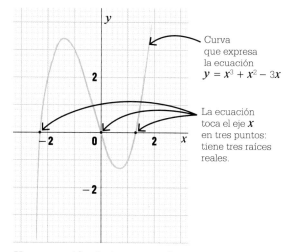

Curva que expresa la ecuación $y = x^3 + x^2 - 3x$

La ecuación toca el eje x en tres puntos: tiene tres raíces reales.

Una ecuación de tercer grado, como $y = x^3 + x^2 - 3x$, tiene siempre tres raíces reales o complejas.

polinomio sea igual a 0. En 1629, el francés Albert Girard observó que un polinomio de grado n tendrá n raíces. La ecuación de segundo grado $x^2 + 4x - 12 = 0$, por ejemplo, tiene dos raíces, $x = 2$ y $x = -6$, y ambas dan como resultado 0. Esto se debe al término x^2, pues 2 es la mayor potencia de la ecuación. Si se plantea una ecuación de segundo grado en un gráfico (arriba), es fácil hallar estas raíces: están donde la línea toca el eje x. Aunque su teorema era útil, el trabajo de Girard se vio entorpecido por no tener noción alguna de los números complejos. Estos iban a ser clave para formular un teorema fundamental del álgebra (TFA) que resolviera todos los polinomios posibles.

Números complejos

Juntos, todos los números positivos, negativos, racionales e irracionales constituyen los números reales. Las raíces de algunos polinomios, sin embargo, no son reales. Este fue un problema al que se enfrentaron el matemático italiano Gerolamo Cardano y sus colegas en el siglo XVI. Al resolver ecuaciones de tercer grado, encontraron que algunas de sus soluciones consistían en raíces cuadradas de números negativos. Esto parecía imposible, pues un número negativo multiplicado por sí mismo produce un resultado positivo.

El problema fue resuelto en 1572, cuando otro italiano, Rafael Bombelli, estableció las reglas para un sistema numérico ampliado que incluyera números como $\sqrt{-1}$ junto con los números reales. En 1751, Leonhard Euler estudió las raíces imaginarias de los polinomios, y llamó a $\sqrt{-1}$ la unidad imaginaria, o i. Todos los números imaginarios son múltiplos de i. Combinar lo real y lo imaginario, como en $a + bi$ (donde a y b son números reales, e $i = \sqrt{-1}$), crea lo que se llama un número complejo.

Una vez aceptada por los matemáticos la necesidad de los números negativos y complejos para resolver ciertas ecuaciones, quedaba la cuestión de si hallar las raíces de polinomios de grado mayor requeriría un tipo ulterior de números. Euler y otros matemáticos, entre los que destacó el alemán Carl Gauss, trataron de responder a esta pregunta, »

Los números imaginarios son un bello y maravilloso refugio del espíritu divino.
Gottfried Leibniz

Carl Gauss

Carl Gauss nació en 1777 en Brunswick (Alemania), y mostró su talento matemático a muy temprana edad: con tres años de edad corrigió un error en los cálculos de su padre en una nómina, y a los cinco ya le llevaba las cuentas. En 1795 se matriculó en la Universidad de Gotinga, y en 1798 construyó un heptadecágono (polígono de 17 lados) regular usando solo regla y compás, el mayor logro en construcción de polígonos desde la geometría de Euclides, de unos dos mil años antes. *Disquisitiones arithmeticae* (1801), de Gauss, escrito a los 21 años, fue clave para definir la teoría de números. Gauss fue responsable de avances en la astronomía (como el redescubrimiento del asteroide Ceres), la cartografía, el diseño de instrumentos ópticos y el electromagnetismo. Sin embargo, no difundió muchas de sus ideas, un gran número de las cuales se descubrieron en sus documentos inéditos tras su muerte, en 1855.

Obra principal

1801 *Disquisitiones arithmeticae (Disquisiciones aritméticas).*

y acabaron por concluir que las raíces de cualquier polinomio son o bien números reales, o bien números complejos, sin que sean necesarios números de otro tipo.

Primeros estudios

El TFA puede enunciarse de varias maneras, pero su formulación más común es que todo polinomio con coeficientes complejos tendrá al menos una raíz compleja. También se enuncia diciendo que todos los polinomios de grado **n** con coeficientes complejos tienen **n** raíces complejas.

El primer intento relevante de demostrar el TFA fue el del matemático francés Jean le Rond d'Alembert, en «Recherches sur le calcul intégral» («Estudios sobre el cálculo integral»), de 1746. Su demostración afirmaba que si un polinomio $P(x)$ con coeficientes reales tiene una raíz compleja $x = a + ib$, entonces tiene también una raíz compleja $x = a - ib$. Para demostrar este teorema, se valió de una idea complicada, hoy llamada lema de D'Alembert. En matemáticas, un lema es una premisa auxiliar de un teorema mayor. Sin embargo, D'Alembert no demostró satisfactoriamente su lema; la demostración era correcta, pero tenía demasiados cabos sueltos como para convencer a sus colegas matemáticos.

Solo hay dos tipos de conocimiento cierto: la conciencia de nuestra propia existencia y las verdades matemáticas.
Jean d'Alembert

Jean d'Alembert fue el primero en intentar demostrar el TFA, que en Francia se llama teorema D'Alembert-Gauss, en reconocimiento de la influencia de D'Alembert sobre Gauss.

Más tarde intentaron demostrar el TFA Leonhard Euler y Joseph-Louis Lagrange, y sus intentos resultaron útiles para matemáticos posteriores, aunque fueron también insatisfactorios. En 1795, Pierre-Simon Laplace lo intentó usando el llamado discriminante del polinomio, un parámetro determinado a partir de los coeficientes que indica la naturaleza de las raíces, como el que sean reales o imaginarias. Su demostración incluía un supuesto no demostrado que había evitado D'Alembert: que un polinomio tendrá siempre raíces.

La demostración de Gauss

En 1799, con 21 años, Carl Friedrich Gauss publicó su tesis doctoral, que empezaba por el resumen y la crítica de la demostración de D'Alembert, entre otras. Gauss señaló que todas estas demostraciones anteriores habían aceptado supuestos que eran parte de lo que trataban de demostrar. Uno de los supuestos era que los polinomios de grado impar (como los de tercer y quinto grado) tienen siempre una raíz real. Esto es cierto, pero Gauss defendía que había que demostrarlo. Su primera demostración se basó en supuestos sobre las curvas algebraicas. Eran plausibles, pero no fueron demostrados rigurosamente en la obra de Gauss, y no fueron todos justificados hasta 1920, cuando el matemático ucraniano Alexander Ostrowski publicó su propia demostración. La primera demostración geométrica de Gauss bien pudo verse perjudicada por prematura: en 1799, los conceptos de continuidad y de plano complejo, que le habrían ayudado a explicar sus ideas, no se habían desarrollado aún.

Las aportaciones de Argand

Gauss publicó una demostración mejorada del TFA en 1816, y un refinamiento ulterior en la conferencia con ocasión de su jubileo (la celebración de los 50 años transcurridos desde su doctorado) en 1849. A diferencia del enfoque geométrico de la original, las demostraciones segunda y tercera eran de carácter más algebraico y técnico. Gauss publicó cuatro demostraciones del TFA, pero no resolvió plenamente el problema, al no lograr ocuparse del siguiente paso

obvio: aunque había establecido que toda ecuación de números reales tendría un número complejo entre las soluciones, no había considerado las ecuaciones construidas con números complejos, como $x^2 = i$.

En 1806, el suizo Jean-Robert Argand halló una solución elegante. Todo número complejo z puede escribirse en la forma $a + bi$, donde a es la parte real de z y bi es la parte imaginaria. El trabajo de Argand permitió representar geométricamente los números complejos. Si se disponen los números reales en el eje x y los números imaginarios en el eje y, todo el plano entre ellos se convierte en el ámbito de los números complejos. Argand demostró que la solución para toda ecuación construida con números complejos se puede encontrar entre los números complejos de su diagrama, y que, por tanto, no hay necesidad de ampliar el sistema numérico. La de Argand fue la primera demostración verdaderamente rigurosa del TFA.

El legado del teorema

Las demostraciones de Gauss y Argand asentaron la validez de los números complejos como raíces de los polinomios. El TFA afirmaba que

Hace mucho tiempo que tengo mis resultados, pero no sé aún cómo llegar a ellos.
Carl Gauss

cualquiera que tuviera que resolver una ecuación hecha de números reales podía estar seguro de hallar la solución en el ámbito de los números complejos, y estas ideas innovadoras constituyeron el fundamento del análisis complejo.

Desde Argand, los matemáticos han seguido trabajando en la demostración del TFA usando métodos nuevos. En 1891, por ejemplo, el alemán Karl Weierstrass creó un método –hoy llamado método Durand-Kerner, los matemáticos que lo redescubrieron en la década de 1960– para encontrar simultáneamente todas las raíces de un polinomio. ∎

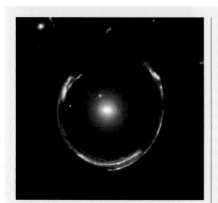

Un anillo de Einstein, descubierto por primera vez en 1998. La luz de una fuente está deformada por una lente gravitatoria.

Aplicaciones del TFA

Los estudios sobre el teorema fundamental del álgebra (TFA) han supuesto avances en otros campos. En la década de 1990, los matemáticos británicos Terrence Sheil-Small y Alan Wilmshurst ampliaron el TFA a los polinomios armónicos. Estos pueden tener infinitas raíces, pero en algunos casos hay un número finito. Los matemáticos estadounidenses Dmitry Khavinson y Genevra Neumann demostraron en 2006 que había un límite superior al número de raíces de una cierta

clase de polinomios armónicos. Tras publicar sus resultados, se les dijo que su demostración asentaba una conjetura de la astrofísica Sun Hong Rhie sobre la imagen de fuentes astronómicas lejanas de luz. Los objetos masivos del universo deforman los rayos de luz procedentes de fuentes lejanas, en el fenómeno llamado lente gravitatoria, y crean imágenes múltiples en los telescopios. Rhie postuló un número máximo de imágenes producidas, que resultó ser el límite superior encontrado por Khavinson y Neumann.

EL SIG
1800–1900

El matemático autodidacta Jean-Robert Argand explora la idea de **plantear** los **números complejos como coordenadas**.

La **máquina diferencial** de Charles Babbage aporta los **fundamentos de las calculadoras** y, luego, de los ordenadores.

János Bolyai y Nikolái Lobachevski resuelven un problema de unos dos mil años antes, el **postulado de las paralelas de Euclides**, y demuestran la validez de la geometría hiperbólica, a la que **no es aplicable**.

Se propone la **distribución de Poisson**, aún utilizada hoy día para modelar **la ocurrencia de un suceso** en un periodo determinado.

1806　　**1822**　　**1829–1832**　　**1837**

1814　　**1829**　　**1832**

Pierre-Simon Laplace propone la noción de un **universo determinista predecible** a partir del pleno conocimiento de **cada partícula**, noción luego **llamada demonio de Laplace**.

El trabajo sobre **funciones elípticas** de Carl Gustav Jacob Jacobi trae **avances importantes** a las matemáticas y la física.

Évariste Galois muere a los 20 años, tras desarrollar **la teoría de grupos** para **trabajar con polinomios**.

El progreso de las matemáticas se aceleró a lo largo del siglo XIX, y la ciencia y las matemáticas se erigieron en estudios académicos respetados. Mientras se expandía la revolución industrial y el año de las revoluciones de 1848 ponía de relieve el auge del nacionalismo en los viejos imperios, hubo un impulso renovado en el empeño por comprender el funcionamiento del universo en términos científicos, en lugar de religiosos o filosóficos. El matemático francés Pierre-Simon Laplace, por ejemplo, aplicó las teorías del cálculo a la mecánica celeste. Laplace propuso una forma de determinismo científico, afirmando que, una vez en posesión del conocimiento relevante sobre las partículas móviles, podría predecirse el comportamiento de todas las cosas del universo.

Otro rasgo de las matemáticas decimonónicas fue la tendencia creciente hacia lo teórico, fomentada por el influyente trabajo llevado a cabo por Carl Friedrich Gauss, considerado el mejor de todos los matemáticos por muchos en la disciplina. Gauss dominó los estudios matemáticos durante gran parte de la primera mitad del siglo, realizando aportaciones al álgebra, la geometría y la teoría de números, y dando nombre a conceptos tales como la distribución de Gauss, la función gaussiana, la curvatura de Gauss y la función error de Gauss.

Nuevos campos

Gauss fue también un pionero de las geometrías no euclidianas, epítome del espíritu revolucionario de las matemáticas del siglo XIX. De ellas se ocuparon Nikolái Lobachevski y

János Bolyai, quienes desarrollaron independientemente teorías sobre geometría hiperbólica y espacios curvos, resolviendo el problema del postulado de las paralelas de Euclides. Esto inauguró un enfoque enteramente nuevo de la geometría, preparando el camino al naciente campo de la topología (el estudio del espacio y las superficies), influida también por la posibilidad de más de tres dimensiones que ofrecía el descubrimiento de los cuaterniones por William Hamilton.

El más conocido de los pioneros de la topología es tal vez August Möbius, inventor de la banda de Möbius, la cual tenía la inusual propiedad de ser una superficie bidimensional de un solo lado. Las geometrías no euclidianas fueron desarrolladas por Bernhard Riemann, quien identificó y definió geometrías

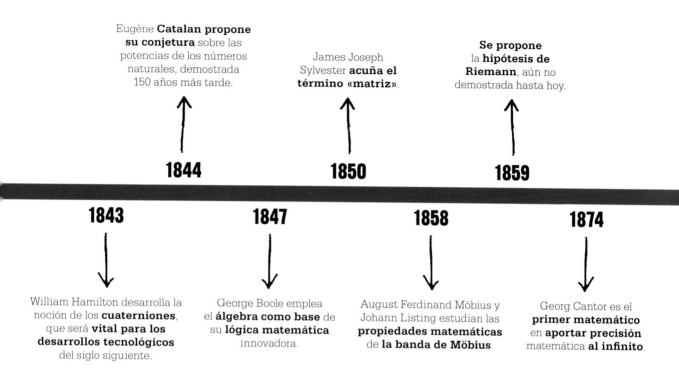

Eugène **Catalan propone su conjetura** sobre las potencias de los números naturales, demostrada 150 años más tarde.

James Joseph Sylvester **acuña el término «matriz»**.

Se propone la **hipótesis de Riemann**, aún no demostrada hasta hoy.

1844

1850

1859

1843

1847

1858

1874

William Hamilton desarrolla la noción de los **cuaterniones**, que será **vital para los desarrollos tecnológicos** del siglo siguiente.

George Boole emplea el **álgebra como base** de su **lógica matemática** innovadora.

August Ferdinand Möbius y Johann Listing estudian las **propiedades matemáticas de la banda de Möbius**.

Georg Cantor es el **primer matemático** en **aportar precisión** matemática **al infinito**.

distintas en múltiples dimensiones. Pero Riemann no se limitó a la geometría; además de su trabajo en el ámbito del cálculo, fueron importantes sus aportaciones a la teoría de números, siguiendo los pasos de Gauss. La hipótesis de Riemann, derivada de la función zeta de Riemann acerca de los números complejos, sigue irresuelta hoy día. Otros descubrimientos notables de la época sobre la teoría de números fueron la creación de la teoría de conjuntos y la descripción de una «infinitud de infinitudes» por Georg Cantor, la conjetura de Eugène Catalan sobre las potencias de los números naturales y la aplicación de las funciones elípticas a la teoría de números propuesta por Carl Gustav Jacob Jacobi.

Jacobi, como Riemann, dominaba varios campos matemáticos, que vinculó de maneras nuevas. Su principal interés residía en el álgebra, otra área de las matemáticas cuya abstracción sería creciente en el siglo XIX. Los fundamentos del creciente campo del álgebra abstracta los puso Évariste Galois, quien, aunque murió joven, desarrolló también la teoría de grupos mientras determinaba un método algebraico general para resolver ecuaciones polinómicas.

Tecnologías nuevas

No todas las matemáticas de este periodo fueron puramente teóricas, e incluso algunos de los conceptos abstractos no tardaron en encontrar aplicaciones prácticas. Siméon Poisson, por ejemplo, usó su conocimiento de las matemáticas puras para desarrollar ideas como la distribución de Poisson, concepto clave del campo de la teoría de la probabilidad. Charles Babbage, por su parte, respondió a la demanda práctica de un medio de cálculo preciso y rápido con un ingenio mecánico, la máquina diferencial, poniendo con ello los cimientos de la invención del ordenador. El trabajo de Babbage inspiró a su vez a Ada Lovelace, creadora del predecesor de los algoritmos informáticos actuales.

Mientras tanto, hubo otros desarrollos de las matemáticas con consecuencias de largo alcance para el progreso tecnológico posterior. Con el álgebra como punto de partida, George Boole ingenió una lógica basada en un sistema binario que empleaba los operadores AND, OR y NOT (Y, O y NO). Estos constituirían el fundamento de la lógica matemática moderna, y, no menos importante, prepararon el camino al lenguaje informático de casi un siglo más tarde. ∎

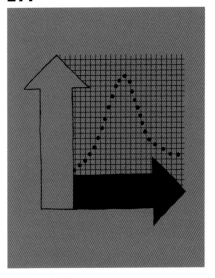

LOS NUMEROS COMPLEJOS SON COORDENADAS EN UN PLANO

EL PLANO COMPLEJO

EN CONTEXTO

FIGURA CLAVE
Jean-Robert Argand
(1768–1822)

CAMPO
Teoría de números

ANTES
1545 Gerolamo Cardano usa raíces cuadradas negativas para resolver ecuaciones de tercer grado en *Ars magna*.

1637 Descartes desarrolla una manera de plantear expresiones algebraicas como coordenadas en una cuadrícula.

DESPUÉS
1843 William Hamilton amplía el plano complejo al añadir dos unidades imaginarias más, creando los cuaterniones, expresiones planteadas en un espacio cuatridimensional.

1859 Fundiendo dos planos complejos, Riemann desarrolla una superficie 4D para analizar funciones complejas.

Algunas ecuaciones **no pueden resolverse** sin usar **números complejos**.

Los números complejos tienen **dos componentes**: un **número real** y uno **imaginario**.

Los **números reales** (−1, 0, 1, etc.) se expresan en una **recta numérica horizontal**.

Los números imaginarios se pueden plantear en una recta perpendicular a la numérica, formando ejes x e y.

Esto crea un plano de los números complejos, con los números reales planteados en el eje x y los imaginarios en el eje y.

Tras siglos de recelos, los matemáticos se reconciliaron con el concepto de los números negativos en la década de 1700, y lo hicieron usando números imaginarios en el álgebra. En 1806, la contribución clave del matemático nacido en Suiza Jean-Robert Argand fue plantear los números complejos (con un componente real y otro imaginario) como coordenadas en un plano creado por dos ejes, x para los números reales, e y para los números imaginarios. Este plano complejo

> Muy poca […] ciencia
> y tecnología puede haber
> que no dependa de los
> números complejos.
> **Keith Devlin**
> **Matemático británico**

fue la primera interpretación geométrica de las propiedades peculiares de los números complejos.

Raíces algebraicas

Los números imaginarios surgieron en el siglo XVI, cuando matemáticos como Gerolamo Cardano y Niccolò Fontana (llamado Tartaglia) hallaron que resolver ecuaciones de tercer grado requería la raíz cuadrada de un número negativo. El cuadrado de los números reales no puede ser negativo –multiplicados por sí mismos dan números positivos–, por lo que decidieron tratar $\sqrt{-1}$ como una nueva unidad separada de los números reales. En sus intentos de demostrar el teorema fundamental del álgebra (TFA), Leonhard Euler fue el primero en representar la unidad imaginaria ($\sqrt{-1}$) con i. Según el TFA, todas las ecuaciones polinómicas de grado n tienen n raíces. Esto supone que si x^2 es la mayor potencia de una expresión algebraica con una sola variable (como x) y coeficientes reales (números que multiplican la variable), la expresión es de grado 2, y tiene dos raíces, o valores de x con los cuales el

polinomio es igual a cero. Muchos polinomios aparentemente simples, como $x^2 + 1$, no son iguales a cero si x es un número real. Plantear $x^2 + 1$ en un gráfico con ejes x e y crea una curva que nunca pasa por el origen $(0, 0)$. Para que el TFA funcione para $x^2 + 1$, Gauss y otros combinaron números reales con imaginarios para crear números complejos. Todos los números son en esencia complejos: por ejemplo, el número real 1 es el número complejo $1 + 0i$, y el número i es $0 + i$. La ecuación $x^2 + 1$ puede ser igual a cero cuando x es i o $-i$.

El descubrimiento de Argand

Al plantear los números complejos, Argand descubrió que el número imaginario i no se convierte en otro mayor al elevarlo a potencias mayores, sino que sigue un patrón de cuatro pasos que se repite infinitamente: $i^1 = i$; $i^2 = -1$; $i^3 = -i$, $i^4 = 1$; $i^5 = i$, y así sucesivamente. Esto se puede visualizar en el plano complejo, en el que multiplicar números reales por imaginarios produce rotaciones de 90°. Así $1 \times i = i$, que no aparece

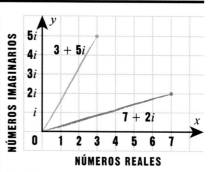

Un diagrama de Argand representa en los ejes x e y los números reales e imaginarios, que combinados plantean los números complejos. De estos, aquí se muestran dos: $3 + 5i$ y $7 + 2i$.

en absoluto en el eje x de los números reales, sino en el eje y de los imaginarios. Seguir multiplicando por i resulta en más rotaciones de 90°, motivo por el cual tras cuatro multiplicaciones se vuelve al punto de partida.

El plano complejo –o diagrama de Argand– facilita la resolución de polinomios complicados, y es una herramienta poderosa con aplicaciones mucho más allá del ámbito de la teoría de números. ∎

Jean-Robert Argand

Poco se sabe de los inicios de la vida de Jean-Robert Argand. Nació en Ginebra (Suiza) en 1768, y no parece que recibiera una educación matemática formal. En 1806 se mudó a París para trabajar en una librería, y autopublicó la interpretación geométrica de los números complejos por la que es conocido. (Se sabe que Casper Wessel, cartógrafo noruego, utilizó construcciones similares en 1799.) El ensayo de Argand se volvió a publicar en una

revista matemática en 1813, y en 1814 usó el plano complejo para ofrecer la primera demostración rigurosa del teorema fundamental del álgebra. Argand publicó otros ocho artículos antes de su muerte, en 1822, en París.

Obra principal

1806 *Essai sur une manière de représenter les quantités imaginaires dans les constructions géométriques (Ensayo sobre un método para representar geométricamente las cantidades imaginarias).*

LA NATURALEZA ES LA FUENTE MAS FERTIL DE DESCUBRIMIENTOS MATEMATICOS
ANÁLISIS DE FOURIER

EN CONTEXTO

FIGURA CLAVE
Joseph Fourier (1768–1830)

CAMPO
Matemáticas aplicadas

ANTES
1701 Joseph Sauveur afirma
que las cuerdas vibrantes
oscilan en muchas ondas
de distinta longitud a la vez.

1753 Daniel Bernoulli
muestra que una cuerda
vibrante consiste en
un número infinito de
oscilaciones armónicas.

DESPUÉS
1965 En EE UU, James
Cooley y John Tukey
desarrollan la «transformada
rápida de Fourier» (FFT),
algoritmo capaz de acelerar
el análisis de Fourier.

Década de 2000 El análisis
de Fourier se usa en diversos
programas de reconocimiento
de voz para ordenadores y
smartphones.

Hace más de 2500 años que se estudia el sonido creado por cuerdas vibrantes. Alrededor de 550 a. C., Pitágoras descubrió que si se toman dos cuerdas del mismo material y a la misma tensión, pero de doble longitud una que otra, la cuerda corta vibrará al doble de frecuencia que la larga, y las notas resultantes estarán separadas por una octava.

Dos siglos más tarde, Aristóteles sugirió que el sonido viaja por el aire en forma de ondas, aunque creyera incorrectamente que los sonidos agudos viajan más rápido que los graves. En el siglo XVII, Galileo comprendió que el sonido lo producen vibraciones, y que el sonido que percibimos es más agudo cuanto mayor es la frecuencia de las vibraciones.

Calor y armonía

A finales del siglo XVII, Joseph Sauveur y otros físicos estaban realizando grandes progresos en el estudio de las relaciones entre las ondas de las cuerdas tensas al vibrar y el tono y frecuencia de los sonidos que producían. En el curso de sus investigaciones, los matemáticos mostraron que toda cuerda produce una serie potencialmente infinita de vibraciones, comenzando por la fundamental

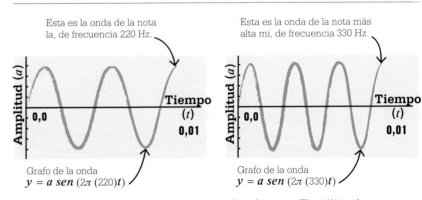

Los sonidos se componen de una serie compleja de tonos. El análisis de Fourier separa los tonos puros, representados como ondas sinusoidales (o senoidales) en un gráfico. Los tonos tienen frecuencia, que determina la altura, y amplitud, que determina el volumen.

Joseph Fourier

Fourier nació en Auxerre (Francia) en 1768. Hijo de un sastre, asistió a una escuela militar, donde su gran afición a las matemáticas le llevó al éxito como profesor.

Su carrera fue interrumpida por dos arrestos –uno por criticar la Revolución francesa, y otro por defenderla–; no obstante, en 1798 acompañó como diplomático al ejército de Napoleón, quien luego le nombró barón y después conde. Tras la caída de Napoleón en 1815, se instaló en París para dirigir el Departamento Estadístico del Sena, donde se dedicó a estudios de física matemática, entre ellos,

su trabajo sobre las series de Fourier (series de ondas sinusoidales que caracterizan los sonidos). En 1822, Fourier fue nombrado secretario de la Academia de Ciencias de Francia, puesto que mantuvo hasta su muerte, en 1830. Es uno de los 72 científicos cuyos nombres están inscritos en la torre Eiffel.

Obra principal

1822 *Théorie analytique de la chaleur (Teoría analítica del calor).*

(la frecuencia natural más baja de la cuerda) e incluyendo sus armónicos (múltiplos enteros de la fundamental). El sonido puro de un tono único lo produce una oscilación repetitiva y suave llamada onda sinusoidal, o sinusoide (gráfico, p. anterior). La cualidad sonora de un instrumento musical resulta sobre todo del número y de las intensidades relativas de los armónicos que produce, o contenido armónico. El resultado son ondas diversas que interfieren unas con otras.

Joseph Fourier estaba tratando de resolver el problema de cómo se propaga el calor por un objeto sólido, y desarrolló un enfoque que le permitiría calcular la temperatura en cualquier parte de un objeto, en cualquier momento posterior a haber aplicado una fuente de calor a uno de sus extremos.

El análisis de Fourier de la vibración de los materiales permite construir edificios que resuenan en frecuencias distintas a las de los terremotos típicos, y así evitar la clase de daños que sufrió Ciudad de México en 2017.

Los estudios sobre distribución del calor de Fourier mostraron que, sin importar la complejidad de un patrón de ondas, este puede descomponerse en las sinusoides (o senoides) que lo constituyen, proceso hoy conocido como análisis de Fourier. Como el calor es radiación en forma de ondas, los descubrimientos de Fourier sobre la distribución del calor eran aplicables al estudio del sonido. Una onda sonora se puede entender en términos de las amplitudes de las ondas sinusoidales que la constituyen, un conjunto de números conocido como espectro armónico.

Hoy, el análisis de Fourier desempeña un papel clave en muchas aplicaciones, entre ellas, la compresión de archivos digitales, la tomografía por resonancia magnética, el *software* de reconocimiento de voz y el de corrección de *pitch* (tono), así como la determinación de la composición de las atmósferas planetarias. ▪

EL DIABLO QUE CONOCE LA POSICIÓN DE TODAS LAS PARTÍCULAS DEL UNIVERSO
EL DEMONIO DE LAPLACE

EN CONTEXTO

FIGURA CLAVE
Pierre-Simon Laplace
(1749–1827)

CAMPO
Filosofía matemática

ANTES
1665 Isaac Newton desarrolla
el cálculo para analizar y
describir la caída de los
cuerpos y otros sistemas
mecánicos complejos.

DESPUÉS
1872 Ludwig Boltzmann
demuestra por medio de la
mecánica estadística que
la termodinámica de un
sistema resulta siempre en
un aumento de la entropía.

1963 Edward Lorenz describe
el atractor de Lorenz, un modelo
que produce resultados caóticos
con cada cambio minúsculo
de los parámetros iniciales.

2008 David Wolpert
desmiente el demonio de
Laplace tratando el «intelecto»
como un ordenador.

En 1814, Pierre-Simon Laplace, matemático francés que combinó las matemáticas y la ciencia con la filosofía y la política, presentó un experimento mental. Al explicarlo, Laplace nunca usó la palabra «demonio», introducida en versiones posteriores para evocar la figura de un ser sobrenatural al que las matemáticas vuelven divino.

Lo que imaginó Laplace fue un intelecto capaz de analizar los movimientos de todos los átomos del universo para predecir sus recorridos futuros. Se trataba de una exploración del determinismo, concepto

filosófico en el que el futuro está determinado por causas pasadas.

Análisis mecánico

Laplace partía de la mecánica clásica, el campo matemático que describe el comportamiento de los cuerpos según las leyes del movimiento de Newton. En un universo newtoniano, los átomos (e incluso las partículas de luz) siguen las leyes del movimiento, y van rebotando en una maraña de trayectorias. El «intelecto» de Laplace captaría y analizaría todos estos movimientos, y crearía una única fórmula que a partir de todos los movimientos presentes podría establecer los pasados y predecir los futuros.

La teoría de Laplace tenía una consecuencia filosófica alarmante: solo funciona si el universo sigue un camino mecánico predecible, tal que todo, desde la rotación de las galaxias hasta los minúsculos átomos de las células nerviosas que controlan los pensamientos, se pueda proyectar hacia el futuro. Todos los aspectos

El planetario, un «universo de relojería» que muestra el movimiento de los cuerpos celestes del Sistema Solar, se popularizó tras la publicación de la teoría universal de la gravedad de Newton.

¿Se **puede** modelar el **comportamiento de cada partícula** del **universo** según **la mecánica clásica** (cuerpos en movimiento por la acción de fuerzas)?

Sí; por tanto, el **universo** es **determinista**.

No; por tanto, el **universo** es **probabilista:** causas específicas tienen efectos específicos por azar.

El **futuro** está ya **determinado** y **no** tenemos **control** sobre nuestros **actos**.

El **futuro no está escrito** y tenemos **capacidad** para **influir** en él.

El demonio de Laplace puede **predecir el futuro con precisión**.

El demonio de Laplace **no puede existir**.

Pierre-Simon Laplace

De familia aristocrática, Laplace nació en 1749, y vivió la Revolución francesa y el Terror, periodo en que muchos de sus amigos murieron. En 1799 fue nombrado ministro del Interior bajo Napoleón, pero fue destituido a las seis semanas, por ser demasiado analítico e ineficaz. Laplace tomó partido más adelante por los Borbones, y se le restituyó su título original de marqués al restaurarse la monarquía.

El demonio de Laplace fue una nota al margen en una carrera que abarcó también la física y la astronomía, en la que Laplace fue el primero en postular el concepto del agujero negro. Sus numerosas aportaciones a las matemáticas se dieron en los ámbitos de la mecánica clásica, la teoría de la probabilidad y las transformaciones algebraicas. Laplace falleció en París en 1827.

Obras principales

1798–1828 *Traité de mécanique céleste.*
1812 *Théorie analytique des probabilités.*
1814 *Essai philosophique sur les probabilités.*

de la vida de cada persona estarían predeterminados, y no habría libre albedrío ni control alguno sobre los propios pensamientos y actos.

Probabilidad y estadística

Si las matemáticas ayudaron a crear tan desoladora visión del mundo, ayudaron también a desacreditarla: en la década de 1850, el estudio del calor y la energía –la termodinámica– introdujo un nuevo modelo, el del mundo atómico. Para describir el movimiento de los átomos y las moléculas que constituyen la materia, de los que no podía dar cuenta la mecánica clásica, los físicos optaron por una técnica inventada por el matemático suizo Daniel Bernoulli en 1738, que usaba la teoría de la probabilidad para modelar el movimiento de unidades independientes en un espacio dado. Refinada por el físico austriaco Ludwig Boltzmann, la técnica acabaría por llamarse mecánica estadística. Describía el mundo atómico en términos de probabilidad aleatoria, cosa incompatible con el determinismo mecánico del demonio de Laplace. En la década de 1920, el desarrollo de la física cuántica, en la que la incertidumbre tiene un papel clave, vino a respaldar la noción de un universo probabilístico. ▪

¿CUALES SON LAS PROBABILIDADES?
LA DISTRIBUCIÓN DE POISSON

EN CONTEXTO

FIGURA CLAVE
Siméon Poisson (1781–1840)

CAMPO
Probabilidad

ANTES
1662 *Natural and political observations upon the bills of mortality*, del comerciante inglés John Graunt, marca el nacimiento de la estadística.

1711 *De mensura sortis*, de Abraham de Moivre, describe lo que luego se llamará distribución de Poisson.

DESPUÉS
1898 El estadístico ruso Ladislaus Bortkiewicz utiliza la distribución de Poisson al estudiar el número de soldados prusianos muertos por coces de caballos.

1946 El estadístico británico R. D. Clarke publica un estudio, basado en la distribución de Poisson, sobre los patrones del impacto de misiles V1 y V2 en Londres.

En estadística, la distribución de Poisson se usa en modelos de la frecuencia de sucesos aleatorios en un espacio o tiempo dado. Introducida en 1837 por el matemático francés Siméon Poisson y basada en el trabajo de Abraham de Moivre, sirve para predecir una gama amplia de posibilidades.

Valga como ejemplo el de una cocinera que tenga que predecir el número de patatas asadas que se pedirán en un restaurante, y decidir cuántas patatas debe prehornear al día. Conociendo el pedido diario medio, decide preparar n patatas con una certeza de al menos el 90 % de que n será suficiente para satisfacer la demanda.

Para usar la distribución de Poisson y calcular n, deben darse ciertas condiciones: los pedidos tienen que darse de manera aleatoria, única e uniforme, es decir, se pide el mismo número de patatas de media todos los días. En estas condiciones, la cocinera puede hallar el valor de n o cuántas patatas prehornear. El número medio de sucesos por unidad de espacio o tiempo (lambda, o λ) es clave. Si $\lambda = 4$ (la media de patatas pedidas al día) y el número de pedidos de patatas en un día dado es B, la probabilidad de que B sea menor o igual a 6 es del 89 %, mientras que la probabilidad de que B sea menor o igual a 7 es del 95 %. La cocinera debe asegurarse de estar segura al 90 % de satisfacer la demanda, y por tanto, aquí n será 7. ∎

A Siméon Poisson se le atribuye la distribución de Poisson, un posible ejemplo de la ley de Stigler: ningún descubrimiento científico recibe el nombre del verdadero descubridor.

Véase también: Probabilidad 162–165 ▪ El número de Euler 186–191 ▪ Distribución normal 192–193 ▪ El nacimiento de la estadística moderna 268–271

UNA HERRAMIENTA INDISPENSABLE DE LAS MATEMATICAS APLICADAS
LAS FUNCIONES DE BESSEL

EN CONTEXTO

FIGURA CLAVE
Friedrich Wilhelm Bessel
(1784–1846)

CAMPO
Geometría aplicada

ANTES
1609 Kepler descubre
las órbitas elípticas
de los planetas.

1732 Daniel Bernoulli usa
lo que luego se llamarán
funciones de Bessel al
estudiar las vibraciones
de una cadena oscilante.

1764 Euler analiza una
membrana vibrante usando
lo que luego se entenderá
como funciones de Bessel.

DESPUÉS
1922 El matemático británico
George Watson escribe el
muy influyente *A treatise on
the theory of Bessel functions*
(*Un tratado sobre la teoría
de las funciones de Bessel*).

A principios del siglo XIX, el matemático y astrónomo alemán Friedrich Wilhelm Bessel dio soluciones a una ecuación diferencial particular, la denominada ecuación de Bessel. Estudió sistemáticamente estas funciones (soluciones) en 1824. Conocidas como funciones de Bessel en la actualidad, estas resultan útiles a los científicos e ingenieros. De importancia central en el análisis de ondas, como las electromagnéticas al viajar por cables, describen también la difracción de la luz, cómo fluyen la electricidad o el calor por un cilindro macizo y el movimiento de los fluidos.

Movimiento planetario

Las funciones de Bessel tienen su origen en el trabajo pionero sobre el movimiento de los planetas de Johannes Kepler a principios del siglo XVII. El análisis meticuloso de sus observaciones reveló que las órbitas de los planetas alrededor del Sol son elípticas, no circulares, y enunció las tres leyes clave del movimiento planetario. Los matemáticos usarían más tarde las funcio-

Las funciones de Bessel
son muy hermosas, a
pesar de las aplicaciones
prácticas que tienen.
E. W. Hobson
Matemático británico

nes de Bessel en avances en varios campos: Daniel Bernoulli encontró ecuaciones para la oscilación de un péndulo, y Leonhard Euler desarrolló ecuaciones correspondientes para la vibración de una membrana tensa. Euler y otros las utilizaron también para encontrar soluciones al «problema de los tres cuerpos», relativo al movimiento de un cuerpo, como un planeta o satélite, sobre el que actúa el campo gravitatorio de otros dos. ∎

Véase también: El problema de los máximos 142–143 ▪ La ley de los grandes números 184–185 ▪ El número de Euler 186–191 ▪ Análisis de Fourier 216–217

GUIARA EL CURSO FUTURO DE LA CIENCIA

LA COMPUTADORA MECÁNICA

EN CONTEXTO

FIGURAS CLAVE
Charles Babbage (1791–1871),
Ada Lovelace (1815–1852)

CAMPO
Informática

ANTES
1617 John Napier inventa
un ingenio de cálculo manual.

1642–1644 En Francia,
Blaise Pascal crea una
máquina calculadora.

1801 El tejedor francés
Joseph-Marie Jacquard
exhibe la primera máquina
programable, un telar
controlado por una tarjeta
perforada.

DESPUÉS
1944 El criptógrafo Max
Newman construye el Colossus,
el primer ordenador digital y
electrónico programable.

El matemático e inventor británico Charles Babbage se anticipó más de un siglo a la era de la informática con dos ideas, una para calculadoras mecánicas y otra para máquinas «pensantes». A la primera la llamó máquina diferencial, y funcionaba automáticamente con una combinación de engranajes y varillas de latón. Babbage no terminó de construirla; sin embargo, incluso incompleta, procesaba cálculos complejos con precisión en unos instantes.

La segunda y más ambiciosa idea de Babbage fue la máquina analítica. No se construyó, pero se concibió como una máquina capaz de responder a nuevos problemas y resolverlos sin intervención humana. El proyecto contó con el apoyo fundamental

de la joven y brillante matemática Ada Lovelace, quien anticipó muchos de los aspectos matemáticos clave de la programación informática. Lovelace también previó cómo la máquina podría servir para analizar símbolos de cualquier clase.

Cálculo automático

En los siglos XVII y XVIII, matemáticos como Gottfried Leibniz y Blaise Pascal habían creado ingenios mecánicos para calcular, pero eran de potencia limitada, y también susceptibles al error humano, pues había que intervenir en cada paso. La idea de Babbage era crear una máquina calculadora que funcionara automáticamente, eliminando así el error humano. La llamó máquina diferencial, porque permitía reducir multiplicaciones y divisiones complejas a sumas y restas –«diferencias»– por medio de un gran número de engranajes, y hasta imprimía los resultados.

Ninguna calculadora anterior había trabajado con números de más de cuatro dígitos. La máquina diferencial, en cambio, compuesta por más de 25 000 partes móviles, esta-

Charles Babbage se motivó para trabajar en una calculadora mecánica debido a los errores que veía en las tablas astronómicas hechas por empleados mal pagados y poco fiables.

ba diseñada para procesar números de hasta cincuenta dígitos.

Para preparar la máquina para un cálculo, cada número se representaba en una columna de engranajes, cada uno de los cuales estaba marcado con dígitos del 0 al 9. El número se determinaba haciendo girar los engranajes en la columna hasta tener el dígito correcto en cada uno. Hecho esto, la máquina llevaba a cabo el resto del cálculo de manera automática…

Babbage construyó varios modelos funcionales menores con únicamente siete columnas numéricas, pero de extraordinaria potencia para

Con cada progreso del conocimiento, como al inventar cada nueva herramienta, el trabajo humano se reduce.
Charles Babbage

el cálculo. En 1823 logró convencer al gobierno británico para que financiara parte del proyecto, con la promesa de que permitiría producir cuadros de datos oficiales más precisos y baratos en menos tiempo. »

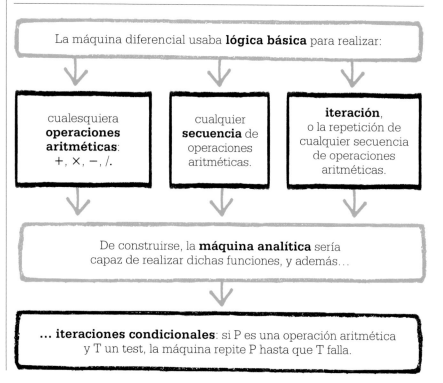

La máquina diferencial usaba **lógica básica** para realizar:

| cualesquiera **operaciones aritméticas**: +, ×, −, /. | cualquier **secuencia** de operaciones aritméticas. | **iteración**, o la repetición de cualquier secuencia de operaciones aritméticas. |

De construirse, la **máquina analítica** sería capaz de realizar dichas funciones, y además…

… **iteraciones condicionales**: si P es una operación aritmética y T un test, la máquina repite P hasta que T falla.

Sin embargo, resultaba muy caro desarrollar la versión completa de la máquina, y era un reto extremo para las capacidades técnicas de la época. Después de dos décadas de trabajo, el gobierno canceló el proyecto en 1842.

Mientras tanto, entre dibujos y cálculos, Babbage trabajó también en su idea para una máquina analí-

Esta réplica del modelo de muestra de la máquina diferencial n.º 1, construido por Babbage en 1832, cuenta con tres columnas de engranajes numerados, dos para calcular y una para los resultados.

tica. Los documentos apuntan a que, de haberse construido, habría sido semejante a lo que hoy llamamos un ordenador. El diseño anticipaba prácticamente todos los componentes clave del ordenador moderno, incluida la unidad central de procesamiento (CPU), la memoria y los programas integrados.

Un problema al que se enfrentó Babbage era qué hacer con los números llevados a la columna siguiente al sumar columnas de dígitos. Al principio usó un mecanismo aparte con este fin, pero resultó demasiado complicado. Luego dividió la máquina en dos partes, la «fábrica» y el «almacén», lo cual permitía separar la suma del proceso de llevar cantidades a otras columnas. En la fábrica se realizaban las operaciones aritméticas; en el almacén se conservaban los números antes de procesarlos, y se recibían los ya procesados desde la fábrica.

La idea de decirle a una máquina lo que debe hacer –la programación– vino de un tejedor francés, Joseph-Marie Jacquard, quien desarrolló un telar que usaba tarjetas perforadas como instrucciones para tejer patrones complejos en la seda. En 1836, Babbage comprendió que también él podía utilizar tarjetas perforadas, tanto para controlar la máquina como para registrar resultados y secuencias de cálculo.

El apoyo de un genio

Entre los mayores defensores del trabajo de Babbage estuvo su colega matemática Ada Lovelace, quien escribió de la máquina analítica que podría «tejer patrones algebraicos igual que el telar de Jacquard teje flores y hojas». En su adolescencia, en 1832, Lovelace había visto funcionar uno de los modelos de la máqui-

Tipos de tarjeta perforada para programar la máquina analítica

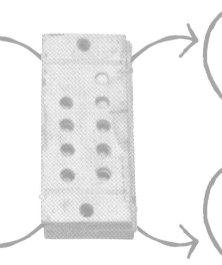

Numéricas: especificaban el valor de los números introducidos al «almacén», o los recibían de este para almacenamiento externo.

Variables: especificaban qué datos –en «ejes», o unidades de almacenamiento– se introducían en la fábrica y dónde almacenar los obtenidos.

Operativas: determinaban las operaciones aritméticas a realizar por la «fábrica».

Combinatorias: controlaban cómo las tarjetas variables y operativas avanzaban o se retiraban tras haber completado operaciones específicas.

> El objeto de la máquina analítica es doble: primero, la manipulación completa del número; segundo, la manipulación completa de símbolos algebraicos.
> **Charles Babbage**

na diferencial, y quedó fascinada. En 1843 hizo publicar su traducción de un folleto del ingeniero italiano Luigi Menabrea sobre la máquina analítica, al que añadió extensas notas explicativas.

Muchas de estas notas se ocupaban de sistemas que pasarían a formar parte de la informática actual. En la «Nota G», Lovelace describió lo que se considera el primer algoritmo informático al «mostrar que la máquina puede resolver una función implícita sin que intervengan ni cabeza ni manos humanas». También teorizó que la máquina podía resolver problemas repitiendo una serie de instrucciones, en un proceso conocido en la actualidad como bucle. Lovelace concibió una tarjeta, o conjunto de ellas, que volvía a su posición original para trabajar en la siguiente tarjeta de datos o conjunto de ellas. De esta manera, según Lovelace, la máquina podía resolver un sistema de ecuaciones de primer grado, o generar tablas extensas de números primos. Quizá lo más perceptivo de las notas de Lovelace fue su visión de las máquinas como cerebros mecánicos con aplicaciones muy diversas. «La máquina puede disponer y com-

binar las cantidades numéricas exactamente como si fueran letras u otros símbolos generales cualesquiera», escribió, por comprender que cualquier clase de símbolo, y no solo los números, podían ser manipulados y procesados por máquinas. Esta es la diferencia entre cálculo y computación, y el fundamento de los ordenadores actuales. Lovelace también previó que tales máquinas estarían limitadas por la calidad de la información introducida. El primer ordenador programable (no una calculadora) pudo ser el creado por Konrad Zuse en 1938.

Un legado postergado

Los planes de Lovelace para desarrollar la obra de Babbage fueron frustrados por su temprana muerte. Cuando Lovelace falleció, Babbage estaba ya cansado, enfermo y desilusionado por la falta de apoyo a su máquina diferencial. La mecánica de alta precisión necesaria para construir la máquina iba más allá de lo que podía conseguir ningún ingeniero de la época. Las notas de Lovelace, prácticamente olvidadas hasta reeditarse en 1953, confirman que ella y Babbage previeron muchos de los rasgos de los ordenadores presentes actualmente en todos los hogares y oficinas. ∎

> Cuanto más la estudio [la máquina analítica], más insaciable se vuelve mi genio por ella.
> **Ada Lovelace**

Ada Lovelace

Nacida Augusta Ada Byron en Londres en 1815, Ada, condesa de Lovelace, fue la única hija legítima del poeta lord Byron. Byron se marchó de Inglaterra pocos meses después de nacer ella, y Ada no volvió a verlo. Su madre, lady Byron, tenía talento para las matemáticas –Byron la llamaba su «Princesa de los Paralelogramos»–, e insistió en que Lovelace las estudiara también.

Lovelace ganó renombre por su talento con los idiomas y las matemáticas. Tenía 17 años cuando conoció a Charles Babbage, cuyo trabajo la fascinó. Dos años más tarde se casó con William King, conde de Lovelace, con quien tuvo tres hijos, pero no dejó de estudiar matemáticas y seguir los progresos de Babbage, quien la llamaba «la Hechicera del Número».

A Lovelace, que escribió notas exhaustivas sobre la máquina analítica de Babbage y planteó muchas de las ideas de la futura informática, se la considera la primera programadora. Falleció en 1852 de un cáncer de útero, y fue enterrada junto a su padre en cumplimiento de su voluntad.

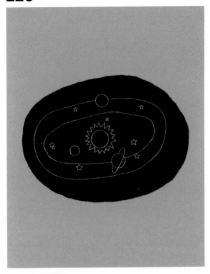

UN NUEVO TIPO DE FUNCION

FUNCIONES ELÍPTICAS

EN CONTEXTO

FIGURA CLAVE
Carl Gustav Jacob Jacobi
(1804–1851)

CAMPOS
**Teoría de números,
geometría**

ANTES
1655 John Wallis aplica
el cálculo a la longitud de
la curva elíptica; la integral
elíptica obtenida se define por
una serie infinita de términos.

1799 Carl Gauss determina
los rasgos clave de las
funciones elípticas; el trabajo
no se publica hasta 1841.

1827–1828 Niels Abel obtiene
y publica independientemente
los mismos hallazgos que
Gauss.

DESPUÉS
1862 El alemán Karl
Weierstrass desarrolla una
teoría general de las funciones
elípticas, aplicables a
problemas tanto de álgebra
como de geometría.

Física: para calcular la carga de una partícula a partir de su trayectoria curva por un campo magnético.

Astronomía: las órbitas de los planetas son elípticas.

Mecánica: para realizar cálculos del movimiento de un péndulo.

Las **funciones elípticas** se utilizan, por ejemplo, en…

Trigonometría: las funciones de la trigonometría esférica basadas en el círculo son casos especiales de funciones elípticas.

Criptografía: para dificultar las claves al encriptar información privada de clave pública.

La elipse, con forma de círculo aplastado, es una de las curvas más reconocibles en matemáticas. Los antiguos griegos la estudiaron como una sección cónica: cortar en horizontal un cono crea un círculo; el corte en un ángulo inclinado crea una elipse (y las curvas abiertas llamadas pará-bola e hipérbola). Una elipse es una curva cerrada que se define como el conjunto de todos los puntos de un plano la suma de cuyas distancias hasta dos puntos fijos —llamados focos— es constante. (La circunferencia es un tipo especial de elipse, con un solo foco.) En 1609, el astrónomo y matemático alemán Johan-

Supe con tanto asombro como satisfacción que dos jóvenes geómetras […] habían tenido éxito por separado en mejorar considerablemente la teoría de las funciones elípticas.
Adrien-Marie Legendre

nes Kepler demostró que las órbitas de los planetas eran elípticas, con el Sol en uno de los focos.

Nuevas herramientas

Al igual que las matemáticas de la circunferencia sirven para modelar y predecir fenómenos naturales que varían y se repiten de manera rítmica (o periódica), como, por ejemplo, la oscilación de una onda de sonido simple, las matemáticas de la elipse sirven para otros fenómenos que siguen patrones periódicos más complejos, como los campos electromagnéticos, o el movimiento orbital de los planetas.

La génesis de tales herramientas, las funciones elípticas, tuvo lugar en Inglaterra en el siglo XVII con los matemáticos John Wallis e Isaac Newton. De manera independiente, ambos desarrollaron un método para calcular la longitud de arco, o longitud de una sección, de cualquier elipse. Con aportaciones posteriores, su técnica se fue desarrollando hasta las funciones elípticas, y se convirtió en una forma de analizar

curvas complejas de muchos tipos y sistemas oscilatorios más allá de las simples elipses.

Aplicaciones prácticas

En 1828, el noruego Niels Abel y el alemán Carl Jacobi, de nuevo independientemente uno de otro, hallaron aplicaciones ulteriores para las funciones elípticas, tanto en las matemáticas como en la física. Por ejemplo, estas funciones aparecen en la demostración del último teorema de Fermat, de 1995, y en los sistemas más actuales de criptografía asimétrica. Desde la muerte de Abel a sus 26 años, solo algunos meses después de llevar a cabo sus mayores descubrimientos, fue Jacobi quien desarrolló muchas de estas aplicaciones. Las funciones elípticas de Jacobi son complejas; sin embargo, en 1862, el matemático alemán Karl Weierstrass introdujo una forma más simple, la funciones P, utilizadas en mecánica clásica y cuántica. ▪

Las funciones elípticas sirven para definir la trayectoria de naves espaciales como la sonda Dawn, que exploró el planeta enano Ceres y el asteroide Vesta, en el cinturón de asteroides.

Carl Gustav Jacob Jacobi

Carl Gustav Jacob Jacobi nació en Potsdam (Prusia) en 1804. Tuvo a un tío suyo por tutor, y, tras haber aprendido a los 12 años todo lo que la escuela le podía enseñar, tuvo que esperar hasta los 16 años para ser admitido en la Universidad de Berlín. Pasó esos años aprendiendo matemáticas por su cuenta, lo cual continuó haciendo, al encontrar demasiado básicos los cursos universitarios. Se licenció en un año, y en 1832 ya era profesor en la Universidad de Königsberg. Tras enfermar en 1843, Jacobi volvió a Berlín, donde tuvo el apoyo de una pensión del rey de Prusia. En 1848 se presentó sin éxito al Parlamento como candidato liberal, y el ofendido rey le retiró temporalmente la pensión. En 1851, con solo 46 años de edad, Jacobi contrajo la viruela y murió.

Obra principal

1829 *Fundamenta nova theoria functionum ellipticarum (Fundamentos de una nueva teoría de las funciones elípticas).*

HE CREADO OTRO MUNDO DE LA NADA

GEOMETRÍAS NO EUCLIDIANAS

EN CONTEXTO

FIGURA CLAVE
János Bolyai (1802–1860)

CAMPO
Geometría

ANTES
1733 El matemático Giovanni Saccheri no logra demostrar el postulado de las paralelas de Euclides a partir de los otros cuatro postulados.

1827 Carl Friedrich Gauss publica *Disquisitiones generales circa superficies curvas*, que define la «curvatura intrínseca» de un espacio, deducible desde dentro del mismo.

DESPUÉS
1854 Bernhard Riemann describe el tipo de superficie que tiene geometría hiperbólica.

1915 Einstein describe la gravedad como curvatura del espacio-tiempo en la teoría general de la relatividad.

El postulado de las paralelas (PP) es el quinto de los cinco postulados de los que Euclides dedujo sus teoremas de geometría en los *Elementos*. El PP fue controvertido entre los antiguos griegos, ya que ni parece tan evidente por sí mismo como los demás postulados de Euclides ni hay forma obvia alguna de verificarlo. Sin embargo, sin el PP no se podrían demostrar muchos teoremas fundamentales de la geometría. A lo largo de los dos mil años siguientes, muchos matemáticos habrían buscado ganar prestigio intentando resolver esta cuestión. En

Geometrías euclidiana y no euclidiana

La geometría euclidiana
(dcha.) supone una superficie plana. No es el caso en las formas no euclidianas de geometría (abajo). En la hiperbólica, la superficie se curva hacia dentro como una silla de montar, y en la elíptica, hacia fuera, como una esfera.

El postulado de las paralelas (PP) se puede expresar con el axioma del matemático escocés John Playfair: dado un plano con una recta A y un punto P no situado en A, existe una sola recta B que pasa por P y no interseca A. Las rectas A y B son paralelas.

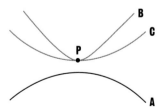

En la geometría hiperbólica, hay un número infinito de rectas (como B y C) que pasan por P y no intersecan la recta A. Las superficies tienen una curvatura «negativa», como la campana de una trompeta.

En la geometría elíptica, como en una superficie esférica, no rige el PP, y todas las rectas (como B) que pasan por P intersecan A: los meridianos de la Tierra son líneas paralelas que se encuentran en los polos.

> Deja en paz la ciencia de las paralelas. Yo quise quitar este defecto de la geometría, pero desistí al ver que no hay hombre capaz de alcanzar la profundidad de la noche.
> **Farkas Bolyai**
> Padre de János Bolyai

el siglo v d. C., el filósofo Proclo mantuvo que el PP era un teorema derivable de los otros postulados y que, por tanto, debía prescindirse de él.

Durante la edad de oro del islam (siglos VIII–XIV), los matemáticos trataron de demostrar el PP. El polímata persa Nasir al Din al Tusi mostró que el PP equivale a afirmar que la suma de los ángulos de cualquier triángulo es 180°, pero el postulado siguió generando controversia. En el siglo XVII llegaron a Europa nuevas traducciones de los *Elementos*, y Giovanni Saccheri mostró que, de no ser cierto el PP, la suma de los ángulos de un triángulo sería siempre mayor o menor de 180°.

A inicios del siglo XIX, el húngaro János Bolyai y el ruso Nikolái Lobachevski demostraron independientemente uno de otro la validez de una geometría no euclidiana «hiperbólica» (p. anterior) en la que el PP no rige, mientras que sí rigen los otros cuatro postulados. Bolyai dijo haber «creado otro mundo de la nada», pero la idea no fue bien recibida. Gauss reconoció su validez, pero dijo haberlo descubierto antes él. La idea gaussiana de curvatura intrínseca de una superficie o espacio era una herramienta importante para establecer la existencia de este nuevo mundo, pero Gauss no dejó pruebas de haber desarrollado él mismo la geometría no euclidiana. Sí consideró, sin embargo, la idea de que el universo pudiera ser no euclidiano. Las geometrías no euclidianas dejaron de verse como exóticas a raíz de los progresos subsiguientes de Bernhard Riemann, Eugenio Beltrami, Felix Klein, David Hilbert y otros, y los físicos han considerado seriamente la cuestión de si nuestro universo es plano (euclidiano) o curvo.

Exploraciones artísticas

La geometría hiperbólica está presente también en el arte. Los modelos de Henri Poincaré inspiraron muchas obras gráficas de M. C. Escher, y matemáticos como Daina Taimina han usado técnicas del ámbito de la artesanía para hacer perceptibles intuitivamente estos «nuevos mundos». ▪

Los modelos hiperbólicos de ganchillo creados por Daina Taimina son más táctiles que los de papel, y Taimina mantiene que el ganchillo desarrolla la intuición geométrica.

Daina Taimina

Nacida en Letonia en 1954, Daina Taimina comenzó su carrera en el campo de la informática y la historia de las matemáticas. Después de veinte años de docencia en la Universidad de Letonia, se trasladó a la Universidad de Cornell, en EE UU, en 1996, donde un encuentro casual inauguró un área nueva de interés. Taimina asistió a un taller de geometría de David Henderson, en el que mostraba cómo hacer modelos de papel de superficies hiperbólicas. El propio Henderson había aprendido la técnica de William Thurston, topólogo pionero estadounidense.

Taimina hizo luego sus propios modelos de superficies hiperbólicas en ganchillo para utilizarlos en sus clases. Fueron un éxito, por romper con el estereotipo de las matemáticas como algo ajeno a la artesanía. Taimina emprendió desde entonces una segunda carrera como matemática-artista.

Obra principal

2004 *Experiencing Geometry*, con David W. Henderson.

LAS ESTRUCTURAS ALGEBRAICAS TIENEN SIMETRIAS
TEORÍA DE GRUPOS

EN CONTEXTO

FIGURA CLAVE
Évariste Galois (1811–1832)

CAMPOS
Álgebra, teoría de números

ANTES
1799 Para el matemático italiano Paolo Ruffini, los grupos de permutaciones de raíces son como una estructura abstracta.

1815 El francés Augustin-Louis Cauchy desarrolla una teoría de los grupos de permutaciones.

DESPUÉS
1846 Joseph Liouville publica póstumamente la obra de Galois.

1854 El británico Arthur Cayley amplía la obra de Galois a una teoría plena de los grupos abstractos.

1872 El alemán Felix Klein define la geometría en términos de teoría de grupos.

E l origen de la teoría de grupos, una rama del álgebra que permea las matemáticas modernas, se debe en gran medida al matemático francés Évariste Galois, que la desarrolló para comprender por qué solo algunas ecuaciones polinómicas se pueden resolver de forma algebraica. Con ello, no solo dio una respuesta definitiva a una búsqueda histórica iniciada en la antigua Babilonia, sino que puso también los cimientos del álgebra abstracta.

El enfoque adoptado por Galois ante el problema consistió en relacionarlo con una cuestión de otra área matemática. Esta estrategia puede ser muy eficaz si la otra área es bien conocida, pero, en este caso,

Véase también: La resolución algebraica de ecuaciones 200–201 ▪ Emmy Noether y el álgebra abstracta 280–281 ▪ Grupos simples finitos 318–319

Un **grupo** es un **conjunto de elementos**, como números o formas…

↓

… junto con una **operación** (como suma o rotación) **que actúa sobre ellos**.

↓

Para ser grupo, un conjunto debe cumplir cuatro axiomas.

Debe tener una **identidad**: un elemento que **no cambia** ningún otro elemento al actuar sobre él.

Debe tener un **inverso**: todos los elementos tienen otro **correspondiente** con el que dan la identidad combinados.

Debe ser **asociativo**: el **orden** en que se llevan a cabo las operaciones sobre los elementos no afecta al resultado.

Debe ser **cerrado**: la operación **no puede introducir** elementos exteriores al conjunto.

Évariste Galois

Nacido en 1811, Évariste Galois vivió una vida breve, fogosa y brillante. Estaba familiarizado ya con las obras de Lagrange, Gauss y Cauchy en la adolescencia, pero en dos ocasiones no consiguió que lo admitieran en la École Polytechnique, quizá debido a su impetuosidad matemática y política, aunque sin duda también estaba afectado por el suicidio de su padre. En 1829, Galois se matriculó en la École Préparatoire, pero fue expulsado en 1830 por motivos políticos. Republicano acérrimo, fue detenido en 1831 y encarcelado durante ocho meses. Poco después de su liberación en 1832, participó en un duelo, aunque no está claro si fue por amor o por una cuestión política. Malherido, murió al día siguiente, dejando solo un puñado de notas que contienen los fundamentos de la teoría de grupos, la del campo finito y lo que hoy se conoce como teoría de Galois.

Obras principales

1830 *Sur la théorie des nombres (Sobre la teoría de números)*.
1831 *Premier Mémoire (Primera memoria)*.

Galois tenía que desarrollar la teoría del área más «sencilla» (la teoría de grupos) antes de enfrentarse al problema más difícil (la resolubilidad de las ecuaciones). El vínculo que estableció entre las dos áreas se conoce hoy como teoría de Galois.

Aritmética de simetrías

Un grupo es un objeto abstracto; consiste en un conjunto de elementos y una operación que los combina, todo sujeto a ciertos axiomas. Cuando tales elementos son formas, se puede entender que los grupos codifican la simetría. Las simetrías simples –como las de un polígono regular– se perciben de modo intuitivo. Por ejemplo, un triángulo equilátero de vértices A, B y C (p. siguiente) puede rotar de tres maneras (recorriendo 120°, 240° o 360°) »

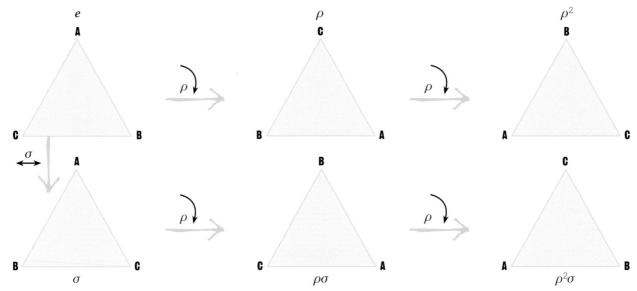

$$e$$

$$\rho$$

$$\rho^2$$

$$\sigma$$

$$\rho\sigma$$

$$\rho^2\sigma$$

El triángulo equilátero tiene seis simetrías. Son la rotación (ρ) de 120°, 240° y 360° y la reflexión (σ) con una vertical que pase por A, B o C. El diagrama de arriba muestra los resultados de aplicar una simetría tras otra a **e**, el elemento de la identidad (rotación de 0°), y cómo se escriben las simetrías ($\rho^2\sigma$, el último triángulo equilátero del diagrama significa «rotar dos veces 120 grados y reflejar»).

sobre su centro, y reflejarse en tres rectas diferentes. Cada una de estas seis transformaciones resultan en un triángulo de aspecto idéntico, pero con los vértices permutados. Una rotación de 120° en el sentido de las agujas del reloj sitúa el vértice A donde estaba B, B donde C, y C donde A, mientras que una reflexión en la vertical que pasa por A hace intercambiar las posiciones de los vértices B y C. Las tres rotaciones y las reflexiones dan todas las simetrías posibles del triángulo ABC.

Una forma de visualizar las simetrías del triángulo es considerar todas las posibles permutaciones de los vértices. Una rotación o reflexión puede enviar el vértice A a uno de tres puntos (incluido a él mismo). En cada una de estas posibilidades, el vértice B tiene dos destinos disponibles. El destino del tercer vértice queda determinado porque el triángulo es rígido, por lo que hay $3 \times 2 = 6$ posibilidades. Los grupos de simetría de los polígonos se pueden entender como permutaciones de un conjunto de elementos. El grupo de simetría del triángulo equilátero pertenece a un pequeño grupo llamado D_3.

Axiomas de la teoría de grupos

La teoría de grupos tiene cuatro axiomas principales. El primero es el axioma de la identidad, por el que existe un único elemento que com-

binado con cualquier otro del grupo no lo cambia. En el triángulo ABC, la identidad es la rotación de 0°. El segundo axioma es el inverso: todo elemento tiene un único elemento inverso; combinados, dan el elemento identidad (o neutro). El tercer axioma es el de la asociatividad, que supone que el resultado de las operaciones sobre los elementos no depende del orden en que se apliquen. Por ejemplo, si se combina cualquier grupo de tres elementos con un operador de multiplicación, pueden realizarse las operaciones en cualquier orden. Así, si los elementos 1, 2 y 3 son miembros de un grupo, entonces $(1 \times 2) \times 3 = 2 \times 3 = 6$, y $1 \times (2 \times 3) = 1 \times 6 = 6$, dando todos el mismo resultado. El cuarto axioma es el de cierre: un grupo no debe tener elementos fuera

Las posibles rotaciones de un cubo de Rubik forman un grupo matemático de 43 252 003 274 489 856 000 elementos, pero resolverlo desde cualquier posición no requiere más de 26 giros de 90°.

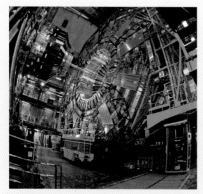

El detector ATLAS del acelerador del CERN está diseñado para estudiar partículas subatómicas, incluidas las predichas por la teoría de grupos.

La teoría de grupos en la física

El universo como lo entendemos desde la física está lleno de simetrías, y la teoría de grupos es una herramienta poderosa de conocimiento y predicción. Los físicos usan los grupos Lie, así nombrados en honor al matemático noruego del siglo XIX Sophus Lie. Son grupos continuos, no discretos, y modelan, por ejemplo, el número infinito de simetrías rotacionales, como las asociadas al círculo, en lugar de las transformaciones finitas de un polígono.

La algebrista alemana Emmy Noether demostró en 1915 la relación entre grupos Lie y leyes de conservación (como la de la energía). En la década de 1960, los físicos utilizaron la teoría de grupos para clasificar las partículas subatómicas. Los grupos matemáticos que usaron incluían una combinación de simetrías que ninguna partícula tenía. Los científicos trataron de buscar una partícula con esa combinación, y encontraron los bariones omega. El bosón de Higgs ha venido a llenar otro hueco más recientemente.

del grupo como resultado de las operaciones. Un ejemplo de grupo que cumple todos los axiomas es el conjunto de los enteros $\{\ldots, -3, -2, -1, 0, 1, 2, 3, \ldots\}$ con la operación suma. El único elemento identidad es 0, y el inverso de cualquier entero n es $-n$, ya que $n + -n = 0 = -n + n$. La suma de enteros es asociativa, y el conjunto está también cerrado, porque sumar cualesquiera enteros da como resultado otro entero.

Los grupos pueden tener otra propiedad, la conmutativa. Los grupos conmutativos se conocen como abelianos, y sus elementos se pueden intercambiar sin que cambie el resultado. Los enteros sumados en cualquier orden dan el mismo resultado ($6 + 7 = 13$ y $7 + 6 = 13$), por tanto, los enteros con la operación suma forman un grupo abeliano.

Grupos y planos de Galois

Los grupos son un tipo de estructura algebraica abstracta entre otras muchas. Entre las estrechamente relacionadas están los anillos y los campos, también definidos en términos de un conjunto con operaciones y axiomas. Un plano contiene dos operaciones; los números complejos (con las operaciones suma y multiplicación) son un plano. El plano de los números complejos es el territorio en el que se encuentran soluciones a las ecuaciones polinómicas.

La teoría de Galois relaciona la resolubilidad de las ecuaciones polinómicas (cuyas raíces son elementos de un campo) de forma específica al grupo de permutaciones que codifica los reordenamientos posibles de sus raíces. Galois mostró que este grupo, hoy llamado de Galois, debe tener un tipo de estructura si la ecuación es resoluble algebraicamente, y otra estructura distinta si no lo es. Los grupos de Galois de ecuaciones de cuarto grado y polinomios más simples son resolubles, pero los de polinomios de grado mayor no lo son. El álgebra moderna es un estudio abstracto de grupos, anillos, campos y otras estructuras algebraicas.

La teoría de grupos sigue desarrollándose por derecho propio, y tiene muchas aplicaciones. Se usa en el estudio de simetrías en química y física, por ejemplo, y también en la criptografía asimétrica que protege gran parte de las comunicaciones digitales actuales. ■

Allí donde los grupos se podían revelar o introducir, cristalizaba la simplicidad entre el caos comparativo.
Eric Temple Bell
Matemático escocés

Hace falta una supermatemática de operaciones tan desconocidas como las cantidades sobre las que operan [...] tal supermatemática es la teoría de grupos.
Arthur Eddington
Astrofísico británico

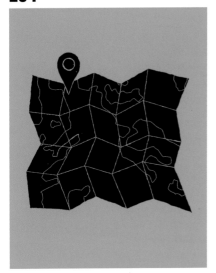

IGUAL QUE UN MAPA DE BOLSILLO

CUATERNIONES

EN CONTEXTO

FIGURA CLAVE
William Rowan Hamilton
(1805–1865)

CAMPO
Sistemas numéricos

ANTES
1572 Rafael Bombelli
crea los números complejos
combinando los reales,
basados en la unidad 1,
e imaginarios, basados
en la unidad *i*.

1806 Jean-Robert Argand
crea una interpretación
geométrica de los números
complejos, al plantearlos
como coordenadas y crear
el plano complejo.

DESPUÉS
1888 Charles Hinton
inventa el teseracto,
un cubo ampliado a cuatro
dimensiones espaciales,
en el que cuatro cubos, seis
cuadrados y cuatro bordes se
encuentran en cada vértice.

Los cuaterniones, una extensión de los números complejos, sirven para modelar, controlar y describir el movimiento en tres dimensiones, algo clave para crear las imágenes de un videojuego, planear la trayectoria de una sonda espacial o calcular la dirección en la que apunta un *smartphone*. Los creó el matemático irlandés William Rowan Hamilton, al que le interesaba cómo modelar matemáticamente el movimiento en un espacio tridimensional. En 1843, en un arrebato de inspiración, comprendió que el «problema de la tercera dimensión» no se

Los **números complejos** (suma de un número real y otro imaginario) son **bidimensionales** y describen el movimiento en dos dimensiones.

Para describir el movimiento en **tres dimensiones**, hace falta una **versión ampliada** de los números complejos.

Un **número tridimensional no** es **suficiente** para describir el movimiento en tres dimensiones.

Una descripción plena del movimiento en el espacio tridimensional requiere un número cuatridimensional, o cuaternión.

Los cuaterniones modelan y controlan el movimiento de objetos en tres dimensiones, y resultan especialmente útiles en juegos de realidad virtual.

podía resolver con un número tridimensional, sino que hacía falta uno cuatridimensional: un cuaternión.

Movimientos y rotaciones

Los números complejos tienen dos dimensiones: se componen de una parte real y otra imaginaria, como $1 + 2i$. Así, las dos partes de un número complejo sirven como coordenadas, y el número se puede plantear en un plano. El plano complejo bidimensional extiende la recta numérica unidimensional, combinando los números reales con unidades imaginarias. Plantear los números complejos permite calcular el movimiento y la rotación en dos dimensiones. Todo movimiento lineal de A a B se puede expresar como la suma de dos números complejos. Sumar más números crea una secuencia de movimientos por el plano. Para describir la rotación, se multiplican unos números complejos por otros. Toda multiplicación por i, la unidad imaginaria, resulta en una rotación de 90°, y una rotación de cualquier otro ángulo se debe a algún factor o fracción de i.

Una vez comprendidos los números complejos, el reto siguiente era

crear un número que funcionara igual en un espacio tridimensional. La respuesta lógica fue añadir una tercera recta numérica, j, en un ángulo de 90° con respecto a la recta de los números reales, y también con la de los imaginarios, pero nadie sabía cómo sumar, multiplicar u operar de otro modo con tales números.

Cuatro dimensiones

La solución de Hamilton fue añadir una cuarta unidad no real, k, creando así un cuaternión, con la estructura básica $a + bi + cj + dk$, donde a, b, c y d son números reales. Las dos unidades adicionales del cuaternión, j y k, tienen propiedades como las de i pues son imaginarias. Un cuaternión puede definir un vector, o una línea en un espacio tridimensional, y puede describir un ángulo y una dirección de rotación alrededor de dicho vector. Como el plano complejo, la simple matemática de los cuaterniones, combinada con la trigonometría básica, proporciona un medio para describir movimientos de cualquier tipo en un espacio tridimensional. ▪

Un hilo sumergido de pensamiento estaba en marcha en mi mente, y dio al fin fruto […]. Un circuito eléctrico pareció cerrarse, y surgió una chispa, el heraldo de largos años.
William Rowan Hamilton

William Rowan Hamilton

Nacido en Dublín en 1805, Hamilton se interesó en las matemáticas desde que tenía ocho años, tras competir contra Zerah Colburn, niño prodigio matemático estadounidense. Con 22 años, mientras estudiaba en el Trinity College de Dublín, fue nombrado profesor de astronomía en la universidad y astrónomo real de Irlanda.

Su conocimiento de la mecánica newtoniana le permitió calcular el recorrido de los cuerpos celestes. Más tarde amplió dicha mecánica hasta un sistema que permitió nuevos avances en el electromagnetismo y la mecánica cuántica. En 1856 trató de capitalizar sus conocimientos lanzando el *icosian game* (juego icosiano), en el que los jugadores deben buscar un camino que conecte los puntos de un dodecaedro sin pasar dos veces por ninguno. Hamilton vendió los derechos del juego por 25 libras. Murió en 1865, tras un ataque severo de gota.

Obras principales

1853 *Lectures on quaternions.*
1866 *Elements of quaternions.*

LAS POTENCIAS DE LOS NUMEROS NATURALES CASI NUNCA SON CONSECUTIVAS
LA CONJETURA DE CATALAN

EN CONTEXTO

FIGURA CLAVE
Eugène Catalan (1814–1894)

CAMPO
Teoría de números

ANTES
***C.* 1320** El filósofo y matemático francés Levi ben Gershon (Gersónides) muestra que las únicas potencias consecutivas de 2 y 3 son $8 = 2^3$ y $9 = 3^2$.

1738 Leonhard Euler demuestra que 8 y 9 son los únicos números cuadrados o cúbicos consecutivos.

DESPUÉS
1976 El teórico neerlandés Robert Tijdeman demuestra que, si existen más potencias consecutivas, hay un número finito.

2002 El rumano Preda Mihăilescu demuestra la conjetura de Catalan 158 años después de formularse en 1844.

Muchos problemas de la teoría de números son fáciles de plantear pero extremadamente difíciles de demostrar. El último teorema de Fermat, por ejemplo, siguió siendo una conjetura (un enunciado no demostrado) durante 357 años. Como la de Fermat, la conjetura de Catalan es un enunciado de apariencia engañosamente sencilla sobre las potencias de los enteros positivos, demostrada mucho después de ser formulada.

En 1844, Eugène Catalan afirmó que hay una sola solución a la ecuación $x^m - y^n = 1$, donde x, y, m y n son números naturales (enteros positivos) y m y n son mayores que 1. La solución es $x = 3$, $m = 2$, $y = 2$ y $n = 3$, ya que $3^2 - 2^3 = 1$. Es decir, los números naturales al cuadrado y al cubo casi nunca son consecutivos. Unos quinientos años antes, Gersónides había demostrado un caso especial de este postulado. Usó solo potencias de 2 y 3, resolviendo las ecuaciones $3^n - 2^m = 1$ y $2^m - 3^n = 1$. En 1738, Leonhard Euler demostró de modo similar un caso en el que las únicas potencias permitidas eran cuadrados y cubos, resolviendo la ecuación $x^2 - y^3 = 1$. Esto se acercaba más a

Usando **números naturales** (enteros positivos), la menor **diferencia entre dos potencias** es 1.

Catalan expresó esto con la **fórmula** $x^m - y^n = 1$, donde m y n deben ser **mayores que 1**.

Solo hay una solución a esta ecuación usando números reales: $3^2 - 2^3 = 1$.

Véase también: Ecuaciones diofánticas 80–81 ▪ La conjetura de Goldbach 196 ▪ Números taxicab 276–277 ▪ La demostración del último teorema de Fermat 320–223

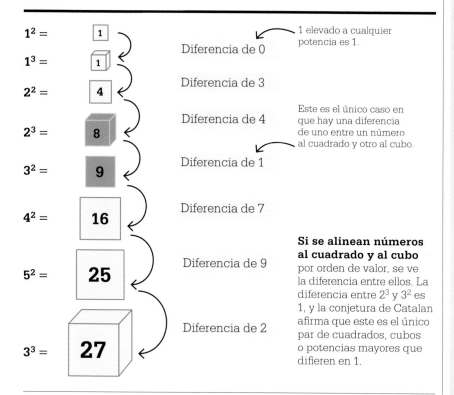

$1^2 =$ 1
Diferencia de 0

1 elevado a cualquier potencia es 1.

$1^3 =$ 1
Diferencia de 3

$2^2 =$ 4
Diferencia de 4

$2^3 =$ 8
Diferencia de 1

Este es el único caso en que hay una diferencia de uno entre un número al cuadrado y otro al cubo.

$3^2 =$ 9
Diferencia de 7

$4^2 =$ 16
Diferencia de 9

Si se alinean números al cuadrado y al cubo por orden de valor, se ve la diferencia entre ellos. La diferencia entre 2^3 y 3^2 es 1, y la conjetura de Catalan afirma que este es el único par de cuadrados, cubos o potencias mayores que difieren en 1.

$5^2 =$ 25
Diferencia de 2

$3^3 =$ 27

Eugène Catalan

Nacido en Brujas (Bélgica) en 1814, Eugène Catalan fue discípulo del matemático francés Joseph Liouville en la École Polytechnique de París. Catalan fue republicano desde una edad temprana, participó en la revolución de 1848, y fue expulsado de varios puestos académicos debido a sus ideas políticas.

A Catalan le interesaban particularmente la geometría y la combinatoria (contar y ordenar), y su nombre se asocia con los números de Catalan, una secuencia (1, 2, 5, 14, 42…) que cuenta, entre otras cosas, de cuántas maneras puede dividirse un polígono en triángulos. Aunque se consideraba francés, Catalan ganó reconocimiento en Bélgica, donde vivió desde que fue profesor de análisis en la Universidad de Lieja en 1865 hasta su muerte, en 1894.

Obras principales

1860 *Traité élémentaire des séries (Tratado elemental sobre las series).*
1890 *Intégrales eulériennes ou elliptiques (Integrales eulerianas o elípticas).*

la conjetura de Catalan, pero no consideraba la posibilidad de que potencias o exponentes mayores pudieran resultar en números consecutivos.

De conjetura a teorema

El propio Catalan dijo no poder demostrar completamente su conjetura. Otros lidiaron con el problema, hasta que, en 2002, el matemático rumano Preda Mihăilescu resolvió las cuestiones pendientes e hizo de la conjetura un teorema.

Podría parecer que la conjetura de Catalan tiene que ser falsa, ya que unos cálculos simples dan enseguida ejemplos de potencias casi consecutivas, como en $3^3 - 5^2 = 2$ y $27 - 5^3 = 3$, pero hasta tales cuasisoluciones son raras. Uno de los enfoques para demostrar la conjetura requería muchos cálculos: en 1976, Robert Tijdeman encontró un límite superior para

x, y, m y n. Esto demostró que solo hay un número finito de potencias que puedan ser consecutivas, y por tanto podría ponerse a prueba la conjetura de Catalan comprobando cada una de dichas potencias. Por desgracia, el límite superior de Tijdeman es astronómicamente grande, tanto que un cómputo semejante no es posible en la práctica, incluso para los ordenadores actuales.

La demostración de Mihăilescu de la conjetura de Catalan no requiere tales cálculos. Mihăilescu construyó sobre avances del siglo xx (de Ke Zhao, J. W. S. Cassels y otros) que habían demostrado que m y n deben ser primos impares para cualesquiera soluciones mayores de $x^m - y^n = 1$. No es una demostración tan formidable como la de Andrew Wiles del último teorema de Fermat, pero sí es de naturaleza altamente técnica. ▪

LA MATRIZ ESTA EN TODAS PARTES

MATRICES

EN CONTEXTO

FIGURA CLAVE
James Joseph Sylvester
(1814–1897)

CAMPO
Álgebra, teoría de números

ANTES
200 a. C. En China, *Los nueve capítulos sobre arte matemático* presentan un método para resolver ecuaciones con matrices.

1545 Gerolamo Cardano publica técnicas con determinantes.

1801 Carl Friedrich Gauss usa una matriz de seis ecuaciones simultáneas para calcular la órbita del asteroide Pallas.

DESPUÉS
1858 Arthur Cayley define formalmente el álgebra de matrices y demuestra los resultados para las de 2 × 2 y 3 × 3.

L as matrices son disposiciones rectangulares de elementos (números o expresiones algebraicas), en filas y columnas entre corchetes. Las filas y columnas se pueden extender infinitamente, lo cual permite que las matrices contengan una vasta cantidad de datos de forma elegante y compacta. Aunque contenga muchos elementos, la matriz se trata como una unidad, y tiene aplicaciones en matemáticas, física e informática, como la computación gráfica o la descripción del flujo de un fluido.

Los indicios más antiguos de dichas disposiciones proceden de la antigua civilización maya de América Central en *c.* 300 a. C. Algunos

Las dimensiones de una matriz son importantes, ya que operaciones como la suma y la resta requieren que las matrices sean del mismo tamaño. Las matrices de 2 × 2 mostradas abajo son matrices cuadradas, es decir, tienen el mismo número de filas que de columnas. El gráfico muestra cómo se suman las matrices, sumando los elementos en las posiciones correspondientes.

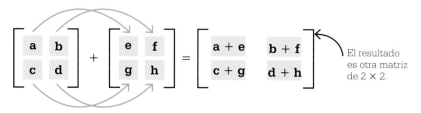

$$\begin{bmatrix} a & b \\ c & d \end{bmatrix} + \begin{bmatrix} e & f \\ g & h \end{bmatrix} = \begin{bmatrix} a+e & b+f \\ c+g & d+h \end{bmatrix}$$

El resultado es otra matriz de 2 × 2.

James Joseph Sylvester

James Joseph Sylvester nació en 1814, y estudió en el University College de Londres, que abandonó tras ser acusado de agredir a un alumno con un cuchillo. Asistió a Cambridge, y fue segundo en los exámenes; sin embargo, no se le permitió licenciarse, pues, como judío, se negaba a jurar fidelidad a la Iglesia de Inglaterra.

Fue profesor brevemente en EE UU, pero topó con dificultades parecidas. Volvió a Londres y estudió derecho, siendo admitido como abogado en 1850. Comenzó a trabajar sobre matrices con su colega el matemático Arthur Cayley. En 1876 volvió a EE UU como profesor de matemáticas de la Universidad Johns Hopkins en Maryland, donde fundó la revista *American Journal of Mathematics*. Sylvester murió en Londres en 1897.

Obras principales

1850 *On a new class of theorems.*
1852 *On the principle of the calculus of forms.*
1876 *Treatise on elliptic functions.*

---

historiadores creen que los mayas manipulaban los números en filas y columnas para resolver ecuaciones, y citan como evidencia ciertos adornos en forma de cuadrícula en monumentos y prendas sacerdotales. Otros, en cambio, dudan que dichos patrones representen matrices.

El primer ejemplo comprobado del uso de matrices procede de la antigua China. En el siglo II a. C., el libro *Los nueve capítulos sobre arte matemático* describía cómo preparar una tabla para usar un método como el de las matrices y resolver sistemas de ecuaciones de primer grado con varios valores desconocidos. El método era similar al sistema de eliminación introducido por el matemáti-co alemán Carl Gauss en el siglo XIX, usado aún hoy para resolver sistemas de ecuaciones.

Aritmética de matrices

En 1850, el matemático británico James Joseph Sylvester usó por primera vez el término *matrix* para describir un cuadro de números, y poco después su amigo y colega Arthur Cayley formalizó las reglas para manipular matrices. Cayley mostró la diferencia entre las reglas del álgebra estándar y el álgebra de matrices. Dos matrices del mismo tamaño (con el mismo número de elementos en sus filas y columnas respectivas) se suman sencillamente sumando los elementos correspondientes. Las matrices de dimensiones diferentes no se pueden sumar. La multiplicación de matrices, en cambio, es bastante diferente de la de números, y no todas las matrices se pueden multiplicar unas por otras. El producto de matrices, **AB** (p. siguiente) solo se puede calcular si el número »

Ciertos patrones hallados en reliquias mayas podrían evidenciar el empleo de matrices para resolver ecuaciones lineales. Aunque hay quien cree que solo reproducen patrones de la naturaleza, como el del caparazón de las tortugas.

Para multiplicar una matriz por otra se multiplican los números horizontales de la primera matriz por los verticales de la segunda (el punto centrado representa multiplicación) y se suman los resultados. En el álgebra de matrices, cambiar el orden de multiplicación de las dos matrices da resultados diferentes, como muestra la multiplicación de dos matrices cuadradas (A y B).

$$A \times B$$

$$\begin{bmatrix} 4 & 8 \\ 1 & 3 \end{bmatrix} \times \begin{bmatrix} 2 & 9 \\ 7 & 0 \end{bmatrix} = \begin{bmatrix} 4 \cdot 2 + 8 \cdot 7 & 4 \cdot 9 + 8 \cdot 0 \\ 1 \cdot 2 + 3 \cdot 7 & 1 \cdot 9 + 3 \cdot 0 \end{bmatrix} = \begin{bmatrix} 64 & 36 \\ 23 & 9 \end{bmatrix}$$

$$B \times A$$

$$\begin{bmatrix} 2 & 9 \\ 7 & 0 \end{bmatrix} \times \begin{bmatrix} 4 & 8 \\ 1 & 3 \end{bmatrix} = \begin{bmatrix} 2 \cdot 4 + 9 \cdot 1 & 2 \cdot 8 + 9 \cdot 3 \\ 7 \cdot 4 + 0 \cdot 1 & 7 \cdot 8 + 0 \cdot 3 \end{bmatrix} = \begin{bmatrix} 17 & 43 \\ 28 & 56 \end{bmatrix}$$

de elementos en las columnas de B es igual a los elementos en las filas de A. La multiplicación de matrices no es conmutativa, es decir, que incluso si A y B son matrices cuadradas, AB no es igual a BA.

Matrices cuadradas

Las matrices cuadradas tienen propiedades particulares debido a su simetría. Por ejemplo, una matriz cuadrada puede multiplicarse repetidamente por sí misma. Una matriz cuadrada de tamaño $n \times n$ con el valor 1 sobre la diagonal que empieza arriba a la izquierda y el valor 0 en todos los demás lugares se conoce como matriz identidad (I_n).

Toda matriz cuadrada tiene un valor asociado llamado determinante, que codifica muchas de las propiedades de la matriz y es computable por operaciones aritméticas sobre los elementos de la matriz. Las matrices cuadradas cuyos elementos son números complejos, y cuyos determinantes no sean cero, forman una estructura algebraica llamada grupo.

Por tanto, los teoremas aplicables a los grupos son aplicables a tales matrices, como lo son los avances de la teoría de grupos. Los grupos se pueden representar también como matrices, permitiendo expresar problemas difíciles de la teoría de grupos en términos de álgebra de matrices, más fáciles de resolver. La teoría de la representación, como se conoce este campo, se usa en la teoría y el análisis de números y en la física.

Determinantes

El determinante de la matriz fue nombrado así por Gauss, por el hecho de que determina si el sistema de ecuaciones representado por la matriz tiene solución. Mientras el determinante no sea cero, el sistema tendrá una única solución; si el determinante es cero, el sistema tendrá muchas soluciones o ninguna.

En el siglo XVII, el matemático japonés Seki Takakaze mostró cómo calcular los determinantes de matrices de hasta 5 × 5. Más tarde, durante el siglo siguiente, los matemáticos desvelaron las reglas para hallar los determinantes de matrices cada vez mayores. En 1750, el

Las transformaciones lineales en dos dimensiones relacionan líneas desde el origen con otras líneas desde el origen y unas paralelas con otras. Incluyen rotaciones, reflexiones, aumentos, estiramientos y distorsiones (líneas que se desplazan paralelas a una recta fija, en proporción a la distancia a la que están de esta). La imagen de un punto (x, y) se halla multiplicando la matriz por el vector de la columna que representa el punto (x, y). En los ejemplos de abajo, la forma original es el cuadrado rosa, de vértices (0, 0), (2, 0), (2, 2) y (0, 2), y la imagen es el cuadrilátero verde.

Distorsión horizontal de factor 1

$$\begin{bmatrix} 1 & 1 \\ 0 & 1 \end{bmatrix} \times \begin{bmatrix} x \\ y \end{bmatrix}$$

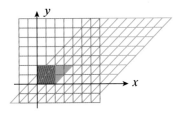

Reflexión en el eje vertical

$$\begin{bmatrix} -1 & 0 \\ 0 & 1 \end{bmatrix} \times \begin{bmatrix} x \\ y \end{bmatrix}$$

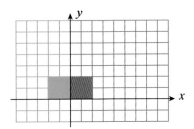

Aumento por un factor de 1,5

$$\begin{bmatrix} 1,5 & 0 \\ 0 & 1,5 \end{bmatrix} \times \begin{bmatrix} x \\ y \end{bmatrix}$$

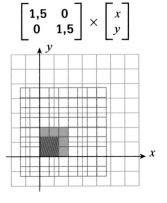

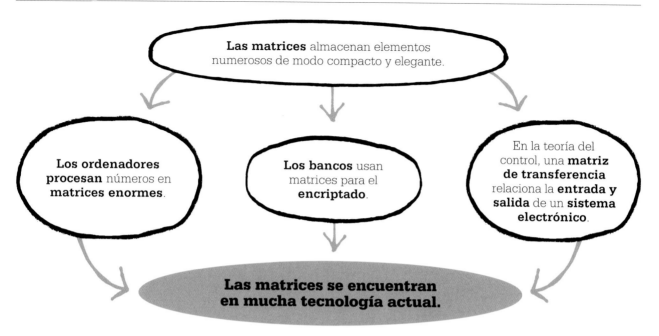

Las matrices almacenan elementos numerosos de modo compacto y elegante.

Los ordenadores **procesan** números en **matrices enormes**.

Los bancos usan matrices para el **encriptado**.

En la teoría del control, una **matriz de transferencia** relaciona la **entrada y salida** de un **sistema electrónico**.

Las matrices se encuentran en mucha tecnología actual.

---

matemático suizo Gabriel Cramer enunció una regla general (hoy llamada regla de Cramer) para el determinante de una matriz de m filas y n columnas, pero no consiguió demostrar la regla.

En 1812, los matemáticos franceses Augustin-Louis Cauchy y Jacques Binet demostraron que, cuando se multiplican dos matrices cuadradas de igual tamaño, el determinante del producto es igual al producto de los determinantes individuales: $\det AB = (\det A) \times (\det B)$. Esta regla simplificó el proceso de hallar el determinante de una matriz muy extensa, descomponiéndolo en los determinantes de dos matrices menores.

Matrices de transformación

Las matrices pueden representar transformaciones geométricas lineales (p. anterior), tales como reflexiones, rotaciones, traslaciones y escalados. Las transformaciones en dos dimensiones se codifican en matrices de 2 × 2, mientras que las transformaciones 3D usan matrices de

3 × 3. El determinante de una matriz de transformación contiene información acerca del área o volumen de la figura transformada. Actualmente, el *software* de diseño asistido por ordenador (CAD) usa matrices para este fin.

Aplicaciones actuales

Las matrices pueden almacenar de forma compacta una cantidad enorme de datos, y esto las ha vuelto esenciales en las matemáticas, la física y la informática. La teoría de grafos usa matrices para codificar cómo está conectado un conjunto de vértices (puntos) por aristas (rectas). Una formulación de la física cuántica, llamada mecánica matricial, hace un uso amplio del álgebra de matrices, y los físicos de partículas y cosmólogos usan las matrices de transformación y la teoría de grupos para estudiar las simetrías del universo.

Las matrices se utilizan para representar circuitos eléctricos y resolver problemas de voltaje y corriente, y son importantes también en la informática y la criptografía.

Los algoritmos de los motores de búsqueda usan matrices estocásticas (cuyos elementos representan probabilidades) para clasificar las páginas web. Los programadores emplean matrices como claves al encriptar mensajes; se asignan a las letras valores numéricos individuales, que luego se multiplican por los números de la matriz. Cuanto mayor sea la matriz utilizada, más seguro es el encriptado. ∎

No me ha parecido necesario emprender la labor de una demostración formal del teorema en el caso general de una matriz de cualquier grado.
Arthur Cayley

UNA INVESTIGACION DE LAS LEYES DEL PENSAMIENTO

ÁLGEBRA DE BOOLE

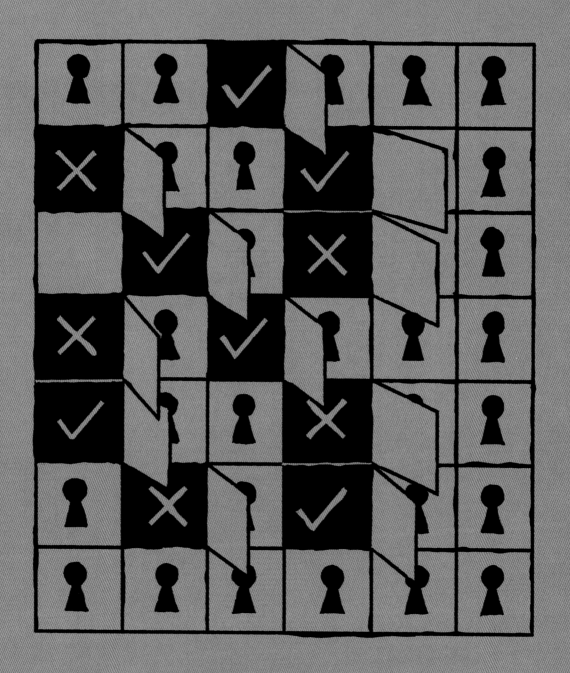

EN CONTEXTO

FIGURA CLAVE
George Boole (1815–1864)

CAMPO
Lógica

ANTES
350 A.C. Aristóteles trata
los silogismos.

1697 Gottfried Leibniz
intenta sin éxito usar el
álgebra para formalizar
la lógica.

DESPUÉS
1881 Los diagramas
de John Venn explican
la lógica booleana.

1893 Charles Sanders Peirce
muestra los resultados del
álgebra de Boole en tablas
de valores de verdad.

1937 Claude Shannon usa la
lógica booleana como base del
diseño de ordenadores en su
tesis «A symbolic analysis of
relay and switching circuits».

Las matemáticas tenían
un interés secundario para él,
y la propia lógica le importaba
sobre todo como medio para
allanar el terreno.
Mary Everest Boole
Matemática británica y
esposa de George Boole

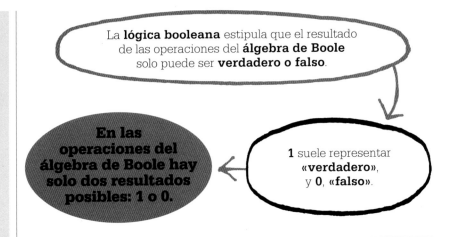

La **lógica booleana** estipula que el resultado
de las operaciones del **álgebra de Boole**
solo puede ser **verdadero o falso**.

En las operaciones del álgebra de Boole hay solo dos resultados posibles: 1 o 0.

1 suele representar
«**verdadero**»,
y **0**, «**falso**».

L a lógica constituye el fundamento mismo de las matemáticas. Nos proporciona las reglas para razonar y un criterio para decidir sobre la validez de un argumento o proposición. Un argumento matemático emplea las reglas de la lógica para asegurar que, si una proposición básica es válida, entonces lo serán todos los enunciados construidos a partir de dicha proposición.

El intento más antiguo de establecer los principios de la lógica fue el del filósofo griego Aristóteles alrededor de 350 a. C. Su análisis de las diversas formas de los argumentos marcó el inicio de la lógica como objeto de estudio por derecho propio. En particular, Aristóteles examinó un tipo de argumento, el silogismo, consistente en tres proposiciones: de las dos primeras, las premisas, se sigue lógicamente la tercera, la conclusión. Las ideas de Aristóteles sobre la lógica predominaron sin ser disputadas durante unos dos mil años. Aristóteles enfocó la lógica como una rama de la filosofía, pero, en la década de 1800, los estudiosos comenzaron a considerarla una rama de las matemáticas. Esto suponía pasar de argumentos expresados con palabras a una lógica simbólica en la que se pueden expresar por medio de símbolos abstractos. Uno

de los pioneros de este cambio a la lógica matemática fue el matemático británico George Boole, quien quiso aplicar a la lógica métodos del campo emergente del álgebra simbólica.

Lógica algebraica

Los estudios lógicos de Boole comenzaron de modo poco convencional. En 1847, su amigo el lógico británico Augustus De Morgan mantuvo una disputa con un filósofo acerca de a quién atribuir el mérito por una idea particular. Boole no se implicó directamente, pero el suceso le movió a poner por escrito sus propias ideas sobre cómo formalizar la lógica por medio de las matemáticas en su ensayo *El análisis matemático de la lógica*, de 1847.

Boole quería descubrir un modo de presentar los argumentos lógicos de modo que se pudieran manipular y resolver matemáticamente. Para lograrlo, desarrolló un tipo de álgebra lingüística, en la que operaciones del álgebra como la suma y la multiplicación se sustituyen por los conectores propios de la lógica. Como en el álgebra, el uso de símbolos y conectores por Boole permitía simplificar las expresiones lógicas.

Las tres operaciones clave del álgebra recibieron los nombres de las tres conjunciones inglesas AND, OR y NOT, («Y», «O» y «NO»), o producto lógico, suma lógica e inversión lógica, respectivamente. Boole las consideraba las únicas necesarias para comparar conjuntos, así como las funciones matemáticas básicas. Por ejemplo, en lógica, dos enunciados pueden estar conectados por Y, como «este animal está cubierto de pelo» Y «este animal alimenta a sus crías con leche»; o por O, como en «este animal nada» O «este animal tiene plumas». El enunciado «A Y B» es cierto cuando A y B son ambos ciertos, mientras que el enunciado «A O B» es cierto si ambos o uno de los dos son ciertos. En términos booleanos, tales enunciados pueden darse como, por ejemplo: $(A \circ B) = (B \circ A)$; NO $(\text{NO } A) = A$; o incluso NO $(A \circ B) = (\text{NO } A)$ Y $(\text{NO } B)$.

Los binarios de Boole

En 1854, Boole publicó su obra más importante, *Investigación sobre las leyes del pensamiento*. Boole había estudiado las propiedades algebraicas de los números, y comprendió que el conjunto {0, 1}, junto con ope-

raciones como la suma y la multiplicación, servía para formar un lenguaje algebraico coherente. Boole propuso que las proposiciones lógicas solo podían tener dos valores, verdadero o falso, y no podía haber nada entre uno y otro valor.

En el álgebra lógica de Boole, la verdad o falsedad se reducen a valores binarios: 1 para verdadero, y 0 para falso. Comenzando por un enunciado inicial verdadero o falso, Boole podía construir otros enunciados y utilizar las operaciones Y, O y NO, para determinar si eran verdaderos o falsos.

Uno más uno es uno

A pesar de la aparente semejanza, el sistema binario de verdadero o falso de Boole no equivale a los números binarios. Los números booleanos son completamente diferentes de la matemática de los números reales. Las «leyes» del álgebra de Boole permiten enunciados que no serían admisibles en otras formas de álgebra. En el álgebra booleana hay solo dos valores posibles para cualquier cantidad, 1 o 0, y

El álgebra de Boole hace posible demostrar enunciados lógicos por medio de cálculos algebraicos.
Ian Stewart
Matemático británico

la resta no existe en el álgebra de Boole. Por ejemplo, si el enunciado A, «mi perro es lanudo», es cierto, tiene valor 1, y si el enunciado B, «mi perro es marrón», es cierto, tiene también valor 1. A y B se pueden combinar en el enunciado «mi perro es lanudo O mi perro es marrón», que también es cierto y tiene también valor 1. En el álgebra de Boole, el operador O se comporta como + (aparte de 1 + 1 = 1) mientras que Y se comporta como × (tabla, p. 247). **»**

George Boole

George Boole nació en Lincoln (Inglaterra) en 1815, hijo de un zapatero que le transmitió su amor por la ciencia y las matemáticas. Tenía 16 años cuando su padre tuvo que cerrar su negocio, y George trabajó como ayudante de maestro para ayudar a mantener a la familia. Comenzó a estudiar matemáticas en serio, leyendo primero un libro sobre cálculo. Más tarde publicó en el *Cambridge Mathematical Journal*, pero aún no podía pagarse una carrera.

En 1849, como resultado de su correspondencia con Augustus De Morgan, fue nombrado profesor de matemáticas en el Queen's College de Cork (Irlanda), donde vivió hasta su prematura muerte a la edad de 49 años.

Obras principales

1847 *El análisis matemático de la lógica.*
1854 *Investigación sobre las leyes del pensamiento.*
1859 *Treatise on differential equations (Tratado sobre ecuaciones diferenciales).*
1860 *Treatise on the calculus of finite differences (Tratado sobre el cálculo de diferencias finitas).*

> Nada más lejos de
> mi pensamiento que
> esos esfuerzos por tratar
> de establecer una semejanza
> artificial [entre lógica y álgebra].
> **Gottlob Frege**

Visualizar los resultados

Una forma de visualizar el álgebra de Boole es en la forma de los diagramas inventados por el lógico británico John Venn. En su obra *Symbolic logic* (1881), Venn desarrolló las teorías de Boole empleando lo que se acabaría conociendo como diagramas de Venn, que representan relaciones de inclusión (Y) y exclusión (NO) entre conjuntos. Consisten en círculos en intersección, representando cada uno un conjunto. Un diagrama de Venn con dos círculos representa proposiciones como: «Todos los *A* son *B*», mientras que un diagrama de tres círculos representa proposiciones relativas a tres conjuntos (como *X*, *Y* y *Z*, abajo).

Los resultados de un enunciado en el álgebra de Boole se pueden evaluar usando una tabla de valores de verdad, o tabla de verdad (p. siguiente), en la que se prueban y expresan todas las posibles combinaciones de la entrada. El primero en emplear estas tablas de verdad fue el lógico estadounidense Charles Saunders Peirce en 1893, casi 30 años después de la muerte de Boole. Por ejemplo, el enunciado *A* Y *B* solo puede considerarse verdadero si lo son tanto a *A* como *B*. Si uno, otro o ambos son falsos, entonces *A* Y *B* es falso. Por tanto, de las cuatro posibles combinaciones de *A* y *B*, solo una da como resultado una respuesta verdadera. Por otra parte, para *A* o *B*, hay tres posibles combinaciones en las que ese enunciado es verdadero, dado que solo será falso si tanto *A* como *B* son falsos. También se pueden evaluar enunciados más complejos usando tablas de verdad. *A* Y (*B* O NO *C*) es verdadero cuando *A* y *B* son ambos verdaderos y *C* es falso, y es falso cuando *A* es falso y tanto *B* como *C* son verdaderos. De las ocho combinaciones posibles de verdadero y falso, hay tres en las que el enunciado es verdadero, y cinco en las que es falso.

Limitaciones

Una desventaja del sistema del álgebra de Boole es que no contenía un método de cuantificación: no había ningún modo sencillo de expresar un enunciado como «para todos los *X*», por ejemplo. La primera lógica simbólica con cuantificación la creó en 1879 el lógico alemán Gottlob Frege, contrario a los intentos de Boole de convertir la lógica en álgebra. El trabajo de Frege fue prolongado por Charles Sanders Peirce y otro lógico alemán, Ernst Schröder, quien introdujo la cuantificación en el álgebra de Boole y produjo obras sustanciales con el sistema de Boole.

Estos diagramas de Venn representan tres de las funciones más básicas del álgebra de Boole Y, o y NO. El diagrama de los tres círculos representa una combinación de dos funciones: (*X* Y *Y*) O *Z*.

Región que indica el resultado de la función

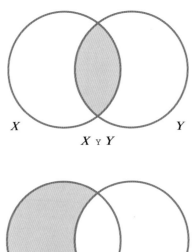

X Y *Y*

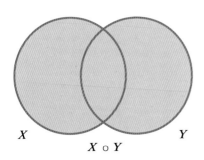

X O *Y*

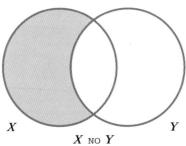

X NO *Y*

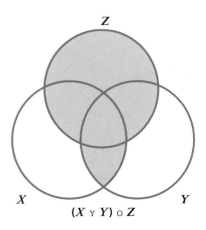

(*X* Y *Y*) O *Z*

Este módulo lógico se usa para mostrar el funcionamiento de las puertas lógicas en los circuitos electrónicos. Las puertas pueden activar o desactivar luces o timbres según la salida.

El legado de Boole

No fue hasta unos 70 años después de la muerte de Boole cuando se comprendió plenamente el potencial de sus ideas. El ingeniero estadounidense Claude Shannon usó *El análisis matemático de la lógica* de Boole para crear la base de los circuitos de los ordenadores digitales modernos. Mientras trabajaba sobre los circuitos eléctricos para uno de los primeros ordenadores del mundo, Shannon comprendió que el sistema binario de Boole podía servir como base para las puertas lógicas (componentes físicos que se mueven al dictado de funciones booleanas) de los circuitos. Con solo 21 años, Shannon plasmó las ideas que constituirían la base del futuro diseño informático en su tesis «A symbolic analysis of relay and switching circuits» («Un análisis simbólico de circuitos, conmutadores y relés»), publicada en 1937.

Los elementos constructivos de los códigos hoy usados para programar *software* informático se basan en la lógica formulada por Boole, que tiene un lugar central también en el funcionamiento de los motores de búsqueda de internet. En los inicios de internet, fue habitual usar las operaciones Y, O y NO para filtrar los resultados y encontrar lo que se bus-

Puerta	Símbolo	Tabla de verdad		
NOT (NO) La salida de una puerta NOT es lo contrario de la entrada.	A ▷○ X	ENTRADA	SALIDA	
		1	0	
		0	1	

Puerta	Símbolo	ENTRADA		SALIDA
AND (Y) La salida de una puerta AND solo es 1 si ambas entradas son 1.	A B ▷ X	A	B	A Y B
		0	0	0
		0	1	0
		1	0	0
		1	1	1

Puerta	Símbolo	ENTRADA		SALIDA
OR (O) La salida de una puerta OR solo es 0 si ambas entradas son 0.	A B ▷ X	A	B	A Y B
		0	0	0
		0	1	1
		1	0	1
		1	1	1

Puerta	Símbolo	ENTRADA		SALIDA
NAND (NO Y) Una puerta NAND es una puerta AND seguida de una puerta NOT.	A B ▷○ X	A	B	A Y B
		0	0	1
		0	1	1
		1	0	1
		1	1	0

Puerta	Símbolo	ENTRADA		SALIDA
NOR (NO O) Una puerta NOR es una puerta OR seguida de una puerta NOT.	A B ▷○ X	A	B	A Y B
		0	0	1
		0	1	0
		1	0	0
		1	1	0

Las puertas lógicas, medios electrónicos que ejecutan las funciones booleanas, son un componente importante de los circuitos electrónicos. Esta tabla muestra los símbolos para cada tipo de puerta. Las tablas de verdad muestran los resultados posibles de las diversas entradas.

caba; hoy, los avances tecnológicos permiten búsquedas formuladas en un lenguaje más natural. Las operaciones booleanas, simplemente, se han vuelto silenciosas: la búsqueda «George Boole», por ejemplo, tiene un Y implícito entre las dos palabras, de modo que solo las páginas web que contengan ambos nombres aparecerán en los resultados. ∎

UNA FORMA CON UN SOLO LADO
LA BANDA DE MÖBIUS

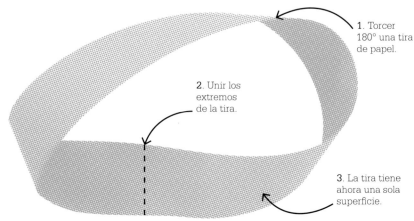

1. Torcer 180° una tira de papel.

2. Unir los extremos de la tira.

3. La tira tiene ahora una sola superficie.

Una banda de Möbius se puede hacer con una simple cinta o tira de papel, y se puede colorear con un crayón en un solo movimiento continuo, sin separar el crayón del papel. La forma tiene una sola superficie, como se puede comprobar recorriéndola con la vista.

La banda o cinta de Möbius (o Moebius), nombrada así en honor del matemático alemán del siglo XIX August Möbius, se puede crear en segundos, torciendo una tira de papel 180° y uniendo luego los extremos. La forma resultante tiene algunas propiedades inesperadas, las cuales han contribuido al conocimiento de las figuras geométricas complejas de la rama de estudio de la topología.

El siglo XIX fue un periodo creativo para las matemáticas, y del nuevo y vibrante campo de la topología salieron muchas formas geométricas nuevas. Gran parte del ímpetu se debió a matemáticos alemanes, entre ellos, Möbius y Johann Listing. En 1858, ambos estudiaron, independientemente el uno del otro, la banda torcida, que Listing dijo haber descubierto antes.

Una vez formada, la banda de Möbius tiene una sola superficie: una hormiga que la recorriera podría cubrir ambas caras del papel sin pasar por el borde. En geometría,

Un mosaico romano de hacia 200 d. C. incluye lo que podría ser la representación más antigua de una banda de Möbius, que representaría la naturaleza eterna del tiempo.

se considera un ejemplo claro de superficie no orientable. Esto significa que, al pasar el dedo por toda la cinta, los lados izquierdo y derecho del papel se invierten. La banda de Möbius es la superficie bidimensional no orientable más simple que se puede crear en un espacio tridimensional.

Experimentar con la banda de Möbius produce otros resultados inesperados: si se traza una línea por la mitad exacta y se corta por ella, la forma no se divide en dos, sino que produce otro bucle continuo más largo. Otra posibilidad es trazar una línea a un tercio de la anchura de la cinta en todo su recorrido, y luego cortar con las tijeras siguiendo esa línea: el resultado es un bucle retorcido entrelazado con otro más delgado y el doble de largo.

Espacio, industria y arte

La forma de la banda de Möbius se da en la naturaleza, como en el movimiento de las partículas magnéticamente cargadas de los cinturones de Van Allen que rodean la Tierra, así como en la estructura molecular de algunas proteínas. También se

ha sacado partido de sus propiedades para aplicaciones cotidianas: a principios del siglo XX, la forma de la banda de Möbius se usó en cintas magnetofónicas para doblar el tiempo de reproducción y grabación; también hay montañas rusas con esta forma, como el Grand National del parque de atracciones Blackpool Pleasure Beach, en el noroeste de Inglaterra.

La banda de Möbius ha inspirado a artistas y arquitectos: el artista neerlandés Maurits C. Escher creó un grabado de hormigas recorriendo la forma sin fin, y se están construyendo con ella edificios impresionantes para minimizar el impacto de los rayos solares. La forma se usa como símbolo universal del reciclaje, y está esbozada también en el símbolo matemático del infinito (∞), que recuerda la imagen del tiempo eterno plasmada en un antiguo mosaico romano (arriba). ■

Nuestras vidas son cintas de Möbius, desgracia y maravilla simultáneas. Nuestro destino es infinito e infinitamente recurrente.
Joyce Carol Oates
Novelista estadounidense

August Möbius

Hijo de un profesor de danza, August Ferdinand Möbius nació en Schulpforta, en Sajonia (Alemania), en 1790. A los 18 años se matriculó en la Universidad de Leipzig para estudiar matemáticas, física y astronomía. Luego, en Gotinga, fue alumno del matemático alemán Carl Friedrich Gauss. En 1816, Möbius fue nombrado profesor de astronomía en Leipzig, donde permanecería el resto de su vida, escribiendo tratados sobre el cometa Halley y otras cuestiones astronómicas.

Su nombre está vinculado a varios conceptos matemáticos, como las transformaciones de Möbius, la función de Möbius, el plano de Möbius y la fórmula de inversión de Möbius. También conjeturó la proyección geométrica red de Möbius. Murió en Leipzig en 1868.

Obras principales

1827 *Der Barycentrische Calcul* (El cálculo del baricentro).
1837 *Lehrbuch der Statik* (Manual de estática).
1843 *Die Elemente der Mechanik des Himmels* (Los elementos de la mecánica celeste).

LA MUSICA DE LOS PRIMOS

LA HIPÓTESIS DE RIEMANN

EN CONTEXTO

FIGURA CLAVE
Bernhard Riemann
(1826–1866)

CAMPO
Teoría de números

ANTES
1748 El producto de Euler
relaciona una versión de lo
que será la función zeta con
la secuencia de los primos.

1848 El ruso Pafnuti
Chebyshov presenta el
primer estudio importante
de la función contador de
números primos $\pi(n)$.

DESPUÉS
1901 El sueco Helge von Koch
demuestra que la mejor versión
posible de la función contador
de números primos depende
de la hipótesis de Riemann.

2004 Se usa la computación
distribuida para demostrar
que los primeros 10 billones
de ceros no triviales están
en la línea crítica.

Es muy **difícil estimar** cuántos números primos
hay entre un **par de números dados**.

Según la **hipótesis de Riemann**, la **función zeta**
(una función de la teoría de números) ofrece la **estimación
más exacta** del número de primos entre dos valores.

La hipótesis **no se ha demostrado aún**.

En 1900, David Hilbert confeccionó una lista de 23 problemas matemáticos pendientes. Uno de ellos es la hipótesis de Riemann, que representa uno de los problemas irresueltos más relevantes de las matemáticas. Es una hipótesis sobre los números primos (divisibles solo por sí mismos y por 1). Demostrar la hipótesis de Riemann resolvería muchos otros teoremas.

El rasgo más evidente de los números primos es que, cuanto mayores son, mayor es la diferencia entre ellos. Entre 1 y 100 hay 25 núme-ros primos (1 de cada 4); entre 1 y 100 000, 9592 son primos (aproximadamente 1 de cada 10). Estos valores se expresan por la función contador de números primos, $\pi(n)$, pero aquí π no tiene que ver con la constante matemática pi. Operar con n sobre π da el número de primos entre 1 y n. El número de primos hasta 100, por ejemplo, lo da $\pi(100) = 25$.

Hallar el patrón

Durante siglos, la fascinación de los matemáticos con los números primos les llevó a buscar una fórmula que

Véase también: ▪ Números primos de Mersenne 124 ▪ Números imaginarios y complejos 128–131 ▪ El teorema de los números primos 260–261

> El fracaso de la hipótesis de Riemann desataría el caos en la distribución de los números primos.
> **Enrico Bombieri**
> **Matemático italiano**

predijera los valores de esta función. Carl Gauss dio con una respuesta aproximada cuando tenía 14 años, y pronto halló una versión mejorada de la función contador de números primos capaz de predecir un número de primos entre 1 y 1 000 000 de 78 628, con un error de solo el 0,2 %.

Una fórmula nueva

En 1859, Bernhard Riemann construyó una fórmula nueva para $\pi(n)$, que daba las estimaciones más precisas posibles. Una de las entradas necesarias para esta fórmula es una serie de números complejos definidos por lo que hoy se conoce como la función zeta de Riemann, $\zeta(s)$.

Los números necesarios para confirmar la fórmula de Riemann para $\pi(n)$ son aquellos números complejos (s) para los cuales $\zeta(s) = 0$. Algunos de estos —los ceros «triviales»— son fáciles de encontrar; son todos los enteros negativos pares (−2, −4, −6, y así sucesivamente). Encontrar los otros —los ceros no triviales, todos los otros valores para los cuales $\zeta(s) = 0$— es más difícil. Riemann solo calculó tres. Creía que los ceros no triviales tienen una cosa

en común: al plantearse en el plano complejo, se encuentran todos en la «línea crítica», donde la parte real del número es 0,5, y en dicha creencia consiste la hipótesis de Riemann.

Una solución

En 2018, el matemático británico Michael Atiyah, de 89 años de edad entonces, anunció una demostración sencilla de la hipótesis de Riemann. Murió unos meses después, sin demostrar la hipótesis.

Aunque demostrar la hipótesis de Riemann validaría la función zeta como mejor predictor de la distribución de primos, seguiría sin permitir una predicción plena de los números primos. La hipótesis sí representa la combinación de predictibilidad y aleatoriedad que caracteriza a los primos, y dicha combinación es la que muestran los niveles energéticos de los núcleos de átomos pesados en la teoría cuántica. Este vínculo profundo sugiere que la hipótesis puede acabar siendo demostrada por un físico, y no por un matemático. ▪

El átomo de uranio es un ejemplo de átomo pesado cuyo núcleo se comporta estadísticamente igual que los números primos, y de ahí que sea tan difícil de predecir.

Bernhard Riemann

Hijo de un pastor luterano, Bernhard Riemann nació en Breselenz (Alemania) en 1826. Al principio le fascinó la teología, pero Carl Gauss le convenció de dejarla y de emprender la licenciatura de matemáticas; más adelante, Carl Gauss fue profesor suyo en la Universidad de Gotinga. El resultado fue un conjunto de avances muy influyentes hasta el día de hoy.

Además de su trabajo con los primos, Riemann formuló reglas para aplicar el cálculo a las funciones complejas (funciones que usan números complejos). Su revolucionario enfoque del espacio fue usado por Einstein al desarrollar la teoría de la relatividad. Pese a su éxito, sufrió dificultades económicas. Finalmente pudo permitirse casarse, al obtener la cátedra de Gotinga en 1862. Enfermó un mes más tarde, y su salud se deterioró hasta morir de tuberculosis en 1866.

Obra principal

1868 *Ueber die Hypothesen, welche der Geometrie zu Grunde liegen (Sobre las hipótesis que sirven de fundamento a la geometría).*

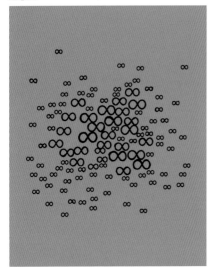

UNOS INFINITOS SON MAYORES QUE OTROS

NÚMEROS TRANSFINITOS

EN CONTEXTO

FIGURA CLAVE
Georg Cantor (1845–1918)

CAMPO
Teoría de números

ANTES
450 A. C. Zenón de Elea explora la naturaleza del infinito en un conjunto de paradojas.

1844 Joseph Liouville demuestra que un número puede ser trascendente (tener un número infinito de dígitos sin patrón repetido ni raíz algebraica).

DESPUÉS
1901 La paradoja del barbero de Bertrand Russell cuestiona la capacidad de la teoría de conjuntos para definir los números.

1913 Según el teorema del mono infinito, dado un tiempo infinito, una entrada aleatoria producirá todos los resultados posibles.

D urante mucho tiempo, los matemáticos habían desconfiado del concepto de infinito. No sería sino a finales del siglo XIX cuando Georg Cantor fue capaz de explicarlo con rigor matemático. Este comprendió que hay más de un tipo de infinito –una variedad infinita, de hecho–, y que unos infinitos son mayores que otros. Con el fin de describir estos distintos infinitos, introdujo los números transfinitos.

Mientras estudiaba la teoría de conjuntos, Cantor se propuso crear definiciones para todos los números hasta el infinito. La necesidad surgió del descubrimiento de los números trascendentes, como π y e, irracio-

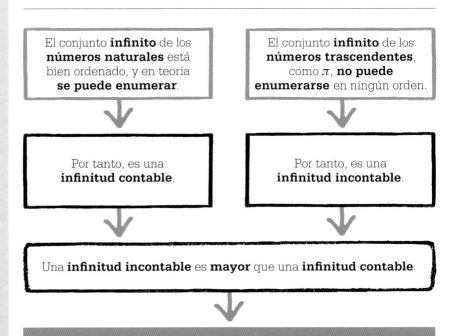

El conjunto **infinito** de los **números naturales** está bien ordenado, y en teoría **se puede enumerar**.

↓

Por tanto, es una **infinitud contable**.

El conjunto **infinito** de los **números trascendentes**, como π, **no puede enumerarse** en ningún orden.

↓

Por tanto, es una **infinitud incontable**.

↓

Una **infinitud incontable** es **mayor** que una **infinitud contable**.

↓

Unas infinitudes son mayores que otras.

nales, infinitamente largos y que no son raíces algebraicas. Entre uno y otro número algebraico –incluidos enteros, fracciones y ciertos números irracionales, como $\sqrt{2}$)– hay un número infinito de números trascendentes.

Contar las infinitudes

Con el fin de identificar la localización de un número, Cantor distinguió entre números de dos tipos: los cardinales 1, 2, 3…, que indican la cantidad de elementos de un conjunto, y los ordinales, como 1.°, 2.° y 3.°, que indican el orden.

Cantor creó el nuevo número cardinal transfinito ($\aleph$, alef, primera letra del alfabeto hebreo) para indicar un conjunto que contiene un número infinito de elementos. Al conjunto de los enteros, que contiene los números naturales, los enteros negativos y cero, le atribuyó la cardinalidad $\aleph_0$, el menor cardinal transfinito, ya que en teoría estos son números contables, pero en realidad es imposible contarlos por completo. Un conjunto con una cardinalidad de $\aleph_0$ comienza por un primer elemento y acaba en un elemento ω (omega),

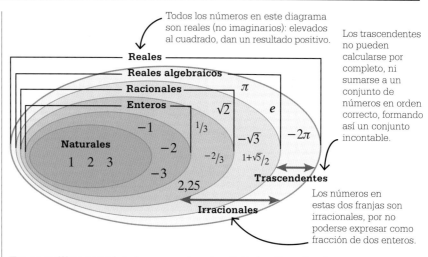

Todos los números en este diagrama son reales (no imaginarios): elevados al cuadrado, dan un resultado positivo.

Los trascendentes no pueden calcularse por completo, ni sumarse a un conjunto de números en orden correcto, formando así un conjunto incontable.

Los números en estas dos franjas son irracionales, por no poderse expresar como fracción de dos enteros.

Estos anillos concéntricos muestran los distintos tipos de números, que corresponden a distintos tipos de infinito. Cada anillo representa un conjunto de números. Así, el de los naturales es un pequeño subconjunto de los racionales, que se combinan con el conjunto de los irracionales para formar el de los reales.

un ordinal transfinito. El número de elementos de un conjunto de cardinalidad $\aleph_0$ es ω.

Sumar a este conjunto crea un nuevo conjunto de $\omega + 1$. Un conjunto de todos los ordinales contables, como $\omega + 1$, $\omega + 1 + 2$, $\omega + 1 + 2 + 3$…, contendrá ω_1 elementos. Este conjunto no es contable, lo cual hace

que este infinito sea mayor que los contables, por lo que se considera que tiene una cardinalidad de $\aleph_1$.

El conjunto de todos los conjuntos $\aleph_1$ contiene ω_2 elementos, con una cardinalidad de $\aleph_2$. Así, la teoría de conjuntos de Cantor crea infinitos anidados unos dentro de otros, en una expansión sin fin. ▪

Georg Cantor

Georg Cantor nació en San Petersburgo (Rusia) en 1845, y se mudó con su familia a Alemania en 1856. Erudito (y violinista) sobresaliente, estudió en Berlín y Gotinga, y fue más tarde profesor en la Universidad de Halle.

Cantor es muy admirado entre los matemáticos actuales, pero fue más bien un marginado entre sus contemporáneos. Su teoría de los números transfinitos chocaba con las nociones matemáticas tradicionales, y las críticas de los matemáticos de mayor prestigio dañaron su carrera. Su obra fue criticada también por el clero,

pero el profundamente religioso Cantor veía en su trabajo una glorificación de Dios. Muy deprimido, Cantor pasó mucho tiempo internado en una clínica psiquiátrica. Comenzó a ser reconocido y elogiado en el siglo xx, pero vivió su vejez en la pobreza. Murió de un ataque cardiaco en 1918.

Obra principal

1915 *Contribuciones a la fundamentación de la teoría de los conjuntos transfinitos.*

UNA REPRESENTACION DIAGRAMATICA DE LOS RAZONAMIENTOS
DIAGRAMAS DE VENN

EN CONTEXTO

FIGURA CLAVE
John Venn (1834–1923)

CAMPO
Estadística

ANTES
C. 1290 El místico mallorquín Ramon Llull crea sistemas de clasificación usando árboles, escaleras y ruedas.

C. 1690 Gottfried Leibniz usa círculos para clasificar.

1762 Leonhard Euler describe el empleo de círculos lógicos, hoy llamados de Euler.

DESPUÉS
1963 El estadounidense David W. Henderson muestra el vínculo entre diagramas de Venn simétricos y números primos.

2003 En EE UU, Jerrold Griggs, Charles Killian y Carla Savage muestran que existen diagramas de Venn simétricos para todos los primos.

En 1880, en «De la representación mecánica y diagramática de proposiciones y razonamientos», el británico John Venn introdujo la idea del diagrama de Venn, un modo de agrupar elementos en círculos (u otras formas curvas) superpuestos que expresa la relación entre ellos.

Círculos superpuestos
Un diagrama de Venn considera dos o tres conjuntos con elementos en común, como todos los seres vivos o todos los planetas del Sistema Solar, y les atribuye círculos propios, que se superponen; y los conjuntos se disponen de modo que los elementos que pertenecen a más de uno estén en el área en la que los círculos se superponen.

Los diagramas de Venn con dos círculos pueden representar proposiciones categóricas, como «todos los A son B», «ningún A es B», «algunos A son B» y «algunos A no son B». Los de tres círculos pueden representar también silogismos, en los que hay dos premisas categóricas y una conclusión categórica; por ejemplo:

«Todos los franceses son europeos. Algunos franceses comen queso. Por tanto, algunos europeos comen queso».

Además de ser una herramienta ampliamente utilizada en la organización cotidiana de datos –en contextos que van desde aulas escolares a consejos de administración–, los diagramas de Venn son una parte integral de la teoría de conjuntos, por su clara utilidad para expresar relaciones. ∎

Las grandes ideas son las que quedan en la intersección del diagrama de Venn entre «es buena idea» y «parece una mala idea».
Sam Altman
Empresario estadounidense

Véase también: Lógica silogística 50–51 ▪ Probabilidad 162–165 ▪ Cálculo 168–175 ▪ El número de Euler 186–191 ▪ La lógica de las matemáticas 272–273

LA TORRE CAERA Y SE ACABARA EL MUNDO

LAS TORRES DE HANÓI

EN CONTEXTO

FIGURA CLAVE
Édouard Lucas (1842–1891)

CAMPO
Teoría de números

ANTES
1876 Édouard Lucas demuestra que el número de Mersenne $2^{127} - 1$ es primo; y es aún hoy el mayor primo hallado sin ordenador.

DESPUÉS
1894 Se publica póstumamente en cuatro volúmenes la obra de Lucas sobre matemática recreativa.

1959 Erik Frank Russell publica «Now Inhale», relato breve sobre un alienígena al que se le permite jugar a una versión de las torres de Hanói antes de su ejecución.

1966 En un episodio de la serie *Doctor Who*, el villano, el Juguetero Celestial, obliga al doctor a jugar a una versión del juego de diez discos.

Se cree que fue el matemático francés Édouard Lucas quien inventó el juego de las torres de Hanói, en 1883. El propósito del rompecabezas es muy sencillo: hay tres postes, uno de los cuales sujeta tres discos perforados, ordenados por tamaño, con el disco mayor en la base; hay que mover los discos de uno en uno el menor número de veces posible, y reproducir la misma disposición en otro poste, respetando la regla de que solo se puede colocar cada disco sobre otro mayor, o en un poste vacío.

La solución al rompecabezas

Con solo tres discos, el juego de las torres de Hanói se puede resolver en solo siete movimientos. Para cualquier número de discos, con la fórmula $2^n - 1$ (en la que **n** es el número de discos) se obtiene el número mínimo de movimientos necesarios. Una de las soluciones emplea números binarios (0 y 1). Un dígito, o bit binario, representa cada disco. Un valor de 0 indica que el disco está en el poste inicial, y un 1, que está en

Una versión de las torres de Hanói es un popular juguete infantil. Las versiones de ocho discos se usan en test de desarrollo de niños de mayor edad.

el poste final. La secuencia de bits cambia en cada movimiento.

Cuenta una leyenda que si los monjes de cierto templo en India o Vietnam (dependiendo de la versión del relato) logran mover 64 discos de un poste a otro cumpliendo las reglas, será el fin del mundo, pero incluso con la estrategia idónea, y moviendo un disco por segundo, tardarían 585000 millones de años en completar el juego. ∎

Véase también: El trigo y el tablero 112–113 ▪ Números primos de Mersenne 124 ▪ Números binarios 176–177

NO IMPORTAN EL TAMAÑO NI LA FORMA, SOLO LAS CONEXIONES

TOPOLOGÍA

EN CONTEXTO

FIGURA CLAVE
Henri Poincaré (1854–1912)

CAMPO
Geometría

ANTES
1736 Leonhard Euler resuelve el problema topológico histórico de los siete puentes de Königsberg.

1847 Johann Listing acuña el término «topología» como campo matemático.

DESPUÉS
1925 El ruso Pável Aleksándrov sienta las bases del estudio de las propiedades esenciales de los espacios topológicos.

2006 Se confirma la demostración de Grigori Perelman de la conjetura de Poincaré.

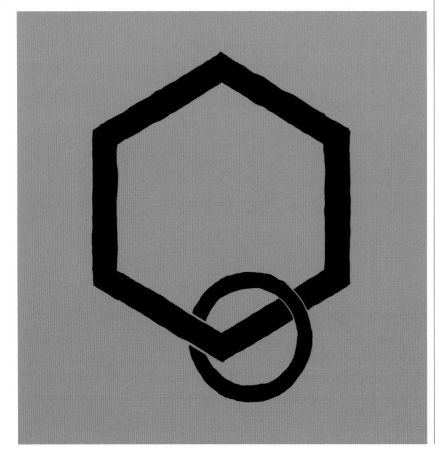

La topología es, en términos simples, el estudio de las formas sin medidas. En la geometría clásica, si dos formas tienen longitudes y ángulos correspondientes, y se puede trasladar, reflejar o rotar una y obtener la otra, se consideran congruentes, término matemático para decir que son iguales. Para un topólogo, en cambio, dos formas son idénticas –o invariantes, en la terminología topológica– si una se puede moldear hasta darle la forma de la otra, estirando, torciendo o doblándola, pero sin cortar, perforar ni pegar. Esto le ha valido a la topología el apodo de «geometría de hoja de goma».

Durante más de dos mil años, desde la época de Euclides, la geo-

Véase también: Los *Elementos* de Euclides 52–57 ▪ Coordenadas 144–151 ▪ La banda de Möbius 248–249 ▪ Espacio de Minkowski 274–275

La topología es el **estudio de las formas abstractas** sin medidas.

⬇

Las formas topológicas idénticas **pueden adoptar la forma** unas de otras si se estiran, tuercen o doblan.

⬇

No importan el tamaño ni la forma, solo las conexiones (el número de orificios).

Henri Poincaré

Nacido en Nancy (Francia) en 1854, Henri Poincaré era tan prometedor en la escuela que uno de sus maestros le llamaba «monstruo de las matemáticas». Se licenció en la École Polytechnique de París, y obtuvo el doctorado en la Universidad de París. En 1886 ocupó la cátedra de física matemática y probabilidad de la Sorbona de París, donde pasaría el resto de su carrera profesional. En 1887, fue premiado por el rey Oscar II de Suecia por su solución parcial de las muchas variables implicadas en determinar la órbita estable de un sistema de tres planetas. Un error confesado por Poincaré puso en duda sus cálculos para la órbita estable, pero despejó también el camino al estudio de la teoría del caos. Poincaré murió en 1912.

Obras principales

1892–1899 *Les méthodes nouvelles de la mécanique céleste (Los métodos nuevos de la mecánica celeste).*
1895 *Analysis situs (Topología).*
1903 *La science et l'hypothèse (Ciencia e hipótesis).*

metría se ocupó de clasificar formas según sus longitudes y ángulos. En el siglo XVIII y principios del XIX, algunos matemáticos comenzaron a concebir de otra manera los objetos geométricos, considerando las propiedades globales de las formas más allá de los confines de líneas y ángulos. De ahí surgió la topología, que a inicios del siglo XX se había alejado de la noción de «forma» para adoptar estructuras algebraicas abstractas. Su exponente más ambicioso e influyente fue el matemático francés Henri Poincaré, quien usó la topología compleja para arrojar nueva luz sobre la forma del universo mismo.

El nacimiento de una geometría nueva

En 1750, Leonhard Euler reveló que había estado trabajando en una fórmula para los poliedros –figuras tridimensionales con cuatro o más planos, como el cubo o la pirámi-

de– relativa a sus vértices, aristas y caras, en lugar de a sus rectas y ángulos. La fórmula del teorema de Euler para poliedros es $V + C - A = 2$, donde V es el número de vértices, C es el número de caras, y A es el número de aristas–, y reflejaría »

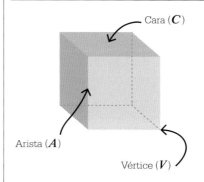

Cara (C)

Arista (A)

Vértice (V)

La fórmula de Euler, $V + C - A = 2$, se aplica a la mayoría de los poliedros, incluido el cubo. Usar los valores $V = 8$, $C = 6$ y $A = 12$, proporciona el cálculo $8 + 6 - 12$ que es igual a 2.

La topología algebraica permite leer las formas cualitativas y sus transformaciones.
Stephanie Strickland
Poeta estadounidense

que todos los poliedros comparten las mismas características básicas.

En 1813, sin embargo, otro matemático suizo, Simone L'Huilier, observó que la fórmula de Euler no es cierta para todos los poliedros; era falsa para los poliedros con orificios y los no convexos: formas con algunas diagonales (unidas por vértices) no contenidas dentro de la superficie o sobre la misma. L'Huilier creó un sistema en el que cada forma tiene una «característica Euler» propia $(V + C - A)$ y las formas con la misma característica Euler están relacionadas, por mucho que se manipulen. El término «topología» –del griego *tópos*, «lugar»– fue introduci-do en el ámbito matemático por el matemático alemán Johann Listing en 1847 en el tratado *Vorstudien zur Topologie (Estudios introductorios de topología)*, aunque usara el término en su correspondencia al menos diez años antes. A Listing le interesaban sobre todo las formas a las que no se aplicaba la fórmula de Euler, o que desafiaban las convenciones en cuanto a tener una superficie interior y otra exterior bien diferenciadas. Creó, incluso, una versión de la banda de Möbius –superficie con un solo lado y un solo borde– unos meses antes que el propio Möbius.

Alrededor de la misma época, otro matemático alemán, Bernhard Riemann, elaboró nuevos sistemas geométricos de coordenadas que excedían los límites de los sistemas 2D y 3D de René Descartes. El nuevo marco de Riemann permitió a los matemáticos explorar formas en cuatro o más dimensiones, incluidas formas aparentemente «imposibles».

Una de tales formas fue la botella de Klein, creada en 1882 por el matemático alemán Felix Klein, quien imaginó la unión de dos bandas de Möbius para obtener una forma de superficie única, no orientable (sin derecha ni izquierda) y, a diferencia de la banda de Möbius, sin borde ni frontera. Al carecer de intersecciones, la forma solo puede existir verdaderamente en cuatro dimensiones. Si se representa en 3D, tiene que intersecarse a sí misma, y de ahí el parecido con una botella. Los topólogos aplicaron el término «2-variedad» a formas como la banda de Möbius y la botella de Klein para describir sus superficies, que son superficies bidimensionales inmersas en espacios de más alta dimensión (la banda de Möbius puede existir en un espacio de tres dimensiones; la botella de Klein, propiamente, solo en uno de cuatro.

Una conjetura universal
Desde tiempos muy antiguos se ha especulado sobre la forma del universo. Vivimos, aparentemente, en un mundo de tres dimensiones, pero para comprender su forma tenemos que rebasarlo e ir a las cuatro, de igual manera que para apreciar la forma de una superficie 2D la tenemos que observar en tres dimensiones. Un punto de partida sería imaginar que vivimos en un universo que es una superficie 3D inmersa en cuatro dimensiones. Llevando esto un paso más allá, se puede considerar que esta superficie 3D es en realidad una esfera inmersa en un

Para un topólogo, la forma de una taza es idéntica a la de una rosquilla (o un toro, en términos geométricos), pues estirando y doblando se podría moldear una de estas formas hasta obtener la otra.

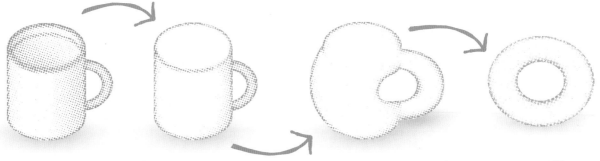

Taza

Rosquilla

El robot BlackDog® está diseñado para transportar cargas por terreno abrupto. Sus movimientos se computan con topología algebraica que predice y modela el espacio circundante.

espacio 4D, también llamada «3-esfera». Una «2-esfera» equivale a una esfera «normal» (como una pelota) en un espacio 3D.

En 1904, Henri Poincaré fue aún más allá con una hipótesis que contribuiría a establecer los fundamentos topológicos para comprender la forma del universo, al proponer lo que se conocería como conjetura de Poincaré: toda 3-variedad simplemente conexa y cerrada es homeomorfa a la 3-esfera. Una 3-variedad es una forma que parece 3D al ampliar su superficie, pero que existe en un número mayor de dimensiones; «simplemente conexa» significa que no tiene orificios, como una naranja, y a diferencia de una rosquilla. Una forma cerrada es finita, sin fronteras, como la esfera. Por último, «homeomorfa» describe formas que podrían moldearse hasta obtener una de otra, como una taza y una rosquilla (p. anterior). Una rosquilla y una naranja, en cambio, no son homeomorfas, debido al orificio de la rosquilla.

Según Poincaré, si se pudiera mostrar que el universo no contiene orificios, podría modelarse como 3-esfera. Para determinar si los tiene, se podría, en teoría, hacer un experimento con un hilo. Imagínese un explorador que viaja por el universo desde un punto establecido, y que va desmadejando un ovillo a lo largo del recorrido. Al volver al punto de inicio, el explorador ve el extremo del hilo con el que comenzó, toma ambos extremos y comienza a recoger el hilo tirando de ambos. Si el universo es simplemente conexo, podrá recoger el hilo entero, como un bucle que sigue el contorno suave de una esfera; si el explorador hubiera atravesado agujeros, o huecos, el hilo se «engancharía». Por ejemplo, si el universo tuviera forma de rosquilla, o toro, y si el explorador hubiera tendido el hilo alrededor de la menor de las dos circunferencias que proyectadas forman el toro, el hilo quedará atrapado, y no podría recogerse sin tirar de él más allá del universo.

Dando forma al futuro

Los desarrollos de la topología continuaron en el siglo XX. En 1905, el matemático francés Maurice Fréchet planteó la idea del espacio métrico, una serie de puntos junto con una función distancia, o métrica, que define la distancia entre ellos.

También a inicios del siglo XX, el matemático alemán David Hilbert inventó la idea de un espacio que tomaba los espacios euclídeos de dos y tres dimensiones y los generalizaba hasta dimensiones infinitas. Las matemáticas se podían aplicar después a cualquier dimensión de modo análogo al sistema de coordenadas 3D. Esta área de la matemática topológica se conoce como topología de los espacios de dimensión infinita.

La topología es hoy un campo vasto, y abarca estructuras algebraicas abstractas muy alejadas de las nociones convencionales sobre qué es una «forma». Tiene aplicaciones muy diversas en áreas como la genética y la biología molecular, como ayudar a desenredar los nudos creados alrededor del ADN por determinadas enzimas. ∎

Probablemente,
ninguna rama matemática
ha crecido de forma
tan sorprendente.
Raymond Louis Wilder
Matemático estadounidense

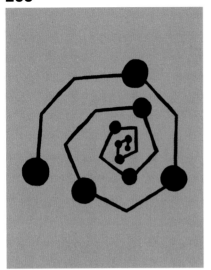

PERDIDOS EN ESE ESPACIO SILENCIOSO Y MEDIDO
EL TEOREMA DE LOS NÚMEROS PRIMOS

EN CONTEXTO

FIGURA CLAVE
Jacques Hadamard
(1865–1963)

CAMPO
Teoría de números

ANTES
1798 Adrien-Marie Legendre ofrece una fórmula aproximada para determinar el número de primos hasta un valor dado.

1859 Bernhard Riemann esboza una posible demostración del teorema de los números primos, pero no existen aún las matemáticas necesarias para completarla.

DESPUÉS
1903 Edmund Landau simplifica la demostración de Hadamard del teorema de los números primos.

1949 Tanto el húngaro Paul Erdős como el noruego Atle Selberg hallan una demostración del teorema usando solo la teoría de números.

Los números primos –los enteros positivos que tienen solo dos factores, el propio número y 1– fascinan desde siempre a los matemáticos. Si el primer paso fue hallarlos, y abundan entre las cifras menores, el paso siguiente fue identificar un patrón en su distribución. Más de dos mil años antes, Euclides había demostrado que hay infinitos números primos, pero no fue hasta finales del siglo XVIII cuando Legendre enunció su conjetura, una fórmula para la distribución de los primos, más tarde conocida como teorema de los números primos. En 1896, el francés Jacques Hadamard y el belga Charles-Jean de la Vallée Poussin lo demostraron independientemente el uno del otro.

Es evidente que la frecuencia de los primos decrece cuanto mayores son los números: entre los primeros veinte enteros positivos, ocho son primos (2, 3, 5, 7, 11, 13, 17 y 19); entre los números 1000 y 1020, hay solo tres (1009, 1013 y 1019); y entre 1 000 000 y 1 000 020, el único primo es 1 000 003. Esto parece razonable, ya que, cuanto mayor es

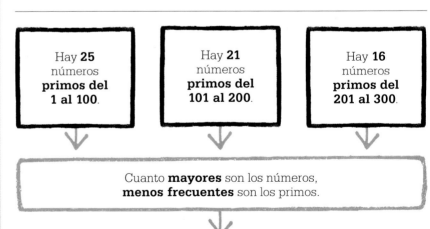

Hay **25** números **primos del 1 al 100**.

Hay **21** números **primos del 101 al 200**.

Hay **16** números **primos del 201 al 300**.

Cuanto **mayores** son los números, **menos frecuentes** son los primos.

Surge así un patrón de primos.

1	2	3	4	5	6	7	8	9	10
11	12	13	14	15	16	17	18	19	20
21	22	23	24	25	26	27	28	29	30
31	32	33	34	35	36	37	38	39	40
41	42	43	44	45	46	47	48	49	50

▨ **Primos**

La frecuencia de los primos disminuye cuanto mayores son los números. Aunque haya dos entre 30 y 40 y tres entre 40 y 50, el teorema de los números primos se va volviendo más preciso cuanto mayores son las cantidades.

el número, mayor es la cantidad de números menores que podrían ser divisores suyos.

Muchos matemáticos notables han tratado de comprender la distribución de los primos. En 1859, el alemán Bernhard Riemann esbozó una demostración en su trabajo «Ueber die Anzahl der Primzahlem unter einer gegebenen Grösse» («Sobre la cifra de números primos menores que una cantidad dada»). Riemann creía que el análisis complejo, rama de las matemáticas en la que la idea de función se aplica a los números complejos (combinaciones de números reales, como 1, e imaginarios, como $\sqrt{-1}$), traería la solución. Tenía razón: el estudio del análisis complejo se desarrolló, e impulsó las demostraciones de Hadamard y Poussin.

Lo que dice el teorema

El teorema de los números primos, diseñado para calcular cuántos primos hay menores o iguales a un número real, dice que $\pi(x)$ es aproximadamente igual a $x/\ln(x)$ a medida que x aumenta de valor y tiende al infinito. Aquí $\pi(x)$ indica la función contador de números primos, no tiene relación con el número pi, y $\ln(x)$ es el logaritmo natural de x. Por

explicar el teorema de otro modo, para un número grande, la separación media entre primos entre 1 y x es aproximadamente $\ln(x)$. Para cualquier número entre 1 y x, la probabilidad de ser primo es de aproximadamente $1/\ln(x)$.

Los números primos son los elementos constructivos de los números en matemáticas, de modo análogo a cómo los elementos químicos forman los compuestos. Para comprender esto, resulta fundamental la hipótesis de Riemann, una conjetura no resuelta que, de ser cierta, podría revelar mucho más acerca de los números primos. ∎

Los números primos […] se dan como malas hierbas entre los números naturales, al parecer sin otra ley que el azar.
Don Zagier
Matemático estadounidense

Jacques Hadamard

Nacido en Versalles (Francia) en 1865, Jacques-Salomon Hadamard se interesó por las matemáticas gracias a un maestro inspirador. Obtuvo el doctorado en París en 1892, y el mismo año fue galardonado con el Grand Prix des Sciences Mathématiques por su trabajo con los primos. Se fue a vivir a Burdeos para enseñar en la universidad, y allí demostró el teorema de los números primos.

En 1894, el oficial judío Alfred Dreyfus, pariente de la esposa de Hadamard, fue falsamente acusado de vender secretos de Estado y condenado a cadena perpetua. Hadamard trabajó incansablemente en su defensa, y Dreyfus fue liberado. Su carrera fue oscurecida por tragedias personales: dos de sus hijos murieron en la Primera Guerra Mundial, y otro en la Segunda Guerra Mundial. La muerte de su nieto en 1962 fue el golpe final, y Hadamard murió un año después.

Obras principales

1892 «Détermination du nombre des nombres premiers inférieurs à une quantité».
1910 *Leçons sur le calcul des variations*.

MATEMA
MODERN
1900–PRESENTE

TICAS
AS

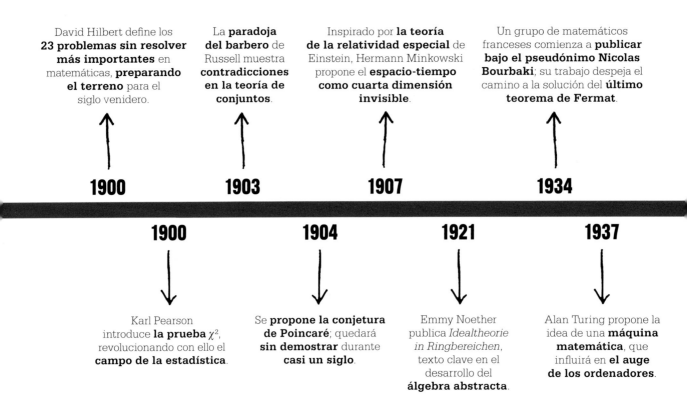

David Hilbert define los **23 problemas sin resolver más importantes** en matemáticas, **preparando el terreno** para el siglo venidero.

La **paradoja del barbero** de Russell muestra **contradicciones en la teoría de conjuntos**.

Inspirado por **la teoría de la relatividad especial** de Einstein, Hermann Minkowski propone el **espacio-tiempo como cuarta dimensión invisible**.

Un grupo de matemáticos franceses comienza a **publicar bajo el pseudónimo Nicolas Bourbaki**; su trabajo despeja el camino a la solución del **último teorema de Fermat**.

1900　　**1903**　　**1907**　　**1934**

1900　　**1904**　　**1921**　　**1937**

Karl Pearson introduce **la prueba** χ^2, revolucionando con ello el **campo de la estadística**.

Se **propone la conjetura de Poincaré**; quedará **sin demostrar** durante **casi un siglo**.

Emmy Noether publica *Idealtheorie in Ringbereichen*, texto clave en el desarrollo del **álgebra abstracta**.

Alan Turing propone la idea de una **máquina matemática**, que influirá en **el auge de los ordenadores**.

En 1900, mientras se intensificaba la carrera armamentística que llevaría a la Primera Guerra Mundial, el matemático alemán David Hilbert intentó anticiparse a las matemáticas del siglo xx con una lista de veintitrés problemas pendientes, que influyeron en la identificación de los campos matemáticos susceptibles de ser explorados de manera fructífera.

Nuevo siglo, nuevos campos

Una de las áreas exploradas la constituyeron los fundamentos de las matemáticas. Tratando de establecer su base lógica, Bertrand Russell expuso una paradoja que señalaba una contradicción en la teoría ingenua de conjuntos de Georg Cantor, que hubo que reevaluar. Adoptaron tales ideas André Weil y otros, agrupados bajo el pseudónimo Nicolas Bourbaki. Partiendo de lo más básico, en reuniones en las décadas de 1930 y 1940 formalizaron con rigor todas las ramas de las matemáticas en términos de teoría de conjuntos.

Otros exploraron el campo nuevo de la topología, el retoño de la geometría que se ocupaba de las superficies y del espacio, destacando Henri Poincaré, cuya famosa conjetura trata de la superficie bidimensional de una esfera tridimensional. A diferencia de muchos de sus colegas en el siglo xx, Poincaré no se limitó a un solo campo matemático. Aparte de las matemáticas puras, realizó descubrimientos importantes en física teórica, como la propuesta de un principio de la relatividad. También Hermann Minkowski –cuyo principal interés era la geometría y el método geométrico aplicado a problemas de la teoría de números– exploró la noción de dimensiones múltiples, y propuso el espacio-tiempo como posible cuarta dimensión. Emmy Noether, una de las primeras mujeres matemáticas reconocidas en la era contemporánea, llegó al campo de la física teórica desde el álgebra abstracta.

La era del ordenador

En la primera mitad del siglo xx, las matemáticas aplicadas se enfocaron sobre todo hacia la física teórica, en particular las implicaciones de las teorías de la relatividad de Einstein; en la segunda predominaron cada vez más los avances de la informática. El interés por la computación despertó en la década de 1930, en busca de una solución para el *Entscheidungsproblem* (problema de decisión) de Hilbert y la posibilidad

Edward Lorenz publica su trabajo sobre **teoría del caos**, que más tarde será **sinónimo** del ejemplo del «**efecto mariposa**».

En EE UU, tres matemáticos desarrollan el **algoritmo RSA**, que **encripta información** usando números primos.

Benoît Mandelbrot crea el **conjunto de Mandelbrot**, tras acuñar el **término «fractal»**.

El matemático británico Andrew Wiles soluciona el **último teorema de Fermat** tras corregir **un error** en su demostración inicial.

1963   **1977**   **1980**   **1995**

1965   **1977**   **1989**   **2006**

Lotfi Zadeh formula la **lógica difusa**, que no tarda en usarse en **tecnologías muy diversas**, particularmente en Japón.

La **solución al problema de los cuatro colores** es el primer **teorema matemático demostrado por un ordenador**.

La **World Wide Web** inventada por **Tim Berners-Lee** facilita la transmisión rápida de ideas, matemáticas incluidas.

La comunidad matemática acepta la demostración de Grigori Perelman de la **conjetura de Poincaré**.

de un algoritmo para determinar la verdad o falsedad de un enunciado. Uno de los primeros que se ocupó de ello fue Alan Turing, quien luego desarrollaría máquinas para descifrar claves durante la Segunda Guerra Mundial, precursoras de los ordenadores actuales, y propondría un test de inteligencia artificial.

El advenimiento de los ordenadores electrónicos demandó de las matemáticas métodos de diseño y programación de sistemas, y a cambio proporcionó a los matemáticos una herramienta poderosa. Problemas aún no resueltos, como el teorema de los cuatro colores, requerían largos cálculos, que ahora realizaban los ordenadores con rapidez y precisión. Poincaré había puesto las bases de la teoría del caos, y Edward Lorenz pudo establecer sus principios más sólidamente usando modelos infor-

máticos. Sus imágenes de atractores y osciladores, junto con los fractales de Benoît Mandelbrot, fueron emblemáticos de estos nuevos campos.

El uso creciente de los ordenadores trajo consigo la necesidad de transferir datos de forma segura, y los matemáticos ingeniaron criptosistemas basados en la factorización de grandes números primos. Lanzada en 1989, la World Wide Web facilitó la transmisión rápida del conocimiento, y los ordenadores entraron en la esfera cotidiana, sobre todo en el campo de la tecnología de la información.

Nueva lógica, nuevo milenio

Durante un tiempo pudo parecer que la computación electrónica podía dar respuesta a casi todos los problemas, pero las ciencias de la computación

se basaban en el sistema lógico binario propuesto por George Boole en el siglo XIX, y los opuestos polares encendido/apagado, verdadero/falso, 0 y 1 y equivalentes no podían describir cómo son las cosas en el mundo real. Para superarlo, Lotfi Zadeh propuso un sistema de lógica «difusa», en la que los enunciados pueden ser parcialmente verdaderos o falsos, en una escala del 0 (absolutamente falso) al 1 (absolutamente cierto).

Las matemáticas del siglo XXI fueron anticipadas de modo similar a como lo fueran las del siglo XX cuando el Instituto Clay de Matemáticas anunció en 2000 siete problemas del milenio, para cuya resolución ofreció sendos premios de un millón de dólares. Hasta ahora solo se ha resuelto la conjetura de Poincaré, al confirmarse la demostración de Grigori Perelman en 2006. ∎

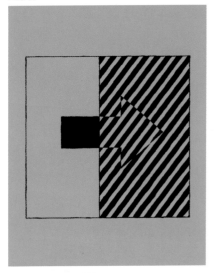

EL VELO TRAS EL CUAL ESTA OCULTO EL FUTURO
VEINTITRÉS PROBLEMAS PARA EL SIGLO XX

EN CONTEXTO

FIGURA CLAVE
David Hilbert (1862–1943)

CAMPO
Lógica, geometría

ANTES
1859 Bernhard Riemann propone la hipótesis de Riemann. Será el octavo problema en la lista de Hilbert, aún sin resolver hoy en día.

1878 Cantor propone la hipótesis del continuo, primer problema de la lista de Hilbert.

DESPUÉS
2000 El Instituto Clay publica una lista de siete problemas, con un premio de un millón de dólares por cada problema resuelto.

2008 Con el fin de estimular nuevos avances matemáticos, la Agencia de Proyectos de Investigación Avanzados de Defensa, de EE UU, publica una lista de veintitrés problemas sin resolver.

En 1900, **David Hilbert** enunció **veintitrés problemas** que creía **ocuparían a los matemáticos** en el **siglo** siguiente.

Creía que resolver estos problemas mejoraría nuestro conocimiento de campos diversos, como la teoría de números, el álgebra, la geometría y el cálculo.

Diez de los problemas se han **resuelto**.

Siete tienen soluciones **no universalmente aceptadas**.

Cuatro no se han **resuelto**.

Dos son demasiado vagos para **resolverse**.

Requiere una brillantez técnica y una seguridad poco comunes predecir los problemas relevantes de los próximos cien años, pero eso hizo en 1900 el matemático alemán David Hilbert, buen conocedor de la mayoría de los campos matemáticos. En el Congreso Internacional de Matemáticos de aquel año, en París, anunció las veintitrés preguntas que creía debían ocupar a los matemáticos en las décadas siguientes. La predicción resultó profética, ya que el mundo matemático respondió al desafío.

La gama de problemas
Muchas de las peguntas de Hilbert son muy técnicas, y otras resultan más accesibles. Así, el problema número 3 pregunta si uno de dos poliedros cualesquiera de igual volumen puede dividirse en un número finito de partes que se puedan volver a unir en la forma del otro. Ya en 1900, el matemático estadounidense de origen

¡El infinito! Ninguna
otra cuestión ha afectado
tan profundamente al
espíritu humano.
David Hilbert

alemán Max Dehn llegó a la conclusión de que no es posible.

La hipótesis del continuo, el primer problema de la lista de Hilbert, señalaba que el conjunto de los números naturales (los enteros positivos) es infinito, pero también lo es el conjunto de los números reales entre 0 y 1. Como resultado del trabajo del matemático alemán Georg Cantor, hubo acuerdo en que la primera de estas infinitudes es «menor» que la segunda.

La hipótesis del continuo también afirmaba que no hay ningún infinito entre dichos dos infinitos. El propio Cantor estaba seguro de que esto es verdad, pero no pudo demostrarlo. En 1940, el lógico austriaco-estadounidense Kurt Gödel explicó que no se puede demostrar que exista tal infinito; y, en 1963, el estadounidense Paul Cohen mostró que no se puede demostrar que no existe. El primer problema de Hilbert está resuelto en lo sustancial, aunque la teoría de conjuntos (el estudio de las propiedades de los conjuntos) es un asunto complejo, y es mucho el trabajo que queda por hacer.

De los veintitrés problemas de Hilbert, diez se consideran resuel-

tos, siete se han resuelto en parte, dos se han considerado demasiado vagos para tener nunca una solución definitiva, tres siguen sin resolver y uno (también irresuelto) es en realidad un problema de física. Entre los problemas sin resolver está la hipótesis de Riemann, que algunos observadores consideran seguirá sin resolver en el futuro próximo.

Retos para el futuro

El logro extraordinario de Hilbert fue predecir con precisión lo que ocuparía a los matemáticos en el siglo xx y más allá. Cuando el matemático estadounidense ganador de la medalla Fields Stephen Smale anunció su propia lista de 18 preguntas en 1998, esta incluía los problemas octavo y decimosexto de Hilbert. Dos años después, la hipótesis de Riemann figuraba también entre los problemas del premio del Instituto Clay. Los matemáticos actuales se enfrentan a retos nuevos, pero ciertos aspectos de los problemas de Hilbert –sobre todo los pendientes de resolver– son aún relevantes. ▪

Resolver problemas y construir teorías van de la mano. Por eso Hilbert se arriesgó a presentar una lista de problemas sin resolver, en vez de métodos o resultados nuevos.
Rüdiger Thiele
Matemático alemán

David Hilbert

Nacido en Prusia en 1862, David Hilbert entró en la Universidad de Königsberg en 1880. Ocupó un puesto de profesor de matemáticas en la de Gotinga en 1895, e hizo de ella uno de los núcleos matemáticos clave del mundo, formando a una serie de matemáticos jóvenes que destacarían más adelante. Era reconocido por su amplio conocimiento de muchas áreas matemáticas, y le interesaba también la física matemática. Agotado por la anemia, se jubiló en 1930, y la facultad de matemáticas de Gotinga pronto decayó tras las purgas nazis de los colegas judíos de Hilbert. A pesar de su gran aportación a las matemáticas, su muerte en 1943, durante la Segunda Guerra Mundial, pasó mayormente desapercibida.

Obras principales

1897 *Zahlbericht (Informe sobre números)*.
1900 «Los problemas de las matemáticas» (conferencia en París).
1932–1935 *Obras completas*.
1934–1939 *Grundlagen der Mathematik* (*Fundamentos de las matemáticas*, con Paul Bernays).

LA ESTADÍSTICA ES LA GRAMÁTICA DE LA CIENCIA

EL NACIMIENTO DE LA ESTADÍSTICA MODERNA

EN CONTEXTO

FIGURA CLAVE
Francis Galton (1822–1911)

CAMPO
Teoría de números

ANTES
1774 Laplace muestra el patrón de distribución esperado alrededor de la norma.

1809 Gauss desarrolla el método de mínimos cuadrados para encontrar la mejor función continua para un conjunto de datos.

1835 Adolphe Quetelet defiende el uso de la curva de Gauss para modelos de datos sociales.

DESPUÉS
1900 Karl Pearson propone la prueba χ^2 para determinar las diferencias entre frecuencia esperada y observada.

L a estadística es la rama de las matemáticas que se ocupa de analizar e interpretar grandes cantidades de datos. Sus fundamentos fueron establecidos a finales del siglo XIX, principalmente por los polímatas británicos Francis Galton y Karl Pearson.

La estadística estudia los patrones de los datos registrados para decidir si son significativos o aleatorios. Sus orígenes se remontan a los esfuerzos de matemáticos del siglo XVIII, como Pierre-Simon Laplace, por identificar los errores de observación en la astronomía. En cualquier conjunto de datos científicos, lo más probable es que los errores sean muy pequeños, y solo es probable que unos pocos sean grandes. Al plantear observaciones en un gráfico, crean una curva en forma de campana, con un pico en el resultado más probable, o «norma», en el centro. En 1835, el matemático belga Adolphe Quetelet constató que características de una población humana como la masa corporal describen una curva de este tipo —en la que los valores próximos a la media son los más frecuentes, y los valores superiores e inferiores, menos frecuentes–, y creó el índice Quetelet para indicar la masa corporal (hoy llamado IMC).

Lo habitual al plantear en un gráfico dos variables, tales como la altura y la edad, es obtener una serie de puntos desordenados que no se pueden unir en una línea definida. En 1809, el matemático alemán Carl Friedrich Gauss dio con una ecuación para obtener la línea de «mejor ajuste» para mostrar la relación entre las variables. Gauss empleó el método llamado de «mínimos cuadrados», consistente en sumar los cuadrados, que es utilizado todavía hoy por los estadísticos. En la década de 1840, matemáticos como Auguste Bravais buscaron un nivel de error aceptable para dicha línea, y trataron de establecer la utilidad del punto medio o la mediana de un conjunto de datos.

Correlación y regresión

Fueron Galton y Pearson, por ese orden, quienes comenzaron a relacionar estos cabos sueltos. Galton estaba inspirado por el trabajo sobre la evolución de su primo Charles Darwin, y su objetivo era mostrar la probabilidad de que rasgos como la altura, la fisonomía y hasta la inteligencia o las tendencias criminales se transmitieran de una generación a otra. Las ideas de Galton y Pearson están ensombrecidas por la doctrina eugenésica y sus vínculos con el »

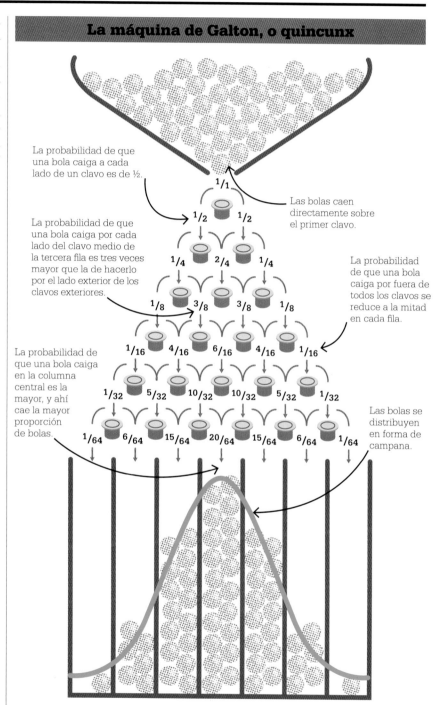

La máquina de Galton, o quincunx

La probabilidad de que una bola caiga a cada lado de un clavo es de ½.

Las bolas caen directamente sobre el primer clavo.

La probabilidad de que una bola caiga por cada lado del clavo medio de la tercera fila es tres veces mayor que la de hacerlo por el lado exterior de los clavos exteriores.

La probabilidad de que una bola caiga por fuera de todos los clavos se reduce a la mitad en cada fila.

La probabilidad de que una bola caiga en la columna central es la mayor, y ahí cae la mayor proporción de bolas.

Las bolas se distribuyen en forma de campana.

$1/1$

$1/2$ $1/2$

$1/4$ $2/4$ $1/4$

$1/8$ $3/8$ $3/8$ $1/8$

$1/16$ $4/16$ $6/16$ $4/16$ $1/16$

$1/32$ $5/32$ $10/32$ $10/32$ $5/32$ $1/32$

$1/64$ $6/64$ $15/64$ $20/64$ $15/64$ $6/64$ $1/64$

Francis Galton inventó el quincunx (o máquina de Galton) para modelar la distribución normal. El diseño original contenía cuentas y clavos.

El «laboratorio antropométrico» de Galton reunió información sobre características humanas como tamaño de la cabeza y calidad de visión, y generó una gran cantidad de datos para su análisis estadístico.

racismo científico, pero las técnicas que desarrollaron han encontrado otras aplicaciones. Galton era un científico riguroso, decidido a analizar los datos para mostrar matemáticamente la probabilidad de los resultados. En su innovador libro *Natural inheritance*, de 1889, Galton mostró cómo comparar dos conjuntos de datos para comprobar si hay alguna relación significativa entre ellos. Su aportación fueron dos conceptos hoy básicos en el análisis estadístico: la correlación y la regresión.

La correlación mide el grado en que se corresponden dos variables aleatorias, como la altura y el peso. Se suele buscar una relación lineal, es decir, reflejada en las líneas de un gráfico, en la que una variable cambia de modo acorde con la otra. La correlación no implica una relación causal entre las dos variables, sino que se limita a constatar que varían juntas. La regresión, en cambio, busca la mejor ecuación para la línea del gráfico de dos variables, de modo que los cambios de una variable se puedan predecir a partir de los de la otra.

Desviación típica

El área principal de interés de Galton era la herencia en los seres humanos, pero creó una gama amplia de conjuntos de datos, destacando la medición del tamaño de las semillas producidas por plantas de los guisantes de olor, procedentes de siete conjuntos de semillas. Galton observó que las semillas menores producían una descendencia de mayor tamaño, y las semillas mayores, de menor tamaño. Había descubierto el fenómeno de la regresión a la media, la tendencia de las mediciones a igualarse, tendiendo siempre hacia la media con el tiempo.

Inspirado por el trabajo de Galton, Pearson se propuso desarrollar el marco matemático para la correlación y la regresión. Tras pruebas exhaustivas lanzando monedas y sorteando boletos de lotería, Pearson dio con la idea clave de desviación típica, o estándar, para indicar la media de cuánto difieren los valores observados de los esperados. Para obtener esta cifra, calculó primero la

Regresión a la media

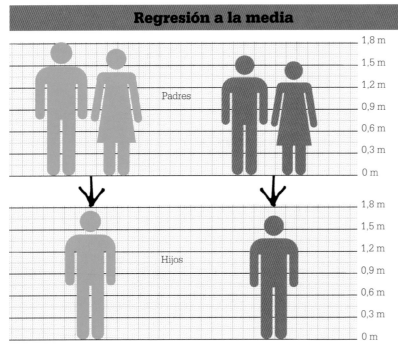

Galton observó que los progenitores muy altos tienden a tener hijos de menor estatura que ellos, mientras que los muy bajos tienden a tenerlos de estatura mayor que ellos. La segunda generación estará más igualada en altura, en un ejemplo de regresión a la media.

Ningún problema de observación será resuelto por más datos.
Vera Rubin
Astrónoma estadounidense

media, la suma de todos los valores dividida por el número de los mismos, y luego, la varianza, o media de las diferencias con respecto al valor medio, al cuadrado. Las diferencias se elevan al cuadrado para evitar problemas con los números negativos, y la desviación típica es la raíz cuadrada de la varianza. Pearson comprendió que, combinando la media y la desviación típica, podía calcular con precisión la regresión de Galton.

La prueba ji cuadrado

En 1900, tras un estudio exhaustivo de datos de apuestas de las mesas de juego de Montecarlo, Pearson describió la prueba ji cuadrado, actualmente una de las piedras angulares de la estadística. El objetivo de Pearson era determinar si la diferencia entre valores observados y esperados es significativa o un simple resultado del azar. Con sus datos sobre juego, Pearson calculó una tabla de valores de probabilidad, llamada ji cuadrado (χ^2), en la que 0 indica ninguna diferencia significativa con lo esperado (hipótesis nula), mientras que otros valores indican una diferencia significativa. Pearson elaboró minuciosamente la tabla a mano;

Francis Galton introdujo…	**Karl Pearson** introdujo…
La **correlación:** el grado de correspondencia entre dos variables. / La **regresión a la media**: la tendencia de los datos a igualarse con el tiempo.	La **desviación típica**: el grado en que los resultados difieren de la media. / La **prueba χ^2**: para variaciones entre datos observados y esperados.

Había nacido la estadística moderna.

hoy, estas tablas se crean con *software* informático. Para cada conjunto de datos se puede hallar un valor de χ^2 a partir de la suma de todas las diferencias entre valores observados y esperados. Los valores de χ^2 se cotejan con la tabla para ver la importancia de las variaciones en los datos, dentro de unos límites fijados por el estadístico, y conocidos como grados de libertad.

La combinación de la correlación y la regresión de Galton con la desviación típica y la prueba ji cuadrado de Pearson puso los cimientos de la estadística moderna. Estas ideas se han refinado y desarrollado desde ese momento, pero siguen siendo fundamentales para el análisis de datos. Esto es vital para muchos aspectos de la vida actual, desde comprender el comportamiento de la economía hasta la planificación de nuevos nexos de comunicación y la mejora de los servicios de salud públicos. ∎

Karl Pearson

Karl Pearson nació en Londres en 1857. Ateo, librepensador y socialista, fue uno de los grandes estadísticos del siglo xx, pero fue también un defensor de la desacreditada ciencia eugenésica.

Después de licenciarse en matemáticas por la Universidad de Cambridge, Pearson se dedicó a la docencia antes de hacerse un nombre en la estadística. En 1901 fundó la revista estadística *Biometrika* con Francis Galton y el biólogo evolutivo Walter F. R. Weldon, seguida del primer departamento universitario de estadística en el University College de Londres, en 1911. Sus puntos de vista le llevaron a mantener frecuentes disputas. Murió en 1936.

Obras principales

1892 *La gramática de la ciencia*.
1896 *Aportaciones matemáticas a la teoría de la evolución*.
1900 *Sobre el criterio de que un sistema dado de desviación de lo probable en el caso de un sistema correlacionado de variables sea tal que se pueda suponer surgido del muestreo aleatorio*.

UNA LOGICA MAS LIBRE NOS EMANCIPA
LA LÓGICA DE LAS MATEMÁTICAS

EN CONTEXTO

FIGURA CLAVE
Bertrand Russell
(1872–1970)

CAMPO
Lógica

ANTES
C.300 A.C. En los *Elementos*, Euclides hace un enfoque axiomático de la geometría.

Década de 1820 Augustin Cauchy clarifica las reglas del cálculo, trayendo un rigor nuevo a las matemáticas.

DESPUÉS
1936 Alan Turing estudia la computabilidad de las funciones matemáticas, con el fin de analizar qué problemas se pueden decidir y cuáles no.

1975 El lógico estadounidense Harvey Friedman desarrolla el programa de la matemática inversa, que empieza con los teoremas y retrocede hasta los axiomas.

La **paradoja del barbero** imagina un pueblo donde **todos** los hombres deben ir **afeitados**.

Todo hombre que no se afeite él mismo debe ser afeitado por el **barbero del pueblo**.

¿Quién afeita al barbero?

Si se **afeita él mismo, no** está en la **categoría** de los hombres a **afeitar por el barbero: una contradicción**.

Si **no** se **afeita él mismo, está** en la **categoría** de los hombres a **afeitar por el barbero: otra contradicción**.

La idea extendida de unas matemáticas lógicas, con reglas fijas, evolucionó a lo largo de milenios, remontándose a la antigua Grecia y la obra de Platón, Aristóteles y Euclides. En el siglo XIX, una definición rigurosa de las leyes de la aritmética y la geometría surgió en la obra de George Boole, Gottlob Frege, Georg Cantor, Giuseppe Peano y, en 1899, *Grundlagen der Geome-* *trie (Fundamentos de la geometría)*, de David Hilbert. En 1903, Bertrand Russell publicó *Los principios de la matemática*, donde revelaba un fallo en la lógica de una de las áreas de la matemática. En el libro exploraba una paradoja, conocida como paradoja de Russell (o paradoja Russell-Zermelo, en referencia al matemático alemán Ernst Zermelo, autor de un descubrimiento similar en 1899).

Véase también: Los sólidos platónicos 48–49 ■ Lógica silogística 50–51 ■ Los *Elementos* de Euclides 52–57 ■ La conjetura de Goldbach 196 ■ La máquina de Turing 284–289

Bertrand Russell

Hijo de un vizconde, Bertrand Russell nació en Monmouthshire (Gales) en 1872. Estudió filosofía y matemáticas en la Universidad de Cambridge, de donde fue expulsado de un puesto docente en 1916 por actividades antibélicas. Destacado pacifista y crítico social, en 1918 pasó seis meses en prisión, en los que escribió *Introducción a la filosofía matemática*.

Russell enseñó en EE UU en la década de 1930, aunque su nombramiento en una universidad de Nueva York fue revocado debido a una declaración judicial que cuestionaba su moralidad. Recibió el premio Nobel de Literatura en 1950, y en 1955 publicó con Albert Einstein un manifiesto llamando a la prohibición de las armas nucleares. Más adelante se opuso a la guerra de Vietnam. Russell murió en 1970.

Obras principales

1903 *Los principios de la matemática.*
1908 *Mathematical logic as based on the theory of types.*
1910–1913 *Principia mathematica* (con Alfred North Whitehead).

La paradoja implicaba que la teoría de conjuntos, que se ocupa de las propiedades de los conjuntos de números o funciones, y que se estaba convirtiendo rápidamente en fundamento de las matemáticas, contenía una contradicción. Para explicar el problema, Russell empleó la analogía de un barbero, en la que este afeita a todos los hombres de un pueblo salvo a los que se afeitan ellos mismos. Esto crea dos conjuntos, el de los que se afeitan a sí mismos y el de los que afeita el barbero, y también plantea la pregunta: si el barbero se afeita a sí mismo, ¿a cuál de los dos conjuntos pertenece? La paradoja del barbero de Russell contradecía lo dicho por Frege en *Grundgesetze der Arithmetik (Leyes básicas de la aritmética)* en cuanto a la lógica de las matemáticas, lo cual señaló Russell a Frege en una carta en 1902. Frege se declaró anonadado, y no encontró nunca una solución adecuada.

Una teoría de tipos

Russell procedió entonces a ofrecer su propia respuesta, desarrollando una teoría de tipos lógicos que ponía restricciones al modelo establecido de la teoría de conjuntos (la teoría ingenua de conjuntos), y creaba una jerarquía, de modo que el «conjunto de todos los conjuntos» recibía un trato distinto al de sus conjuntos menores constituyentes. Russell evitó por completo la paradoja, dando un rodeo. Aplicó los nuevos principios lógicos en el imponente *Principia mathematica*, escrito con Alfred North Whitehead y publicado en tres volúmenes entre 1910 y 1913.

Vacíos lógicos

En 1931, el matemático y filósofo austriaco Kurt Gödel publicó sus teoremas de la incompletitud (continuación del teorema de la completitud de unos años antes), en el que concluía que siempre existirán enunciados sobre los números que pueden ser verdaderos, pero no se podrán demostrar. Además, ampliar las matemáticas añadiendo simplemente nuevos axiomas arrojará nuevas «incompletitudes». En otras palabras, los empeños de Russell, Hilbert, Frege y Peano por desarrollar un marco lógico completo, por riguroso que se intentase hacer, estaban destinados a tener vacíos lógicos.

El teorema de Gödel implicaba también que algunos teoremas matemáticos no demostrados todavía, como, por ejemplo, la conjetura de Goldbach, podrían no demostrarse nunca. Sin embargo, esto no ha disuadido a los matemáticos de realizar decididos esfuerzos por desmentir a Gödel. ■

Todo buen matemático es al menos medio filósofo, y todo buen filósofo, al menos medio matemático.
Gottlob Frege

EL UNIVERSO ES TETRADIMENSIONAL
ESPACIO DE MINKOWSKI

La geometría de Euclides describe matemáticamente en gran medida las tres dimensiones de nuestra común concepción del mundo: longitud, anchura y altura. En un discurso en 1907, el matemático Hermann Minkowski añadió una cuarta dimensión invisible, el tiempo, para crear el concepto de espacio-tiempo, clave para comprender el universo. Minkowski aportó el marco matemático para la teoría de la relatividad de Einstein, y permitió a los científicos desarrollarla y expandirla.

En el siglo XVIII, los científicos empezaron a cuestionar si la geometría tridimensional euclidiana podía describir el universo entero. Los matemáticos desarrollaron marcos geométricos no euclidianos, y otros consideraron el tiempo como una dimensión potencial. La luz aportó el estímulo: en la década de 1860, el científico escocés James Clerk Maxwell descubrió que la velocidad de la luz es la misma sea cual sea la velocidad de la fuente. Sus ecuaciones fueron desarrolladas luego para

Un agujero negro se da cuando el espacio-tiempo se deforma tanto que su curvatura se vuelve infinita en el centro, y ni siquiera la luz puede escapar de la inmensa gravedad.

Véase también: Los *Elementos* de Euclides 52–57 ▪ Las leyes del movimiento de Newton 182–183 ▪ El demonio de Laplace 218–219 ▪ Topología 256–259

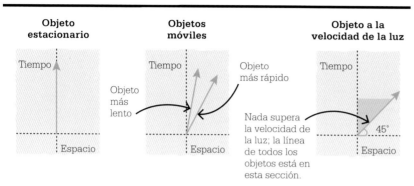

Objeto estacionario

Tiempo

Espacio

Objetos móviles

Tiempo

Objeto más lento

Objeto más rápido

Espacio

Objeto a la velocidad de la luz

Tiempo

Nada supera la velocidad de la luz; la línea de todos los objetos está en esta sección.

45°

Espacio

La línea de universo de un objeto estacionario es vertical porque no se mueve por el espacio.

Un objeto más lento tiene una línea más empinada, ya que avanza más despacio por el eje espacio.

Esta línea de universo está a 45° con los ejes espacio y tiempo en proporción 1:1.

comprender cómo encajaba la velocidad finita de la luz en el sistema de coordenadas del espacio y del tiempo.

Las matemáticas de la relatividad

En 1904, el neerlandés Henrik Lorentz desarrolló una serie de ecuaciones, denominadas transformaciones, para mostrar cómo cambian la masa, la longitud y el tiempo cuando un objeto en el espacio se aproxima a la velocidad de la luz. Un año después, Albert Einstein publicó su teoría de la relatividad especial, que demostraba que la velocidad de la luz es la misma en todo el universo. El tiempo es una cantidad relativa, no absoluta, con distintas velocidades en distintos lugares, y entretejido con el espacio.

Minkowski convirtió en matemáticas la teoría de Einstein. Mostró cómo el espacio y el tiempo son partes de un espacio-tiempo tetradimensional, en el que cada punto en el espacio y el tiempo tiene una posición. Representó el movimiento entre posiciones como una línea teórica, una «línea de universo» plasmada en un gráfico con el espacio y el tiempo como ejes. Un objeto está-

tico produce una línea de universo vertical, mientras que la de un objeto móvil está en ángulo (arriba). El ángulo de la línea de universo de un objeto que se mueve a la velocidad de la luz es de 45°. Según Minkowski, ninguna línea de universo puede superar este ángulo, pero en realidad hay tres ejes espaciales, más el eje del tiempo, por lo que, de hecho, la línea de universo de 45° es una figura tetradimensional, un hipercono, que contiene toda la realidad física, pues nada puede viajar más rápido que la luz. ▪

En adelante, el espacio por sí solo y el tiempo por sí solo serán meras sombras, y solo alguna unión de ambos sostendrá una realidad independiente.
Hermann Minkowski

Hermann Minkowski

Nacido en 1864 en Aleksotas (en la actual Lituania), Minkowski se mudó con su familia a Königsberg (Prusia) en 1872. De niño mostró tener talento para las matemáticas, e inició sus estudios en la Universidad de Königsberg a los 15 años de edad. A sus 19 años ganó el Grand Prix de matemáticas de París, y con 23 años era profesor en la Universidad de Bonn. En 1897, Albert Einstein fue alumno suyo en Zúrich.

Minkoswski se trasladó a Gotinga en 1902, donde le fascinó la física matemática, sobre todo la interacción de luz y materia. La teoría de la relatividad especial de Einstein, enunciada en 1905, le movió a desarrollar su propia teoría, en la que el espacio y el tiempo forman parte de una realidad en cuatro dimensiones. A su vez, esto inspiró la teoría de la relatividad general de Einstein en 1915; para entonces, Minkowski había fallecido por una apendicitis, a los 44 años.

Obra principal

1907 *Raum und Zeit (Espacio y tiempo)*.

UN NUMERO MAS BIEN SOSO

NÚMEROS TAXICAB

Un número taxicab, Ta(*n*), es el menor número que se puede expresar como la suma de dos enteros positivos al cubo de un número *n* de maneras. Su nombre se debe a una anécdota de 1919, de cuando el matemático británico G. H. Hardy fue a Putney, en Londres, a visitar a su protegido Srinivasa Ramanujan, que estaba enfermo. Llegó en un taxi con el número 1729, y comentó: «Un número más bien soso, ¿no crees?». Ramanujan dijo no estar de acuerdo, y explicó que 1729 es el menor número suma de dos enteros positivos al cubo de dos maneras diferentes. Hardy refirió la anécdota en numerosas oca-

siones, haciendo con ello de 1729 uno de los números más célebres en matemáticas. Ramanujan no fue el primero en señalar las propiedades únicas de este número; el matemático francés Bernard Frénicle de Bessy había escrito sobre él ya en el siglo XVII.

Ampliar el concepto
La anécdota del taxi animó a matemáticos posteriores a estudiar la propiedad reconocida por Ramanujan y ampliar su aplicación. La veda estaba abierta para encontrar el menor número expresable como la suma de dos enteros positivos al cubo de tres, cuatro o más maneras. Otra cuestión

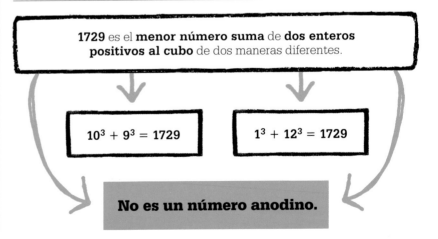

1729 es el **menor número suma** de **dos enteros positivos al cubo** de dos maneras diferentes.

$10^3 + 9^3 = 1729$

$1^3 + 12^3 = 1729$

No es un número anodino.

Véase también: Ecuaciones de tercer grado 102–105 ▪ Funciones elípticas 226–227 ▪ La conjetura de Catalan 236–237 ▪ El teorema de los números primos 260–261

¿Existe siempre Ta(n)?

La existencia de Ta(n) se demostró en teoría en 1938 para todos los valores de **n**, pero sigue la búsqueda de números taxicab mayores. Pese a la ventaja de calcular con ordenador, aún no se ha llegado más allá del descubrimiento de Ta(6), por Uwe Hollerbach.

Fecha	Número	Valor	Descubridor
s. d.	Ta(1)	2	s. d.
1657	Ta(2)	1729	De Bessy
1957	Ta(3)	87 539 319	Leech
1989	Ta(4)	6 963 472 309 248	Rosenstiel, Dardis, Rosenstiel
1994	Ta(5)	48 988 659 276 962 496	Dardis
2008	Ta(6)	24 153 319 581 254 312 065 344	Hollerbach

Srinivasa Ramanujan

Nacido en 1887 en Madrás (India), Ramanujan mostró una aptitud extraordinaria para las matemáticas ya a temprana edad. Siendo difícil ser plenamente reconocido en su país, dio el paso de mandar algunos de sus resultados a G. H. Hardy, profesor en el Trinity College de Cambridge. Hardy declaró que tenían que ser obra de un matemático «del máximo orden», y tenían que ser ciertos, pues nadie podría haberlos inventado. En 1913, Hardy invitó a Ramanujan a trabajar con él en Cambridge. Fue una colaboración muy productiva: además de los números taxicab, Ramanujan desarrolló una fórmula para obtener el valor de pi con un alto grado de precisión.

Ramanujan, que sufría por su mala salud, regresó a India en 1919, y falleció al año siguiente, probablemente a causa de una amebiasis contraída años antes. Los matemáticos actuales siguen estudiando los cuadernos de notas que dejó.

era si existe Ta(**n**) para todos los valores de **n**; en 1938, Hardy y el matemático británico Edward Wright demostraron que sí (una demostración de la existencia), pero desarrollar un método para hallar Ta(**n**) en cada caso ha resultado ser algo difícil de conseguir.

Llevando el concepto más allá, la expresión Ta(**j**, **k**, **n**) busca el menor número positivo suma de cualquier número de distintos enteros positivos (**j**), elevados cada uno a una potencia (**k**) de **n** maneras diferentes. Por ejemplo, Ta(4, 2, 2) requiere el menor número suma de cuatro cuadrados (o dos números elevados a 4) de dos maneras: 635 318 657.

Relevancia continuada

Los números taxicab fueron solo una de las áreas de trabajo de Hardy y Ramanujan, siendo los números primos su principal foco de atención. A Hardy le entusiasmó que Ramanujan dijera haber encontrado una función de **x** que representaba exacta-

mente el número de números primos menores que **x**; pero Ramanujan no pudo ofrecer una demostración rigurosa de ello.

Los números taxicab no tienen uso práctico; sin embargo, inspiran como curiosidad a los matemáticos, que ahora buscan también números «cabtaxi»: basados en la fórmula taxicab, permiten cálculos tanto con positivos como con negativos al cubo. ▪

Una ecuación no significa nada para mí, salvo si expresa un pensamiento de Dios.
Srinivasa Ramanujan

Obra principal

1927 *Collected papers of Srinivasa Ramanujan.*

UN MILLON DE MONOS CON MAQUINAS DE ESCRIBIR
EL TEOREMA DEL MONO INFINITO

EN CONTEXTO

FIGURA CLAVE
Émile Borel (1871–1956)

CAMPO
Probabilidad

ANTES
45 a. C. Cicerón mantiene que es improbable que una combinación aleatoria de átomos formara la Tierra.

1843 Antoine-Augustin Cournot distingue entre las certezas práctica y física.

DESPUÉS
1928 El físico británico Arthur Eddington desarrolla la idea de que lo improbable es imposible.

2003 Científicos de la Universidad de Plymouth (Reino Unido) ponen a prueba la teoría de Borel con monos reales y un teclado de ordenador.

2011 El *software* Haboop, de Jesse Anderson, crea millones de «monos virtuales» capaces de «escribir» las obras de Shakespeare.

A principios del siglo xx, el matemático francés Émile Borel investigó la improbabilidad, o los sucesos con una probabilidad ínfima de producirse, y concluyó que los sucesos con una probabilidad suficientemente pequeña no tendrán lugar. No fue el primero en estudiar la probabilidad de los sucesos improbables. En el siglo iv a. C., en *Metafísica*, el antiguo filósofo griego Aristóteles propuso que la Tierra había sido creada por átomos reunidos enteramente al azar. Tres siglos más tarde, el filósofo romano Cicerón mantuvo que esto es tan improbable que es prácticamente imposible.

Definir la imposibilidad

A lo largo de los últimos dos milenios, diversos pensadores han sopesado la relación entre lo improbable y lo imposible. En la década

Dado un **tiempo infinito**, se producirá un número **infinito** de sucesos.

Un mono que escriba durante tiempo **infinito** pondrá todas las letras en todas las **combinaciones posibles infinitas** veces.

El **mono** produciría, por tanto, **todos los textos finitos** un número **infinito** de veces.

Según la probabilidad matemática, un mono escribiendo tiempo infinito acabará por redactar las obras completas de Shakespeare.

> " El suceso físicamente imposible es, por tanto, el que tiene una probabilidad infinitamente pequeña, y solo esto da sustancia […] a la teoría de la probabilidad matemática. **Antoine-Augustin Cournot** "

de 1760, el matemático francés Jean d'Alembert se preguntó si era posible una cadena muy larga de sucesos en una secuencia en la que es igualmente probable que ocurran o no, como en el caso de alguien que, lanzando una moneda, saque cara dos millones de veces seguidas. En 1843, el matemático francés Antoine-Augustin Cournot se preguntó por la posibilidad de dejar un cono en equilibrio sobre la punta. Mantu-vo que era posible, pero altamente improbable, y distinguió entre certeza física –para lo físicamente posible, como dejar el cono en equilibrio– y certeza práctica, para lo que es tan improbable que en términos prácticos se considera imposible. Lo que en ocasiones se denomina el principio de Cournot expresa la idea de que los sucesos con una probabilidad muy pequeña puedan ocurrir o no ocurrir.

Monos infinitos

La ley de Borel, que él llamó la ley de probabilidad única, dio una escala a la certeza práctica. Para los sucesos a escala humana, Borel consideró imposibles los sucesos de probabilidad menor que 10^{-6} (o 0,000001). También planteó un ejemplo famoso para ilustrar la imposibilidad: que monos pulsando al azar las teclas de máquinas de escribir puedan acabar por reproducir las obras completas de Shakespeare. Este resultado es altamente improbable, pero matemáticamente, con tiempo infinito (o un número infinito de monos), necesariamente ocurrirá. Borel ob-

La teoría de Borel se suele aplicar a la bolsa, cuyo nivel de caos resulta en que, en algunos casos, elegir de manera aleatoria funciona mejor que aplicar teorías económicas tradicionales.

servó que, si bien no se puede demostrar matemáticamente que es imposible que los monos escriban las obras de Shakespeare, es tan improbable que los matemáticos deberían considerarlo imposible. La idea de monos escribiendo grandes obras literarias atrajo la atención del público general, y la ley de Borel se conoció como teorema del mono infinito. ▪

Émile Borel

Émile Borel nació en Saint-Affrique (Francia) en 1871. Fue un prodigio matemático, y se licenció con el número uno en la Escuela Normal Superior en 1893. Volvió allí tras enseñar cuatro años en Lille, y dejó impresionados a sus colegas matemáticos con una serie de trabajos brillantes.

Conocido sobre todo por el teorema del mono infinito, su aportación más duradera fue poner los cimientos de la noción moderna de las funciones complejas (o cuánto alterar una variable para obtener un resultado particular). Borel trabajó en el departamento de Guerra durante la Primera Guerra Mundial, y después fue ministro de la Marina. Prisionero de los alemanes en la Segunda Guerra Mundial, tras ser liberado luchó del lado de la Resistencia, y fue condecorado con la Cruz de Guerra. Murió en 1956 en París.

Obras principales

1913 *Le hasard (El azar).*
1914 *Principes et formules classiques du calcul des probabilités (Principios y fórmulas clásicas del cálculo de probabilidades).*

ELLA CAMBIO LA CARA DEL ALGEBRA

EMMY NOETHER Y EL ÁLGEBRA ABSTRACTA

EN CONTEXTO

FIGURA CLAVE
Emmy Noether (1882–1935)

CAMPO
Álgebra

ANTES
1843 El alemán Ernst Kummer desarrolla el concepto de números ideales en la teoría de anillos.

1871 Richard Dedekind desarrolla la idea de Kummer, y formula definiciones más generales de anillos e ideales.

1890 David Hilbert refina el concepto de anillo.

DESPUÉS
1930 El neerlandés Bartel Leendert van der Waerden escribe el primer tratado exhaustivo de álgebra abstracta.

1958 El británico Alfred Goldie demuestra que los anillos noetherianos se pueden entender y analizar en términos de anillos más simples.

En el siglo XIX, el análisis y la geometría fueron los campos matemáticos dominantes, mientras que el álgebra era bastante menos popular. La revolución industrial tuvo el efecto de priorizar las matemáticas aplicadas sobre las áreas de estudio más teóricas, pero esto cambió a principios del siglo XX con el auge del álgebra «abstracta», que se convirtió en uno de los campos clave de las matemáticas, gracias en gran parte a las innovaciones de la alemana Emmy Noether.

Noether no fue la primera en centrarse en el álgebra abstracta. Matemáticos como Joseph-Louis Lagrange, Carl Friedrich Gauss y Arthur Cayley habían trabajado en ella, pero recibió un gran impulso cuando el matemático alemán Richard Dedekind comenzó a estudiar las estructuras algebraicas, y conceptualizó el anillo: una serie de elementos con dos operaciones, como la suma y la multiplicación. Un anillo puede descomponerse en subconjuntos de elementos llamados «ideales». Los ideales impares, por ejemplo, son un ideal en el anillo de los enteros.

Trabajos importantes

Noether comenzó a trabajar en el álgebra abstracta poco antes de la Primera Guerra Mundial al estudiar la teoría de los invariantes, que explicaba cómo algunas expresiones algebraicas permanecen iguales mientras cambian otras cantidades. En 1915, este trabajo supuso una gran aportación a la física, ya que demostró que las leyes de conservación de la energía y la masa corresponden cada una a un tipo de simetría diferente. La conservación de la carga eléctrica guarda relación con la simetría rotacional. El actualmente llamado teorema de Noether, elogiado por Einstein, es fundamental para entender la teoría de la relatividad general.

> Mis métodos consisten realmente en trabajar y pensar; por eso se han colado anónimamente por todas partes.
> **Emmy Noether**

El sistema del **álgebra abstracta** se creó con el fin de generalizar los objetos matemáticos y las **operaciones que actúan sobre ellos**.

Un **conjunto** es una colección de **objetos** o **elementos**, como los enteros.

Un **grupo** es un conjunto que **incluye una operación** (p. ej., la suma) y sigue ciertos axiomas.

Un **anillo** es un **grupo** que incluye una **segunda operación**, a menudo la multiplicación, y el **axioma de la asociatividad**, por el que pueden aplicarse las operaciones en cualquier orden sin afectar al resultado.

Con las aportaciones de Noether a la teoría de anillos se comprenden mejor las estructuras algebraicas.

Emmy Noether

Como mujer judía, para Emmy Noether (1882–1935) fue muy difícil adquirir la educación, el reconocimiento y hasta un empleo básico en el medio académico alemán de inicios del siglo xx. Su talento le valió un puesto en la Universidad de Erlangen –donde también su padre enseñaba matemáticas–, pero no percibió salario alguno entre 1908 y 1923. Más tarde fue discriminada también en Gotinga, donde sus colegas tuvieron que luchar por su inclusión oficial en la facultad. Fue despedida cuando los nazis llegaron al poder en 1933. Se mudó a EE UU, y trabajó en la Universidad Bryn Mawr y en el Institute for Advanced Study hasta su muerte.

Obras principales

1921 *Idealtheorie in Ringbereichen (Teoría deideales en anillos).*
1924 *Abstrakter Aufbau der Idealtheorie im algebraischen Zahlkörper (Construcción abstracta de la teoría ideal en campos algebraicos).*

A inicios de la década de 1920, Noether se centró en los anillos y los ideales. En el trabajo clave de 1921 *Idealtheorie in Ringbereichen (Teoría de ideales en anillos)*, estudió los ideales de un conjunto particular de anillos conmutativos, en el que los números se pueden intercambiar al multiplicarlos sin que afecte al resultado. En otro trabajo de 1924, Noether demostró que, en estos anillos conmutativos, cada ideal es el producto único de ideales primos. Noether, una de las mentes matemáticas más brillantes de su época, puso los cimientos del desarrollo del campo del álgebra abstracta con sus aportaciones a la teoría de anillos. ▪

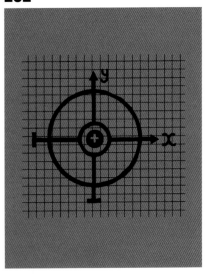

LAS ESTRUCTURAS SON LAS ARMAS DEL MATEMÁTICO

EL COLECTIVO BOURBAKI

El oscuro genio ruso Nicolas Bourbaki es uno de los matemáticos más prolíficos e influyentes del siglo XX. Su monumental *Éléments de mathématique (Elementos de matemática)*, de 1960, ocupa un lugar fundamental en las bibliotecas universitarias, e incontables estudiantes de matemáticas han aprendido el oficio con él.

Bourbaki, sin embargo, nunca existió; fue una ficción, un pseudónimo colectivo creado en la década de 1930 por jóvenes matemáticos franceses, quienes trataban de llenar el vacío dejado por la devastación de la

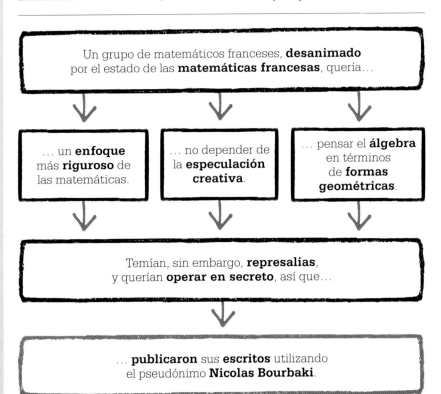

Un grupo de matemáticos franceses, **desanimado** por el estado de las **matemáticas francesas**, quería...

... un **enfoque** más **riguroso** de las matemáticas.

... no depender de la **especulación creativa**.

... pensar el **álgebra** en términos de **formas geométricas**.

Temían, sin embargo, **represalias**, y querían **operar en secreto**, así que...

... **publicaron** sus **escritos** utilizando el pseudónimo **Nicolas Bourbaki**.

El colectivo Bourbaki posa para una foto en el primer congreso Bourbaki, en julio de 1935. Entre ellos están Henri Cartan (de pie, a la izda.) y André Weil (cuarto por la izda.).

Primera Guerra Mundial. Otros países mantuvieron a sus académicos en la retaguardia, pero los profesores franceses fueron con sus paisanos a las trincheras, donde murió una generación de ellos. A las matemáticas francesas les quedaban unos libros de texto y profesores anticuados.

Renovar las matemáticas

Algunos profesores jóvenes creían que las matemáticas francesas carecían de rigor y precisión. Desconfiaban de las creativas especulaciones, a su entender, de matemáticos mayores como Henri Poincaré al desarrollar la teoría del caos, así como de las matemáticas orientadas a la física.

En 1934, dos jóvenes profesores de la Universidad de Estrasburgo, André Weil y Henri Cartan, tomaron cartas en el asunto. Invitaron a almorzar a seis antiguos compañeros de la Escuela Normal Superior, en París, para convencerles de participar en un proyecto ambicioso: escribir un tratado nuevo que revolucionara las matemáticas.

El grupo —en el que figuraron Claude Chevalley, Jean Delsarte, Jean Dieudonné y René de Possel— creó nuevos trabajos que cubrieron todos los campos matemáticos. Tras reuniones regulares y bajo la dirección de Dieudonné, el grupo publicó un libro tras otro, encabezados por *Éléments de mathématique*. Como era probable que su obra fuese polémica, adoptaron el pseudónimo Nicolas Bourbaki.

El grupo aspiraba a reducir las matemáticas a lo más básico y a aportarles un fundamento nuevo sobre el cual avanzar. Su obra inspiró una moda docente pasajera en la década de 1960, pero resultó demasiado radical para profesores y alumnos. El grupo solía chocar con la matemática y la física de vanguardia, y estaba tan centrado en la matemática pura que las matemáticas aplicadas tenían para ellos escaso interés. Las áreas que contuvieran incertidumbre, como la probabilidad, no tenían lugar alguno en la obra de Bourbaki. Con todo, el grupo realizó aportaciones importantes en ámbitos matemáticos muy diversos, en particular en la teoría de conjuntos y la geometría algebraica. El grupo, que opera en secreto y cuyos miembros deben dimitir a los 50 años, sigue existiendo, aunque Bourbaki no publique ya a menudo. Los dos libros más recientes son de 1998 y 2012. ▪

El legado de Bourbaki

La topología y la teoría de conjuntos —el encuentro de números y formas— estaban en la raíz de las matemáticas para el colectivo Bourbaki, y fueron fundamentales en su trabajo inicial Descartes había vinculado las formas y los números en el siglo XVII con la geometría de coordenadas, transformando la geometría en álgebra. Bourbaki estableció el vínculo en sentido contrario, haciendo geometría del álgebra, para crear la geometría algebraica, tal vez su legado más duradero. Fue la obra de Bourbaki sobre esta, al menos en parte, lo que llevó a Andrew Wiles a la demostración del último teorema de Fermat, publicada en 1995.

Algunos matemáticos creen que la geometría algebraica tiene un gran potencial por explotar, y tiene ya aplicaciones en el mundo real, como la programación de códigos en telefonía móvil y tarjetas inteligentes.

UNA UNICA MAQUINA QUE COMPUTE TODA SECUENCIA COMPUTABLE

LA MÁQUINA DE TURING

EN CONTEXTO

FIGURA CLAVE
Alan Turing (1912–1954)

CAMPO
Informática

ANTES
1837 Charles Babbage diseña la máquina analítica, un ordenador mecánico que usa el sistema decimal. De haberse construido, habría sido el primer ingenio «Turing completo».

DESPUÉS
1937 Claude Shannon diseña circuitos eléctricos que aplican el álgebra de Boole a circuitos digitales que siguen las reglas de la lógica.

1971 Stephen Cook plantea el problema de P y NP, que trata de comprender por qué algunos problemas matemáticos se pueden verificar enseguida, pero se tardaría miles de millones de años en demostrarlos, pese a la enorme capacidad de los ordenadores.

Si se espera de una máquina que sea infalible, no puede ser a la vez inteligente.
Alan Turing

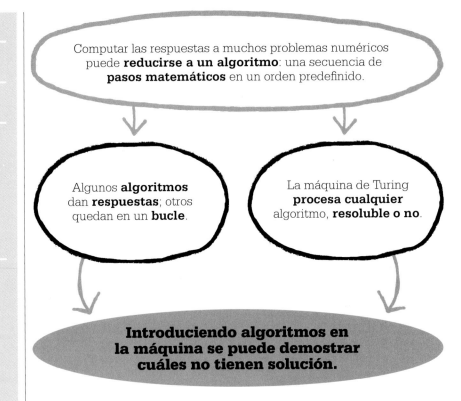

Computar las respuestas a muchos problemas numéricos puede **reducirse a un algoritmo**: una secuencia de **pasos matemáticos** en un orden predefinido.

Algunos **algoritmos** dan **respuestas**; otros quedan en un **bucle**.

La máquina de Turing **procesa cualquier** algoritmo, **resoluble o no**.

Introduciendo algoritmos en la máquina se puede demostrar cuáles no tienen solución.

Al matemático Alan Turing se le suele llamar el «padre de la computación digital»; sin embargo, la máquina con la que Turing se ganó dicho título no era un ingenio físico, sino hipotético. En lugar de construir un prototipo de ordenador, Turing recurrió a un experimento mental para resolver el *Entscheidungsproblem* (problema de decisión) planteado por el matemático alemán David Hilbert en 1928. Hilbert estaba interesado en dar mayor rigor a la lógica, simplificándola en un conjunto de reglas, o axiomas, al igual que por aquel entonces se creía posible simplificar la aritmética, la geometría y otros campos matemáticos. Hilbert quería averiguar si existía alguna manera de predeterminar si un algoritmo –un método para resolver un problema matemático específico con una serie de instrucciones en un orden dado– obtendría la solución al problema.

En 1931, el matemático austriaco Kurt Gödel demostró que las matemáticas basadas en axiomas formales no podían demostrar todo lo que es verdad según tales axiomas. Lo que Gödel llamó «teorema de incompletitud» identificaba una falta de encaje entre verdad matemática y demostración matemática.

Raíces antiguas
Los algoritmos tienen orígenes antiguos, y uno de los ejemplos más tempranos es el método que empleó Euclides para calcular el máximo común divisor de dos números, o el mayor número que divide ambos sin dejar resto. Otro es la criba de Eratóstenes, atribuida a dicho matemático griego del siglo III a. C., un algoritmo para separar números primos de números compuestos. Los

Véase también: Los *Elementos* de Euclides 52–57 ▪ La criba de Eratóstenes 66–67 ▪ Veintitrés problemas para el siglo xx 266–267 ▪ Teoría de la información 291

> Un hombre provisto de papel, lápiz y goma, sujeto a una disciplina estricta, es en efecto una máquina universal.
> **Alan Turing**

algoritmos de Eratóstenes y Euclides funcionan perfectamente, y se puede demostrar que lo hacen siempre, pero no se avienen a una definición formal, y esta fue la necesidad que llevó a Turing a crear su máquina virtual.

En 1937, Turing publicó su primer trabajo como miembro del King's College en Cambridge, «On computable numbers, with an application to the *Entscheidungsproblem*» («Sobre números computables, con

aplicación al *Entscheidungsproblem*»), donde mostraba que no hay solución al problema de decisión de Hilbert: algunos algoritmos no son computables, pero no hay un mecanismo universal para identificarlos antes de probarlos.

Turing llegó a esta conclusión por medio de su máquina hipotética, que constaba de dos partes. Una parte era una cinta, tan larga como fuera necesario, dividida en secciones, cada una de las cuales con un carácter codificado. El carácter podía ser cualquier cosa, pero la versión más simple empleaba unos y ceros. La otra parte era la propia máquina, que leía los datos de cada sección de la cinta (ya fuese moviendo la cabeza lectora o la propia cinta). La máquina estaría equipada con una serie de instrucciones (un algoritmo) que controlarían su »

Empleados de la Caseta 8 de Bletchley Park (Reino Unido) durante la Segunda Guerra Mundial. Turing dirigió aquí los trabajos para descifrar comunicados entre Adolf Hitler y sus fuerzas.

Alan Turing

Nacido en Londres en 1912, Alan Turing fue considerado un genio por sus profesores. Obtuvo una licenciatura en la Universidad de Cambridge en 1934, y fue a estudiar a Princeton, en EE UU.

Al regresar a Reino Unido en 1938, trabajó en la Escuela Gubernamental de Códigos y Cifrados de Bletchley Park. Tras estallar la guerra en 1939, desarrolló con otros la Bombe, un ingenio electromecánico que descifraba comunicaciones del enemigo. Acabada la guerra, trabajó en la Universidad de Manchester, donde diseñó el Automatic Computing Engine (ACE) y desarrolló otros ingenios digitales. En 1952 fue procesado por homosexualidad, entonces un delito en Reino Unido, y se le prohibió trabajar en el descifrado para el gobierno. Para evitar la cárcel, Turing accedió a un tratamiento hormonal para reducir la libido. Se suicidó en 1954.

Obra principal

1939 «Report on the applications of probability to cryptography» («Informe sobre las aplicaciones de la probabilidad a la criptografía»).

La máquina de Turing consiste en una cabeza lectora y una cinta infinitamente larga con datos. El algoritmo de la máquina puede dar instrucciones para que se mueva la cabeza o la cinta a derecha o izquierda o para que se detenga. La memoria registra los cambios y los realimenta al algoritmo.

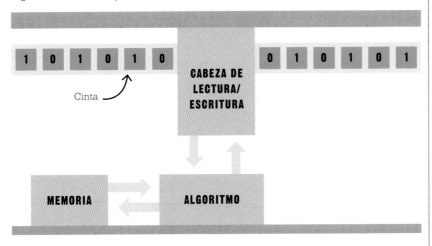

comportamiento. La máquina (o la cinta) podía moverse hacia la derecha o la izquierda, permanecer inmóvil o reescribir los datos de la cinta, cambiando un 0 por un 1 o viceversa. Una máquina semejante podía ejecutar cualquier algoritmo concebible.

A Turing le interesaba saber si cualquier algoritmo introducido en la máquina haría que esta parase. Parar significaría que el algoritmo había hallado una solución. La cuestión era si había modo de saber qué algoritmos (o máquinas virtuales) pararían y cuáles no; si Turing lo averiguaba, podría responder al problema de decisión.

El problema de la parada
Turing enfocó este problema como experimento mental. Comenzó por imaginar una máquina capaz de decir si un algoritmo cualquiera (A) pararía (daría una respuesta y detendría su funcionamiento) si se le proporcionaba una entrada a la que la respuesta fuera sí o no. A Turing no le preocupaba la mecánica física de dicha máquina, sino que,

una vez conceptualizada, podía en teoría tomar cualquier algoritmo y probarlo en la máquina para ver si esta paraba.

En esencia, la máquina de Turing (M) es un algoritmo que comprueba si otro algoritmo (A) es resoluble, formulando la pregunta: ¿A para (tiene solución)? M obtiene entonces la respuesta: sí o no. Turing imaginó una versión modificada de esta máquina (M*), configurada de manera que si la respuesta es «sí» (A se para), M* hace lo contrario, y se mantiene en un bucle indefinido (no para); en cambio, si la respuesta es «no» (A no se para), entonces M* se para.

Turing llevó luego su experimento mental más allá imaginando utilizar la máquina M* para probar si su propio algoritmo, M*, pararía. Si la respuesta es «sí», el algoritmo M* para, y entonces la máquina M* no pararía. Si la respuesta es «no», el algoritmo M* no para, y entonces la máquina M* para. De esta manera, Turing había creado una paradoja utilizable como demostración matemática, demostrando que, al ser imposible saber si la máquina pararía o no, la

respuesta al problema de decisión era «no»: no había prueba universal para la validez de los algoritmos.

Arquitectura de computadoras
La máquina de Turing no había terminado su trabajo. Turing y otros comprendían que este concepto simple podía servir como «computador», término que se aplicaba por aquel entonces a personas que llevaban a cabo cálculos matemáticos complejos. Una máquina de Turing haría lo mismo utilizando un algoritmo para reescribir una entrada (los datos en la cinta) como salida. En términos de capacidad computacional, los algoritmos de la máquina de Turing son los más potentes que se han concebido. Los ordenadores modernos y sus programas funcionan de hecho como máquinas de Turing, y por esa razón se dice que son «Turing completos».

Como figura líder de las matemáticas y la lógica, Turing hizo aportaciones importantes al desarrollo de los ordenadores reales, y no solo virtuales. Sin embargo, fue el matemático húngaro-estadounidense John von Neumann quien creó una

Hay que alimentar [de información] un procesador. Un ser humano convierte la información en conocimiento. Tendemos a olvidar que ningún ordenador hará una pregunta nueva.
Grace Hopper
Informática estadounidense

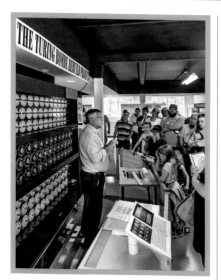

La Bombe de Turing para descifrar claves, reconstruida en el museo de Bletchley Park, centro de descifrado del Reino Unido durante la Segunda Guerra Mundial.

versión física del ingenio hipotético de Turing, utilizando una unidad central de procesamiento (CPU) que convertía la entrada en salida por medio de información guardada en una memoria interna, y guardando información nueva. Propuso esta configuración, llamada arquitectura de Von Neumann, en 1945, y hoy casi todos los ordenadores emplean un proceso similar.

Código binario

En un primer momento, Turing no contempló que la máquina empleara solo datos binarios, sino meramente código con un número finito de caracteres. El binario fue, sin embargo, el lenguaje de la primera máquina Turing completa construida, la Z3. Desarrollada en 1941 por el ingeniero alemán Konrad Zuse, utilizaba relés electromecánicos, o interruptores, para representar los unos y ceros de los datos binarios. Conocidos al principio como «variables discretas», en 1948 los unos y

ceros del código recibieron el nombre de *bits* (abreviatura de *binary digits*), término acuñado por Claude Shannon, figura destacada de la informática, el campo matemático que estudia cómo almacenar y transmitir información en forma de código digital.

Los primeros ordenadores usaban bits múltiples como «dirección» para secciones de memoria, para indicar al procesador dónde buscar los datos. A dichas secciones se les dio el nombre de *bytes*, así escrito para evitar la confusión con bits. En las primeras décadas de la computación, los bytes solían contener 4 o 6 bits. En la década de 1970 llegaron los microprocesadores Intel de 8 bits, y byte se convirtió en la unidad de 8 bits. El byte de 8 bits era una buena opción, ya que 8 bits tienen 2^8 permutaciones (256) y pueden codificar números de 0 a 255.

Armado con un código binario dispuesto en secciones de ocho dígitos –y luego aún más largas–, podía producirse *software* para cualquier aplicación concebible. Los programas de ordenador son simplemente algoritmos; las entradas procedentes de un teclado, micrófono o pantalla táctil son procesadas por estos al-

> La noción popular de que los científicos proceden inexorablemente de un dato sólidamente establecido a otro, sin que les influyan conjeturas sin demostrar, es errónea.
> **Alan Turing**

goritmos en forma de salida, como el texto en el monitor.

Los principios de la máquina de Turing continúan aplicándose en los ordenadores actuales, y parece que así seguirán hasta que la computación cuántica cambie el modo en que se procesa la información. Un bit de ordenador clásico es tanto 1 como 0, y nunca nada intermedio. Un bit cuántico, o cúbit, emplea la superposición para ser 1 y 0 a la vez, lo cual multiplica enormemente la capacidad de computación. ∎

La prueba de Turing

En 1950, Turing desarrolló una prueba de la capacidad de una máquina para mostrar un comportamiento inteligente equivalente al de un ser humano, considerando que, si la máquina parece pensar por sí misma, es que realmente lo hace.

En el premio Loebner de inteligencia artificial (IA), inaugurado en 1990 por el inventor estadounidense Hugh Loebner y el Cambridge Center for Behavioral Studies,

en Massachusetts, compiten anualmente ordenadores que tratan de pasar por humanos ante los jueces. Los que llegan a la final se comunican por turno con cuatro jueces, cada uno en comunicación también con una persona, los cuales deben decidir si les parece más humano el ordenador o la persona.

Se ha criticado la prueba, cuestionándose su capacidad para juzgar realmente la inteligencia de una IA, o bien considerándola un alarde que no fomenta los conocimientos en dicho campo.

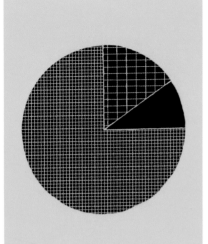

LAS COSAS PEQUEÑAS SON MAS NUMEROSAS QUE LAS GRANDES
LA LEY DE BENFORD

EN CONTEXTO

FIGURA CLAVE
Frank Benford (1883–1948)

CAMPO
Teoría de números

ANTES
1881 El astrónomo canadiense Simon Newcomb observa que las páginas más consultadas en las tablas logarítmicas son las de números que empiezan por 1.

DESPUÉS
1972 Hal Varian, economista estadounidense, propone usar la ley de Benford para detectar el fraude.

1995 El estadounidense Ted Hill demuestra que se puede aplicar la ley de Benford a las distribuciones estadísticas.

2009 El análisis estadístico de las elecciones presidenciales en Irán muestra disconformidad con la ley de Benford, lo cual apunta a un posible fraude.

Cabría esperar que en cualquier gran conjunto de números, los que empiezan por el dígito 3 ocurran con la misma frecuencia aproximada que los que empiezan por cualquier otro, pero muchos conjuntos de cifras –los censos de población de aldeas, pueblos y ciudades, por ejemplo– muestran un patrón claramente distinto. En conjuntos de datos numéricos de la vida real, alrededor de un 30 % de los números tienen como primer dígito 1; un 17 %, el 2; y menos del 5 % tienen un 9. En 1938, el físico estadounidense Frank Benford escribió un trabajo sobre este fenómeno, al que más tarde los matemáticos llamaron ley de Benford.

Patrón recurrente
La ley se cumple en casos tan diversos como la longitud de los ríos, los precios de las acciones o las tasas de mortalidad, pero algunos tipos de datos encajan mejor que otros con ella. Los datos de la vida real que abarcan varios órdenes de magnitud, desde cientos hasta millones, por ejemplo, la cumplen más que los datos agrupados más estrechamente. Los números de la sucesión de Fibonacci siguen la ley de Benford, al igual que las potencias de muchos enteros. Los números que sirven como nombre o etiqueta, como los de autobuses o teléfonos, no la siguen.

Los números inventados tienden a tener una distribución más uniforme de dígitos iniciales que si siguieran la ley, lo cual resulta útil para investigar el fraude bancario. ∎

Curiosamente, de los veinte conjuntos de datos que reunió Benford, el tamaño de seis de las muestras empieza por 1. ¿No notan algo raro?
Rachel Fewster
Ecóloga estadística neozelandesa

Véase también: La sucesión de Fibonacci 106–111 ▪ Logaritmos 138–141 ▪ Probabilidad 162–165 ▪ Distribución normal 192–193

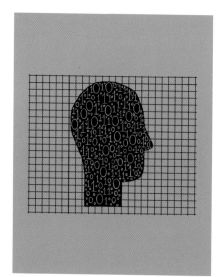

UN ESBOZO DE LA ERA DIGITAL
TEORÍA DE LA INFORMACIÓN

EN CONTEXTO

FIGURA CLAVE
Claude Shannon (1916–2001)

CAMPO
Informática

ANTES
1679 Gottfried Leibniz desarrolla la antigua idea de la numeración binaria.

1854 George Boole crea el álgebra en que se basará la computación.

1877 El físico austriaco Ludwig Boltzman desarrolla el vínculo entre entropía (medida de la distribución aleatoria) y probabilidad.

1928 El ingeniero electrónico estadounidense Ralph Hartley concibe la información como cantidad medible.

DESPUÉS
1961 El físico alemán Rolf Landauer muestra que la manipulación de la información incrementa la entropía.

En 1948, Claude Shannon, matemático e ingeniero electrónico estadounidense, publicó la obra *A mathematical theory of communication* (**Teoría matemática de la comunicación**). Este fue el comienzo de la era informática, al desentrañar las matemáticas de la información y mostrar cómo esta información se podía transmitir digitalmente.

Hasta entonces solo se transmitían mensajes con una señal analógica continua, cuyo principal inconveniente es que las ondas se van debilitando con la distancia mientras crece el ruido de fondo, hasta que llega un punto en que el ruido blanco tapa el mensaje.

La solución de Shannon fue dividir la información en porciones lo más pequeñas posibles, o bits (dígitos binarios). El mensaje se convierte en un código de ceros y unos, siendo cada 0 voltaje bajo, y cada 1, voltaje alto. Para crear este código, Shannon recurrió a la matemática binaria, la idea de que las cifras se pueden representar solo con ceros y unos, desarrollada por Leibniz.

Shannon muestra a Theseus, su «ratón» electromecánico, equipado con un «cerebro» de relés telefónicos para navegar por un laberinto.

Shannon no fue el primero en enviar información de modo digital, pero sí quien afinó la técnica. Para él, no se trataba solo de resolver los problemas técnicos de la transmisión. Mostrar que la información se puede expresar en forma de dígitos binarios supuso el lanzamiento de la teoría de la información, con implicaciones en todos los campos de la ciencia y en todos los hogares y oficinas con ordenadores. ■

Véase también: Cálculo 168–175 ▪ Números binarios 176–177 ▪ Álgebra de Boole 242–247

ESTAMOS TODOS A SOLO SEIS PASOS UNOS DE OTROS
SEIS GRADOS DE SEPARACIÓN

EN CONTEXTO

FIGURA CLAVE
Michael Gurevitch
(1930–2008)

CAMPO
Teoría de números

ANTES
1929 El escritor húngaro
Frigyes Karinthy acuña la
expresión «seis grados de
separación».

DESPUÉS
1967 El sociólogo Stanley
Milgram crea un experimento
«de mundo pequeño» para
estudiar el grado de separación
y relación de las personas.

1979 Manfred Kochen, de
IBM, e Ithiel de Sola Pool,
del MIT, publican un análisis
matemático de las redes
sociales.

1998 El sociólogo Duncan
J. Watts y el matemático
Steven Strogatz crean el
modelo de grafos aleatorios
Watts-Strogatz para medir
grados de relación.

Los **individuos** suelen tener un rango de **conexiones** con personas en **diferentes** momentos de sus **vidas**.

Tales **contactos** tienen a su vez **vínculos** con otros **grupos** y **redes** de personas.

Los vínculos con individuos con **tres grados de separación** (como el amigo de un amigo de un amigo) suponen **muchas personas conectadas** unas con **otras**.

Los estudios apuntan a que, conectados por nuestras redes sociales, estamos todos a seis grados de separación en promedio.

Las redes se usan en modelos de relaciones entre objetos y personas en muchas disciplinas, tales como la informática, física de partículas, economía, criptografía, sociología, biología y climatología. Un tipo de redes es el diagrama de redes sociales de seis grados de separación, que mide el grado de conexión entre personas.

En 1961, el estudiante de posgrado estadounidense Michael Gurevitch publicó un estudio de referencia sobre redes sociales. En 1967, Stanley Milgram estudió cuántos vínculos intermedios se requerían para conec-

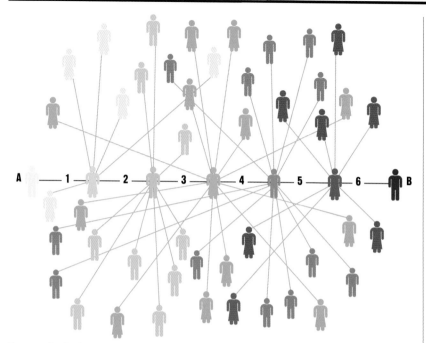

La teoría de los seis grados de separación muestra cómo dos personas aparentemente sin relación se pueden conectar en no más de seis pasos por sus amigos y conocidos. Los medios sociales podrían reducir este número.

tar extraños entre sí en EE UU. Hizo que algunas personas en Nebraska enviaran una carta que debía acabar llegando a una persona específica (escogida al azar) en Massachusetts. Cada destinatario enviaba luego la carta a un conocido que creyeran que tenía posibilidades de conocer al destinatario final. Milgram estudió por cuántas personas pasaba cada carta hasta llegar a ese destinatario, y las que llegaban pasaban por seis intermediarios de media.

Esta teoría de tipo «el mundo es un pañuelo» es anterior a Milgram. En el relato breve de 1929 «Láncszemek» («Cadenas»), el húngaro Frigyes Karinthy escribió que el número medio de conexiones entre personas podría ser seis, cuando el factor de conexión es la amistad. Karinthy, que era escritor, y no matemático,

acuñó la expresión «seis grados de separación», y desde entonces los matemáticos han tratado de configurar ese grado medio de separación. Duncan Watts y Steven Strogatz mostraron que, si se tiene una red aleatoria de N nodos, cada uno con K vínculos con otros nodos, la longitud media del recorrido entre dos nodos es $\ln N$ dividido por $\ln K$ (siendo $\ln$ el logaritmo natural). Si hay 10 nodos, cada uno con cuatro vínculos con otros nodos, la distancia media entre dos nodos escogidos al azar será de $\frac{\ln 10}{\ln 4} \approx 1,66$.

Otras redes sociales

Amigos del matemático húngaro Paul Erdős, conocido por trabajar de manera colaborativa, acuñaron en la década de 1980 el término «número de Erdős» para indicar su grado de

separación de otros matemáticos publicados. Los coautores de Erdős tenían un número de Erdős de 1, cualquiera que hubiera trabajado con los coautores, un 2, y así sucesivamente. El concepto atrapó la imaginación del público tras una entrevista con el actor estadounidense Kevin Bacon, en la que dijo haber trabajado con todos los actores de Hollywood o con alguien que había trabajado con ellos. La expresión «número de Bacon» se acuñó para indicar el grado de separación de un actor con respecto a Bacon. En la música rock, los grados de separación con el grupo de heavy metal Black Sabbath se indican con el «número Sabbath». Para filtrar a los verdaderamente bien conectados, está el número Erdős-Bacon-Sabbath (EBS, la suma de los números de Erdős, Bacon y Sabbath de alguien). Solo unos pocos individuos tienen un número EBS de un solo dígito.

En 2008, Microsoft realizó un estudio para mostrar que todos los habitantes del planeta están separados de los demás por solo 6,6 personas de media. A medida que las redes sociales digitales nos acercan aún más, el número podría reducirse. ■

Mi esperanza es que [el proyecto filantrópico] Six Degrees traiga una conciencia social a las redes sociales.
Kevin Bacon

UNA PEQUEÑA VIBRACION POSITIVA PUEDE CAMBIAR EL COSMOS ENTERO

EL EFECTO MARIPOSA

EN CONTEXTO

FIGURA CLAVE
Edward Lorenz (1917–2008)

CAMPO
Probabilidad

ANTES
1814 Pierre-Simon Laplace pondera las consecuencias de un universo determinista, en el que conocer todas las condiciones presentes permite predecir el futuro para toda la eternidad.

1890 Henri Poincaré muestra que no hay solución general al problema de los tres cuerpos, que predice el movimiento de tres cuerpos celestes vinculados por la gravedad. Tales cuerpos no suelen moverse en patrones rítmicos y repetidos.

DESPUÉS
1975 Benoît Mandelbrot usa la computación gráfica para crear fractales. El atractor de Lorenz, que reveló el efecto mariposa, es un fractal.

En 1972, el meteorólogo y matemático estadounidense Edward Lorenz pronunció una conferencia titulada «¿Causa el aleteo de una mariposa en Brasil un tornado en Texas?». Este fue el origen de la expresión «efecto mariposa», referente a la idea de que un pequeño cambio en las condiciones atmosféricas (causado por cualquier factor, no solo una mariposa) basta para alterar los patrones climáticos futuros en otra parte. Sin la pequeña aportación de la mariposa a las condiciones iniciales, el tornado u

La idea de que una mariposa batiendo las alas en una parte del mundo pueda alterar las condiciones atmosféricas y causar un tornado en otra parte captó la imaginación popular.

otro acontecimiento atmosférico no se produciría, o lo haría en un lugar distinto de Texas.

El título de la conferencia no fue elegido por el propio Lorenz, sino por el físico Philip Merilees, convocante de la reunión anual de la Asociación Estadounidense para el Avance de la Ciencia, en Boston. Lorenz había

Edward Lorenz

Lorenz nació en West Hartford (Connecticut) en 1917. Estudió matemáticas en el Dartford College y la Universidad de Harvard, y obtuvo una maestría en Harvard en 1940. Tras formarse como meteorólogo, sirvió en la fuerza aérea de EE UU durante la Segunda Guerra Mundial. Tras la guerra, Lorenz estudió meteorología en el Instituto Tecnológico de Massachusetts y empezó a desarrollar modos de predecir el comportamiento de la atmósfera. Hasta entonces se usaban modelos estadísticos lineales para predecir el tiempo,

y estos fallaban a menudo. Al utilizar un modelo no lineal de la atmósfera, Lorenz dio con el área de la teoría del caos más tarde llamada efecto mariposa, y mostró que ni los ordenadores más potentes podían hacer predicciones precisas a largo plazo. Lorenz se mantuvo física y mentalmente activo hasta justo antes de su muerte en 2008.

Obra principal

1963 *Deterministic nonperiodic flow (Flujo determinista no periódico).*

Una mariposa bate las alas en la selva amazónica, y luego una tormenta asola media Europa.
Terry Pratchett y Neil Gaiman
Autores británicos

Lo asombroso es que los sistemas caóticos no siempre siguen siéndolo.
Connie Willis
Escritora estadounidense

tardado demasiado en informar del contenido de su conferencia, y Merilees tuvo que improvisar, basando el título en lo que sabía del trabajo de Lorenz y en el comentario anterior de que «un solo batir de alas de una gaviota» podía bastar para cambiar la predicción del tiempo.

Teoría del caos

El efecto mariposa sirve como introducción frecuente a la teoría del caos, que examina la alta sensibilidad de los sistemas complejos a las condiciones iniciales, así como su consiguiente impredecibilidad extrema. La teoría del caos tiene relevancia práctica para áreas como la dinámica de poblaciones, la ingeniería química y los mercados financieros, y contribuye al desarrollo de la inteligencia artificial. Lorenz comenzó a estudiar los modelos cli-

máticos en la década de 1950. A principios de la década siguiente, llamaron la atención los resultados inesperados de su modelo climático «de juguete» (un modelo simplista para explicar procesos de forma concisa). El modelo predecía la evolución de la atmósfera en función de tres conjuntos de datos, tales como presión atmosférica, temperatura y velocidad del viento.

Los resultados obtenidos por Lorenz fueron caóticos. Comparó dos conjuntos de resultados con datos casi idénticos, y observó que las condiciones atmosféricas se desarrollaban de forma casi idéntica en un principio, pero variaban luego a otras completamente distintas. También descubrió que cada condición inicial en su modelo arrojaba resultados únicos, pero que todos se daban dentro de ciertos límites.

Atractor extraño

La capacidad de computación disponible para Lorenz a principios de la década de 1960 no era suficiente para plantear las variables atmosféricas modeladas en un espacio tridi-

mensional en el que los valores en los ejes x, y y z representaran, por ejemplo, la temperatura del aire, la presión y la humedad (u otros tres factores climáticos). En 1963, cuando ya era posible plantear tales datos, la forma resultante se llamó atractor de Lorenz. Cada punto inicial describe un bucle que pasa de un cuadrante del espacio a otro, indicando, por ejemplo, el cambio de condiciones húmedas con viento »

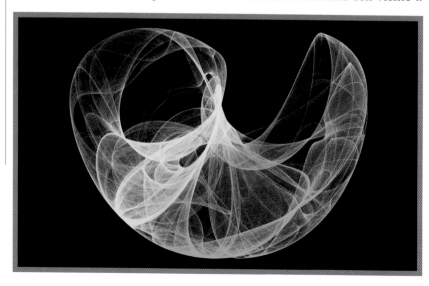

En un atractor de Lorenz, cambios pequeños en las condiciones iniciales causan otros grandes en la trayectoria de las líneas, pero al quedar estas en los confines de la misma forma, hay orden dentro del caos.

Caos: cuando el
presente determina el
futuro, pero el presente
aproximado no determina
aproximadamente el futuro.
Edward Lorenz

Muchos **sistemas dinámicos** naturales parecen **deterministas**, con **leyes** que se cumplen **siempre**.

↓

Conociendo **muy precisamente** las condiciones **iniciales**, podemos **determinar exactamente** las **futuras**.

↓

Sin embargo, el sistema es muy **sensible**. Un pequeño cambio en las condiciones iniciales **causa grandes diferencias** en las **futuras**.

↓

Si solo tenemos una **aproximación** de las condiciones iniciales, las **predicciones** serán imprecisas.

↓

El **sistema** es **caótico**.

fuerte a otras cálidas y secas, pasando por todos los estados intermedios. Cada punto inicial sigue una evolución única, pero todas las líneas, independientemente del punto inicial, quedan en la misma región del espacio. Después de muchas repeticiones a lo largo de un periodo prolongado, los bucles forman una superficie hermosa. Las líneas individuales del atractor tienen trayectorias muy inestables; las que parten de la misma zona suelen apartarse posteriormente, y otras con puntos iniciales alejados mantienen luego una correspondencia prolongada. El atractor, sin embargo, muestra que el sistema es estable en conjunto. No hay punto inicial posible en el atractor que pueda dar lugar a una trayectoria que escape del mismo, y esta aparente contradicción es parte integral de la teoría del caos.

Hallar el camino correcto

Las raíces de la teoría del caos se remontan a los primeros intentos de predecir el movimiento, sobre todo de los cuerpos celestes. En el siglo XVII, Galileo formuló leyes para el balanceo de los péndulos y la caída de los cuerpos; Johannes Kepler mostró cómo se desplazan los planetas por el espacio en su órbita alrede-

dor del Sol; e Isaac Newton combinó este conocimiento con las leyes físicas de la gravedad y del movimiento. Junto con Gottfried Leibniz, a Newton se le atribuye el desarrollo del cálculo, las matemáticas que analizan y predicen el comportamiento de sistemas más complejos. Con el cálculo, las relaciones entre variables complejas se pueden predecir en teoría resolviendo una ecuación diferencial particular.

Estas leyes físicas y herramientas analíticas podrían demostrar que el universo es determinista: si se conoce la situación exacta y la condición de un objeto, junto con todas las fuerzas que sobre él actúan, es posible determinar su si-

tuación y condición futura con toda precisión.

El problema de los tres cuerpos

Sin embargo, Newton encontraba un defecto en esta visión determinista del universo. Informó de las dificultades a la hora de analizar los movimientos de tres cuerpos vinculados por la gravedad, aun cuando fueran tan aparentemente estables como la Tierra y la Luna. Los intentos posteriores de analizar el movimiento de la Luna para mejorar la navegación estuvieron plagados de imprecisiones. En 1890, el matemático francés Henri Poincaré mostró que no había un modo general y predecible en el que tres cuerpos giren alrededor unos de otros. En algunos casos, cuando parten de lugares muy específicos, el movimiento es periódico, repitiendo una y otra vez las mismas trayectorias. Por lo general, afirmaba Poincaré, los tres cuerpos no repiten sus trayectorias, y su movimiento se llama aperiódico.

En sus intentos por dar solución a este «problema de los tres cuerpos», los matemáticos lo han llevado a la abstracción, considerando cuerpos imaginarios recorriendo superficies y espacios con una curvatura específica. La curvatura de un cuerpo imaginario puede ser una representación matemática de las fuerzas (como la gravedad) que actúan sobre el mismo. La trayectoria que sigue el cuerpo imaginario en cada caso se llama línea geodésica (abajo). En un caso simple, como el movimiento de un péndulo o la órbita de un planeta alrededor de una estrella, este cuerpo imaginario oscila (describe un movimiento de vaivén) sobre un punto fijo de la superficie, siguiendo un camino re-

petido y creando lo que se conoce como un ciclo límite. En el caso de un péndulo forzado (uno que pierde energía por fricción), el movimiento oscilatorio irá disminuyendo hasta que el cuerpo imaginario alcance un punto fijo al detenerse.

Al considerar el movimiento de un cuerpo imaginario con respecto a varios otros, la línea geodésica se complica mucho. Si fuera posible fijar con precisión las condiciones iniciales, sería posible crear todas las líneas concebibles. Algunas serían movimientos periódicos que repetirían un camino de cualquier complejidad una y otra vez; otras serían inestables al principio, pero acabarían por asentarse en un ciclo límite; y unas terceras saldrían despedidas hacia el infinito, ya sea de inmediato o tras un periodo de aparente estabilidad.

Aproximaciones

Aunque tanto físicos como matemáticos lo hayan estudiado, el problema de los tres cuerpos es en gran medida teórico. Cuando se trata de sistemas físicos reales, no hay precisión

El determinismo era sinónimo de predecibilidad antes de Lorenz. Desde Lorenz, llegamos a ver que, [...] a la larga, las cosas pueden ser impredecibles.
Stephen Strogatz
Matemático estadounidense

absoluta posible acerca de las condiciones iniciales. Esta es la esencia de la teoría del caos. Aunque el sistema sea determinista, todas las medidas de dicho sistema son aproximaciones, y, por lo tanto, cualquier modelo matemático basado en tales mediciones inciertas puede desarrollarse de modo muy diferente al sistema real. Una incertidumbre pequeña es suficiente para crear el caos. ∎

La línea geodésica de un planeta

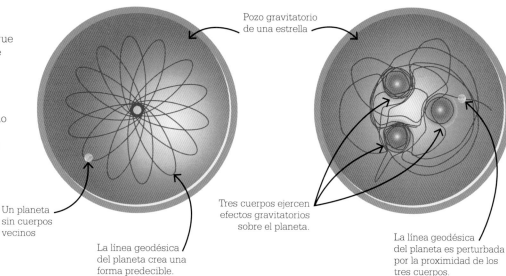

La línea geodésica de un planeta que sigue una órbita predecible alrededor de una estrella se muestra en la imagen de la izquierda. La de la derecha muestra cómo la presencia de otros tres cuerpos celestes –planetas cercanos u otras estrellas– provoca trayectorias impredecibles, o caóticas.

Un planeta sin cuerpos vecinos

La línea geodésica del planeta crea una forma predecible.

Pozo gravitatorio de una estrella

Tres cuerpos ejercen efectos gravitatorios sobre el planeta.

La línea geodésica del planeta es perturbada por la proximidad de los tres cuerpos.

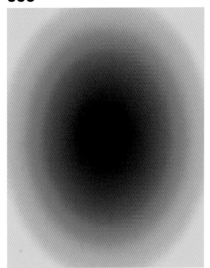

POR LOGICA, LAS COSAS SOLO PUEDEN SER VERDAD EN PARTE
LÓGICA DIFUSA

EN CONTEXTO

FIGURA CLAVE
Lotfi Zadeh (1921–2017)

CAMPO
Lógica

ANTES
350 A. C. Aristóteles desarrolla la lógica que domina el razonamiento científico occidental hasta el siglo XIX.

1847 El álgebra de variables con solo dos valores (verdadero o falso) de Boole despeja el camino a la lógica simbólica y matemática.

1930 Los polacos Jan Łukasiewiecz y Alfred Tarski definen una lógica con valores verdaderos infinitos.

DESPUÉS
Década de 1980 Empresas electrónicas japonesas emplean sistemas de control de lógica difusa en aparatos industriales y domésticos.

La lógica binaria de cualquier ordenador es clara: dadas entradas válidas, aportará salidas apropiadas. Los sistemas informáticos binarios, sin embargo, no siempre son adecuados para manejar entradas del mundo real ambiguas o poco claras. Por ejemplo, para el reconocimiento de escritura no serían lo bastante sutiles. Un sistema de lógica difusa, en cambio, permite considerar grados de verdad que analizan mejor fenómenos complejos, como las acciones y procesos mentales humanos. La lógica difusa surgió de la teoría de conjuntos difusos desarrollada en 1965 por el informático iraní-estadounidense Lotfi Zadeh, quien observó que en los sistemas complejos, las afirmaciones precisas no son significativas, y las únicas afirmaciones con sentido son imprecisas. Tales situaciones exigen un sistema de razonamiento difuso, o de valores múltiples.

En la teoría de conjuntos estándar, un elemento pertenece o no pertenece a un conjunto; pero la teoría de conjuntos difusos considera grados de pertenencia en un continuo. Análogamente, la lógica difusa tiene un rango de valores de verdad para una proposición, no solo completamente verdadero o completamente falso, los dos valores de la lógica booleana. Los valores difusos requieren también operadores lógicos difusos: por ejemplo, la versión difusa del operador AND (Y) del álgebra de Boole es el operador MIN, cuya salida es la mínima de las dos entradas.

Crear conjuntos difusos
Un programa informático básico que imite la tarea humana de hacer un huevo pasado por agua podría aplicar una única regla: hervir cinco minutos. Un programa más sofisticado consideraría, como un humano, el peso del huevo. Podría dividir los huevos en dos conjuntos, pequeños y

> Las clases de objetos que se encuentran en el mundo físico real no tienen criterios de pertenencia precisamente definidos.
> **Lotfi Zadeh**

Véase también: Lógica silogística 50–51 ▪ Números binarios 176–177 ▪ Álgebra de Boole 242–247 ▪ Diagramas de Venn 254 ▪ La lógica de las matemáticas 272–273 ▪ La máquina de Turing 284–289

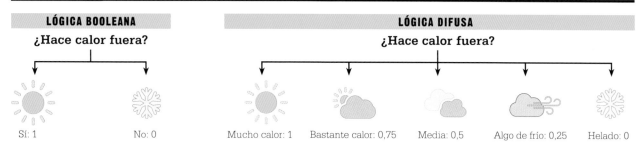

LÓGICA BOOLEANA

¿Hace calor fuera?

Sí: 1   No: 0

LÓGICA DIFUSA

¿Hace calor fuera?

Mucho calor: 1   Bastante calor: 0,75   Media: 0,5   Algo de frío: 0,25   Helado: 0

La lógica difusa reconoce un continuo de valores, en lugar de los valores binarios booleanos «sí (1) o «no» (0). Los valores difusos se parecen a las probabilidades, de los que se distinguen por indicar el grado en que una proposición es verdad, no lo probable que es.

grandes –de 50 g o menos y de más de 50 g, respectivamente–, y hervir los primeros durante cuatro minutos, y los segundos, seis. Los lógicos difusos llaman clásicos a estos conjuntos: cada huevo, o bien pertenece, o bien no pertenece. Sin embargo, cocer perfectamente en su punto los huevos requiere ajustar el tiempo de cocción al peso de cada uno. Un algoritmo podría usar la lógica tradicional, dividir un conjunto de huevos por su peso, y asignarles tiempos de cocción precisos. La lógica difusa consigue lo mismo con un enfoque más general. El primer paso es volver difusos los datos: cada huevo se considera pequeño y grande, y pertenece a ambos conjuntos en distinto grado. Un huevo de 50 g tendría un grado de pertenencia de 0,5 a ambos conjuntos; uno de 80 g sería «grande» en un grado de casi 1, y «pequeño» en un grado de casi 0. Se aplica entonces una regla difusa, por la que los huevos grandes cuecen durante seis minutos, y los pequeños, durante cuatro. Por el proceso de inferencia difusa, el algoritmo aplica la regla a cada huevo según su pertenencia difusa a los conjuntos. El sistema deducirá que un huevo de 80 g debe cocer durante tanto cuatro como seis minutos (con grados de casi 0 y casi 1, respectivamente). Esta salida difusa se adapta luego para proporcionar una salida lógica nítida que puede ser utilizada por el sistema de control. Como resultado, al huevo de 80 g se le asignaría un tiempo de cocción de casi seis minutos.

La lógica difusa es hoy omnipresente en los sistemas controlados por ordenador, tiene aplicaciones que van desde la predicción del tiempo hasta la bolsa de valores, y un papel vital en la programación de sistemas de inteligencia artificial. ▪

Un robot humanoide que utiliza la IA trabaja como recepcionista de un hotel Henn-na en Tokio, el primero en emplear personal robótico.

Inteligencia artificial

Los sistemas de control difusos trabajan de manera eficaz con incertidumbres cotidianas, y se utilizan por tanto en sistemas de inteligencia artificial (IA). La cualidad difusa de la IA produce la ilusión de una inteligencia autodirigida, pero la lógica difusa procesa los datos para manejar la incertidumbre, y es por tanto enteramente producto de una serie preprogramada de reglas.

Técnicas como el aprendizaje automático, donde la IA se autoprograma por un proceso de prueba y error, y los sistemas expertos, en los que la IA utiliza una base de datos suministrada por programadores humanos, han ampliado enormemente las capacidades de la IA. Esta es por lo general «estrecha», en el sentido de que se le confía hacer una sola tarea muy bien, mejor de lo que haría un humano, pero no puede aprender a hacer nada más, y no es consciente de lo que ignora. Una IA general capaz de dirigir su propio aprendizaje como hace la inteligencia evolucionada es el próximo objetivo de la informática.

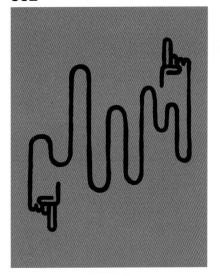

UNA GRAN TEORIA UNIFICADORA DE LAS MATEMATICAS
EL PROGRAMA LANGLANDS

EN CONTEXTO

FIGURA CLAVE
Robert Langlands (n. en 1936)

CAMPO
Teoría de números

ANTES
1796 Carl Gauss demuestra el teorema de la reciprocidad cuadrática, que relaciona resolubilidad de ecuaciones de segundo grado y números primos.

1880–1884 Poincaré descubre las formas automorfas, que permiten mantener un registro en los grupos complejos.

1927 El austriaco Emil Artin amplía el teorema de la reciprocidad a los grupos.

DESPUÉS
1994 Andrew Wiles utiliza un caso especial de las conjeturas de Langlands para traducir el último teorema de Fermat de la teoría de números a la geometría, y lo resuelve.

En 1967, el joven matemático canadiense-estadounidense Robert Langlands propuso una serie de vínculos profundos entre dos grandes áreas matemáticas aparentemente inconexas, la teoría de números y el análisis armónico. La primera es la matemática de los enteros, en particular los primos; la segunda (y especialidad de Langlands) es el estudio matemático de las ondas y su descomposición en sinusoides. Parecerían ser campos fundamentalmente distintos, al ser las sinusoides continuas, y los enteros, discretos.

La carta de Langlands

En una carta manuscrita de diecisiete páginas dirigida al teórico de los números André Weil en 1967, Langlands propuso varias conjeturas vinculando teoría de números y análisis armónico. Weil comprendió su importancia, y la hizo mecanografiar y circular entre colegas suyos desde finales de la década de 1960 y a lo largo de la siguiente. Las conje-

La teoría de números se ocupa de las **propiedades de** y la **relación entre** enteros.

El análisis armónico **analiza funciones complejas**, que descompone en grupos de **sinusoides**.

El programa Langlands **reúne** estas **ramas** aparentemente **dispares** de las matemáticas.

El programa se puede considerar una «gran teoría unificadora de las matemáticas».

turas de Langlands fueron influyentes en cuanto se hicieron públicas, y 50 años después continúan dando forma a la investigación.

Destapar vínculos

Las ideas de Langlands suponen unas matemáticas de un orden técnico elevado. Del modo más básico, sus áreas de interés son los grupos de Galois y las funciones llamadas formas automorfas. Los grupos de Galois se dan en la teoría de números, y son una generalización de los grupos usados por Évariste Galois para estudiar raíces de polinomios.

La importancia de las conjeturas de Langlands reside en que permitieron replantear problemas de la teoría de números en el lenguaje del análisis armónico. El programa Langlands se ha calificado de piedra de Rosetta matemática, por servir para traducir ideas de un área matemática a otra. El propio Langlands contribuyó a desarrollar los medios para trabajar en el programa, entre ellos generalizar la functorialidad, un modo de comparar las estructuras de diferentes grupos.

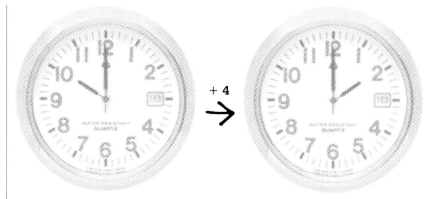

La aritmética modular (o «del reloj») emplea sistemas numéricos con conjuntos finitos de números. En un reloj de 12 horas, si se cuentan cuatro horas desde las 10, se obtienen las 2; 10 + 4 = 2, pues el resto de 14/12 es 2. En el programa Langlands, los números suelen manipularse por aritmética modular.

La combinación de análisis armónico y teoría de números de Langlands podía conducir a la creación de muchas herramientas nuevas, al igual que la unificación de electricidad y magnetismo en el siglo XIX aportó una nueva concepción del mundo físico. Al hallar vínculos nuevos entre campos matemáticos aparentemente muy alejados, el programa ha revelado algunas estructuras en el núcleo de las matemáticas. En la década de 1980, el matemático ucraniano Vladímir Drínfeld amplió el espectro del programa para mostrar un posible vínculo de tipo Langlands entre cuestiones específicas del análisis armónico y otras de la geometría. En 1994, Andrew Wiles usó una de las conjeturas de Langlands para resolver el último teorema de Fermat. ▪

Robert Langlands

Robert Langlands nació en New Westminster (Canadá) en 1936. No pensó en ir a la universidad hasta que un profesor «usó una hora del tiempo de clase» para implorarle públicamente que no desperdiciara sus talentos. Los tenía también como lingüista, pero a los 16 años se matriculó en matemáticas en la Universidad de Columbia Británica. Se trasladó a EE UU, y en 1960 se doctoró en la Universidad de Yale. Enseñó en Princeton, Berkeley y Yale antes de pasar al Institute for Advanced Study (IAS), donde hoy día continúa ocupando el antiguo despacho de Einstein.

Langlands empezó a estudiar la relación entre enteros y funciones periódicas como parte de su investigación de los patrones de los números primos. Ha recibido varios galardones, y en 2018 se le concedió el premio Abel por su visionario programa.

Obras principales

1967 *Euler products.*
1967 *«Carta a André Weil».*
1976 *On the functional equations satisfied by Eisenstein series.*
2004 *Beyond endoscopy.*

OTRO TECHO, OTRA DEMOSTRACIÓN
MATEMÁTICAS SOCIALES

EN CONTEXTO

FIGURA CLAVE
Paul Erdős (1913–1996)

CAMPO
Teoría de números

ANTES
1929 El húngaro Frigyes Karinthy postula los seis grados de separación en el relato breve «Láncszemek» («Cadenas»).

1967 El psicólogo social Stanley Milgram lleva a cabo experimentos sobre la interconexión de las redes sociales.

DESPUÉS
1996 El número de Bacon se presenta en un programa de televisión en EE UU. Indica el número de grados de separación de los actores respecto al actor Kevin Bacon.

2008 Microsoft realiza el primer estudio experimental de los efectos de los medios sociales sobre el grado de conexión.

El matemático húngaro Paul Erdős fue autor y coautor de unos mil quinientos trabajos académicos a lo largo de su vida. Colaboró con más de quinientos matemáticos de la comunidad global en distintas ramas, entre ellas, la teoría de números (el estudio de los enteros) y la combinatoria, el campo matemático que se ocupa del número de permutaciones posibles de los elementos de un conjunto. El lema de Paul Erdős «otro techo, otra demostración» se refería a su costumbre de pasar temporadas en casa de otros matemáticos para colaborar con ellos.

El número de Erdős, empleado por primera vez en 1971, indica la distancia que separa a un matemático de Erdős, en función de su obra publicada. Para tener un número de Erdős, es necesario haber escrito un trabajo matemático; los coautores de trabajos con Erdős tendrían un número de Erdős 1. Quienes hayan trabajado con un coautor de Erdős (pero no directamente con él) tendrían un número de Erdős 2, y así sucesivamente. Albert Einstein, por ejemplo, tiene un número de Erdős 2, y el número del propio Paul Erdős es 0.

La Universidad de Oakland realiza el Proyecto Número de Erdős, que analiza la cooperación entre investigadores matemáticos. El número medio de Erdős es aproximadamente 5, y la rareza de un número superior a 10 indica el grado de cooperación en la comunidad matemática. ∎

Erdős tiene una capacidad asombrosa para relacionar problemas y personas. Así se benefician tantos matemáticos de su presencia.
Béla Bollobás
Matemático húngaro-británico

Véase también: Ecuaciones diofánticas 80–81 ▪ Seis grados de separación 292–293 ▪ La demostración del último teorema de Fermat 320–323

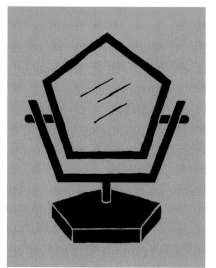

LOS PENTAGONOS SON AGRADABLES A LA VISTA

TESELACIONES DE PENROSE

EN CONTEXTO

FIGURA CLAVE
Roger Penrose (n. en 1931)

CAMPO
Geometría aplicada

ANTES
***C.*4000 a. C.** Los sumerios
adornan muros con teselaciones.

1619 Primer estudio
documentado de las
teselaciones, por Kepler.

1891 El cristalógrafo ruso
Yevgraf Fiódorov demuestra
que hay solo 17 grupos posibles
de teselaciones periódicas en
el plano.

DESPUÉS
1981 El neerlandés Nicolaas
Govert de Bruijn explica cómo
construir teselaciones de
Penrose a partir de cinco
familias de líneas paralelas.

1982 El ingeniero israelí
Dan Shechtman descubre
cuasicristales de estructura
similar a las teselaciones de
Penrose.

L a decoración a base de baldosas y azulejos es un rasgo artístico y constructivo milenario, sobre todo en el mundo islámico. Cubrir del modo más eficiente superficies bidimensionales condujo al estudio de las teselaciones, o la combinación de polígonos sin huecos ni superposiciones. Algunas estructuras naturales, como las colmenas de las abejas, son teselaciones.

Hay tres formas regulares con las que se pueden construir teselaciones sin utilizar otras formas: el cuadrado, el triángulo equilátero y el hexágono regular. Son muchas las formas irregulares que forman teselaciones, sin embargo, y muchas las teselaciones semirregulares basadas en más de una forma regular, o teselaciones periódicas.

Más difícil es encontrar teselaciones no periódicas, en las que el patrón no se repite, aunque algunas formas regulares se pueden combinar para crearlas. El matemático británico Roger Penrose estudió la cuestión de si algún polígono podía producir solo teselaciones no perió-

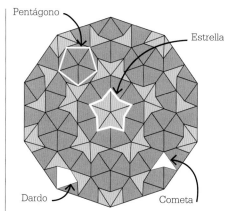

La teselación de Penrose consiste en cometas y dardos, que producen una teselación no periódica, y formas con cinco ejes de simetría, como pentágonos y estrellas.

dicas, y en 1974 creó algunas con formas de «dardo» y «cometa», que deben tener exactamente la forma mostrada en la imagen (arriba); la relación del área de la cometa y del dardo la expresa la proporción áurea. Aunque ninguna parte de la teselación se corresponde exactamente con otra, el patrón se repite a una escala mayor al modo de un fractal. ∎

Véase también: La proporción áurea 118–123 ∎ El problema de los máximos 142–143 ∎ Fractales 306–311

VARIEDAD SIN FIN Y COMPLEJIDAD ILIMITADA

FRACTALES

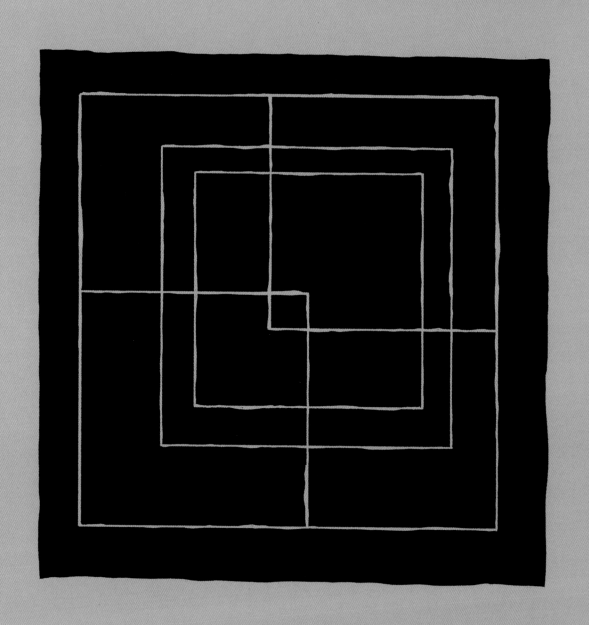

EN CONTEXTO

FIGURA CLAVE
Benoît Mandelbrot
(1924–2010)

CAMPOS
Geometría, topología

ANTES
***C*. siglo IV A. C.** Euclides
sienta las bases de la
geometría en los *Elementos*.

DESPUÉS
1999 El estudio de la alometría
aplica el crecimiento fractal
a procesos metabólicos en
sistemas biológicos, con
aplicaciones médicas útiles.

2012 En Australia, el mayor
mapa en 3D del cielo apunta a
un universo fractal hasta cierto
punto, con cúmulos de materia
en cúmulos mayores, pero en
último término la materia se
distribuye uniformemente.

2015 Aplicar el análisis fractal
a las redes eléctricas permite
modelar la frecuencia de los
fallos eléctricos.

Hay una geometría capaz
de incluir montañas y nubes
[…]. Como en todo en la
ciencia, las raíces de esta
geometría nueva son muy
profundas y largas.
Benoît Mandelbrot

Gráfico por ordenador con patrón
derivado del conjunto de Mandelbrot.
Las imágenes hermosas creadas con
software generador de fractales se han
popularizado como salvapantallas.

D espués de Euclides, los estudiosos y matemáticos modelaron el mundo en términos de geometría simple: curvas y rectas; el círculo, la elipse y los polígonos; y el cubo, el tetraedro, el octaedro, el dodecaedro y el icosaedro, los cinco sólidos platónicos. Durante la mayor parte de los últimos 2000 años, prevaleció el supuesto de que la mayoría de los entes naturales –como montañas o árboles– pueden deconstruirse en combinaciones de dichas formas. En 1975, sin embargo, el matemático de origen polaco Benoît Mandelbrot llamó la atención sobre los fractales, formas no uniformes que recuerdan a formas mayores y menores en estructuras como la del contorno de una sierra. Los fractales, término derivado del latín *fractus* («roto»), acabarían por desembocar en la geometría fractal.

Una nueva geometría

Aunque fuera Mandelbrot quien atrajo la atención del mundo sobre los fractales, estaba construyendo sobre los hallazgos de matemáticos anteriores. En 1872, el alemán Karl Weierstrass había formalizado el concepto matemático de función continua, en la que los cambios en la entrada resultan en cambios aproximadamente iguales en la salida. Compuesta enteramente por picos, la función de Weierstrass no tiene ninguna parte lisa por mucho que se magnifique. Esto se consideró en su época una anormalidad matemática que, a diferencia de las cabales y sensatas formas euclidianas, no tenía relevancia para el mundo real.

En 1883, otro matemático alemán, Georg Cantor, desarrolló el trabajo del matemático británico Henry Smith para mostrar cómo crear una recta que no sea continua en ninguna parte y tenga longitud cero. Esto lo hizo trazando una recta a la que retiró el tercio central (dejando dos rectas y un hueco) y repitiendo luego

Véase también: Los sólidos platónicos 48–49 ▪ Los *Elementos* de Euclides 52–57 ▪ El plano complejo 214–215 ▪ Geometrías no euclidianas 228–229 ▪ Topología 256–259

el proceso al infinito. El resultado es una línea compuesta enteramente por puntos inconexos. Como la función Weierstrass, este conjunto de Cantor resultó perturbador para la matemática establecida, que consideró las nuevas formas como «patológicas», es decir, carentes de las propiedades habituales.

En 1904, el sueco Helge von Koch construyó una forma llamada curva de Koch, o copo de nieve de Koch, que repetía un motivo triangular a un tamaño cada vez menor. A esta siguió, en 1916, el triángulo de Sierpinski compuesto enteramente por huecos triangulares.

Todas estas formas son autosimilares, lo cual es una propiedad clave de la geometría fractal, y supone que aumentar una porción de la forma revela réplicas menores con detalles idénticos. Los matemáticos comprendieron que esta repetición de un patrón a muchas escalas, de macro a micro, era una propiedad esencial del crecimiento biológico.

En 1918, el matemático alemán Felix Hausdorff propuso la existencia de las dimensiones fractales.

Mientras que la recta, el plano y el sólido ocupan una, dos y tres dimensiones respectivamente, a estas nuevas formas se les podían atribuir dimensiones que no son números enteros. La costa de Gran Bretaña, por ejemplo, se podría medir, en teoría, con una cuerda unidimensional, pero esta tendría que ser fina para las ensenadas, y además haría falta hilo para las grietas. Esto implica que la costa no se puede medir en una sola dimensión. La costa británica tiene una dimensión de Hausdorff de 1,26, como la curva de Koch.

Autosimilitudes dinámicas

El matemático francés Henri Poincaré encontró propiedades fractales de autosimilitud en los sistemas dinámicos (sistemas que cambian con el tiempo). Por su propia naturaleza, los estados dinámicos son no deterministas: dos sistemas casi idénticos pueden conducir a comportamientos muy diferentes, incluso cuando las condiciones iniciales son casi idénticas. Este fenómeno se conoce popularmente como efecto mariposa, en referencia al ejemplo, citado »

Benoît Mandelbrot

Nacido en Varsovia en 1924, de familia judía, Benoît Mandelbrot abandonó Polonia en 1936. Huyendo de los nazis, la familia fue a París y luego al sur de Francia. Acabada la Segunda Guerra Mundial, Mandelbrot obtuvo becas para estudiar en Francia y, luego, en EE UU, antes de regresar a París, donde se doctoró en ciencias matemáticas en 1952, en la Universidad de París.

En 1958 empezó a trabajar para IBM en Nueva York, donde su puesto como investigador le ofreció el espacio y las instalaciones para desarrollar ideas nuevas. En 1975 acuñó el término «fractal», y en 1980 desveló el conjunto de Mandelbrot, estructura que sería sinónima de la nueva ciencia de la geometría fractal. La publicación de su libro *La geometría fractal de la naturaleza*, en 1982, popularizó la cuestión, y recibió numerosos honores y premios, entre ellos la Legión de Honor francesa en 1989. Mandelbrot murió en 2010.

Obra principal

1982 *La geometría fractal de la naturaleza.*

El conjunto de **Mandelbrot** es de **estructura** altamente **elaborada**.

Su límite es **muy complejo** e **infinitamente intrincado**.

Aumentar **una parte**, por pequeña que sea, revela una **réplica del conjunto**.

Nadie puede comprender plenamente su variedad sin fin y complicación ilimitada.

Cronología de los fractales

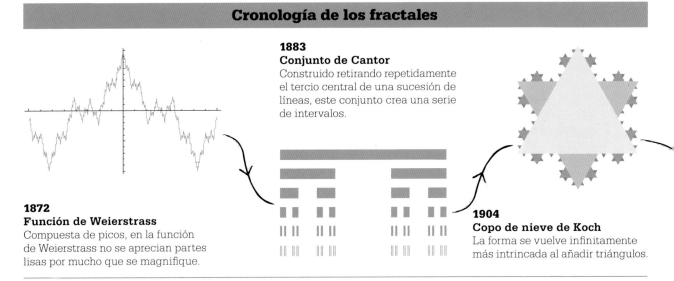

1872
Función de Weierstrass
Compuesta de picos, en la función de Weierstrass no se aprecian partes lisas por mucho que se magnifique.

1883
Conjunto de Cantor
Construido retirando repetidamente el tercio central de una sucesión de líneas, este conjunto crea una serie de intervalos.

1904
Copo de nieve de Koch
La forma se vuelve infinitamente más intrincada al añadir triángulos.

con frecuencia, del efecto enorme que podría tener en teoría una sola mariposa sobre un sistema climático, al causar una pequeña perturbación batiendo las alas una sola vez. Las ecuaciones diferenciales planteadas por Poincaré para demostrar su teoría implicaban la existencia de estados dinámicos que poseen autosimilitud, de modo análogo a las estructuras fractales. Los sistemas climáticos a gran escala, como los grandes flujos ciclónicos, se van repitiendo a escalas mucho menores, decayendo hasta meras rachas de aire.

Gaston Julia, matemático francés y antiguo alumno de Poincaré, exploró en 1918 el concepto de autosimilitud al comenzar a cartografiar el plano complejo (el sistema de coordenadas basado en los números complejos) por el proceso de iteración: introducir un valor en una función, obtener una salida, e introducir esta en la función. Junto con George Fatou, quien realizó estudios similares de forma independiente, Julia halló que al tomar un número complejo, elevarlo al cuadrado, sumarle una constante (un número fijo o letra que representa una can-

tidad fija) y repetir el proceso, algunos valores iniciales divergen hasta el infinito, mientras que otros convergen hasta un valor finito. Julia y Fatou plantearon estos distintos valores en un plano complejo, dejando constancia de cuáles convergían y cuáles divergían. Los límites entre estas regiones eran autorreplicantes, o fractales. Con la capacidad de cómputo limitada disponible en la época, Julia y Fatou no pudieron

percibir la verdadera importancia de su descubrimiento, pero habían dado con lo que se conocería como conjunto de Julia.

El conjunto de Mandelbrot

A finales de la década de 1970, Benoît Mandelbrot empleó por primera vez el término «fractal». Mandelbrot se interesó por el trabajo de Julia y Fatou mientras trabajaba en la empresa informática IBM. Pudo usar la capacidad de computación disponible en IBM para analizar el conjunto de Julia en gran detalle, y observó que algunos valores de la constante (c) producían conjuntos conectados, en los que cada punto está unido a otro, mientras que otros valores producían conjuntos desconectados. Mandelbrot cartografió cada valor de c en el plano complejo, coloreando de forma distinta los conjuntos conectados y desconectados. Esto condujo a la creación del conjunto de Mandelbrot en 1980.

La complejidad infinita se expresa en las autosimilitudes del romanesco. La naturaleza está llena de fractales, desde las de helechos y girasoles hasta los amonites y las conchas marinas.

1916
Triángulo de Sierpinski
Añadir repetidamente triángulos dentro de otros crea un patrón de encaje infinito.

1918
Conjunto de Julia
Este conjunto examina los sistemas dinámicos, y exhibe iteraciones regulares y caóticas.

1980
Conjunto de Mandelbrot
Este conjunto de intrincación infinita se vuelve más elaborado cuanto más se agranda.

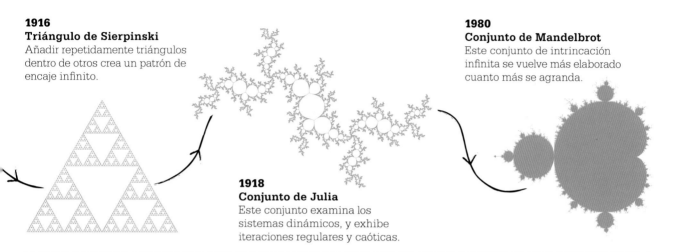

Hermoso y complejo, es autosimilar a todas las escalas: los aumentos revelan réplicas menores del propio conjunto de Mandelbrot. En 1991, el matemático japonés Mitsuhiro Shishikura demostró que el límite del conjunto de Mandelbrot tiene una dimensión de Hausdorff de 2.

Aplicaciones de los fractales

La geometría fractal ha permitido a los matemáticos describir la irregularidad del mundo real. Muchos objetos naturales presentan autosimilitud, entre ellos, las montañas, los ríos, las costas, las nubes, los sistemas climáticos, los sistemas circulatorios de la sangre y hasta las coliflores. Los modelos fractales de estos fenómenos diversos permiten comprender mejor su comportamiento y evolución, incluso cuando dicho comportamiento no es enteramente determinista.

Los fractales tienen aplicaciones en la investigación médica, para comprender el comportamiento de los virus y el desarrollo de los tumores. También se emplean en ingeniería, particularmente en el desarrollo de polímeros y materiales cerámicos. La estructura y evolución del universo se puede modelar también a partir de fractales, al igual que las fluctuaciones de los mercados. A medida que se extiende la gama de aplicaciones y crece la capacidad de los ordenadores, los fractales se están convirtiendo en una parte integral de nuestra comprensión del mundo aparentemente caótico en el que vivimos. ∎

Los fractales y el arte

La gran ola de Kanagawa, obra del pintor Katsushika Hokusai (1760–1849), extrae efectos espectaculares del concepto de autosimilitud.

La autosimilitud a escalas infinitas ha sido explorada en la filosofía y las artes, a menudo con efectos contemplativos. Es un principio clave del budismo y los mandalas (símbolos de uso ritual para representar el universo), y también simboliza la naturaleza infinita de Dios en la tradición decorativa islámica de baldosas y azulejos. La sugiere incluso el poema de William Blake «Augurios de la inocencia», cuyo primer verso comienza con la frase «Ver el mundo en un grano de arena».

Los motivos arremolinados repetidos en la obra del pintor japonés Hokusai suelen citarse como ejemplo del uso de fractales en el arte, como ocurre con el arquitecto catalán Antoni Gaudí.

La escena musical «rave» en EE UU y Reino Unido a finales de la década de 1980 e inicios de la siguiente estuvo vinculada a un auge del interés por los fractales. Hoy día hay muchos programas informáticos generadores de fractales, asequibles así al gran público.

CUATRO COLORES Y NO MAS

EL TEOREMA DE LOS CUATRO COLORES

¿**Cuántos colores** hacen falta **para colorear un mapa** de tal modo que no haya países adyacentes del mismo color?

No se puede hacer con solo **dos o tres** colores.

En 1890 se demuestra que puede colorearse cualquier mapa con **cinco colores**.

En 1976 se demuestra con un ordenador que no hacen falta más de **cuatro colores**.

Cuatro colores bastan para colorear un mapa.

L os cartógrafos saben desde hace tiempo que cualquier mapa, por complicado que sea, se puede colorear empleando solo cuatro colores sin que haya dos países o regiones limítrofes del mismo color. Aunque pueda parece que hacen falta cinco, siempre hay una manera de redistribuir los co-

lores utilizando únicamente cuatro. Los matemáticos buscaron durante más de 120 años una demostración de este teorema engañosamente sencillo, uno de los que más tiempo han tardado en resolverse en matemáticas.

Se cree que el primero en formular el teorema de los cuatro co-

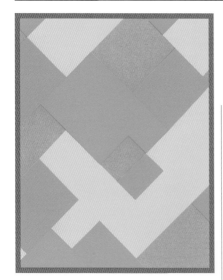

Con solo cuatro colores se puede colorear toda combinación de formas en un plano, por complejo que sea el patrón, sin dos regiones adyacentes del mismo color.

Heawood sí demostró correctamente que no son necesarios más de cinco colores para colorear cualquier mapa.

Los matemáticos siguieron trabajando sobre el problema, logrando progresos graduales. En 1922, Philip Franklin demostró que cualquier mapa con 25 regiones o menos se podía colorear con cuatro colores. La cifra de 25 fue creciendo poco a poco: el matemático noruego Øystein Ore y el estadounidense Joel Stemple llegaron juntos a 39 en 1970, y el francés Jean Mayer elevó el número a 95 en 1976.

Nueva esperanza

El advenimiento de superordenadores capaces de manejar cantidades enormes de datos en la década de 1970 reavivó el interés por dar solución al teorema de los cuatro colores. El matemático alemán Heinrich Heesch propuso un método para ello, pero no tenía acceso a un superordenador para poder probarlo. Su antiguo alumno Wolfgang Haken se interesó también en el problema, y comenzó a hacer progresos después de conocer al programador informático Kenneth Appel en la Universidad de Illinois en EE UU. Ambos consiguieron resolverlo finalmente en 1977. Esta fue la primera demostración en la historia de las matemáticas que dependió completamente de la capacidad de un ordenador. Haken y Appel examinaron unos 2000 casos, lo cual requirió miles de millones de cálculos y 1200 horas. ▪

lores fue el estudiante de derecho sudafricano Francis Guthrie. Había coloreado un mapa de los condados ingleses usando solo cuatro colores, y creía que se podía hacer lo mismo con cualquier mapa, por complejo que fuese. En 1852 preguntó a su hermano Frederick, alumno entonces del matemático Augustus De Morgan en Londres, si su teoría se podía demostrar. De Morgan reconoció no poderla demostrar, y la compartió con el matemático irlandés William Hamilton, quien lo intentó sin éxito.

Error inicial

En 1879, el matemático británico Alfred Kempe publicó una demostración del teorema de los cuatro colores en la revista científica *Nature*. Kempe recibió alabanzas por este trabajo, y en parte gracias a él fue admitido dos años más tarde como miembro de la Royal Society. En 1890, sin embargo, su colega británico Percy Heawood encontró un fallo en la demostración de Kempe, quien reconoció que había cometido un error que no podía rectificar.

Demostraciones por ordenador

Cuando K. Appel y W. Haken demostraron el teorema de los cuatro colores en 1977, fue la primera vez que se utilizó un ordenador para demostrar un teorema matemático, cosa controvertida entre los matemáticos, habituados a resolver problemas por medio de una lógica revisable por sus homólogos. Appel y Haken utilizaron el ordenador para realizar una demostración exhaustiva, comprobando una a una todas las posibilidades de un modo que manualmente habría sido imposible. La cuestión era si eran aceptables largos cálculos que no podían comprobar seres humanos, seguidos del simple veredicto «sí, el teorema se ha demostrado». Muchos matemáticos mantuvieron que no, y la demostración por ordenador es aún controvertida, si bien los avances tecnológicos han mejorado su fiabilidad.

El ordenador IBM System/370 de 1970, fue uno de los primeros en usar memoria virtual, sistema de gestión que permitía procesar vastas cantidades de datos.

PROTEGER DATOS CON UN ALGORITMO

CRIPTOGRAFÍA

EN CONTEXTO

FIGURAS CLAVE
Ron Rivest (n. en 1947),
Adi Shamir (n. en 1952),
Leonard Adleman (n. en 1945)

CAMPO
Informática

ANTES
Siglo IX Al Kindi desarrolla
el análisis de frecuencias.

1640 Pierre de Fermat
enuncia su «pequeño teorema»
(sobre la primalidad), usado
aún como prueba al buscar
primos para la criptografía
asimétrica.

DESPUÉS
2004 Primer uso en la
criptografía de curvas elípticas,
que con claves menores ofrecen
la misma seguridad que el
algoritmo RSA.

2009 Un informático anónimo
concibe una criptomoneda sin
banco central: Bitcoin. Todas
las transacciones están
encriptadas, pero son públicas.

La criptografía, o el desarrollo de medios secretos para comunicarse, se ha convertido en un rasgo ubicuo de la vida moderna, en la que casi todas las conexiones entre uno y otro dispositivo digital comienzan por un «apretón de manos», o reconocimiento, en el que se acuerda un modo de proteger la conexión. A menudo, este «apretón de manos» se debe al trabajo de tres matemáticos: Ron Rivest, Adi Shamir y Leonard Adleman. En 1977 desarrollaron el algoritmo RSA (así llamado por sus iniciales), procedimiento de encriptado por el que obtuvieron el premio Turing en 2002.

Véase también: Teoría de grupos 230–233 ▪ La hipótesis de Riemann 250–251 ▪ La máquina de Turing 284–289 ▪ Teoría de la información 291 ▪ La demostración del último teorema de Fermat 320–323

> El trabajo no requería en realidad matemáticas, pero a los matemáticos se les daba bien.
> **Joan Clarke**
> **Criptoanalista británica**

Los **datos** pueden contener **información sensible** que es necesario enviar de forma **segura**.

Se usan **códigos** desde hace **siglos**, algunos **fáciles** de **descifrar**.

Los cálculos **por ordenador** permitieron **crear códigos más avanzados**.

Tales códigos son casi **irreversibles** sin la «**clave**» correcta para romperlos.

La criptografía permite transmitir datos de forma segura.

El algoritmo RSA es especial por garantizar que ningún tercero que acceda a la conexión pueda conocer detalles privados.

Una de las principales razones para encriptar (o cifrar) comunicaciones es garantizar que las transacciones económicas se desarrollen sin que la información bancaria caiga en las manos equivocadas, pero el encriptado se usa para protegerse de toda clase de terceros o adversarios: empresas rivales, potencias enemigas o servicios de seguridad. La criptografía es una práctica antigua. En Mesopotamia, hacia 1500 a. C. se solían encriptar las tablillas de arcilla, con el fin de proteger las técnicas cerámicas y demás información comercialmente valiosa.

Cifrado y clave

Durante gran parte de su historia, la criptografía (del griego *kryptós*, «oculto», y *graphé*, «escritura») sirvió para cifrar mensajes escritos. El mensaje sin encriptar es el texto simple (o plano), y el encriptado, el texto cifrado. Por ejemplo, «HOLA» podría convertirse en «IPMB». Convertir el texto simple en texto cifrado requiere un cifrado y una clave. El

cifrado es un algoritmo (un método sistemático y repetible), en este caso, sustituir cada letra por otra en otra posición del alfabeto. La clave es +1, porque cada letra del texto simple se sustituye por la propia letra +1 del alfabeto. Si la clave fuera –6, el cifrado convertiría el mismo texto simple «HOLA» en «BJFU». Este sistema de sustitución se llama cifrado César, en referencia al dictador Julio César,

Las ruedas de cifrado, como esta británica de 1802, aceleraron el descifrado de los cifrados César. Una vez descubierta la clave, se ajustaban ambas ruedas en función de la misma.

quien lo empleó en el siglo I a. C. El cifrado César es un ejemplo de criptografía de clave simétrica, pues la misma clave sirve para cifrar y descifrar (aplicada a la inversa) el mensaje.

Procesos de descifrado

Con tiempo y papel suficiente, es relativamente fácil descifrar un cifrado César probando todas las sustituciones posibles, en lo que hoy se llamaría técnica de «fuerza bruta». Los cifrados y claves más complejos hacen de este un método más lento, y, antes de los ordenadores, impracticable para mensajes lo bastante largos como para contener una gran cantidad de información.

Los mensajes largos eran más vulnerables ante otra técnica de **»** descifrado, el análisis de frecuencias. Desarrollada en sus inicios por el matemático árabe Al Kindi en el siglo IX, esta técnica se servía de la frecuencia de cada letra del alfabeto en un idioma dado. Las letras más frecuentes en castellano son «e» y «a», por lo que el criptoanalista identificaría la letra más frecuente del texto cifrado y la designaría como una u otra. La siguiente letra más frecuente es «o», luego «s», y así sucesivamente. Las agrupaciones frecuentes de letras, tales como «ch» o «ión», también pueden dar pistas que revelen el cifrado. Dado un texto cifrado lo bastante largo, este sistema funcionaba con cualquier cifrado de sustitución, por elaborado que fuese.

Hay dos maneras de combatir el análisis de frecuencias. Uno es impedir la comprensión del texto simple por medio de un código, término que tiene una definición específica en criptografía. Un código sustituye una palabra o frase entera antes del cifrado. Un texto simple codificado podría ser «compra limones el jueves», donde «comprar» representa «matar» y «limones» alude a un objetivo particular de una lista,

La máquina Enigma fue usada por el espionaje alemán entre 1923 y 1945. Los tres rotores están detrás del panel de lámparas, y el panel de cables está delante.

en la que quizá a todos los nombres se les hayan asignado frutas. Sin la lista de palabras codificadas, es imposible descifrar el sentido pleno del mensaje.

El código Enigma

Otro método para proteger la seguridad del encriptado es el cifrado polialfabético, en el que la misma letra del texto simple se sustituye por varias letras distintas, eliminando así la posibilidad del análisis de frecuencias. Estos cifrados se crearon por primera vez en el siglo XVI, pero los más célebres fueron los creados por las máquinas Enigma empleadas por las fuerzas del Eje durante la Segunda Guerra Mundial.

La máquina Enigma era un dispositivo de encriptado formidable. En lo fundamental, era una batería conectada a 26 lámparas o válvulas, una por cada letra del alfabeto. Al pulsar el controlador una letra del teclado, se encendía una letra correspondiente en el panel de lámparas. Pulsar la misma tecla otra vez encendía otra lámpara distinta, y nunca la misma letra de la tecla, pues las conexiones entre la batería y el panel eran alteradas por el giro de tres rotores cada vez que se pulsaba una tecla. Añadía una complejidad aún mayor el panel de cables, que sustituía diez pares de letras, complicando el descifrado del mensaje aún más. Para cifrar y descifrar un mensaje Enigma, había que configurar correctamente ambas máquinas, insertando los tres rotores correctos en la posición inicial correcta, y con los diez cables conectados a las tomas correctas del panel. Estos ajustes eran la clave del encriptado.

La tecnología informática está a punto de proporcionarnos la capacidad de comunicarnos e interactuar unos con otros de forma totalmente anónima.
Peter Ludlow
Filósofo estadounidense

Una Enigma de tres rotores tenía más de 158 962 555 217 miles de millones de configuraciones posibles, que se cambiaban a diario.

El fallo de Enigma es que no podía encriptar una letra usando la propia letra, y esto permitió a los criptógrafos aliados usar expresiones repetidas a menudo, como «Heil Hitler» o «Parte meteorológico» para tratar de deducir la clave del día. Los textos cifrados en los que faltaran por completo las letras de tales expresiones contenían potencialmente dichas letras. Los criptógrafos aliados usaron la máquina Bombe de Turing, un ingenio electromecánico que imitaba las máquinas Enigma para descifrar los mensajes por fuerza bruta, empleando atajos desarrollados por el matemático británico Alan Turing y otros. El dispositivo de encriptado británico, el Typex, era una versión de las máquinas Enigma, modificada para poder sustituir una letra por sí misma, y los nazis desistieron de sus intentos de romper el código.

Criptografía asimétrica

En la criptografía simétrica, los mensajes solo pueden ser tan seguros como la propia clave, que es nece-

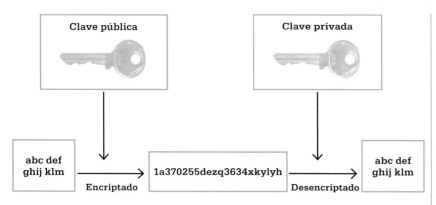

Clave pública

Clave privada

abc def
ghij klm

→ Encriptado →

1a370255dezq3634xkylyh

→ Desencriptado →

abc def
ghij klm

La criptografía asimétrica altera los datos con una clave disponible para cualquiera. Los datos únicamente se pueden desenmascarar con una clave privada que solo conoce el dueño. Es eficaz para cantidades pequeñas de datos, pero consume demasiado tiempo para las grandes.

sario transmitir por medios físicos, ya sea escrita en un registro militar de claves o susurrada al oído de un espía en un lugar discreto. Si la clave acaba en las manos equivocadas, el cifrado deja de cumplir su cometido.

Las redes informáticas han permitido la comunicación entre personas a gran distancia sin necesidad de encontrarse en persona. Sin embargo, la red más utilizada, internet, es pública, por lo que cualquier clave simétrica compartida en ese medio quedaría disponible para terceros, siendo por tanto inútil. El algoritmo

RSA fue un desarrollo temprano de la criptografía asimétrica, en la que emisor y receptor usan dos claves, una privada y una pública. Si dos personas, Ana y Blas, desean comunicarse en secreto, Ana puede enviar a Blas su clave pública, compuesta de dos números n y a. Mantiene en secreto su clave privada z. Blas usa n y a para encriptar un mensaje en texto simple (M), que es una serie de números (o letras cifradas como números). Cada número del texto simple se eleva a a, y se divide luego por n. La división es una operación mó-

dulo (abreviada a mod_n), en la que el resultado es el resto. Por ejemplo, si n fuera 10, y M^a fuera 12, la respuesta sería 2. Si M^a fuera 2, la respuesta sería también 2, pues 10 es divisible por dos 2 cero veces, con un resto de 2. La respuesta a $M^a mod_n$ es el texto simple (C), y en este ejemplo es 2. Alguien que espiara la comunicación podría conocer la clave pública n y a, pero no tendría idea de si M es 2, 12 o 1002 (todos divisibles por 10 con un resto de 2). Solo Ana lo puede averiguar usando su clave privada z, pues $C^z mod_n = M$.

El número crucial del algoritmo es n, formado multiplicando dos números primos p y q. Luego, a y z se calculan a partir de p y q usando una fórmula que garantiza que las operaciones módulo funcionen. La única forma de descifrar la comunicación es averiguar el valor de p y q para luego calcular z. Para eso, el criptoanalista debe averiguar los factores primos de n, pero los actuales algoritmos RSA emplean valores de n de 600 dígitos o más. Un superordenador tardaría miles de años en hallar p y q por el método de prueba y error, lo cual vuelve prácticamente indescifrables el RSA y protocolos similares. ∎

Encontrar primos al azar

Conectadas a un ordenador, las lámparas de lava generan una selección de números al azar basados en su movimiento.

El algoritmo RSA y otros sistemas de criptografía asimétrica requieren muchos primos para servir de p y q. Utilizar demasiado unos pocos facilita a los atacantes averiguar valores de p y q utilizados en el cifrado cotidiano. La solución es contar con una fuente de primos nuevos, generando números al azar y comprobando su primalidad con el pequeño teorema de Pierre de Fermat: si un número (p) es primo, al elevar otro número (n) a p,

y restar n al resultado, la solución es un múltiplo de p.

Como no resulta sencillo programar ordenadores para generar secuencias de números realmente aleatorias, las empresas utilizan fenómenos físicos: los ordenadores se programan para registrar el movimiento de las lámparas de lava, la desintegración nuclear o el ruido blanco de las transmisiones de radio, que proporcionan números al azar para el encriptado.

JOYAS COLGANDO DE UN HILO AUN INVISIBLE
GRUPOS SIMPLES FINITOS

EN CONTEXTO

FIGURA CLAVE
Daniel Gorenstein
(1923–1992)

CAMPO
Teoría de números

ANTES
1832 Évariste Galois define
el concepto de grupo simple.

1869–1889 El francés
Camille Jordan y el alemán
Otto Hölder demuestran que
todos los grupos finitos se
pueden construir a partir
de grupos simples finitos.

1976 El croata Swonimir
Janko introduce el grupo
simple esporádico Janko 4,
último grupo simple finito
descubierto.

DESPUÉS
2004 Los estadounidenses
Michael Aschbacher y
Stephen D. Smith completan
la clasificación de los grupos
simples finitos comenzada
por Daniel Gorenstein.

A los grupos simples se les
ha llamado los átomos del
álgebra. Según el teorema
de Jordan-Hölder, demostrado hacia
1889, al igual que todos los enteros positivos se pueden construir a
partir de números primos, todos los
grupos finitos se pueden construir a
partir de grupos simples finitos. En
matemáticas, un grupo no es una
mera colección de cosas, sino que
especifica cómo se pueden usar sus
componentes para generar otros, por
multiplicación, resta o suma, por
ejemplo. A inicios de la década de
1960, el matemático estadounidense
Daniel Gorenstein empezó a trabajar
en la clasificación de los grupos, y en
1979 publicó su clasificación completa de los simples finitos.

Hay semejanzas entre los grupos
simples y la simetría en geometría.
Al igual que un cubo rotado 90 grados parece idéntico a como era antes
de rotar, las transformaciones (rotaciones y reflexiones) asociadas a las

Un **grupo** es un **conjunto de elementos**
(números, letras o formas) que se combinan con otros
elementos del mismo grupo por medio de una **operación**
(como la suma, resta o multiplicación).

Un grupo es **finito**
si tiene un **número finito
de elementos**.

Un grupo es **simple**
si **no puede descomponerse**
en grupos menores.

**Todos los grupos finitos se construyen
a partir de los grupos simples finitos.**

formas regulares 2D o 3D se pueden disponer en un tipo de grupo simple llamado grupo de simetría.

Grupos infinitos y finitos

Algunos grupos son infinitos, como el grupo de los enteros con la operación suma, que es infinito por poderse sumar números infinitamente. En cambio, los números –1, 0 y 1 con la operación multiplicación forman un grupo finito, ya que multiplicar cualquiera de sus miembros produce solo –1, 0 o 1. Todos los miembros de un grupo y las reglas para generarlo se pueden visualizar con un grafo de Cayley (dcha.).

Un grupo es simple si no puede descomponerse en otros grupos menores. Mientras que el número de grupos simples es infinito, el de tipos de grupo simple no lo es, o al menos no si se consideran los grupos simples de tamaño finito. En 1963, el matemático estadounidense John G. Thompson demostró que, con la excepción de los grupos triviales (por ejemplo, $0 + 0 = 0$ y $1 \times 1 = 1$), todos los grupos simples tienen un número par de elementos. Esto llevó a Daniel Gorenstein a proponer una tarea más difícil, la clasificación de todos los grupos simples finitos.

El monstruo

Para 18 familias de grupos simples finitos, hay descripciones precisas que relacionan cada una con las simetrías de determinadas estructuras geométricas. Hay también 26 grupos individuales llamados esporádicos, el mayor de los cuales se llama grupo monstruo, y tiene 196 883 dimensiones y aproximadamente 8×10^{53} elementos. Cada uno de los grupos simples finitos pertenece a una de las 18 familias o es uno de los 26 grupos esporádicos. ▪

Este grafo de Cayley muestra todos los 60 elementos (diferentes orientaciones) del grupo A5 (el grupo de simetrías rotacionales de un icosaedro regular, forma tridimensional de 20 caras) y la relación entre ellos. Al tener A5 un número finito de elementos, es un grupo finito, y es también simple. Tiene dos generadores (elementos que se pueden combinar para obtener cualquier otro del grupo).

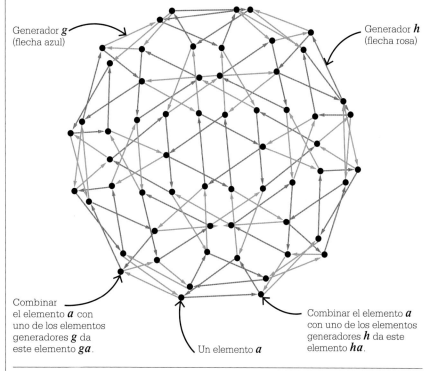

Generador **g** (flecha azul)

Generador **h** (flecha rosa)

Combinar el elemento **a** con uno de los elementos generadores **g** da este elemento **ga**.

Un elemento **a**

Combinar el elemento **a** con uno de los elementos generadores **h** da este elemento **ha**.

Daniel Gorenstein

Daniel Gorenstein nació en Boston (Massachusetts) en 1923. A los 12 años había aprendido cálculo por su cuenta, y más tarde estudió en la Universidad de Harvard, donde se familiarizó con los grupos finitos, la obra de su vida. Tras licenciarse en 1943, continuó en Harvard varios años, primero enseñando matemáticas a personal militar durante la Segunda Guerra Mundial, y luego realizando el doctorado como alumno de Oscar Zariski. En 1960–1961,

Gorenstein asistió a un programa de nueve meses sobre teoría de grupos en la Universidad de Chicago, que le inspiró la clasificación de los grupos simples finitos. Continuó trabajando en este proyecto hasta su muerte, en 1992.

Obras principales

1968 *Finite groups*.
1979 «The classification of finite simple groups».
1982 *Finite simple groups*.
1986 «Classifying the finite simple groups».

UNA DEMOSTRACION VERDADERAMENTE MARAVILLOSA

LA DEMOSTRACIÓN DEL ÚLTIMO TEOREMA DE FERMAT

EN CONTEXTO

FIGURA CLAVE
Andrew Wiles (n. en 1953)

CAMPO
Teoría de números

ANTES
1637 Pierre de Fermat afirma que no hay conjuntos de enteros positivos x, y y z que cumplan la ecuación $x^n + y^n = z^n$, cuando n es mayor que 2, pero no aporta la demostración.

1770 Leonhard Euler demuestra que el último teorema de Fermat es válido si $n = 3$.

1955 En Japón, Yutaka Taniyama y Goro Shimura proponen que todas las curvas elípticas tienen forma modular.

DESPUÉS
2001 Queda establecida la conjetura de Taniyama-Shimura, conocida como teorema de la modularidad.

Al morir en 1665, el matemático francés Pierre de Fermat dejó una copia muy manoseada de la *Arithmetica* del matemático griego del siglo III d. C. Diofanto, con ideas del propio Fermat anotadas en los márgenes. Todas las cuestiones planteadas en estas notas marginales fueron resueltas más adelante, salvo una, en cuyo margen Fermat dejó una anotación tentadora: «He descubierto una demostración verdaderamente maravillosa, que este margen es demasiado pequeño para contener».

La nota de Fermat se refería a lo tratado por Diofanto sobre el teorema de Pitágoras, según el cual, en un

Pierre de Fermat dejó una nota sobre el **teorema de Pitágoras** en el margen de un libro.

Afirmaba que
$x^n + y^n \neq z^n$ para todo entero positivo n mayor que 2.

«He descubierto una demostración verdaderamente maravillosa, que este margen es demasiado pequeño para contener».

Durante más de tres siglos, los matemáticos trataron sin éxito de demostrar **el último teorema de Fermat**, hasta lograrse en **1994**.

triángulo rectángulo, el cuadrado de la hipotenusa (el lado opuesto al ángulo recto) es igual a la suma de los cuadrados de los catetos (los otros dos lados), o $x^2 + y^2 = z^2$. Fermat sabía que esta ecuación tenía infinitos números enteros como solución de x, y y z, como 3, 4 y 5 (9 + 16 = 25) y 5, 12 y 13 (25 + 144 = 169), llamadas «ternas pitagóricas». Luego se preguntó si podían hallarse otras ternas elevadas a 3, 4 o cualquier entero mayor que 2, y la conclusión a la que llegó es que ningún entero mayor que 2 podía ser representado por n. Fermat escribió: «Es imposible que un cubo sea la suma de dos cubos, que una cuarta potencia sea la suma de dos cuartas potencias y que, en general, cualquier número como potencia mayor que el cuadrado sea la suma de dos potencias iguales». Fermat nunca reveló la demostración que dijo tener para su teoría, que por tanto quedó sin resolver, conocida como último teorema de Fermat.

Muchos matemáticos intentaron desde entonces reconstruir la mencionada demostración de Fermat, o dar con una propia. Pese a la aparente sencillez del problema, sin embargo, ninguno lo logró, aunque un siglo después Leonhard Euler demostrara su validez para $n = 3$.

Hallar una solución

El último teorema de Fermat quedó como uno de los grandes problemas irresueltos de las matemáticas durante más de 300 años, hasta que lo demostró el matemático británico Andrew Wiles en 1994. Wiles leyó por primera vez sobre el desafío de Fermat a los diez años, y le asombró que siendo solo un niño lo pudiera entender, cuando las mejores mentes matemáticas del mundo no lo habían logrado demostrar. Esto le motivó para licenciarse en matemáticas por la Universidad de Oxford y, luego, doctorarse en Cambridge, donde escogió las curvas elípticas como área

de estudio para su tesis. El asunto no parecía guardar relación con su interés por el último teorema de Fermat, pero sería esta rama de las matemáticas la que permitiría a Wiles demostrarlo más adelante.

A mediados de la década de 1950, los matemáticos japoneses Yutaka Taniyama y Goro Shimura dieron el valiente paso de vincular dos ramas aparentemente no relacionadas de las matemáticas, al afirmar que cada curva elíptica (una estructura algebraica) se puede asociar a una fórmula modular única, entre una clase de estructuras altamente simétricas de la teoría de números.

La importancia potencial de esta conjetura se fue comprendiendo gradualmente a lo largo de las tres décadas siguientes, y se convirtió en parte de un programa sostenido para vincular distintas disciplinas matemáticas; pero nadie tenía idea de cómo demostrarla.

En 1985, el matemático alemán Gerhard Frey relacionó la conjetura y el último teorema de Fermat. »

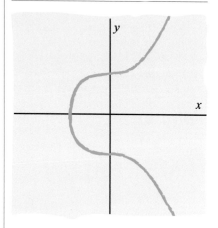

La investigación de Wiles del último teorema de Fermat comenzó por el estudio de las curvas elípticas, descritas por la ecuación $y^2 = x^3 + Ax + B$, donde A y B son constantes.

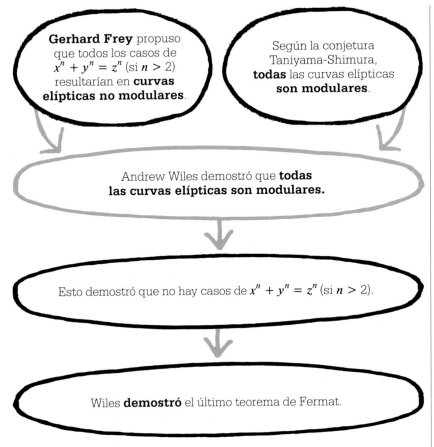

Gerhard Frey propuso que todos los casos de $x^n + y^n = z^n$ (si $n > 2$) resultarían en **curvas elípticas no modulares**.

Según la conjetura Taniyama-Shimura, **todas** las curvas elípticas **son modulares**.

Andrew Wiles demostró que **todas las curvas elípticas son modulares**.

Esto demostró que no hay casos de $x^n + y^n = z^n$ (si $n > 2$).

Wiles **demostró** el último teorema de Fermat.

Trabajando con una solución hipotética a la ecuación de Fermat, construyó una curiosa curva elíptica que no parecía ser modular, y mantuvo que dicha curva solo podía existir si la conjetura Taniyama-Shimura era falsa, en cuyo caso lo sería también el último teorema de Fermat. Por otra parte, si la conjetura Taniyama-Shimura era cierta, de ello se seguiría el último teorema de Fermat. En 1986, Ken Ribet, profesor en la Universidad de Princeton, en Nueva Jersey, logró demostrar el vínculo conjeturado por Frey.

Demostrar lo indemostrable

La demostración de Ribet electrizó a Wiles. Era la oportunidad que había estado esperando: si podía demostrar la aparentemente imposible conjetura de Taniyama-Shimura, demostraría también el último teorema de Fermat. A diferencia de la mayoría de los matemáticos, que gustan de trabajar en colaboración, Wiles decidió perseguir el objetivo por su cuenta, sin informar a nadie más que a su esposa. Temía que hablar abiertamente de su trabajo sobre Fermat hiciera ruido entre la comunidad matemática y derivara en una competencia no deseada. Hacia la fase final de la demostración, sin embargo, Wiles comprendió que necesitaba ayuda.

Por entonces, Wiles trabajaba en el Institute for Advanced Study (IAS), en Princeton, al igual que otros grandes matemáticos del mundo. A sus colegas les asombró saber que Wiles había estado trabajando sobre Fer-mat al mismo tiempo que en sus tareas diarias como profesor, autor y conferenciante.

Wiles recabó la ayuda de dichos colegas para el paso final de su demostración, y le pidió al matemático estadounidense Nick Katz que comprobara sus razonamientos. Katz no encontró errores, y Wiles decidió hacerlo público. En junio de 1993, en una conferencia en la Universidad de Cambridge, Wiles ofreció sus resultados. La tensión crecía a medida que los iba acumulando, con un solo fin a la vista. Tras concluir diciendo «lo cual demuestra el último teorema de Fermat», sonrió y añadió, «creo que ahí lo dejo».

Arreglar un error

Al día siguiente, la noticia apareció en la prensa mundial, convirtiendo a Wiles en el matemático más famoso del mundo. Todos querían saber cómo se había resuelto al fin esta cuestión. Wiles estaba encantado, pero luego resultó que había un problema en la demostración.

Había que verificar los resultados antes de publicarlos, y la demostración de Wiles era muy extensa. Entre los revisores estaba Nick Katz, amigo de Wiles, quien pasó un verano revi-

Algunos problemas matemáticos parecen sencillos. No hay razón para que no sean fáciles, y, sin embargo, resultan extraordinariamente intrincados.
Andrew Wiles

> He gozado de este raro privilegio de dedicar mi vida adulta al que fue mi sueño durante la infancia.
> **Andrew Wiles**

sándola línea por línea, cuestionándolo todo hasta tener claro el significado. Un día creyó detectar un fallo en la argumentación. Envió un correo electrónico a Wiles, quien respondió, pero no a satisfacción de Katz. Se cruzaron nuevos correos, hasta que salió a relucir la verdad: Katz había encontrado un fallo en el seno del trabajo de Wiles. Una parte vital de la demostración contenía un error que minaba todo el método.

De repente el enfoque de Wiles fue cuestionado. De haber trabajado en equipo en lugar de solo, el error se habría podido identificar antes.

Mientras tanto, el mundo creía que Wiles había resuelto el último teorema de Fermat, y esperaba la publicación de la demostración definitiva. Wiles estaba bajo una presión inmensa. Por impresionantes que fueran sus logros matemáticos hasta el momento, su reputación estaba en juego. Día tras día, Wiles probó con distintos enfoques del problema, que resultaron inútiles. Como dijo su colega matemático del IAS Peter Sarnak, «era como llevar una alfombra hacia un rincón de una habitación y que luego apareciera en otro». Wiles acabó recurriendo a un amigo, el especialista británico en álgebra Richard Taylor, y ambos trabajaron en la demostración durante los nueve meses siguientes.

Wiles estaba a punto de reconocer que su anuncio de demostración había sido precipitado, cuando, en septiembre de 1994, tuvo una revelación. Si tomaba su método de resolución y combinaba sus puntos fuertes con otro enfoque suyo anterior, uno podía arreglar el otro y permitirle resolver el problema. Gracias a esta intuición aparentemente modesta, Wiles y Taylor repararon el agujero en la demostración en unas semanas. Nick Katz y la comunidad matemática en general quedaron satisfechos de que ya no hubiera errores, y Wiles gozó del mérito del vencedor en cuanto al último teorema de Fermat, por segunda vez, y ahora sobre bases sólidas.

Después del teorema

Fermat fue asombrosamente previsor con su conjetura original, pero es improbable que existiera la demostración maravillosa a la que hizo referencia. La idea de que a todos los matemáticos desde el siglo XVII se les escapara una demostración que pudiera haber descubierto alguien en la época de Fermat es difícilmente concebible. Además, Wiles resolvió el teorema empleando herramientas e ideas matemáticas avanzadas, inventadas mucho después de Fermat.

En muchos aspectos, no es la demostración del último teorema de Fermat lo importante, sino las demostraciones usadas por Wiles. Un problema aparentemente intratable de enteros se había resuelto al combinar teoría de números y geometría algebraica, empleando técnicas nuevas y ya existentes, y esto a su vez trajo modos nuevos de enfocar la demostración de muchas otras conjeturas matemáticas. ∎

Andrew Wiles

Hijo de un pastor anglicano que más tarde fue profesor de teología, Andrew Wiles nació en Cambridge en 1953, y desde una edad temprana le apasionó resolver problemas matemáticos. Después de obtener su primera licenciatura en matemáticas en el Merton College de Oxford, y el doctorado en el Clare College de Cambridge, ocupó un puesto en el Institute for Advanced Study (IAS), en Princeton, en 1981, del que fue catedrático desde el año siguiente.

En EE UU, Wiles contribuyó a resolver algunos de los problemas más escurridizos en su campo –entre ellos, la conjetura de Taniyama-Shimura–, e inició también su largo intento en solitario de demostrar el último teorema de Fermat. Su éxito le valió el premio Abel, la más alta distinción matemática, en 2016.

Wiles ha enseñado también en Bonn, París y la Universidad de Oxford, donde fue nombrado en 2018 Regius Professor de matemáticas. Un nuevo edificio de Oxford y un asteroide –9999 Wiles– se han nombrado en su honor.

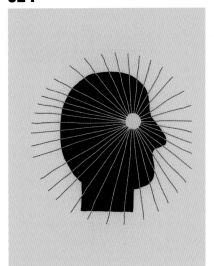

NINGUN OTRO RECONOCIMIENTO ES NECESARIO

DEMOSTRAR LA CONJETURA DE POINCARÉ

EN CONTEXTO

FIGURA CLAVE
Grigori Perelman (n. en 1966)

CAMPOS
Geometría, topología

ANTES
1904 Henri Poincaré plantea su conjetura sobre la equivalencia de las formas en el espacio 4D.

1934 El británico Henry Whitehead atrae el interés sobre la conjetura de Poincaré al publicar una prueba errónea.

1960 Stephen Smale demuestra la validez de la conjetura para cinco dimensiones o más.

1982 Michael Freedman demuestra la validez de la conjetura de Poincaré en cuatro dimensiones.

DESPUÉS
2010 Perelman rechaza el premio del Milenio Clay, cuyo millón de dólares se destina a la creación del Poincaré Chair para jóvenes matemáticos.

La **3-esfera** es una superficie esférica 3D que **existe en 4 dimensiones**.

Según Poincaré, toda **forma 3D** sin orificios puede **distorsionarse para formar la** 3-esfera.

Su conjetura puede **extenderse** a **cualquier número** de **dimensiones**.

La demostración de Perelman de la conjetura de Poincaré se confirmó en 2006.

En 2000, el Instituto Clay de Matemáticas de EE UU celebró el milenio ofreciendo un premio por siete problemas. Uno de ellos, la conjetura de Poincaré, que desafiaba a los matemáticos desde hacía casi un siglo, la resolvió en pocos años un matemático ruso poco conocido, Grigori Perelman. La conjetura de Poincaré, concebida por el matemático francés en 1904, afirma que «toda variedad simplemente conexa y cerrada es homeomórfica a la 3-esfera».

En topología, el campo que estudia las propiedades geométricas, la estructura y las relaciones espaciales entre formas, una esfera (un objeto 3D en geometría) es una variedad de dimensión 2 que existe en un espacio tridimensional. Una variedad de dimensión 3, como la 3-esfera, es un concepto puramente teórico: tiene una superficie tridimensional, y existe en un espacio de cuatro dimensiones. «Simplemente conexa» significa que la forma no tiene orificios, como el de una forma de rosquilla o aro (toro); y «cerrado», que la forma tiene límites, a diferencia de un plano infinito. Dos figuras se consideran homeomorfas si pueden distorsionarse o estirarse hasta adoptar una la forma de la otra. Que toda variedad

Una 3-esfera es el equivalente 3D de una superficie esférica, una superficie bidimensional o 2-esfera, como la bola de la imagen. Para apreciar la forma de la bola, hay que verla en el espacio 3D; ver una 3-esfera requiere un espacio 4D.

Grigori Perelman

Grigori Perelman nació en San Petersburgo (Rusia) en 1966. Le transmitió la pasión por las matemáticas su madre, profesora de la asignatura. Con 16 años ganó la medalla de oro de la Olimpiada Internacional de Matemática en Budapest, con una puntuación perfecta. Su carrera académica de éxito incluyó estancias en varios institutos de investigación en EE UU, donde resolvió un problema importante, la conjetura Soul, y conoció a Richard Hamilton, cuyo trabajo influyó en su demostración de la conjetura de Poincaré.

A Perelman no le ilusionó en absoluto la fama que le trajo su demostración, y rechazó los dos mayores reconocimientos que hay para un matemático: la medalla Fields, en 2006, y el premio del Instituto Clay (dotado con un millón de dólares), en 2010, que dijo merecía igualmente Hamilton.

Obras principales

2002 «The entropy formula for the Ricci flow and its geometric applications».
2003 «Finite extinction time for the solutions to the Ricci flow on certain 3-manifolds».

de dimensión 3 se pueda deformar hasta adoptar la forma de una esfera es una cuestión hipotética, pero, para Perelman, contiene la clave para comprender la forma del universo.

Dar con una demostración sólida

Al principio fue más sencillo sustanciar la conjetura para variedades de dimensiones cuarta, quinta y superiores que para las de tres dimensiones. En 1982, el matemático estadounidense Richard Hamilton intentó demostrar la conjetura usando el flujo de Ricci, proceso matemático que permite potencialmente distorsionar cualquier forma de cuatro dimensiones en versiones cada vez más lisas, hasta acabar en una 3-esfera. El flujo no daba cuenta, sin embargo, de las singularidades, deformidades tales como «puros» y «cuellos» infinitamente densos.

Perelman, quien aprendió mucho de Hamilton gracias a una beca de investigación de dos años en Berkeley a principios de la década de 1990, siguió estudiando el flujo de Ricci y su aplicación a la conjetura de Poincaré tras volver a Rusia. Superó magistralmente las limitaciones con las que había topado Hamilton, con una técnica llamada «cirugía», que elimi-

naba de hecho las singularidades, y con ello demostró la conjetura.

Sorpresa del mundo matemático

Perelman había alcanzado el éxito discretamente. De modo poco convencional, publicó su primer trabajo de 39 páginas sobre la cuestión en internet, enviando un resumen por correo electrónico a doce matemáticos en EE UU. Y publicó otras dos entregas un año después. Otros reconstruyeron sus resultados y los expusieron en *Asian Journal of Mathematics*; y la demostración fue aceptada por la comunidad matemática en 2006. Desde entonces, el estudio atento del trabajo de Perelman ha alimentado nuevos desarrollos de la topología, entre ellos, una versión más potente de la técnica de Hamilton y Perelman para remover las singularidades usando el flujo de Ricci. ▪

La demostración de Perelman resolvió un problema de más de un siglo, como un hueso indigerible en la topología.
Dana Mackenzie
Autor científico estadounidense

BIOGRAF

IAS

BHASKARA I
c. 600–c. 680

Poco se sabe de Bhaskara I, aunque pudo nacer en la región de Saurastra, en la costa noroccidental de India. Llegó a ser uno de los estudiosos más importantes de la escuela de astronomía fundada por Aryabhata (p. anterior), y escribió un comentario, *Aryabhatiyabhasya*, sobre el tratado anterior de Aryabhata *Aryabhatiya*. Bhaskara I fue el primero en escribir los números en el sistema decimal indoarábigo empleando un círculo para representar el cero. En 629 dio con una aproximación extraordinariamente precisa de la función seno.

Véase también: Trigonometría 70–75 ▪ El cero 88–91

IBN AL HAYTAM
c. 965–c. 1040

Conocido en Occidente como Alhacén, el matemático y astrónomo árabe Ibn al Haytam nació en Basora, en el actual Irak, y trabajó en la corte del califato fatimí de El Cairo. Fue un pionero del método científico que mantenía que las hipótesis no debían darse por válidas sin pasar la prueba de la experimentación. Entre otros logros, asentó en sus inicios el vínculo entre álgebra y geometría, desarrollando la obra de Euclides e intentando completar el octavo volumen perdido de *Las cónicas* de Apolonio de Perga.

Véase también: Los *Elementos* de Euclides 52–57 ▪ Secciones cónicas 68–69

BHASKARA II
1114–1185

Bhaskara II, uno de los más grandes matemáticos medievales indios, nació en Vijayapura (Karnataka), y se cree que dirigió el observatorio astronómico de Ujjain, en Madhya Pradesh. Introdujo algunos de los conceptos preliminares del cálculo; estableció que dividir por cero da como resultado el infinito; halló la solución de ecuaciones de segundo, tercer y cuarto grado (incluidas soluciones negativas e irracionales); y propuso modos de desentrañar las ecuaciones diofánticas de orden 2, que no serían resueltas en Europa hasta el siglo XVIII.

Véase también: Ecuaciones de segundo grado 28–31 ▪ Ecuaciones diofánticas 80–81 ▪ Ecuaciones de tercer grado 102–105

NASIR AL DIN AL TUSI
1201–1274

Nacido en Tus, el matemático persa Al Tusi dedicó su vida al estudio después de perder a su padre a una edad temprana. Se convirtió en uno de los grandes eruditos de su época, autor de descubrimientos importantes en matemáticas y astronomía. Asentó la trigonometría como disciplina, y en su introducción a la trigonometría, *Comentario al Almagesto*, describió métodos para calcular tablas de senos. Al Tusi fue hecho prisionero por los invasores mongoles en 1255, pero sus captores lo nombraron consejero, y posteriormente estableció un observatorio astronómico en la capital de los mongoles, Maraga, en el actual Irán.

Véase también: Trigonometría 70–75

KAMAL AL DIN AL FARISI
c. 1260–c. 1320

Al Farisi nació en Tabriz, Persia (actual Irán). Fue alumno del polímata Qutb al Din al Shirazi, alumno a su vez de Nasir al Din al Tusi (arriba), y, como ellos, miembro de la escuela de matemáticos y astrónomos de Maraga. Sus investigaciones en teoría de números incluyeron los números amigos y la factorización. También aplicó la teoría de las secciones cónicas (círculos, elipses, parábolas e hipérbolas) a la resolución de problemas ópticos, y explicó cómo los distintos colores del arco iris se debían a la refracción de la luz.

Véase también: Secciones cónicas 68–69 ▪ El teorema del binomio 100–101

NICOLE ORESME
c. 1320–1382

Oresme, nacido en Normandía (Francia), probablemente de familia campesina, estudió en el Colegio de Navarra, de patrocinio real para alumnos de origen humilde, y llegó a ser deán de la catedral de Ruán. Oresme creó un sistema de coordenadas con dos ejes para representar el cambio de una cualidad en relación con otra, como, por ejemplo, la temperatura en relación con la distancia. Trabajó sobre exponentes fraccionales y series infinitas, y fue el primero en demostrar la divergencia de la serie armónica, pero su demostración se perdió, y la teoría no se volvió a demostrar hasta el siglo XVII. También defendió la rotación de la Tierra en el espacio, frente a la postura eclesiástica, según la cual los cuerpos celestes giraban alrededor de la Tierra.

Véase también: Álgebra 92–99 ▪ Coordenadas 144–151 ▪ Cálculo 168–175

NICCOLÒ FONTANA (TARTAGLIA)
1499–1557

En su infancia, Niccolò Fontana fue atacado por soldados franceses invasores en Venecia, que le causaron graves heridas en la cara y un trastorno del lenguaje que dio pie a su sobrenombre, Tartaglia («tartaja»). Fundamentalmente autodidacta, diseñó fortificaciones como ingeniero. Tartaglia consideró que comprender la trayectoria de los proyectiles era fundamental para los diseños, lo cual le llevó a convertirse en pionero del estudio de la balística. Su obra matemática publicada incluye una fórmula para resolver ecuaciones de tercer grado, un tratado matemático enciclopédico –*Tratado general de números y de medidas*– y traducciones de Euclides y Arquímedes.

Véase también: Los sólidos platónicos 48–49 ▪ Trigonometría 70–75 ▪ Ecuaciones de tercer grado 102–105 ▪ El plano complejo 214–215

GEROLAMO CARDANO
1501–1576

Contemporáneo de Niccolò Fontana (Tartaglia), Cardano nació en Lombardía (Italia), y fue un destacado médico, astrónomo y biólogo, además de un matemático renombrado. Estudió en las universidades de Pavía y Padua, se doctoró en medicina, la cual ejerció hasta convertirse en profesor de matemáticas. Cardano publicó unas soluciones para ecuaciones de tercer y cuarto grado y reconoció la existencia de los números imaginarios (basados en la raíz cuadrada de –1). También se le atribuye el haber predicho la fecha exacta de su propia muerte.

Véase también: Álgebra 92–99 ▪ Ecuaciones de tercer grado 102–105 ▪ Números imaginarios y complejos 128–131

JOHN WALLIS
1616–1703

Wallis estudió medicina en la Universidad de Cambridge y fue ordenado sacerdote, pero conservó el interés por la aritmética que había cultivado como escolar en Kent. Partidario de la causa parlamentaria, Wallis descifró comunicaciones del bando realista durante la guerra civil inglesa. En 1644 fue nombrado profesor de geometría en la Universidad de Oxford, donde fue un defensor del álgebra aritmética. Entre sus aportaciones al avance del cálculo está la idea de la recta numérica, el símbolo del infinito y el desarrollo de la notación convencional para las potencias. Fue uno de los miembros del pequeño grupo de cuyas reuniones acabaría surgiendo la Royal Society de Londres en 1662.

Véase también: Secciones cónicas 68–69 ▪ Álgebra 92–99 ▪ El teorema del binomio 100–101 ▪ Cálculo 168–175

GUILLAUME DE L'HÔPITAL
1661–1704

Al parisino L'Hôpital le interesaron las matemáticas a temprana edad. Fue elegido miembro de la Academia de Ciencias de Francia en 1693, y tres años más tarde publicó el primer manual sobre cálculo infinitesimal, *Analyse des infiniment petits pour l'intelligence des lignes courbes (Análisis de lo infinitesimalmente pequeño para la comprensión de las líneas curvas)*. L'Hôpital fue un matemático consumado, pero muchas de sus ideas no fueron originales. En 1694, ofreció 300 libras anuales al matemático suizo Johann Bernoulli a cambio de información sobre sus últimos descubrimientos y de que no los compartiera con otros matemáticos, y L'Hôpital publicó

muchas de estas ideas en su obra sobre cálculo infinitesimal.

Véase también: Cálculo 168–175

JEAN LE ROND D'ALEMBERT
1717–1783

Hijo ilegítimo de una célebre dama parisina, D'Alembert fue criado por la esposa de un cristalero. Su padre le pagó sus estudios de derecho y medicina, y después se decidió por las matemáticas. En 1743, afirmó que la tercera ley del movimiento de Newton es tan válida para los cuerpos que se mueven libremente como para los cuerpos fijos (el principio de D'Alembert). También desarrolló las ecuaciones diferenciales parciales, explicó las variaciones de la órbita terrestre y las de otros planetas y estudió el cálculo integral. Al igual que otros filósofos ilustrados franceses, como Voltaire y Jean-Jacques Rousseau, D'Alembert creía en la supremacía de la razón humana sobre la religión.

Véase también: Cálculo 168–175 ▪ Las leyes del movimiento de Newton 182–183 ▪ La resolución algebraica de ecuaciones 200–201

MARIA GAETANA AGNESI
1718–1799

Nacida en Milán en la época del dominio de los Habsburgo austriacos, Agnesi fue una niña prodigio, y en la adolescencia instruyó a amigos de su padre en temas científicos muy diversos. En 1748, Agnesi fue la primera mujer que escribió un manual de matemáticas, los dos volúmenes de *Instituzioni analitiche (Instituciones analíticas)*, que abarcan el álgebra, la trigonometría y el cálculo. Dos años más tarde, en reconocimiento de sus logros, el papa Benedicto XIV le concedió la cátedra de matemáticas y filosofía natural de la Universidad de Bolonia, siendo la primera mujer profesora universitaria de matemáticas. La ecuación que describe una curva acampanada particular, la curva (o bruja) de Agnesi, fue nombrada en su honor, aunque lo de «bruja» se debe a un error de traducción de *versiera*, «curva» en italiano, por *avversiera*, «bruja» o «diablesa».

Véase también: Trigonometría 70–75 ▪ Álgebra 92–99 ▪ Cálculo 168–175

JOHANN HEINRICH LAMBERT
1728–1777

Lambert fue un polímata suizo-alemán, nacido en Mulhouse (actualmente en Francia), y que aprendió por su cuenta matemáticas, filosofía e idiomas asiáticos. Trabajó como tutor antes de ingresar en la Academia de Múnich en 1759, y en la de Berlín cinco años más tarde. Entre sus logros matemáticos se cuentan la demostración rigurosa de que pi es un número irracional y la introducción de las funciones hiperbólicas en la trigonometría. Produjo teoremas sobre secciones cónicas, simplificó el cálculo de las órbitas de los cometas y creó varias proyecciones cartográficas nuevas. Lambert inventó también el primer higrómetro funcional, usado para medir la humedad del aire.

Véase también: Cálculo de pi 60–65 ▪ Secciones cónicas 68–69 ▪ Trigonometría 70–75

GASPARD MONGE
1746–1818

Hijo de un comerciante, a sus 17 años, Monge ya estaba enseñando física en Lyon (Francia). Luego trabajó como dibujante en la École Royale de Mézières, y en 1780 ingresó en la Academia de las Ciencias. Monge se mostró activo en la vida pública, defendiendo los ideales de la Revolución francesa. Fue nombrado ministro de la Marina en 1792, y trabajó también en la reforma del sistema educativo francés, contribuyendo a la fundación de la École Polytechnique en París en 1794, y a la del sistema métrico de medidas en 1795. Descrito como el padre del dibujo en ingeniería, Monge inventó la geometría descriptiva, base matemática del dibujo técnico y la proyección ortogonal.

Véase también: Decimales 132–137 ▪ Geometría proyectiva 154–155 ▪ El triángulo de Pascal 156–161

ADRIEN-MARIE LEGENDRE
1752–1833

Legendre enseñó física y matemáticas en la Escuela Militar de Francia entre 1775 y 1780. Durante este periodo trabajó también en el Estudio Anglofrancés, en el que calculó la distancia entre el Observatorio de París y el Real Observatorio de Greenwich en Londres. Durante la Revolución francesa, Legendre perdió su fortuna personal, pero en 1794 publicó *Eléments de géométrie (Elementos de geometría)*, libro de texto clave durante el siglo siguiente, y fue luego nombrado examinador de la École Polytechnique. En la teoría de números, conjeturó la ley de reciprocidad cuadrática y el teorema de los números primos. También creó el método de mínimos cuadrados para estimar una cantidad considerando errores de medición, y dio nombre a formas de integrales elípticas como la transformada y los polinomios de Legendre.

Véase también: Cálculo 168–175 ▪ El teorema fundamental del álgebra 204–209 ▪ Funciones elípticas 226–227

SOPHIE GERMAIN
1776–1831

A los 13 años de edad, durante el caos de la Revolución francesa, Sophie Germain quedó confinada en la casa de su acomodado padre en París, y comenzó a estudiar los libros de matemáticas en su biblioteca. Como mujer, no podía optar a estudiar en la École Polytechnique, pero consiguió apuntes de las clases, y mantuvo correspondencia con el matemático Joseph-Louis Lagrange. En su obra sobre teoría de números, Germain se carteó también con Adrien-Marie Legendre (arriba) y Carl Gauss, y sus ideas sobre el último teorema de Fermat ayudaron a Legendre a demostrarlo para $n = 2$. En 1816, Sophie fue la primera mujer galardonada con un premio por la Academia de las Ciencias de Francia, por un trabajo sobre la elasticidad de láminas metálicas.

Véase también: El teorema fundamental del álgebra 204–209 ▪ La demostración del último teorema de Fermat 320–323

NIELS HENRIK ABEL
1802–1829

El matemático noruego Niels Abel murió trágicamente joven. Tras licenciarse en la Universidad de Christiania (actual Oslo) en 1822, viajó extensamente por Europa, visitando a matemáticos destacados. Volvió a Noruega en 1828, y murió de tuberculosis al año siguiente, a los 26 años, unos días antes de que llegara una carta ofreciéndole una cátedra matemática prestigiosa en la Universidad de Berlín. La aportación matemática más importante de Abel fue demostrar que no existe una fórmula algebraica general para resolver todas las ecuaciones de quinto grado. Para su demostración, inventó un tipo de la teoría de grupos en el que es inmaterial el orden de los elementos de un grupo, hoy conocido como grupo abeliano. El premio Abel de matemáticas, de carácter anual, se creó en su honor.

Véase también: El teorema fundamental del álgebra 204–209 ▪ Funciones elípticas 226–227 ▪ Teoría de grupos 230–233

JOSEPH LIOUVILLE
1809–1882

Nacido en el norte de Francia, Liouville se licenció en 1827 en la École Polytechnique de París, donde ocupó un puesto docente en 1838. Su obra académica abarcó la teoría de números, la geometría diferencial, la física matemática y la astronomía, y en 1844 fue el primero en demostrar la existencia de los números trascendentes. Liouville escribió más de 400 trabajos, y en 1836 fundó *Journal de Mathématiques Pures et Appliquées*, la segunda revista matemática más antigua del mundo, que aún hoy se publica mensualmente.

Véase también: Cálculo 168–175 ▪ El teorema fundamental del álgebra 204–209 ▪ Geometrías no euclidianas 228–229

KARL WEIERSTRASS
1815–1897

Nacido en Westfalia (Alemania), Weierstrass se interesó por las matemáticas a una edad temprana. Sus padres querían que trabajara en la administración, y le enviaron a la universidad a estudiar derecho y economía, pero la dejó sin licenciarse. Se formó como profesor, y acabó siendo profesor de matemáticas en la Universidad Humboldt de Berlín. Weierstrass fue un pionero del desarrollo del análisis matemático y la teoría de las funciones moderna, y fue un reformador riguroso del cálculo. Maestro influyente, entre sus alumnos estuvo la joven emigrada rusa y matemática pionera Sofia Kovalévskaya (p. siguiente).

Véase también: Cálculo 168–175 ▪ El teorema fundamental del álgebra 204–209

FLORENCE NIGHTINGALE
1820–1910

Bautizada con el nombre de su lugar de nacimiento en Italia, Florence Nightingale fue una reformadora social británica y pionera de la enfermería moderna social que basó gran parte de su trabajo en el uso de la estadística. En 1854, tras el estallido de la Guerra de Crimea, Nightingale fue a trabajar con los soldados heridos del hospital del cuartel británico en Scutari (en la actual Turquía), donde su campaña incansable por mejorar la higiene la valió el apelativo «la señora de la lámpara». De regreso en Gran Bretaña, fue una innovadora del uso de gráficos para plantear datos estadísticos. Desarrolló el gráfico Coxcomb, variación del gráfico circular que emplea segmentos de círculo de distinto tamaño para expresar variaciones en los datos, tales como las causas de mortalidad entre los soldados. Su actividad contribuyó a establecer una Real Comisión sanitaria del ejército en 1856. En 1907, Florence fue la primera mujer condecorada con la Orden del Mérito, el máximo honor civil del Reino Unido.

Véase también: El nacimiento de la estadística moderna 268–271

ARTHUR CAYLEY
1821–1895

Arthur Cayley nació en Richmond (Reino Unido), y fue probablemente el matemático puro más destacado de Gran Bretaña en el siglo XIX. Tras licenciarse en el Trinity College de Cambridge, emprendió una carrera como abogado de transmisiones de propiedad, oficio lucrativo que abandonó en 1860 para ser profesor de matemáticas puras en Cambridge, con un salario mucho más modesto. Cayley fue un pionero de la teoría de grupos y del álgebra de matrices, creó teorías sobre singularidades e invariantes, trabajó en la geometría de altas dimensiones y extendió los cuaterniones de William Hamilton para crear los octoniones.

Véase también: Geometrías no euclidianas 228–229 ▪ Teoría de grupos 230–233 ▪ Cuaterniones 234–235 ▪ Matrices 238–241

RICHARD DEDEKIND
1831–1916

Dedekind fue uno de los alumnos de Carl Gauss en la Universidad de Gotinga (Alemania). Tras licenciarse, trabajó como profesor sin salario antes de enseñar en la Politécnica de Zúrich, en Suiza. Al volver a Alemania en 1862 comenzó a trabajar en la Universidad Técnica de Brunswick, donde permaneció el resto de su vida laboral. Propuso el corte de Dedekind, hoy una definición estándar de los números reales, y definió conceptos de teoría de conjuntos, como el de los conjuntos infinitos.

Véase también: El teorema fundamental del álgebra 204–209 ▪ Teoría de grupos 230–233 ▪ Álgebra de Boole 242–247

MARY EVEREST BOOLE
1832–1916

El amor a las matemáticas de Mary Everest comenzó a temprana edad, cuando estudió los libros del despacho de su padre clérigo, entre cuyos amigos se contaba el polímata Charles Babbage, el inventor de la máquina diferencial. A los 18 años, Mary conoció al renombrado matemático George Boole (quien, como ella, era autodidacta) en Irlanda. Se casaron cinco años después, pero George murió poco después del nacimiento de su quinta hija. En 1864, con cinco niñas que criar y ningún apoyo económico, Mary volvió a Londres, donde trabajó como bibliotecaria en el colegio femenino Queen's College, y gozó luego de una gran reputación como eminente maestra infantil. También escribió libros para hacer más accesibles las matemáticas a los alumnos jóvenes, entre ellos, *Philosophy and fun of algebra* (1909).

Véase también: Álgebra 92–99 ▪ El teorema fundamental del álgebra 204–209

GOTTLOB FREGE
1848–1925

Hijo del director de una escuela femenina en Wismar, en el norte de Alemania, Gottlob Frege estudió matemáticas, física, química y filosofía en las universidades de Jena y Gotinga, y luego pasó su carrera profesional enseñando matemáticas en Jena. Enseñó todas las áreas matemáticas, especializándose en cálculo, pero escribió principalmente sobre la filosofía de las matemáticas, combinando ambas disciplinas para inventar casi en solitario la lógica matemática moderna. En una ocasión, Frege comentó: «Todo buen matemático es al menos medio filósofo, y todo buen filósofo, al menos medio matemático». Frege trataba muy poco con sus alumnos y colegas de profesión, y generalmente obtuvo poco reconocimiento en vida, aunque tuvo gran influencia en la obra de Bertrand Russell, Ludwig Wittgenstein y otros lógicos matemáticos.

Véase también: La lógica de las matemáticas 272–273 ▪ Lógica difusa 300–301

SOFIA KOVALÉVSKAYA
1850–1891

La moscovita Sofia Kovalévskaya fue la primer mujer doctor en matemáticas en Europa, la primera en formar parte del consejo de redacción de una revista científica y la primera en ocupar una plaza como profesora universitaria de matemáticas. Todo ello lo consiguió pese a tener vedada una educación universitaria en su Rusia natal, por ser mujer. A los 17 años de edad, Sofia escapó con el paleontólogo Vladímir Kovalevski a Alemania, donde estudió en la Universidad de Heidelberg y, luego, en la de Berlín, donde fue alumna del matemático alemán Karl Weierstrass (p. anterior). Obtuvo el doctorado por tres trabajos, el más importante de ellos sobre ecuaciones diferenciales parciales. Kovalévskaya fue catedrática de matemáticas en la Universidad de Estocolmo, donde murió de gripe a los 41 años.

Véase también: Cálculo 168–175 ▪ Las leyes del movimiento de Newton 182–183

GIUSEPPE PEANO
1858–1932

Criado en una granja en el Piamonte, en el norte de Italia, Peano estudió en la Universidad de Turín, donde se doctoró en matemáticas en 1880, y casi de inmediato empezó a enseñar cálculo infinitesimal, hasta ocupar la cátedra en 1889. El primer manual de Peano, sobre cálculo, se publicó en 1884, y en 1891 comenzó a trabajar sobre la obra en cinco volúmenes *Formulario mathematico*, que contenía los teoremas fundamentales de las matemáticas en un lenguaje simbólico desarrollado en gran parte por el propio Peano. Muchos de estos símbolos y abreviaturas se emplean aún en la actualidad. Creó axiomas para los números naturales (axiomas de Peano), desarrolló la lógica natural y la notación de la teoría de conjuntos y contribuyó al método moderno de inducción matemática, usado como técnica para demostraciones.

Véase también: Cálculo 168–175 ▪ Geometrías no euclidianas 228–229 ▪ La lógica de las matemáticas 272–273

HELGE VON KOCH
1870–1924

Nacido en Estocolmo (Suecia), Von Koch estudió en las universidades de Estocolmo y Uppsala, en la primera de las cuales fue más adelante profesor de matemáticas. Se le conoce principalmente por el copo de nieve de Koch, el fractal que describió en un trabajo de 1906, construido a partir de un triángulo equilátero en el que el tercio central de cada lado es la base de otro triángulo equilátero, en un proceso que continúa indefinidamente. Si todos los triángulos se orientan hacia afuera, la curva resultante toma la forma de un copo de nieve.

Véase también: Fractales 306–311

ALBERT EINSTEIN
1879–1955

El físico y matemático de talento excepcional Albert Einstein nació en Alemania, emigró con su familia a Italia a temprana edad y estudió en Suiza. En 1905 obtuvo el doctorado por la Universidad de Zúrich, y publicó trabajos innovadores sobre el movimiento browniano, el efecto fotoeléctrico, la relatividad general y especial y la equivalencia de materia y energía. En 1921 fue galardonado con el premio Nobel por sus aportaciones a la física, y en los años siguientes contribuyó al desarrollo de la mecánica cuántica. Por su origen judío, Einstein no volvió a Alemania tras la llegada al poder de Hitler en 1933, y se instaló en EE UU, país del que obtuvo la ciudadanía en 1940.

Véase también: Las leyes del movimiento de Newton 182–183 ▪ Geometrías no euclidianas 228–229 ▪ Topología 256–259 ▪ Espacio de Minkowski 274–275

L. E. J. BROUWER
1881–1966

Luitzen Egbertus Jan Brouwer (conocido como «Bertus» entre sus amigos) nació en Overschie (Países Bajos). Se licenció en matemáticas en 1904 por la Universidad de Ámsterdam, de la que fue profesor desde 1909 hasta 1951. Brouwer criticó los fundamentos lógicos de las matemáticas defendidos por David Hilbert y Bertrand Russell, y contribuyó a fundar el intuicionismo matemático, basado en la noción de unas matemáticas gobernadas por leyes evidentes por sí mismas. También transformó el estudio de la topología, al asociarla con estructuras algebraicas en su teorema del punto fijo.

Véase también: Topología 256–259 ▪ Veintitrés problemas para el siglo xx 266–267 ▪ La lógica de las matemáticas 272–273

EUPHEMIA LOFTON HAYNES
1890–1980

Nacida en Washington D. C., Lofton Haynes fue la primera mujer afroamericana doctora en matemáticas. Después de licenciarse en matemáticas por el Smith College de Massachusetts en 1914, emprendió una carrera en la enseñanza, y en 1930 estableció el departamento de matemáticas del Miner Teachers College, integrado más adelante en la Universidad del Distrito de Columbia. Obtuvo el doctorado por la Universidad Católica de Amé-

rica en 1943, por una disertación sobre la teoría de conjuntos. En 1959, Lofton Haynes recibió una medalla pontificia por sus aportaciones a la educación y al activismo comunitario, y en 1966 fue la primera mujer presidente del Consejo Educativo Estatal del distrito de Columbia.

Véase también: La lógica de las matemáticas 272–273

MARY CARTWRIGHT
1900–1998

Hija de un vicario rural inglés, Cartwright fue uno de los primeros matemáticos en investigar lo que posteriormente se conocería como teoría del caos. Se licenció en matemáticas por la Universidad de Oxford en 1923, y siete años más tarde examinó su tesis doctoral el matemático John E. Littlewood, con quien mantuvo una larga colaboración académica, sobre todo en las áreas de funciones y ecuaciones diferenciales. En 1947, Cartwright fue la primera mujer matemática elegida miembro de la Royal Society. También mantuvo una larga vinculación profesional con el Girton College de Cambridge entre 1930 y 1968, periodo en el que enseñó, investigó y fue su directora.

Véase también: El efecto mariposa 294–299

JOHN VON NEUMANN
1903–1957

Hijo de padres judíos acomodados de Budapest (Hungría), Von Neumann fue un niño prodigio, capaz de dividir mentalmente números de ocho dígitos a los seis años de edad. Comenzó a publicar trabajos matemáticos importantes antes de los veinte, y ejerció la docencia en matemáticas en la Universidad de Berlín a los 24. En 1933 se mudó a EE UU para ocupar un puesto en el Institute of Advanced Study, en Princeton (Nueva Jersey), y obtuvo la ciudadanía estadounidense en 1937. A lo largo de una vida de estudio de las matemáticas, Von Neumann contribuyó a prácticamente todas las áreas de la disciplina. Fue un pionero de la teoría de juegos, sobre la base de los juegos de dos personas y suma cero, en los que una parte pierde lo que gana la otra. La teoría iluminó deter-

minados aspectos de sistemas cotidianos complejos, como la economía, la computación y el ámbito militar. También creó un modelo de diseño para la arquitectura informática moderna, y trabajó en la física cuántica y nuclear, participando en la creación de la bomba atómica durante la Segunda Guerra Mundial.

Véase también: La lógica de las matemáticas 272–273 ▪ La máquina de Turing 284–289

GRACE HOPPER
1906–1992

Nacida en la ciudad de Nueva York, Hopper (nombre de soltera Grace Murray) fue una programadora informática pionera. Tras doctorarse por la Universidad de Yale en 1934, trabajó como profesora hasta el estallido de la Segunda Guerra Mundial. Al ver rechazada su solicitud para alistarse en la Marina de EE UU, ingresó en la Reserva Naval, donde inició su transición a la informática. Acabada la guerra, empleada como matemática sénior de una empresa informática, desarrolló el lenguaje COBOL (siglas en inglés de Lenguaje Común Orientado a los Negocios), el lenguaje de programación más ampliamente utilizado. Hopper se retiró de la Reserva Naval en 1966, pero fue reclamada para el servicio activo al año siguiente, y no se retiró hasta 1986, año en que tenía el rango de contralmirante. Acuñó el término *bug* («bicho») aplicado a fallos informáticos, tras colarse una polilla en los circuitos en los que estaba trabajando.

Véase también: La computadora mecánica 222–225 ▪ La máquina de Turing 284–289

MARJORIE LEE BROWNE
1914–1979

Marjorie Lee Browne, la tercera mujer afroamericana en doctorarse en matemáticas, nació en Tennessee en una época en que era difícil para las mujeres de color tener una carrera académica. Con el apoyo de su padre, empleado ferroviario, se licenció en la Universidad Howard de Washington D. C. en 1935, y, tras un tiempo enseñando en Nueva Orleans, continuó sus estudios en la Universidad de Míchigan, donde obtuvo el doctorado en 1949. Dos años más tarde, ocupó la cátedra del departamento de matemáticas de la Universidad Central de Carolina del Norte. Browne gozó de una reputación excelente como docente e investigadora, sobre todo en el ámbito de la topología.

Véase también: Topología 256–259

JOAN CLARKE
1917–1996

La londinense Joan Clarke obtuvo honores de primera clase en matemáticas en la Universidad de Cambridge en la víspera de la Segunda Guerra Mundial, pero no se le concedió la licenciatura, por ser mujer. Sin embargo, se le reconoció su excelencia matemática, y fue reclutada para el proyecto de Bletchley Park para descifrar el código Enigma alemán. Fue uno de los criptoanalistas más destacados en Bletchley, trabajando estrechamente con Alan Turing, con quien estuvo prometida brevemente. Aunque hacían el mismo trabajo que sus colegas masculinos, Clarke y las demás mujeres en Bletchley cobraban menos. La operación fue un gran éxito, pues acortó la duración de la guerra y salvó incontables vidas. Después de la guerra, Clarke trabajó en el centro de inteligencia estatal GCHQ. Debido al carácter secreto del trabajo de Clarke, no se conoce el pleno alcance de sus logros.

Véase también: La máquina de Turing 284–289 ▪ Criptografía 314–317

KATHERINE JOHNSON
1918–2020

Katherine Johnson fue una niña prodigio matemática, y más adelante una pionera de la computación y del programa espacial estadounidense. Sus cálculos de trayectorias de vuelo fueron decisivos para que Alan Shepard fuese el primer estadounidense en el espacio (1961), John Glenn el primer estadounidense en orbitar la Tierra (1962), el alunizaje del Apolo 11 (1969) y el lanzamiento del primer transbordador espacial (1981). Johnson se licenció en 1937 en el West Virginia State College, y estuvo entre los primeros alumnos afroamericanos en un programa de graduación en la Universidad de Virginia Occidental. Tra-

bajó para el Comité Asesor Nacional para la Aeronáutica desde 1953, como parte de un grupo de mujeres matemáticas afroamericanas denominado West Area Computers, que inspiró la película *Figuras ocultas* (*Hidden figures*, 2016). Johnson trabajó luego para la NASA desde 1958 como parte del Space Task Group. En 2015, el presidente Obama concedió a Johnson la medalla presidencial de la libertad.

Véase también: Cálculo 168–175 ▪ Las leyes del movimiento de Newton 182–183 ▪ Geometrías no euclidianas 228–229

JULIA BOWMAN ROBINSON
1919–1985

Nacida en Saint Louis (Misuri, EE UU), Julia Bowman se doctoró en matemáticas por la Universidad de California en Berkeley, en 1948. En 1951 desarrolló un teorema fundamental de la teoría de juegos (*véase* John von Neumann, p. anterior), pero es conocida sobre todo por su trabajo para resolver el décimo de una lista de 23 problemas matemáticos planteados en 1900 por David Hilbert: el de si existe un algoritmo que pueda proporcionar la solución a cualquier ecuación diofántica (cuyas soluciones son números enteros). Robinson, junto con otros matemáticos, como Yuri Matiyasévich (p. siguiente), demostró que no podía existir tal algoritmo. Fue nombrada profesora en Berkeley en 1975, y en 1976 fue la primera mujer elegida como miembro de la Academia Nacional de Ciencias de EE UU.

Véase también: Ecuaciones diofánticas 80–81 ▪ Veintitrés problemas para el siglo xx 266–267

MARY JACKSON
1921–2005

La ingeniera espacial Mary Jackson trabajó en el programa espacial estadounidense, e hizo campaña por la mejora de las oportunidades para mujeres y afroamericanos en la ingeniería. Tras licenciarse en matemáticas y física en la Universidad de Hampton, en Virginia, Jackson dio clase un tiempo, hasta empezar a trabajar en 1951 para la unidad West Area Computers del Comité Asesor Nacional para la Aeronáutica (NACA), compuesta por matemáti-

cas afroamericanas, entre ellas, Katherine Johnson (izda.). Entre 1958 –año en que Jackson fue la primera ingeniera negra de la NASA– y 1963, trabajó en el proyecto Mercury, el programa que llevó a los primeros estadounidenses al espacio.

Véase también: Cálculo 168–175 ▪ Las leyes del movimiento de Newton 182–183 ▪ Geometrías no euclidianas 228–229

ALEXANDER GROTHENDIECK
1928–2014

En opinión de muchos, Grothendieck fue el mayor matemático puro de la segunda mitad del siglo xx, y fue anticonvencional en todo. Nacido en Alemania de padres anarquistas, cuando Alexander tenía diez años, huyendo del régimen nazi, la familia se refugió en Francia, donde pasó la mayor parte de su vida. Su cuantiosa obra, en gran parte inédita, incluyó avances revolucionarios en la geometría algebraica y la creación de la teoría de esquemas, así como aportaciones a la topología algebraica, la teoría de números y la teoría de categorías. Entre otras actividades políticas radicales, Grothendieck pronunció conferencias matemáticas en las afueras de Hanói, mientras la ciudad era bombardeada durante la guerra de Vietnam.

Véase también: Geometrías no euclidianas 228–229 ▪ Topología 256–259

JOHN NASH
1928–2015

El matemático estadounidense John Nash es conocido sobre todo por establecer los principios matemáticos de la teoría de juegos (*véase* John von Neumann, p. anterior). Tras licenciarse en la Universidad Carnegie Mellon, en 1948, y obtener el doctorado de la Universidad de Princeton en 1950, trabajó en el Instituto Tecnológico de Massachusetts (MIT), donde estudió las ecuaciones diferenciales parciales e inició el trabajo sobre teoría de juegos por el que sería galardonado con el Nobel de Economía en 1994. Durante gran parte de su vida, Nash tuvo que luchar contra la esquizofrenia paranoide, como refleja la película *Una mente maravillosa* (2001).

Véase también: Cálculo 168–175 ▪ La lógica de las matemáticas 272–273

PAUL COHEN
1934–2007

Paul Cohen nació en Nueva Jersey. En 1966 fue premiado con la medalla Fields (equivalente matemático del Nobel) por resolver el primero de los 23 problemas pendientes de David Hilbert: que no existe conjunto cuyo número de elementos esté entre el de los racionales y el de los reales. Cohen se licenció y obtuvo el doctorado en 1958 por la Universidad de Chicago, trabajando posteriormente en el Instituto Tecnológico de Massachusetts (MIT), la Universidad de Princeton y, finalmente, la Universidad de Stanford, de la que fue nombrado profesor emérito en 2004.

Véase también: Veintitrés problemas para el siglo xx 266–267

CHRISTINE DARDEN
n. en 1942

Junto con Katherine Johnson y Mary Jackson (p. anterior), Christine Darden es una de las mujeres afroamericanas cuyo trabajo matemático fue fundamental para los programas espaciales de la NASA. Después de licenciarse en la Universidad de Hampton, Darden impartió clases en la Universidad Estatal de Virginia hasta pasar en 1967 al centro de investigación de Langley de la NASA, donde adquirió prestigio como ingeniera aeronáutica especializada en vuelo supersónico. En 1989, Darden fue puesta al frente del Sonic Boom Team, para crear diseños que redujeran la contaminación acústica y otros efectos negativos de los vuelos supersónicos.

Véase también: Cálculo 168–175 ▪ Las leyes del movimiento de Newton 182–183 ▪ Geometrías no euclidianas 228–229

KAREN KESKULLA UHLENBECK
n. en 1942

En 2019, Uhlenbeck fue la primera mujer en recibir el premio Abel de matemáticas. Nacida en Cleveland (Ohio) en 1942, se doctoró en matemáticas por la Universidad de Brandeis, en Waltham (Massachusetts) en 1968, y más adelante fue

responsable de avances importantes en física matemática, análisis geométrico y topología. Defensora de la igualdad de género en la ciencia y las matemáticas, en 1990 fue la primera mujer desde Emmy Noether en ofrecer una conferencia plenaria en el Congreso Internacional de Matemáticas. En 1994, fundó el programa Mujeres y Matemáticas en el Institute of Advanced Study, en Princeton (Nueva Jersey).

Véase también: Topología 256–259

EVELYN NELSON
1943–1987

El premio Krieger-Nelson, otorgado por la Canadian Mathematical Society por investigaciones destacadas de mujeres matemáticas, fue así llamado en honor de Evelyn Nelson y su compatriota Cecilia Krieger. Nelson inició una carrera docente e investigadora en la Universidad McMaster después de doctorarse en la misma en 1970. Publicó más de 40 trabajos de investigación durante una carrera de 20 años, interrumpida por el cáncer. Sus principales aportaciones se dieron en el álgebra universal (el estudio de las teorías algebraicas y sus modelos) y la lógica algebraica, aplicados al campo de la informática.

Véase también: El teorema fundamental del álgebra 204–209 ▪ La lógica de las matemáticas 272–273

YURI MATIYASÉVICH
n. en 1947

Mientras estudiaba para el doctorado en el Instituto Steklov de Matemáticas de Leningrado (actual San Petersburgo), a Matiyasévich le fascinó el reto de resolver el décimo problema de David Hilbert. Cuando estaba a punto de desistir, entrevió la solución al leer «Unsolvable diophantine problems» (1969), de la matemática estadounidense Julia B. Robinson (p. anterior). En 1970, Matiyasévich ofreció la demostración final de la irresolubilidad del décimo problema, al no haber método general para determinar si las ecuaciones diofánticas tienen solución. En 1995 fue nombrado catedrático de la Universidad de San Petersburgo de inge-

niería de *software* y, después, de álgebra y teoría de números.

Véase también: Ecuaciones diofánticas 80–81 ▪ Veintitrés problemas para el siglo xx 266–267

RADIA PERLMAN
n. en 1951

Nacida en Portsmouth (Virginia), a Perlman se la ha llamado «madre de internet». Como alumna del Instituto Tecnológico de Massachusetts (MIT), trabajó en un programa de introducción a la programación informática para niños desde los tres años. Después de licenciarse con una maestría en matemáticas en 1976, Perlman trabajó para una empresa de *software* contratista del gobierno. En 1984, mientras trabajaba para la Digital Equipment Corporation (DEC), inventó el protocolo STP, que garantiza que haya un solo enlace activo entre dos dispositivos de una red; más adelante, este sería crucial para el desarrollo de internet. Perlman ha enseñado en el MIT, la Universidad de Washington y la Universidad de Harvard, y continúa trabajando en protocolos de redes informáticas y de seguridad.

Véase también: La computadora mecánica 222–225 ▪ La máquina de Turing 284–289

MARYAM MIRZAJANI
1977–2017

A sus 17 años, Mirzajani fue la primera mujer iraní en ganar la medalla de oro de la Olimpiada Internacional de Matemática. Se licenció en la Universidad Tecnológica de Sharif, en Teherán, y obtuvo el doctorado por la Universidad de Harvard en 2004, asumiendo una cátedra en la de Princeton. Diez años más tarde, Mirzajani fue tanto la primera mujer como la primera iraní en recibir la medalla Fields, por su aportación al estudio de las superficies de Riemann. Trabajaba en la Universidad de Stanford cuando murió a causa de un cáncer de mama, a los 40 años.

Véase también: Geometrías no euclidianas 228–229 ▪ La hipótesis de Riemann 250–251 ▪ Topología 256–259

GLOSARIO

En este glosario, los términos definidos en otra entrada se identifican en *cursiva*.

álgebra Rama de las matemáticas que emplea letras para representar números desconocidos o *variables* en los cálculos.

álgebra abstracta Rama del *álgebra* desarrollada sobre todo en el siglo xx y que estudia estructuras matemáticas abstractas, como *grupos* y *anillos*.

algoritmo Secuencia definida de instrucciones, o reglas, matemáticas o lógicas, para resolver problemas de una determinada clase. Los algoritmos son muy utilizados en matemáticas e informática para calcular, organizar datos y una multitud de otras tareas.

análisis Rama matemática que estudia los *límites* y maneja cantidades infinitamente pequeñas o grandes, sobre todo para resolver problemas de *cálculo*.

anillo Estructura matemática semejante al *grupo*, salvo que incluye dos *operaciones* en vez de una. Por ejemplo, el *conjunto* de todos los números *enteros* forma un anillo cuando se considera con las operaciones de suma y multiplicación, ya que dichas operaciones sobre los elementos del conjunto producen resultados también pertenecientes al conjunto.

arco Línea curva que forma parte de la *circunferencia*.

área Cantidad de espacio dentro de cualquier forma 2D (plana). Se mide en unidades cuadradas, como el centímetro cuadrado (cm^2).

área superficial *Área* de todas las superficies de un objeto, ya sea plano, curvo o 3D.

aritmética modular Aritmética en la que después de contar hasta cierto punto se llega al cero y se repite el proceso; también llamada aritmética del reloj.

axioma Regla, sobre todo aquella fundamental para un área de las matemáticas.

base (1) Número en función del cual se organiza el sistema en un *sistema numérico*. El principal sistema numérico usado hoy día es el de base 10, o decimal, que emplea los numerales del 0 al 9, escribiéndose el siguiente número como 10 para indicar una decena y ninguna unidad. Véase también *sistema de valor posicional*. (2) En logaritmos, se emplea una base fija (por lo general 10 o el número de Euler, e); el logaritmo de un número dado x es la *potencia* a la que hay que elevar dicha base para obtener x.

binomio *Expresión* consistente en dos *términos* sumados, como $x + y$. Cuando una expresión binomial se eleva a una *potencia*, por ejemplo $(x + y)^3$, multiplicarlo por sí mismo da (en este caso) $x^3 + 3x^2y + 3xy^2 + y^3$. El proceso se denomina expansión binomial, y los números que multiplican los términos (3 en este caso) son los *coeficientes* binomiales. El teorema del binomio es una regla para hallar coeficientes binomiales en casos complejos. Véase también *polinomio*.

cálculo Rama matemática que se ocupa de cantidades en continuo cambio. Incluye el cálculo diferencial, para el cambio de *funciones* continuas, y el cálculo integral, para *volúmenes* y *áreas* bajo curvas o superficies curvas.

cálculo infinitesimal Término equivalente a *cálculo*, empleado más habitualmente en el pasado, cuando por cálculo se entendía la suma de infinitesimales (cantidades infinitamente pequeñas, pero distintas de cero).

cifrado Método sistemático para codificar mensajes de modo que no puedan comprenderse sin antes descifrarlos. Véase también *encriptado*.

cilindro Forma 3D como la de una lata, con dos extremos circulares idénticos unidos por una superficie curva.

círculo Área o superficie plana que está contenida dentro de una *circunferencia*.

circunferencia Línea curva y cerrada cuyos puntos están todos a la misma distancia de un centro.

cociente Resultado obtenido al dividir un número por otro.

coeficiente Un número o *expresión*, por lo general una *constante*, que, colocado antes de otro número (en particular una *variable*), lo multiplica. Por ejemplo, en las expresiones ax^2 y $3x$, a y 3 son coeficientes.

coincidente En *geometría*, son coincidentes dos o más líneas o figuras que superpuestas comparten todos los puntos y ocupan exactamente el mismo espacio.

combinatoria Rama matemática que estudia los modos en que se pueden combinar conjuntos de números, formas y otros objetos matemáticos.

congruente De igual tamaño y forma. (Utilizado al comparar figuras geométricas.)

conjetura Enunciado matemático cuya validez o falsedad no se ha demostrado todavía. Un par de conjeturas relacionadas pueden ser una fuerte y otra débil: si se demuestra la primera, queda demostrada la segunda, pero no a la inversa.

conjunto Colección de números o estructuras matemáticas basadas en números. Los conjuntos pueden ser finitos o *infinitos* (como, por ejemplo, el conjunto de todos los *enteros*).

cono Forma 3D de base circular que se estrecha hacia arriba hasta un punto (ápice).

constante Cantidad que no varía en una *expresión* matemática, con frecuencia simbolizada por una letra latina o griega, como e (número de Euler) o π (*pi*).

convergencia Propiedad de algunas *series* matemáticas infinitas en las que no solo cada *término* es menor que el anterior, sino que, además, los términos sumados se aproximan a un resultado finito. El valor de números como *pi* se puede estimar usando series convergentes.

coordenadas Combinaciones de números que describen la posición de un punto, línea o forma en una *gráfica*, o posición geográfica en un mapa. En contextos matemáticos, se escriben «(x, y)» (para un caso 2D), donde x es la posición horizontal, e y, la vertical.

coseno (abreviatura **cos**) En *trigonometría*, *función* similar al *seno*, salvo que se define como la razón entre la longitud del cateto adyacente a un ángulo dado y la de la *hipotenusa* en un triángulo rectángulo.

cuadrilátero Toda superficie plana 2D de cuatro lados rectos.

cuártica Referente a *ecuaciones* o *expresiones* de cuarto *grado*, en las que la mayor *potencia* es 4, como x^4.

cuaternión Objeto matemático desarrollado a partir de la idea de un *número complejo*, pero que consta de cuatro componentes sumados en lugar de solo dos.

cubo Figura geométrica 3D cuyas caras son seis cuadrados idénticos. Un número cúbico es el obtenido multiplicando otro menor por sí mismo dos veces, por ejemplo 8, que es $2 \times 2 \times 2$ (2^3). Esta multiplicación representa el modo en que se calcula el volumen de un cubo (longitud × altura × anchura).

cuerda Segmento recto que une dos puntos de un *arco*.

deducción Proceso por el que se resuelve un problema a partir de principios matemáticos conocidos o supuestos. Véase también *inducción*.

demostración Método para establecer más allá de toda duda que un enunciado matemático es verdadero. Hay diferentes tipos de demostraciones, entre ellas, la demostración por *inducción* y la *demostración de existencia*.

demostración de existencia *Demostración* de que algo existe, obtenida construyendo un ejemplo, o por *deducción* general.

denominador Número inferior en una fracción, como el 4 en ¾. Representa el *divisor*.

derivada Véase *diferenciación*.

diagrama de Venn Diagrama que muestra conjuntos de datos como círculos superpuestos. La superposición contiene los elementos comunes a ambos conjuntos.

diámetro Recta que toca dos puntos de una circunferencia y pasa por su centro.

diferenciación En *cálculo*, proceso para hallar la tasa de cambio en una *función* matemática dada. El resultado del cálculo es otra función llamada diferencial o *derivada* de la primera.

divergencia Término aplicado principalmente a *series* infinitas que no se aproximan a un número final. Véase también *convergencia*.

dividendo Cantidad a dividir por otra (*divisor*). Se identifica con el *numerador*.

divisor Cantidad por la que se divide otra (*dividendo*). Se identifica con el *denominador*.

dodecaedro *Poliedro* 3D compuesto por 12 caras pentagonales (de 5 lados). El dodecaedro regular es uno de los cinco *sólidos platónicos*.

ecuación Enunciado que expresa la igualdad de dos cantidades o *expresiones* matemáticas. Es el modo habitual de expresar una *función* matemática. Cuando una ecuación se cumple para todos los valores de una *variable* (por ejemplo, la ecuación $y \times y \times y = y^3$), se conoce como identidad.

ecuación de primer grado *Ecuación* que no contiene ninguna *variable* multiplicada por sí misma (por ejemplo, ni x^2 ni x^3). Las ecuaciones de primer grado, planteadas en un *gráfico*, se visualizan como líneas.

ecuación de segundo grado *Ecuación* que contiene al menos una *variable* multiplicada por sí misma una vez (por ejemplo, $y \times y$, es decir, y^2), y ninguna variable elevada a *potencias* mayores.

ecuación de tercer grado *Ecuación* que contiene al menos una *variable* multiplicada por sí misma dos veces (por ejemplo, $y \times y \times y$, es decir, y^3), y ninguna más de tres veces.

ecuación diferencial *Ecuación* que representa una *función* que incluye la *derivada* o derivadas de una *variable* dada.

ecuación diferencial parcial *Ecuación diferencial* que contiene varias *variables*, y en la que la *diferenciación* se aplica a una sola variable cada vez.

eje Línea de referencia fija, como el eje vertical y y el eje horizontal x en una *gráfica*.

elemento identidad (o **neutro**) En un *conjunto* de números u otros objetos matemáticos, una *operación* aplicada al conjunto, como la multiplicación o la suma, tiene siempre un elemento neutro, o elemento identidad: el número o *expresión* que no altera los demás *términos* una vez realizada la operación. El elemento identidad en la multiplicación normal, por ejemplo, es 1, pues $1 \times x = x$, y en la suma de *números reales*, es 0, pues $0 + x = x$.

elipse Forma semejante a la *circunferencia*, pero estirada de forma simétrica en una dirección.

encriptado Proceso por el que se codifican datos o mensajes de forma segura por *cifrado*.

entrada *Variable* que combinada con una *función* produce una *salida*.

escalar Cantidad que tiene magnitud (tamaño), pero no dirección, a diferencia de un *vector*.

espacio vectorial Estructura matemática abstracta y compleja creada multiplicando vectores entre sí y por *escalares*.

estadística (1) Datos medibles reunidos de forma ordenada para cualquier fin. (2) Rama de las matemáticas que desarrolla y aplica métodos para analizar y estudiar datos numéricos.

expansión En *álgebra*, la expansión de una *expresión* es lo contrario de la *factorización*. Por ejemplo, $(x + 2)(x + 3)$ se puede expandir a $x^2 + 5x + 6$, multiplicando cada término del primer paréntesis por cada término del segundo.

exponente El número superíndice que indica la *potencia* a la que está elevado un número o cantidad, como el 2 en x^2 ($x \times x$). También llamado *índice*.

expresión Cualquier combinación significativa de símbolos matemáticos, como $2x + 5$.

factor Número o *expresión* que divide por el que es divisible otro número o expresión. Por ejemplo, 1, 2, 3, 4, 6 y 12 son todos factores de 12.

factorial *Producto* resultante de multiplicar un *entero* positivo por todos los enteros inferiores a él hasta el uno. Por ejemplo, el factorial de 5 (o 5!, con signo de exclamación) es $5 \times 4 \times 3 \times 2 \times 1 = 120$.

factorización Representación de un número o *expresión* matemática en términos de *factores* que multiplicados dan como resultado dicho número o expresión.

fórmula Regla matemática que describe una relación entre cantidades.

fractales Curvas o formas autosimilares de distintos tamaños que forman patrones complejos y tienen el mismo aspecto con cualquier número de aumentos. Muchos fenómenos naturales, como nubes y formaciones rocosas, se aproximan a los fractales.

función Relación matemática en la que el valor de una *variable* se halla a partir del valor de otros números aplicando una regla particular. Por ejemplo, en la función $y = x^2 + 3$, el valor de y se calcula elevando x al cuadrado y sumándole 3. La misma función se puede expresar como $f(x) = x^2 + 3$, donde $f(x)$ representa «función de x».

función exponencial *Función* matemática en la que, según aumenta una cantidad, aumenta también la tasa de crecimiento. El resultado se conoce como crecimiento exponencial.

función periódica *Función* cuyo valor se repite periódicamente, como se ve, por ejemplo, en la *gráfica* de una función *seno*, que tiene la forma de una serie repetida de ondas.

geometría Rama de las matemáticas que estudia las formas, líneas, puntos y sus relaciones. Véase también *geometrías no euclidianas*.

geometría algebraica Empleo de *gráficas* para plantear líneas y curvas que representan *funciones* algebraicas, como $y = x^2$.

geometría analítica Véase *geometría algebraica*.

geometría plana *Geometría* de las figuras 2D en una superficie plana.

geometrías no euclidianas Un *postulado* clave de la geometría tradicional, descrito por Euclides en la Antigüedad, es que las rectas *paralelas* nunca se encuentran (lo

cual se expresa a menudo diciendo que se encuentran en el infinito). Las geometrías en las que no son válidos este y otros postulados euclidianos se conocen como no euclidianas.

gradiente *Pendiente* de una línea.

grado (1) Unidad de medida angular en *geometría*: una rotación completa es un recorrido de 360 grados. (2) El grado u orden de un *polinomio* es el término a la mayor potencia que contiene: por ejemplo, un polinomio es de tercer grado o tercer orden si contiene un término al cubo, como x^3, y si esta es la mayor potencia. De modo análogo, en las *ecuaciones diferenciales*, el término diferenciado el mayor número de veces en una ecuación dada determina su grado u orden.

gráfica Representación visual en la que pueden plantearse líneas, puntos, curvas o barras.

grafo Conjunto de puntos, llamados *vértices*, y líneas, llamadas aristas o arcos, que sirven como modelos de redes, relaciones y procesos teóricos y reales en una serie de campos científicos y sociales.

grupo *Conjunto* matemático junto con una *operación* que, aplicada a los elementos del conjunto, produce resultados que siguen perteneciendo al conjunto. Por ejemplo, el conjunto de los *enteros* forma un grupo con la operación suma. Los grupos pueden ser finitos o *infinitos*, y su estudio se conoce como teoría de grupos.

hipérbola Curva matemática semejante a la *parábola*, pero en la que ambas extensiones de la curva se aproximan a dos

rectas imaginarias en ángulo una con otra, sin tocarlas ni cortarlas.

hipotenusa Lado más largo de un triángulo rectángulo, opuesto al ángulo recto.

icosaedro *Poliedro* compuesto por 20 caras triangulares. El icosaedro regular es uno de los cinco *sólidos platónicos*.

ideal En *álgebra abstracta*, un *anillo* matemático que es componente de un anillo mayor.

índice Sinónimo de *exponente*.

inducción Modo de obtener una conclusión general en matemáticas, estableciendo que si un enunciado es válido para un paso de un proceso, lo es también para el siguiente y todos los posteriores. Véase también *deducción*.

infinito Indefinidamente grande y sin límite. En matemáticas hay distintos tipos de infinito: el *conjunto* de los *números naturales*, por ejemplo, es infinito y numerable (contable de uno en uno, aunque no se llegue nunca al final), mientras que el de los *números reales* es infinito e incontable.

integración Proceso de realizar un cálculo en el cálculo integral.

integral (1) Relativo a los *enteros*. (2) *Expresión* matemática usada en cálculo integral, o el resultado de realizar una *integración*.

inversa *Expresión* u *operación* matemática que es la opuesta de otra y la cancela. La división, por ejemplo, es la inversa de la multiplicación.

iteración Repetición de la misma *operación* una y otra vez para lograr el resultado deseado.

ley asociativa Ley según la cual, si se suman, por ejemplo, 1 + 2 + 3, los números se pueden sumar en cualquier orden. La ley se aplica a la suma y multiplicación ordinarias, pero no a la resta ni a la división.

ley conmutativa Ley que establece que 1 + 2 = 2 + 1, por ejemplo, y que el orden de los factores no afecta al resultado. Se aplica a la suma y multiplicación ordinarias, pero no a la resta y la división.

límite Número final al que tienden a aproximarse determinados cálculos al aplicarse la iteración hasta el infinito.

logaritmo El logaritmo de un número es la *potencia* a la que hay que elevar otro número (llamado *base*, que es por lo general 10 o el número de Euler *e*) para obtener el número original. Por ejemplo, $10^{0,301}$ = 2, y por tanto 0,301 es el logaritmo (de base 10) de 2. Un logaritmo de base *e* (2,71828...) se llama *logaritmo natural*, indicado por el prefijo **ln** o $\log_e$. La ventaja de los logaritmos es que, cuando hay que multiplicar números, se puede simplificar el cálculo sumando sus logaritmos.

logaritmo natural Véase *logaritmo*.

lógica El estudio del razonamiento, es decir, de cómo se deducen correctamente conclusiones a partir de información inicial (premisas) siguiendo reglas válidas.

marcador de posición Numeral, habitualmente el cero, usado en un *sistema de valor posicional* para diferenciar 1 de 100, por ejemplo, pero que no implica necesariamente una medida exacta, como en la expresión «a unos 100 km».

matemáticas aplicadas Rama de las matemáticas que se ocupa de la resolución de problemas de ciencia y tecnología. Incluyen técnicas para resolver tipos particulares de *ecuaciones*.

matemáticas puras Aspectos de las matemáticas considerados dignos de estudio por sí mismos, en lugar de por cualquier posible aplicación práctica. Véase también *matemáticas aplicadas*.

matriz Disposición cuadrada o rectangular de números u otras cantidades matemáticas que se pueden tratar como un solo objeto al calcular. Las matrices tienen reglas especiales para las operaciones de la suma y la multiplicación. Entre sus muchos usos está el resolver sistemas de *ecuaciones*, describir *vectores*, calcular *transformaciones* en la forma y posición de figuras geométricas y representar también datos del mundo real.

media Valor típico o medio de un conjunto de datos. Para los distintos tipos de media, véase *media aritmética, mediana y moda*.

media aritmética *Media* hallada sumando los valores de un conjunto de datos y dividiendo por el número de valores. La media aritmética de los cuatro números 1, 4, 6 y 13 es 6, ya que 1 + 4 + 6 + 13 = 24, y 24 dividido por 4 = 6.

mediana Valor de la variable en la posición central en un conjunto de datos, si se disponen en orden de menor a mayor.

meridiano Línea imaginaria en la superficie terrestre que une los polos norte y sur pasando por cualquier punto dado. Las líneas de longitud son meridianos.

moda Valor más frecuente en un conjunto de datos.

notación binaria Escritura de números en el sistema binario, en la que los únicos numerales usados son 0 y 1. El número 6, por ejemplo, se escribe 110 en el sistema binario: el 1 de la izquierda vale 4 (2 × 2), el siguiente 1 representa un 2, y el cero significa que no hay unidades: 4 + 2 + 0 suman 6.

numerador Número superior en una fracción, como el 3 en ¾. Representa el *dividendo*.

número complejo Número que combina un *número real* y un *número imaginario*.

número compuesto *Número entero* que no es *primo* pero se puede crear multiplicando números menores.

número cuadrado *Número entero* que se forma multiplicando un número entero por sí mismo una vez. Por ejemplo, 25 es un número cuadrado, ya que es 5 × 5 (5^2).

número fraccional (o partitivo) Número que expresa división de un todo en sus partes, como mitad, octavo o centésimo.

número imaginario (*i*) Número múltiplo de $\sqrt{-1}$, que no existe como *número real*.

número irracional Número que no puede expresarse como un *número entero* dividido por otro y que no sea un *número imaginario*.

número natural Cualquiera de los *números enteros* positivos. Véase también *números enteros*.

número posicional Numeral cuyo valor depende de su posición en un número mayor. Véase *sistema de valor posicional*.

número primo *Número natural* divisible solo por sí mismo y por 1.

número racional Número que se puede expresar como fracción de dos *números enteros*. Véase también *número irracional*.

número real Número que pueda ser un *número racional* o un *número irracional*. Los números reales incluyen las fracciones y los números negativos, pero no los *números imaginarios* o los *números complejos*.

número transfinito Sinónimo de «número *infinito*», usado sobre todo al comparar infinitudes de distinto tamaño o conjuntos infinitos de objetos.

número trascendente *Número irracional* que no sea un *número algebraico*. El número *pi* (π) y el número de Euler *e* son números trascendentes.

números algebraicos Todos los números racionales y aquellos *números irracionales* obtenibles calculando las *raíces* de un *número racional*. Un número irracional que no sea algebraico (como *pi* o *e*) se llama *número trascendente*.

números amigos Todo par de *números enteros* cuyos *divisores* sumados dan el otro número. El menor de tales pares es 220 y 284.

números cardinales Números que indican una cantidad, como 1, 2, 3 (a diferencia de los *números ordinales*).

números enteros Conjunto que incluye los números naturales, los enteros negativos y el cero. Por ejemplo, −1, 0, 19 o 55.

números ordinales Números que indican una posición, como 1.°, 2.° o 3.°. Véase también *números cardinales*.

octaedro *Poliedro* compuesto por ocho caras triangulares. El octaedro regular es uno de los cinco *sólidos platónicos*.

operación Todo procedimiento matemático común, como la suma o la multiplicación. Los símbolos empleados para tales operaciones se llaman operadores.

orden Véase *grado*.

origen Punto de intersección de los *ejes x* e *y* de una *gráfica*.

oscilación Movimiento regular de vaivén entre una posición y otra, o un valor y otro.

parábola Curva semejante a un extremo de una *elipse*, salvo que los brazos de la parábola divergen.

parabólica Relativa a la parábola, o a una *función* basada en la misma, como la función cuadrática, que produce una forma de parábola en una *gráfica*.

paralela Recta cuya dirección es exactamente la misma que la de otra.

paralelogramo *Cuadrilátero* cuyos lados opuestos son paralelos entre sí, como el cuadrado, el rectángulo y el *rombo*.

pendiente Ángulo de una recta en relación con la horizontal, o ángulo de una *tangente* a una curva en relación con la horizontal.

periódico Número o grupo de números decimales que se repite sin límite. Por ejemplo, $^1/_3$ expresado en decimales es 0,333333… (o 0,$\overline{3}$), lo cual, en palabras, sería «cero coma tres periodo».

perpendicular En ángulo recto (de 90°) en relación con otra cosa.

pi (π) Proporción entre la *circunferencia* y su *diámetro*, aproximadamente $^{22}/_7$, o 3,14159. Es un *número trascendente* clave, y aparece en muchas ramas de las matemáticas.

plano Superficie plana.

plano complejo *Plano* infinito 2D en el que se pueden plantear los *números complejos*.

poliedro Forma 3D cuyas caras son *polígonos*.

polígono Forma plana con tres o más lados rectos, como el triángulo o el pentágono.

polinomio *Expresión* matemática que forman dos o más *términos* sumados. Una expresión polinómica suele incluir distintas *potencias* de una *variable* y *constantes*, por ejemplo, $x^3 + 2x + 4$.

postulado Enunciado cuya validez se da por supuesta o se considera obvia, pero para el cual no hay *demostración*.

potencia Número de veces que una cantidad o número se multiplica por sí mismo. Por ejemplo, *y* multiplicado cuatro veces ($y \times y \times y \times y$) se dice «*y* elevado a 4», y se escribe y^4.

primo Véase *número primo*.

probabilidad Rama de las matemáticas que mide la certidumbre de distintos resultados futuros.

producto Resultado de multiplicar una cantidad o número por otro.

proporción Tamaño relativo de un objeto comparado con otro. Si dos cantidades están en proporción inversa, cuanto más aumenta el tamaño de una, más disminuye la otra; por ejemplo, si una cantidad se multiplica por 3, la otra se divide por 3.

quíntica Referente a *ecuaciones* o *expresiones* de quinto *grado*, en las que la mayor *potencia* es 5, como x^5.

radián Medida angular alternativa a los *grados*, basada en la longitud del *radio* y la *circunferencia* de un círculo. Una rotación de 2 × *pi* (2π) radianes es igual a una de 360 grados (es decir, el círculo completo).

radio Recta desde el centro de un *círculo* o esfera hasta su *circunferencia*.

raíz (1) La raíz de un número es otro número que multiplicado por sí mismo da el número original;

por ejemplo, 4 y 8 son raíces de 64, siendo 8 la raíz cuadrada (8 × 8 = 64) y 4 la raíz cúbica (4 × 4 × 4 = 64). (2) La raíz de una *ecuación* es la solución.

recíproco Número o *expresión* que es la *inversa* de otra, es decir, que el producto de ambos es 1. Por ejemplo, el recíproco de 3 es $\frac{1}{3}$.

rombo Un *paralelogramo* de cuatro lados iguales y que solo tiene iguales los ángulos opuestos; el cuadrado es un tipo especial de rombo con cuatro ángulos de 90 *grados*.

salida El resultado de combinar una *entrada* y una *función*.

segmento Parte de una recta, con extremos definidos.

segmento circular Área entre una *cuerda* y el borde exterior del *círculo* (circunferencia).

seno (abreviatura **sen**) *Función* importante en *trigonometría*, definida como la proporción entre el cateto opuesto a un ángulo dado en un *triángulo rectángulo* y su *hipotenusa*. Esta proporción varía a partir de cero según el tamaño del ángulo, y el patrón se repite a partir de los 360 *grados*. La *gráfica* de una función seno representa la forma de muchas ondas, incluidas las de la luz.

serie Lista de *términos* matemáticos sumados. Las series suelen seguir una regla matemática, y aunque la serie sea *infinita*, la suma puede ser un número finito. Véase también *sucesión*.

serie armónica La *serie* matemática $1 + \frac{1}{2} + \frac{1}{3} + \frac{1}{4} + \frac{1}{5}$

+… Los términos individuales de la serie definen los distintos modos en que, por ejemplo, una cuerda tensa o el aire en un tubo vibran para producir sonido. La serie de tonos musicales resultante constituye la base de la escala musical.

serie de potencias *Serie* matemática en la que cada *término* está elevado a una potencia superior a la anterior, como en $x + x^2 + x^3 + x^4 +$…

serie infinita Una serie matemática con un número infinito de *términos*. Véase *serie*.

sexagesimal *Sistema numérico* usado por los antiguos babilonios, basado en el número 60, y usado aún en forma modificada para medir el tiempo y los ángulos, y en las *coordenadas* geográficas.

sistema de ecuaciones Conjunto de varias *ecuaciones* que contienen las mismas incógnitas, como x, y y z. Por lo general, las ecuaciones se calculan juntas para hallar las incógnitas.

sistema de valor posicional Sistema convencional de escritura numérica, en el que el valor de un dígito depende del lugar que ocupa en un número mayor. El 2 en 120, por ejemplo, tiene un valor posicional de 20, mientras que en 210 representa 200.

sistema numérico Todo sistema para escribir y expresar números. El sistema indoarábigo (o arábigo) utilizado hoy día se basa en los diez numerales del 0 al 9: al llegar a 10, se escribe 1 de nuevo, pero seguido de 0. Este sistema es tanto un *sistema de valor posicional* como un sistema decimal, o de *base* 10.

sólido platónico Cada uno de los cinco *poliedros* de forma completamente regular y simétrica: cada una de sus caras es un *polígono* idéntico, y todos los ángulos entre las caras son iguales. Los sólidos platónicos son cinco: *tetraedro*, *cubo*, *octaedro*, *dodecaedro* e *icosaedro*.

sordo Una *expresión* que incluye una *raíz* que es un *número irracional*, como $\sqrt{2}$. Se deja en forma de raíz, al no poderse simplificar ni escribir exactamente como decimal.

sucesión Una disposición de números o *términos* matemáticos sucesivos, por lo general conforme a un patrón.

tangente (1) Recta que toca una curva en un solo punto. (2) En *trigonometría*, la *función* tangente (abreviada como «tan») se define como la proporción entre el cateto opuesto a un ángulo dado y el cateto adyacente en un *triángulo rectángulo*.

teorema Una proposición matemática demostrada, sobre todo cuando no es evidente por sí misma. Una proposición no demostrada es una *conjetura*.

teoría de conjuntos Rama matemática que hoy constituye la base de muchas otras ramas matemáticas.

teoría de grafos Rama matemática que estudia la conexión de *grafos* formados por puntos y líneas.

teoría de números Rama matemática que estudia las propiedades de los números

(especialmente los *números enteros*), sus patrones y relaciones. Incluye el estudio de los *números primos*.

término En una expresión algebraica, uno o más números o *variables*, habitualmente separados por los símbolos más (+) o menos (−), o, en una *sucesión*, por una coma. En $x + 4y − 2$, por ejemplo, los términos son x, $4y$ y 2.

teselación Patrón formado en una superficie plana 2D por copias repetidas de una o más formas geométricas que cubren la superficie sin huecos entre ellas. También llamada teselado.

teseracto Forma 4D con cuatro aristas en cada *vértice*, mientras que un *cubo* tiene tres, y un cuadrado, dos.

tetraedro *Poliedro* 3D compuesto por cuatro caras triangulares. El tetraedro regular es uno de los cinco *sólidos platónicos*.

topología Rama de las matemáticas que estudia las superficies y los objetos examinando las conexiones entre sus partes, en lugar de su forma geométrica exacta. Por ejemplo, una rosquilla y una taza son topológicamente similares, pues ambas son formas con un orificio (el del asa, en el caso de la taza).

transformación Conversión de una forma o *expresión* matemática en otra relacionada, empleando una regla particular.

transformación lineal Una función entre dos espacios *vectoriales*, llamada también aplicación o función lineal.

traslación *Función* que mueve un objeto a una distancia y en una dirección determinadas sin afectar a su forma, tamaño ni orientación.

triángulo equilátero Triángulo cuyos lados son de igual longitud y cuyos ángulos son iguales.

triángulo escaleno Triángulo en el que ningún lado ni ángulo es igual a otro.

triángulo isósceles Triángulo con dos lados de igual longitud y dos ángulos iguales.

trigonometría En origen, el estudio de los cambios en las proporciones entre los lados de un *triángulo rectángulo* al variar los ángulos, posteriormente ampliado a todos los triángulos. Dichos cambios son descritos por las *funciones* trigonométricas, hoy fundamentales en muchas ramas de las matemáticas.

variable Cantidad matemática que puede adoptar distintos valores, simbolizada por lo general con una letra, como x o y.

variedad En la topología, un espacio matemático abstracto que en cualquier pequeña región se asemeja a un espacio 3D ordinario.

vector Cantidad matemática o física que tiene tanto magnitud como dirección. En los diagramas, se suelen representar con flechas en negrita.

vértice Esquina o ángulo donde convergen dos o más rectas, curvas o aristas.

volumen Cantidad de espacio dentro de un objeto 3D.

INDICE

Los números de página en **negrita** se refieren
a entradas principales; los números en *cursiva*
se refieren a ilustraciones y pies de imagen.

AUTORIA DE LAS CITAS

Las siguientes citas corresponden a autores secundarios de los temas principales tratados en cada artículo.

AGRADECIMIENTOS

Dorling Kindersley desea dar las gracias a Gadi Farfour, Meenal Goel, Debjyoti Mukherjee, Sonali Rawat y Garima Agarwal por su ayuda en el diseño; Rose Blackett-Ord, Daniel Byrne, Kathryn Hennessy, Mark Silas y Shreya Iyengar por el apoyo editorial; y Gillian Reid, Amy Knight, Jacqueline Street-Elkayam y Anita Yadav por su colaboración en la producción.

CRÉDITOS FOTOGRÁFICOS

Los editores agradecen a las siguientes personas e instituciones el permiso para reproducir sus imágenes:

(Clave: a-arriba; b-abajo/inferior; c-centro; e-extremo; i-izquierda; d-derecha; s-superior)

25 Getty Images: Universal History Archive / Universal Images Group (cdb). **Science Photo Library:** New York Public Library (bi). **27 Alamy Stock Photo:** Artokoloro Quint Lox Limited (sd); NMUIM (cib). **29 Alamy Stock Photo:** Historic Images (cda). **31 SuperStock:** Stocktrek Images (cdb). **32 Getty Images:** Werner Forman / Universal Images Group (cb). **33 Getty Images:** DEA PICTURE LIBRARY / De Agostini (cdb). **35 Getty Images:** Print Collector / Hulton Archive (cia). **38 Alamy Stock Photo:** World History Archive (sd). **41 Alamy Stock Photo:** Peter Horree (bd). **42 Getty Images:** DEA Picture Library / De Agostini (bd). **43 Alamy Stock Photo:** World History Archive (si). **SuperStock:** Album / Oronoz (sd). **45 Alamy Stock Photo:** The History Collection (sd). **47 Rijksmuseum, Ámsterdam:** Donación de J. de Jong Hanedoes, Ámsterdam (bi). **49 Dreamstime.com:** Vladimir Korostyshevskiy (bi). **51 Dreamstime.com:** Mohamed Osama (sd). **54 Wellcome Collection http://creativecommons.org/licenses/by/4.0/:** (bi). **55 Science Photo Library:** Royal Astronomical Society (cda). **59 Alamy Stock Photo:** Science History Images (bd). **63 Wellcome Collection http://creativecommons.org/licenses/by/4.0/:** (bi). **65 Alamy Stock Photo:** National Geographic Image Collection (si). **NASA:** Imágenes por cortesía de la NASA / JPL-Caltech / Space Science Institute (cdb). **67 Alamy Stock Photo:** Ancient Art and Architecture (sd). **73 Alamy Stock Photo:** Science History Images (bi, cda). **75 Dreamstime.com:** Gavin Haskell (sd). **77 Getty Images:** Steve Gettle / Minden Pictures (cdb). **79 Alamy Stock Photo:** Granger Historical Picture Archive (b). **81 Alamy Stock Photo:** The History Collection (cda). **82 Alamy Stock Photo:** Art Collection 2 (cd). **89 Alamy Stock Photo:** The History Collection (bi). **90 Alamy Stock Photo:** Ian Robinson (cib). **91 SuperStock:** fototeca gilardi / Marka (cdb). **94 SuperStock:** Melvyn Longhurst (bi). **98 Getty Images:** DEA PICTURE LIBRARY / De Agostini (s). **99 Getty Images:** DEA / M. SEEMULLER / De Agostini (bd). **103 Bridgeman Images:** Pictures from History (cda). **105 Alamy Stock Photo:** Idealink Photography (cda). **108 Alamy Stock Photo:** David Lyons (bi). **110 Alamy Stock Photo:** Acorn 1 (bc). **111 Alamy Stock Photo:** Flhc 80 (cib); RayArt Graphics (sd). **112 Getty Images:** Smith Collection / Gado / Archive Photos (bc). **121 Alamy Stock Photo:** Art Collection 3 (bi). **122 Alamy Stock Photo:** Painting (s). **123 Dreamstime.com:** Millafedotova (cdb). **126 Alamy Stock Photo:** James Davies (bc). **127 Getty Images:** David Williams / Photographer's Choice RF (sd). **131 Science Photo Library:** Science Source (b). **134 iStockphoto.com:** sigurcamp (bi). **136 Alamy Stock Photo:** George Oze (bd). **137 Alamy Stock Photo:** Hemis (si). **139 Alamy Stock Photo:** Classic Image (sd). **140 Science Photo Library:** Oona Stern (cib). **141 Alamy Stock Photo:** Pictorial Press Ltd (si). **Getty Images:** Keystone Features / Stringer / Hulton Archive (bc). **143 Wellcome Collection http://creativecommons.org/licenses/by/4.0/:** (sd). **146 Alamy Stock Photo:** IanDagnall Computing (bi). **147 Science Photo Library:** Royal Astronomical Society (bd). **150 Getty Images:** Etienne DE MALGLAIVE / Gamma-Rapho (sd). **159 Rijksmuseum, Ámsterdam:** (bi). **160 Alamy Stock Photo:** James Nesterwitz (cib). **Gwen Fisher:** Bat Country fue seleccionado como el proyecto artístico honorífico Burning Man de 2013. (si). **163 123RF.com:** Antonio Abrignani (si). **Alamy Stock Photo:** Chris Pearsall (cib, cb, cb/azul). **164 Alamy Stock Photo:** i creative (bd). **171 Alamy Stock Photo:** Stefano Ravera (ca). **172 Getty Images:** DE AGOSTINI PICTURE LIBRARY (sd). **173 Alamy Stock Photo:** Granger Historical Picture Archive (bd). **174 Alamy Stock Photo:** World History Archive (tc). **175 Alamy Stock Photo:** INTERFOTO (sd). **177 Alamy Stock Photo:** Chronicle (cdb). **182 Getty Images:** Science Photo Library (bc). **183 Library of Congress, Washington, D.C.:** LC-USZ62-10191 (copia en b/n de negativo) (bi). **185 Alamy Stock Photo:** Interfoto (sd). **Getty Images:** Xavier Laine / Getty Images Sport (cd). **188 Wellcome Collection http://creativecommons.org/licenses/by/4.0/:** (bi). **190 Alamy Stock Photo:** Peter Horree (cib). **191 Alamy Stock Photo:** James King-Holmes (sd). **193 Alamy Stock Photo:** Heritage Image Partnership Ltd (si). **196 Getty Images:** Steve Jennings / Stringer / Getty Images Entertainment (cdb). **201 Alamy Stock Photo:** Classic Image (bi). **203 Wellcome Collection http://creativecommons.org/licenses/by/4.0/:** (sd). **206 Alamy Stock Photo:** Science History Images (sd). **Getty Images:** Bettmann (si). **209 Alamy Stock Photo:** NASA Image Collection (cib). **217 Getty Images:** AFP Contributor (bd). **Wellcome Collection http://creativecommons.org/licenses/by/4.0/:** (cia). **218 Getty Images:** Jamie Cooper / SSPL (bc). **219 Getty Images:** Mondadori Portfolio / Hulton Fine Art Collection (sd). **220 Alamy Stock Photo:** The Picture Art Collection (cdb). **223 Alamy Stock Photo:** Chronicle (cia). **224 Dorling Kindersley:** The Science Museum (si). **Getty Images:** Science & Society Picture Library (bc). **225 The New York Public Library:** (cb). **227 Getty Images:** Stocktrek Images (cb). **SuperStock:** Fine Art Images / A. Burkatovski (sd). **229 Daina Taimina:** Del libro de Daina Taimina *Crocheting Adventures with Hyperbolic Planes* (cb); Tom Wynne (sd). **231 Getty Images:** Bettmann (sd). **232 Getty Images:** Boston Globe / Rubik's Cube® conn permiso de Rubik's Brand Ltd www.rubiks.com (bc). **233 Alamy Stock Photo:** Massimo Dallaglio (si). **235 Alamy Stock Photo:** The History Collection (sd); Jochen Tack (cia). **237 Alamy Stock Photo:** Painters (sd). **239 Alamy Stock Photo:** Beth Dixson (bi). **Wellcome Collection http://creativecommons.org/licenses/by/4.0/:** (sd). **245 Wellcome Collection http://creativecommons.org/licenses/by/4.0/:** (sd). **247 Alamy Stock Photo:** sciencephotos (si). **249 Alamy Stock Photo:** Chronicle (sd); Peter Horree (cia). **251 Alamy Stock Photo:** The History Collection (sd).

Science Photo Library: Dr Mitsuo Ohtsuki (cb). **253 Alamy Stock Photo:** INTERFOTO (bi). **255 Dreamstime.com:** Antonio De Azevedo Negrão (cd). **257 Alamy Stock Photo:** Science History Images (sd). **259 Alamy Stock Photo:** Wenn Rights Ltd (sd). **261 Getty Images:** ullstein bild Dtl. (sd). **267 Alamy Stock Photo:** History and Art Collection (sd). **270 Alamy Stock Photo:** Chronicle (si). **271 Science Photo Library:** (bi). **273 Getty Images:** John Pratt / Stringer / Hulton Archive (cia). **274 NASA:** NASA's Goddard Space Flight Center (bd). **275 Getty Images:** Keystone / Stringer / Hulton Archive (sd). **277 Alamy Stock Photo:** Granger Historical Picture Archive (sd). **279 Getty Images:** Eduardo Muñoz Álvarez / Stringer / Getty Images News (cda); ullstein bild Dtl. (bi). **281 Alamy Stock Photo:** FLHC 61 (cda). **283 Bridgeman Images:** Colección privada / Archives Charmet (cia). **287 Alamy Stock Photo:** Granger Historical Picture Archive (sd). **Getty Images:** Bletchley Park Trust / SSPL (bi). **289 Alamy Stock Photo:** Ian Dagnall (sd). **291 Alamy Stock Photo:** Science History Images (sd). **296 Alamy Stock Photo:** Jessica Moore (sd). **Science Photo Library:** Emilio Segre Visual Archives / American Institute of Physics (bi). **297 Alamy Stock Photo:** Aflo Co. Ltd. (cib). **303 Dorling Kindersley:** H. Samuel Ltd (cda). Institute for Advanced Study: Randall Hagadorn (bi). **308 Getty Images:** PASIEKA / Science Photo Library (bi). **309 Science Photo Library:** Emilio Segre Visual Archives / American Institute Of Physics (sd). **310 Alamy Stock Photo:** Steve Taylor ARPS (bc). **311 Getty Images:** Fine Art / Corbis Historical (cib). **313 Getty Images:** f8 Imaging / Hulton Archive (cib). **Dorling Kindersley:** Royal Signals Museum, Blandford Camp, Dorset (bc). **316 Alamy Stock Photo:** Interfoto (bi). **317 Getty Images:** Matt Cardy / Stringer / Getty Images News (cib). **323 Science Photo Library:** Frederic Woirgard / Look At Sciences (bi). **325 Avalon:** Frances M. Roberts (sd).

Las demás imágenes © Dorling Kindersley
Para más información: **www.dkimages.com**